安徽省高等教育岩土工程和工程地质专业系列规划教材

水文地质学基础

主　　编　崔可锐

副 主 编　钱家忠

参编人员　赵　川　查甫生　陈陆望

施小平　侯晓亮　吕晓光

刘健雄

合肥工业大学出版社

内容简介

全书共分13章，系统地阐述了现代水文地质学的基本概念、原理和研究方法。本书是系列教材中的一本，编写时融入了水文地质学的一些最新内容。书中对地下水的赋存、运动的基本规律、化学成分、补给与排泄、动态与均衡以及孔隙水、裂隙水和岩溶水等作了详细介绍。本书还特地编写了地下水资源评价、地下水与环境保护以及水文地质学研究方法。本书内容丰富，图文并茂，理论与实践兼顾，注重科学性、先进性与实践性的统一。

本书可作为高校和大专院校岩土工程、工程地质和土木工程等专业的教材或参考书，也可供交通、建筑、煤炭、水利、地质、铁道、冶金和建材等部门从事工程勘察、设计、施工的技术人员、现场管理人员参考。

图书在版编目(CIP)数据

水文地质学基础/崔可锐主编．—合肥：合肥工业大学出版社，2010.12(2016.1重印)
ISBN 978-7-5650-0333-2

Ⅰ.①水…　Ⅱ.①崔…　Ⅲ.①水文地质—高等学校—教材　Ⅳ.①P641

中国版本图书馆CIP数据核字(2010)第242723号

水文地质学基础

主　编　崔可锐　　　　责任编辑　权　怡　张择瑞

出　版	合肥工业大学出版社	版　次	2010年12月第1版
地　址	合肥市屯溪路193号	印　次	2016年1月第4次印刷
邮　编	230009	开　本	787毫米×1092毫米　1/16
电　话	编校中心：0551—62903210	印　张	19.5
	市场营销部：0551—62903198	字　数	474千字
网　址	www.hfutpress.com.cn	印　刷	合肥学苑印务有限公司
E-mail	hfutpress@163.com	发　行	全国新华书店

ISBN 978-7-5650-0333-2　　　　定价：33.00元

安徽省岩土工程和工程地质专业系列教材

前　言

水文地质学是工程地质和岩土工程专业的一门主要专业课程，它系统阐述了工程地质和岩土工程中现代水文地质学的基本概念、原理和研究方法。本书依据国家（部）最新规范、规程和标准，根据地质工程和岩土工程专业的教学大纲要求，结合目前教学改革发展的需要以及实际工程中专业最新动态编写而成。在编写过程中，强调基本概念、基本原理和基本方法，注重理论联系实际，以应用为重点，结合工程实例，进行了深入浅出的说明。本书编写的内容包括：地下水的赋存、运动的基本规律、化学成分、补给与排泄、动态与均衡以及孔隙水、裂隙水和岩溶水等。此外，还特地编写了地下水资源评价、地下水与环境保护以及水文地质学研究方法。本书内容广泛，突出实用。为便于自学，每章后附有复习思考题供读者练习，以加深对内容的理解和掌握。

本书由具有多年教学和实践经验的高校教师编写。全书各章编写分工为：前言和第1章、第2章由崔可锐、查甫生编写，第3章、第4章、第13章由崔可锐、吕晓光编写，第5章、第9章由崔可锐、刘健雄编写，第6章由崔可锐、查甫生、刘健雄编写，第7章、第8章、第10章由赵川编写，第11章由陈陆望、崔可锐编写，第12章由钱家忠编写，参考文献由崔可锐、钱家忠、陈陆望汇总整理，附表由赵川提供。全书由崔可锐担任主编，负责统稿、校正与修改，钱家忠担任副主编。

在编写过程中，合肥工业大学资环学院领导对本书的编写给予了大力支持和帮助。此外，合肥工业大学出版社在编辑、校对与照排等方面做了大量工作，在此一并表示衷心感谢。

由于编写水平和能力所限，加之时间仓促，书中难免有不妥之处，恳请读者批评指正。

编　者

2010年6月

目 录

第1章 绪 言

1.1 水文地质学在国民经济发展中的作用

水文地质学是研究地下水的数量和质量随空间和时间变化的规律以及合理利用地下水和防治其危害的学科，主要研究在与岩石圈、水圈、大气圈、生物圈以及人类活动相互作用下地下水水量和水质的时空变化规律，以及如何运用这些规律兴利除害。

地下水是埋藏于地表以下的各种形式的重力水。研究地下水的水文地质学在国民经济发展中具有极其重要的作用。

1. 地下水是一种宝贵的资源

首先，地下水因其分布广泛、便于就地开采使用、水质普遍较优、动态比较稳定以及供水量受气候变化影响较小等优点，可以作为重要的供水水源，在干旱、半干旱地区则是主要的甚至是唯一的可用水源。

水资源是人类赖以生存的最重要的自然资源之一，也是国民经济发展所不可替代的战略资源。在世界范围内，全球淡水总量约 400 万 km^3，地下水占 95%，而湖、河水等仅占 3.5%。由此可见，地下水在全世界各国经济发展中都有举足轻重的地位。

目前，我国水资源总量为 2.8 万亿 m^3。其中地表水 2.7 万亿 m^3，地下水 0.83 万亿 m^3，由于地表水与地下水相互转换、互为补给，扣除两者重复计算量 0.73 万亿 m^3，与河川径流不重复的地下水资源量约为 0.1 万亿 m^3。按照国际公认的标准，人均水资源低于 $3000m^3$ 为轻度缺水；人均水资源低于 $2000m^3$ 为中度缺水；人均水资源低于 $1000m^3$ 为严重缺水；人均水资源低于 $500m^3$ 为极度缺水。我国目前有 16 个省(区、市)人均水资源量(不包括过境水)低于严重缺水线，有 6 个省、区(宁夏、河北、山东、河南、山西、江苏)人均水资源量低于 $500m^3$。我国水资源总量并不算多，排在世界第 6 位，而人均占有量($2240m^3$)更少，在世界银行统计的 153 个国家中排在第 88 位。与此同时，由于人口的增长，到 2030 年我国人均水资源占有量将从现在的 $2240m^3$ 降至 $1700m^3$～$1800m^3$，需水量接近水资源可开发利用量，缺水问题将更加突出。目前人们已经认识到：水资源危机与能源危机同样重要，但我们认为：在未来的发展中，水资源的匮乏将成为比能源匮乏更为棘手的问题。

我国水资源地区分布也很不平衡，长江流域及其以南地区，国土面积只占全国的 36.5%，其水资源量占全国的 81%；其以北地区，国土面积占全国的 63.5%，其水资源量仅占全国的 19%。在我国北方一些地区，人口稠密，工业化和城市化程度高，农业发达，水资源开发利用程度居全国首位，但人均供水量只有 $370m^3$/年，远远不能满足经济建设和社会发展的需要。一些能源基地地处干旱和半干旱地区，水资源不足，已成为制约基地矿产资源开发利用的一个重要因素。

其次，地下水在某些条件下也可以作为液体矿产。

地下水中富含某些盐类或稀有元素（如溴、碘、锶、钡等），具有工业开采价值，称为工业矿水。如四川盆地海相三叠系富钾含钾气田，卤水分布广、品质优、资源富，为优质化工原料水。

具有某些特殊微量组分或气体成分，或具有一定温度，对人体生理机能有益或有一定医疗作用的天然地下水，叫做矿水。目前，我国符合天然矿泉水标准的产地已达70多处，不少矿泉水属于优质之列。作为医疗目的的矿泉水的临床应用，在我国已有相当长的历史，如西安临潼的华清池温泉开发已有一千多年的历史，辽宁的汤岗子温泉、广东的从化和龙川温泉、四川的重庆温泉等也都有较长的历史。饮用矿泉水的开发在我国起步较晚，青岛崂山及广东龙川矿泉水是开发较早的饮用矿泉水，盛名于世。矿泉水是在一定的地质条件及地球化学环境下形成的。开发利用时，必须考虑到这些条件和矿泉水的资源量，避免滥采。同时，应根据产地的水文地质条件，划定防护带，在防护区域内禁止排放各种形式的污染物。此外，应定期采集矿泉水样，测定水质，监测水量变化，以保证矿泉水的质和量。

地球是一个巨大的天然热库，蕴藏着丰富的地下热能资源，如云南腾冲的大滚锅沸泉，出水口温度可达96.6℃（图1-1）。热水和热蒸汽是主要的载热流体，利用它们可以发电、建立温室等。地热是一种新的能源，如何利用由地下热水或热蒸汽携至地表的地热能，来取暖、温室栽培或地热发电等，研究地下热水的形成、分布规律，以及勘察与开发方法等，均是水文地热学的研究内容。

图1-1　中国云南腾冲热海的大滚锅沸泉

2. 地下水是极其重要的生态环境因子

现在人们逐渐认识到，地下水同时还是复杂的生态环境系统中的一个敏感的子系统，是极其重要的生态环境因子。地下水的变化往往会影响生态环境系统的天然平衡状态。它是影响生态与环境的重要因素之一，其变化时往往会打破原有的生态平衡，使环境随之发生变化。这些变化既可以是有益的，也可以是有害的。如农业用水不当会产生土壤盐渍化；过量开采会造成地下水水位下降，从而引起土壤砂化、荒漠化，使生态环境恶化等。如果不注意水资源的统一开采与管理，绿洲将会变成沙漠，如河西走廊的民勤县；集中开采地下水的城市（如上海、天津等），往往会发生地面沉降、地面塌陷；沿海地区由于开采地下水不当，则可能造成海水入侵，地下水水质恶化等。

3. 地下水是灾害因子

过量开采地下水会造成大面积地面沉降。最近，一份由国土资源部南京地质矿产研究所主持，浙沪苏三省市国土资源部门合作完成的《长三角地区地下水资源与地质灾害调查评价》正式对外披露，引起了社会各界的关注。该调查指出，由于过度开采地下水，长三角区域三分之一范围内累计沉降已超过200mm，面积近1万km^2。上海、苏南的苏锡常地区和浙北的杭嘉湖地区已经形成了三个区域性沉降中心，地面沉降给长三角地区造成的经济损失高达3150亿元！

在滨海地带开采地下水，将会使海水入侵地下水，造成水质污染，从而减少了可供利用的淡水资源。随着我国沿海地区经济的高速发展，海岛的水资源供需矛盾日益突出，目前已经在部分海岛发生了海水入侵危害，并且大多数开发的海岛存在着海水入侵等环境地质问题，这一问题已经成为制约海岛开发与利用经济、资源和环境可持续发展的瓶颈。开展海水入侵研究，制订海岛上合理的地下水开发利用与管理方案，防止和减轻海水入侵的危害，具有重要的理论意义和实用价值。

地下水通常较地表水难以污染，但是一旦受到污染，其不良后果将很难消除。地下水污染与地表水污染有一些明显的不同：由于污染物进入地下含水层以及在地下含水层中运动速度都比较缓慢，污染往往是逐渐发生的，若不进行专门监测很难及时发觉；即使发现地下水污染，确定污染源也不像地表水那么容易，更重要的是地下水污染不易消除。排除污染源之后，地表水可以在较短时期内达到净化；而地下水，即便排除了污染源，已经进入含水层的污染物仍将长期产生不良影响。

某些地下水缺少或富集某些元素对人体不利而不宜饮用。如氟病和龋齿，就是由于饮用水中氟的过剩和不足而引起的两种性质不同的地方病。人体氟含量过剩，轻则导致“斑釉齿”，重则导致氟骨症，引起肌肉萎缩，脊柱弯曲，四肢变形、瘫痪；缺氟则出现佝偻病、骨质松脆病和龋齿，严重者牙齿脱落。饮用水中氟含量一般应控制在0.8%～1.0mg/L，最大不超过1.5mg/L。又如地方性甲状腺肿，此病与水土中缺碘有关。患此病的女人怀孕后引起胎儿大脑发育障碍，出现聋、哑、傻、矮、终身残废等症，这种病俗称克汀病。虽然人对碘的摄入大部分来自食物，但发病率与饮水中碘的含量呈负相关。在一般情况下，饮用水中碘含量以大于5μg/L为宜。

在进行地下采矿或各种地下工程（隧道、厂房、煤矿）时，地下水的涌入常常会造成毁灭性的事故。1982年10月19日，太原东山煤矿六斜坡发生了山西省第一例深层岩溶水大型突水事故；2008年3月，霍州白龙矿由于陷落柱导通奥陶系岩溶水发生突水事故，水量达1200m^3/h。还有无数次的古空区透水，特别是2006年3月18日临县樊家山和5月18日左云县新井煤矿发生的最大透水事故，这些惨痛教训引起了社会各界的关注以及对煤矿水害工作的重视。

地下水与其周围的岩土体构成统一的力学平衡系统。地下水的变动，会破坏其原有的平衡而产生种种效应。地下水位的上升，会使孔隙水压力升高、有效应力降低，岩土体强度也将随之降低，从而导致滑坡、水库诱发地震。裂隙岩体中地下水位抬升，会推动岩体向临空面位移，出现岩崩。地下水位下降时，覆盖于强烈岩溶化岩层上的松散沉积物会发生塌陷，这就是岩溶塌陷。

渗透变形易造成坝基或坝体破坏。水库的病险原因复杂，往往由于几种问题同时发生在一座水库，但渗透破坏在坝的失事事故原因中占 30%～40%，是水库失效的主要原因之一。

4. 地下水是一种很活跃的地质营力

地下水是一种重要的地质营力，其主要作用是应力的传递者与热量及化学组分的传输者。

作为地壳中分布最广泛的良好溶剂的地下水，在岩石圈化学组分传输中的作用很大。某些油田及金属矿带的形成，是由于地下水对化学物质的溶解及摄取，然后迁移到适宜的部位沉淀或聚集下来，可作为找油、找矿的标志。

水在岩浆作用、变质作用、岩石圈的形成与改造，乃至地球演变中都起着越来越重要的作用，正受到人们愈来愈多的关注。

5. 地下水是重要的信息载体

由于地下水是应力传递者，同时又在流动，所以地下水位、水量、水温、水化学成分等的变化或异常可以反映地下的许多信息，可以为找矿、找油、地震火山滑坡预报、地质演变等的研究提供依据。地下水位的变化反映了地壳应力的变化，可以作为预报地震的辅助标志；根据地下水化学异常晕圈定隐藏矿床、盐矿床、油田，金属矿床附近的地下水，其化学成分往往具有某些特点，可以作为找矿标志；根据地下水流动痕迹恢复古水文地质条件；根据地下水及其沉淀物(同位素等)确定地质年代。

地下水作为水圈的一部分，在与岩石圈、大气圈、生物圈相互作用过程中成为能量交换和物质循环的载体与纽带，环境变化所导致的上述圈层间物质循环与能量交换的变化必然在地下水中留下某种“印记”，从而使地下水具有了存储和保护环境变化信息的功能。而地下水流动与水-岩相互作用的时间尺度性，使地下水成为一种探测天然与人类成因环境变化的理想介质。

不同时间尺度的气候周期性变化，导致了地下水形成过程具有相应的周期性特征。在漫长的地下水形成地质历史过程中，它经历了万年尺度、千年尺度、百年尺度的多雨期与少雨期，或高温期与低温期，彼此交替出现，形成区域地下水主要补给期与非主要补给期相间分布。因此，地下水或含水层被人们誉为“陆地古气候变化档案”。地下水的“古气候档案”功能的发现，使地下水成为继冰心、黄土、大洋沉积物、孢粉、树木年轮等之后的又一新的气候变化信息载体，同时也极大地革新了水文地质研究视角，即不再仅仅将地下水视为流体，而同时将其作为信息储存库进行研究。

1.2 水文地质学发展简史及展望

1.2.1 水文地质学发展简史

迄今为止，水文地质学的发展大体上可以划分为如下四个时期：

1. 萌芽时期(1856 年以前)

人类早在远古时代就已打井取水。中国已知最古老的水井是距今约 5700 年的浙江余姚河姆渡古文化遗址水井。古波斯时期在德黑兰附近修建了坎儿井，最长达26km，最深达150m。约公元前250年，在中国四川，为采地下卤水开凿了深达百米以上的自流井。中国汉代凿龙首渠，是一种井、渠结合的取水建筑物。

在利用井泉的过程中，人们也探索了地下水的来源。人们对地下水起源有不同的假说，如渗入说、凝结说、沉积说等。

公元前1世纪，古罗马建筑师M.V·波利奥提出渗入说，认为地下水是由雨水和雪水渗入地下形成的。这一假说在中世纪广为盛行，并且在很长一段时期内占据统治地位。

凝结说在公元前4世纪由古希腊人提出。在19世纪末又为奥地利工程师O·福尔格大力提倡，认为地下水是由空气中水蒸气凝结而成的。事实是，由水蒸气凝结而成的地下水，除干旱区在地下水形成中占有一定地位外，广大的湿润地区即使有凝结水也仅占地下水总量中很小的部分。

人们在地下深处普遍发现高温卤水存在以后，在20世纪初提出了沉积说。沉积说的主要内容是地下水与含水岩石同时形成于沉积盆地中，两者的年龄一致，并把这种水命名为沉积水（同生水）。除个别大陆淡水盆地中的沉积水以外，其他地区的沉积水一般总具有很高的矿化度，大部分富集海洋中特有的某些微量元素，如溴、碘、钾等。沉积说支持者还特别指出，大量高孔隙度的海相及大陆沉积相软泥在成岩过程中挤出的大量高矿化度地下水，可能进入周围含水层的地下水中。

以上假说，在当时大部分都很流行，但它们都没有直接回答地下水起源的根本问题。

与此同时，法国的帕利西、中国的徐光启和法国的马略特，先后指出了井泉水来源于大气降水或河水入渗。马略特还提出了含水层与隔水层的概念。

2. 奠基时期（1856年到20世纪中叶）

欧洲产业革命后，大工业兴起，对水的需求增加，于是就有了计算井的出水量的要求。1856年，法国水力工程师达西，进行了大量的水通过砂的渗透试验，得出线性渗透定律即著名的达西定律，提供了地下水定量计算的依据，从而奠定了水文地质学的基础。1863年，法国的裘布依以达西定律为基础，提出计算潜水流的假设和地下水流向井的稳定流公式。1885年，英国的张伯伦确定了自流井出现的地质条件。奥地利的福希海默在1885年制出了流网图，并开始应用映射法。美国人C.V·泰斯，于1935年利用地下水非稳定流与热传导的相似性，得出了地下水流向水井的非稳定流公式即泰斯公式，把地下水定量计算推进到一个新阶段。

同时这个时期，对地下水的起源提出了一些新的看法，对矿水的利用进一步发展等。1902年由奥地利地质学家E.修斯提出初生说，认为初生水来自岩浆源的分异作用。初生水的基本标志是高温、溶解有特殊的与岩浆有关的化学成分，如氯、二氧化硅、硫、硼、磷、砷等，这些组分大部不可能从沉积岩的溶解作用中取得。可是，纯粹由初生水组成的矿泉在自然界并不存在，因为这些水在上升运动中与大量的其他成因的水相混合而失去了它的固有特征。因此，初生水假说在一个时期一直没有得到新的发展。

前苏联水文地质学家Г.Н·卡明斯基认为，凡是早于渗入循环（水文循环）与沉积循环（地质循环）生成的地下水均可命名为内生水，它主要由岩浆及变质（由地球内力作用引起岩石的改造与变化）起源的水、汽组成。自20世纪三四十年代以来，很多学者都注意到地壳深部（包括大型沉积盆地与褶皱山区）广泛存在的高矿化地下卤水形成中内生溶液参与的可能性问题。由地壳下部岩浆源地分异出来的、热的、高矿化的、富气的内生溶液常常在地壳深大断裂处大范围地富集，目前出露于地表许多与岩浆侵入作用无直接关系的热液矿化带及有关矿床，即是这种内生热水溶液活动的一个有力的佐证。全球性蛇纹石化岩带的形成也是同一问题的另一个证据。内生说的提出，是人们对地下水起源问题认识上的一个新的突破。

20 世纪 60 年代以来，已逐渐公认地下水的起源与地球水圈起源紧密相关，原始地壳出现以后，地球水圈才逐渐形成。包含在地球水圈中的水（包括地面水和地下水）主要起源于整个地质时期从地球内部持续逸出的水。

1908 年美国 A. C・莱恩、W. C・戈登和俄国 Н. И・安德鲁索夫分别提出在自然界中存在与沉积岩同时生成的沉积水。1912 年德国 K・凯尔哈克提出地下水和泉的分类，总结了地下水的埋藏特征和排泄条件。美国 O. E・迈因策尔于 1928 年提出了承压含水层的压缩性和弹性。20 世纪 30 年代怀可夫与马斯卡特等进行地下水模型模拟。他们为水文地质学的形成作出了重要贡献。

20 世纪中叶，苏联 A. M・奥弗琴尼科夫和美国的 D. E・怀特在水文地球化学方面作出了许多贡献。到第二次世界大战结束时，在地下水的赋存、运动、补给、排泄、起源以至化学成分变化、水量评价等方面，均有了较为系统的理论和研究方法。水文地质学已经发展成为一门成熟的学科。

3. 发展时期（20 世纪中叶到 20 世纪末）

二次世界大战后，科学技术推动生产力迅猛发展以及人口的急剧增长，使得人们开始大规模开采地下水，一些水文地质现象开始受到人们注意。合理开发、科学管理与保护地下水资源的迫切性和有关的环境问题越来越引起人们的重视。同时，人们对某些地下水运动过程有了新的认识。从 1946 年起，雅可布和汉图什等论述了孔隙承压含水层的越流现象。英国的博尔顿和美国的纽曼分别导出了潜水完整井非稳定流方程。随后，人们对地下水资源量的有限性有了革命性的认识。

预测地下水运动过程的需要促进了水文地质模拟技术的发展。20 世纪 30 年代开展了实验室物理模拟。40 年代末发展起来的电网络模拟，到五六十年代在解决水文地质问题中得到应用。

电子计算机技术的迅猛发展，大大推进了对复杂条件的地下水模拟计算、合理利用和规划管理，七八十年代，地下水数学模拟成为处理复杂的水文地质问题的主要手段。同时，同位素方法在确定地下水平均贮留时间，追踪地下水流动等研究中得到应用。遥感技术及数学地质方法也被引进，用以解决水文地质问题。对由于地下水中污染物的运移和开采地下水引起的环境变化，得到广泛重视。20 世纪 60 年代以来，加拿大的托特提出了地下水流动系统理论，为水文地质学的发展开拓了新的发展前景。水文地质学得到空前的快速发展。

20 世纪 50 年代水文地质学的发展，由于紧跟现代科学新思潮，从传统水文地质学走向现代水文地质学，取得了重大进步。不仅在理论上有极大地提高，而且在实际应用中，对国民、经济规划、国土整治、城市和工业建设以及环境保护等都发挥了重要作用。

4. 转变时期（2000 年至今）

进入 21 世纪以来，水文地质学的发展进入转变时期，可持续发展观的提出，水文地质学的研究目的、核心内容、服务对象等等都发生了重大转变，水文地质学的发展正向“地下水科学”转变。

(1)核心课题转移

初期的水文地质学实际上是找水水文地质学，人们只关心水井周围含水层的局部——“影响半径”；泰斯公式的应用，意味着视野已经扩展到整个含水层。上世纪初叶，随着取用地下水的规模增大，发觉某一范围内可供利用的地下水的数量是有限的，使得探明地下水资源成为核心课题，从而进入了资源水文地质学阶段。与此相应，越流概念的提出，使得包括含水层与弱透水层在内的地下水含水系统成为研究的基本单元。二次世界大战以后，人类活动对包括地下水在内的自然环境的改造异常强烈，产生了一系列生态环境问题，当代水文地质学进入了生态环境水文地质学的新阶段。

(2)研究视野扩展

水文地质学研究是：含水层的局部→整个含水层→地下水系统→水文系统→生态环境系统→技术—社会系统。生态环境是超级复杂巨系统，而地下水则是这一超级复杂巨系统中最为活跃和敏感的一个子系统。在人为活动影响下，地下水的变化会导致一系列复杂的物理、化学与生态效应，对地下水系统、水文系统、地质环境系统和生态系统造成损害。为应对水资源短缺与生态环境损害，人们开展了地下水管理。在相当长的一个时期里，地下水管理被理解为纯粹的自然科学技术问题，人们企图采用解决硬问题的办法，用数学模拟求得唯一的最优解。但是，任何资源——生态环境水文地质问题必然涉及人们的价值判断，因此，所要处理的不仅仅是纯粹的自然科学技术的硬问题，还涉及社会经济软问题；对于这样的技术—社会—经济问题，不可能求得唯一的最优解，而只能在权衡各种利弊和协调各方利益后，选取满意解或者非劣解。于是，水文地质学家开始认识到，他们所面对的实际上是一个复杂的技术—社会系统。

(3)研究目标改变

由局部性的问题转向全局性的课题，由当前的问题转向长期的可持续发展课题；由解决具体生产问题转向构建人与自然协调的、良性循环的地下水系统、水文系统、地质环境系统与生态系统。

(4)研究内容扩展

随着水质问题(天然水质不良、地下水污染、海水与咸水入侵等)的凸现，以及对水化学信息重要性的认识加深，地下水的研究已经从以往的以水量研究为主，转向水量与水质研究并重。在地下水污染修复研究过程中，发觉抽取后加以处理需要付出的代价很大，又难以获得理想效果，于是，开展了着眼于预防的地下水脆弱性(敏感性)评价。与此同时，从化学角度出发的水-岩相互作用研究以及地球化学模拟成为新的研究热点。

地下水水量与水质的形成与包气带密不可分，因而，水文地质学研究从以狭义地下水——饱水带水为对象，扩大到包括包气带与饱水带在内的广义地下水乃至地下水圈的研究。

(5)研究思路的改变

对以现象的规律性为主的研究已经不能满足需要，要求从生成角度，加强过程与机理研究的比重。

(6)多学科交叉渗透成为主流

传统意义上纯粹的水文地质学正在消亡，地下水科学与其他自然科学以及社会科学交叉渗透，以多学科方式研究与处理问题正在成为主流。面对当代水文地质学错综复杂的问题，从事水文地质工作的人员应当具备自然科学与社会科学的多学科的知识背景，以学科交叉的思路去研究问题，以跨学科的视野去处理问题。

(7)服务方式转变

水文地质学的服务对象大为扩展，服务方式发生了很大改变，如何使水文地质工作成果转化为生产力已经成为一个亟须解决的重大课题。

1.2.2 水文地质学发展展望

水文地质学的发展趋势是：由主要研究天然状态下的地下水转向更重视研究人类活动影响下的地下水；由局限于饱水带的含水层扩展到包气带及“隔水层”；由只研究地壳表层地下水扩展到地球深层的水。水文地质发展方向将更贴近解决实际问题，随着数学、计算机和模型技术的发展，水文地质模型将更逼真，预测的结果更接近实际。

预计今后的水文地质研究，在以下几方面将有突破：裂隙水与岩溶水运动机制和计算方法；地下水中污染物以及温度运移机制和计算方法；黏性土的渗透机制；包气带水盐运移机制；水文地球化学和同位素水文地质学；地下水数学模型；地球深层水文地质。

在我国经济建设进入高速发展时期，经济建设与资源、环境的矛盾将日趋严重。如何协调好水资源与环境同社会经济可持续发展的关系，将是摆在我们面前的一项严峻任务。诸如城市水资源紧缺与水资源管理，农田灌溉与建立节水农业，西北水资源的合理开发利用与防止生态环境恶化，水污染与污染治理，城市环境水文地质问题，长江三峡工程、黄河小浪底工程水环境的变化及其影响，酸雨的发展及其对地下水的影响，塔里木盆地沙漠地区油田供水问题，缺水山区人畜饮用水问题，地方病分布区的改水、换水问题，海平面上升对沿海地区水环境的影响等，举不胜举。我们理所当然应该做好准备，鼓足勇气，满怀信心地迎接这些全新的挑战！

人类已进入 21 世纪，面对以上问题和挑战，我们需要对自然界中地下水的循环演化规律有更深刻的了解，对地下水与地质介质的相互作用机理有更深入的揭示，对地下水与环境的关系有更清醒的认识。我们相信，水文地质学的进步必将对人类社会的可持续发展产生巨大影响。

第2章 自然界的水循环

2.1 地球上水来源与分布

随着地球起源理论的发展，一些科学家认为，地球上水的来源与地球起源具有相同的形成过程。其中值得提出的是A.л·维诺格拉多夫(1959)关于地幔带是地球表面水和深部水的唯一源域的假说。随后，E.C·加弗里连科等许多学者又进一步发展了这种观点，具体阐述了在地球形成和发展过程中水的来源和演变。

关于地球上水的起源，目前虽有多种假说，但大多数学者认同的是：地球上的水(包括地表水和地下水)是在原始地壳形成以后，在地球后期演化过程中，不断地从地球内部逸出而起源的。

地球上的水存在于大气圈、水圈、岩石圈及生物圈中。地球上水的总量约为$1386\times10^{15}\,m^3$。绝大部分分布于海洋中，约为$1300\times10^{15}\,m^3$。地面以下17km以内地下水的总量约为$8.4\times10^{15}\,m^3$，其中约有50%以上分布于地面以下1km的范围内(表2-1)。

表2-1 地球浅部层圈水的分布

水体		体积(km^3)	%
大气水		12900	0.001
地表水	海洋	1338000000	96.5
	冰川和永久积雪	24064100	1.74
	湖泊	176400	0.013
	沼泽	11470	0.0008
	河流	2120	0.0002
地下水	包气带水	16500	0.001
	饱水带水	23400000	1.7
	永久冻土带固态水	300000	0.022
合计		1385983490	100

注：据联合国教科文组织资料，转引自中国大百科全书《大气科学·海洋科学·水文科学》卷。未包括生物圈及岩石圈矿物结合水。

2.2 自然界的水循环

从地球的大气圈到地幔的各个层圈中的水构成一个系统。在这个系统中，水相互联系、相互转化的过程称之为自然界的水循环。

自然界的水循环过程非常复杂，本书按水循环的途径长短、速度的快慢和涉及层圈的范围，将水循环分为水文循环和地质循环两类。

2.2.1 水文循环

大气水、地表水和地下水之间的水循环称为水文循环。其特点是：速度快、途径短和转换交替迅速。

在太阳热能及重力的作用下，地球上的水由水圈进入大气圈，经过岩石圈表层（以及生物圈），再返回水圈，如此循环不已。水循环的上限大致可达地面以上 16km 的高度，即大气的对流层，下限可达地面以下平均 2km 左右的深度，即地壳中空隙比较发育的部分。

如图 2-1 所示，在太阳热能的作用下，海洋中的水分蒸发成为水汽，进入大气圈；水汽随气流运移至陆地上空，在适宜的条件下，重新凝结下降（这就是雨、雪等降水）。降落的水分，一部分沿地面汇集于低处，成为河流、湖泊等地表水；另一部分渗入土壤岩石，成为地下水。形成地表水的那部分水分，有的重新蒸发（水面蒸发）成为水汽，返回大气圈；有的渗入地下，形成地下水；其余部分则流入海洋。渗入地下的水，有的通过土面蒸发返回大气圈；有的被植物吸收，通过植物的叶面蒸发而返回大气圈；其余部分则形成地下径流。地下径流或者直接流入海洋，或者在流动过程中再成为地表水，然后退回海洋；也可能由一个地下水体转移到另一个地下水体中，或者在流动过程中，多次由地下水体转为地表水体以及由地表水体转入地下水体，最终退回海洋。总之，渗入地下的这部分水，其经历是最复杂的。水循环的地下过程是在岩土的空隙中进行的。由于流动介质的阻滞，水的运动不像在地面那样顺畅，运移十分缓慢（图 2-2）。

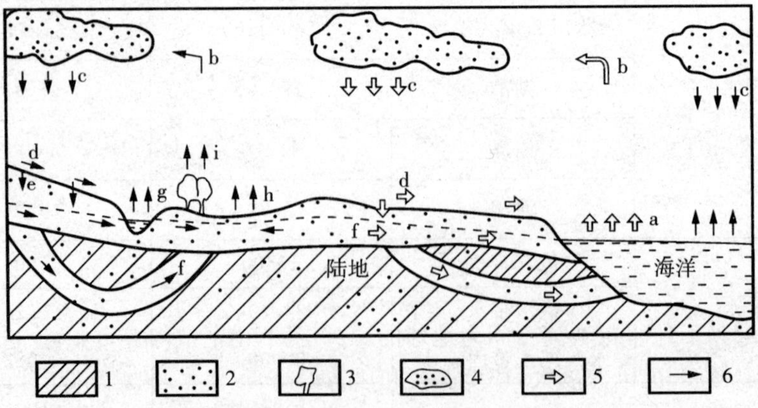

图 2-1 自然界水循环示意图

1—大循环各环节；2—小循环各环节；a—海洋蒸发；b—大气中水汽转移；c—降水；d—地表径流；e—入渗；f—地下径流；g—水面蒸发；h—土面蒸发；i—叶面蒸发（蒸腾）

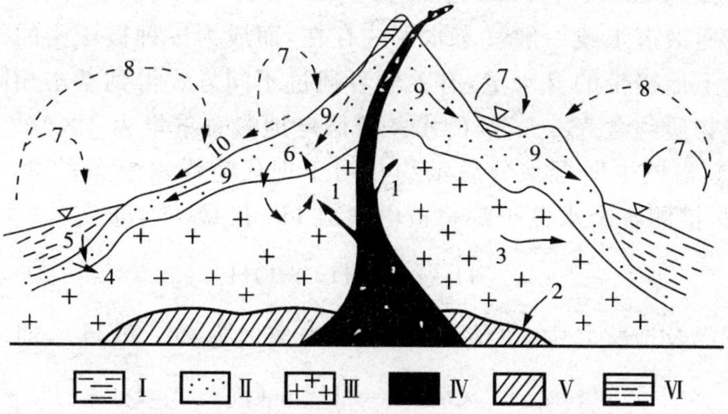

图2-2 水文循环示意图(据阿勃拉莫夫)

Ⅰ—大洋自由水;Ⅱ—沉积岩盖层;Ⅲ—地壳的晶质岩;Ⅳ—岩浆源;Ⅴ—地幔岩;Ⅵ—大陆冰盖;1—来自地幔的初生水;2—回到地幔中的水;3—岩石重结晶脱出来的水(再生水);4—沉积成岩时排出的水;5—和沉积物一起埋藏的水;6—与热重力和化学对流有关的地内循环;7—蒸发和降水(小循环);8—蒸发和降水(大循环);9—地下径流;10—地表径流

一次降水中转化为地表水的部分,迅速汇入河、湖,并随后流入海洋。这部分水在空间上分布于一定水域之内,时间上限于在陆地滞留的时段,这就使其开发利用受到限制。但是,转入地下的那一部分水,由于其分布范围和地表水不一致,流动缓慢,滞留在陆地上的时间长,因此,空间上分布比较广泛,时间上水量变化较慢。这样,就在一定程度上弥补了降水在时间分配上的不均匀性以及地表水在空间分布上的不均匀性,使人们在非降雨季节及没有地表水的地方仍有水可用。水循环的地下过程,除了在时间及空间上调节了水分分配,还对水进行天然过滤,使之洁净,宜于利用。

水文循环又可分为大循环和小循环。水分从海洋经由陆地最终返回海洋,这种发生于海陆之间的水循环称作大循环。在大陆(或海洋)表面蒸发的水分,重又降落回到大陆(或海洋)表面,这种就地蒸发、就地形成降水的循环称作小循环。一个地区水分的小循环增强,则一年中的降水总量也随之增加。对于干旱、半干旱地区,采取措施增强小循环,可以改善干旱气候,增加包括地下水在内的整个水资源。植树造林、兴修水库便是增强小循环,改造干旱、半干旱地区的重要措施之一。

据中国大百科全书资料,大气水循环更新一次需要8天时间,河水循环更新一次需要16天时间,海洋水全部更新一次需要2500年,地下水根据其不同的埋藏条件,更新的周期从几个月到若干万年不等。

2.2.2 地质循环

地球浅层圈和深层圈之间水的相互转换过程称为水的地质循环。

地壳的下部到下地幔与地核之间为地球的深部层圈,由上节内容可知,这里所包含的水分比表部层圈要多得多,但因深度大,环境温度和压力增高,致使水的物理化学状态发生变化。

我们知道,普通液态水的化学结构是以二三个极化的水分子相聚合在一起,分子聚合体之间通过氢键相互联结。通常情况下,地壳上部深度为15km范围内所分布的水就是以这种液态水为主。

在地壳下部深约 15km～35km 处，地温达 400℃～425℃以上，同时压力也很大，故这里的水不可能以普通液态水或一般气态水形式存在，而成为一种被压密的气水溶液。

关于地壳以下地幔带的含水量，有关学者通过不同方式得到基本相同的结论，即未经受去气作用的地幔物质约含 5%～7%的水。若假定地幔总重量为 4×10^{27} g，其中的熔融物质占 25%，则地幔软流圈中所含水分总量约相当于现代海洋水总量的 35～50 倍。但这里温度与压力都极高，推测各个水分子都将被电离成 H^+ 和 OH^-，即：

$$H_2O \rightleftharpoons H^+ + OH^-$$

到地幔的下部及地核之中，可能 OH^- 也被电离成为 O^{2-} 和 H^-，即

$$OH^- \rightleftharpoons H^+ + O^{2-}$$

然而，这些反应都是可逆的，当环境的温度、压力降低时，反应便向左进行，因此，如果软流圈中的熔浆沿某些通道上溢地表，则其中的离子便结合成 H_2O 而析出，称为初生水(图 2-2 中的 1)。故在新火山区，觉到岩浆喷发的同时，伴随有大量的水汽溢喷。

据 E. K · 马尔欣宁(1967)利用千岛群岛火山研究成果，推算出全球所有岛屿都有火山喷发作用。水热作用和喷气作用，每年溢出地表的初生水约为 2×10^8 t，在下降流区则发生另一种作用(图 2-3)，即含有较多水分的地壳岩块在俯冲带返回到地球内部，沉入到地幔中，使地幔得到包括水分在内的物质补充。上述过程造成地幔与表部层圈之间的水分循环。

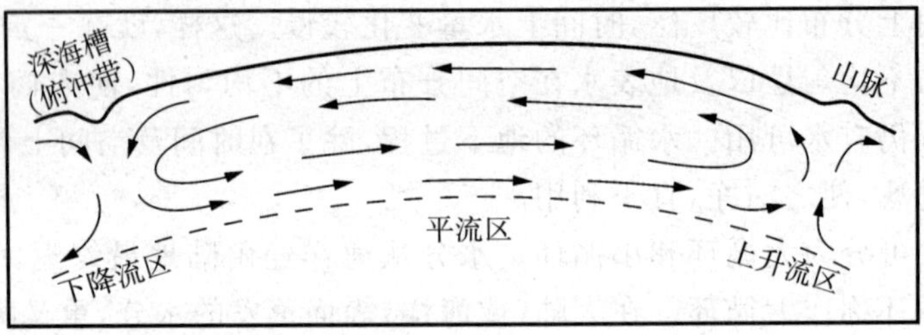

图 2-3　上地幔带对流作用示意图

此外，自然界中水的地质循环，还有其他更为广泛和复杂的形式。可以说，一切有水参与的地质过程，都可能成为水的地质循环过程。比如，一个构造盘地下降时，和沉积物一起埋藏的水(埋藏水)被封存于深部封闭环境中，后来由于抬升，重被揭露于地表；在岩石中风化，沉积物成岩以及变质作用等过程中，水被分解和合成。例如，在有水参与下，铝硅酸盐(长石)的风化过程：

$$4KAlSi_3O_8 + 6H_2O = Al(Si_4O_{10})(OH)_8 + 8SiO_2 + 4K^+ + 4OH^-$$

(钾长石)　　　　　　黏土矿物(高岭土)

据推断，当原生铝硅酸盐岩石完全风化为黏土时，必须有 15%～30%(重量)的水被分解。而在变质作用过程中，黏土矿物和碳酸盐岩石的重结晶作用，分解出 H^+、OH^- 及其他组分，在形成新的铝硅酸盐岩石的同时，H^+ 和 OH^- 合成成为 H_2O，形成再生水。上述种种为水分地质循环的部分表现形式。

由此可知，自然界中的两种水循环差别极大。水文循环是一种直接循环，即不同层圈中

水与水之间的直接转换。相对来说，其循环途径较短，速度较快。由于此种循环是在表部层圈进行，故对地球气候、水资源分布、生态环境等起控制作用，与人类关系最为直接。而地质循环一般属于间接循环，它主要表现为伴随地球物质的运动、运移、变化过程而产生的水分循环，故循环途径长，速度缓慢，循环过程与地质历史过程一致。研究水分的地质循环，对深入了解地下水的起源、演变以及地下水在各种地质过程中所起的作用有着重要意义。自然界中的两种水循环彼此相关，使地球各层圈中的水保持着稳定状态。

2.3　与水循环有关的气象因素和水文因素

地球的最外层被大气所包围。大气中的水汽是地球水圈的一个组成部分；自然界中水循环的最重要环节——蒸发、降水，都与大气的物理状态有密切关系；气象和气候因素对水资源的形成和分布具有重要影响。

2.3.1　气象因素

2.3.1.1　大气圈的结构

大气的主要成分是氮(78％)和氧(21％)，此外还有二氧化碳、臭氧、水汽及固体尘埃等。水汽的含量变化很大，一般占 0.01％～4％。

地球的表面即是大气圈的下限，而大气圈的上限很难确定，因为大气的密度随高度增加呈指数减少。根据地球卫星探测资料，其上限高度可达 2000km～3000km。根据大气的温度、成分及其他物理性质可自地表往上将大气圈分为五层，即对流层、平流层、中层、热层和外层。

对流层最接近地表，受到地面的热影响，经常发生上升或下降的气流活动，因此得名。炎热的赤道区对流层的上界约 17km～18km，中纬度带约 10km～12km，寒冷的极地地区仅 8km～9km。大气中的水汽主要分布在对流层内。因此，对流层的高度也决定了水循环的上限。对流层的温度，有地面往高空随高度增加而递减，大气具有大规模的对流运动，垂直乱流混合剧烈，对流层的物理状态随时间和空间都有显著变化，从而决定了天气和气候的复杂变化。以下讨论的气象要素变化，主要针对对流层而言。

2.3.1.2　大气的热源

太阳的热辐射是地表和大气的最主要热源。据近年来宇航观测资料，大气层的上界面每平方厘米面积上每分钟接受的太阳辐射能量约为 8.16J。由于大气的主要成分氮和氧几乎不吸收太阳辐射能，水汽和二氧化碳则主要吸收波长较长的红外光线，而太阳辐射主要是短波辐射，故大气所直接吸收的太阳辐射能仅占 15％，其余部分约有 42％通过反射和散射返回宇宙空间，43％到达地球表面。地表接受辐射增热后，自身再向大气和宇宙空间辐射能量。此类辐射主要是长波辐射，故大气吸收长波而增温。此外，空气与地面直接接触，由于热传导、对流而升温，更是大气增温的主要原因。因此，地表是大气的二次热源。

2.3.1.3　主要气象要素的变化

(1)气温

由于地球是大气的第二热源，因此地表的热力状况随时间和空间的变化必然导致气温的相应变化。

气温随时间的变化是指一个地区气温的昼夜变化、季节变化和多年变化。

气温随空间的变化包括水平方向和垂直方向的变化。高度相同的地区，气温变化主要受纬度的控制，一般自赤道向两极由高到低。以同一时期各地区气温平均值绘制等温线图来表示气温水平变化。垂直方向的变化，是指同一地点不同高度上气温的变化。在对流层内，气温随高度增加而递减，一般每升高 100m，气温约降低 0.5℃。

(2)气压

大气的质量施加在地表或地表物体上的压力称为大气压力，常用毫米水银柱高度表示。在标准状态下（气温为 0℃时，纬度 45°的海平面上）的气压为 760mm 水银柱高度，即约 10^5 Pa。

由于大气的质量随高度增加而降低，因此压力也随高度增加而降低。而地表热力状况的差异，则造成气压在水平方向的变化。赤道地带气温高，热气流上升猛烈，对流层厚度较大，故在赤道上空，气压较两侧地带大，大气向两侧运动。两侧地带由于发生下降气流使近地面处空气密度加大。因此在邻近地面的下部，赤道地带形成低压带，两侧则形成亚热带高压带，地表遂产生由两侧向赤道运动的气流。两极气温低，空气密度大，也形成高压带。在两极和亚热带的高压带之间形成相对低压带。

地表覆盖状况不同，热力状态有很大差异。例如，由于水和岩石的热容量差别较大，因此冬季大陆气温比海洋低，气压则高于海洋地区，夏季则正好相反。这就造成了海陆之间的气压差，而形成了周期性的季风。气压差别引起气流，气流运动使大气中的水分与热量重新分配，从而引起各种复杂的天气现象。

(3)湿度

大气中水汽含量构成了空气湿度。水汽具有重量，所以也有压力。空气中水汽含量的多少可以用重量或压力表示。湿度分为绝对湿度和相对湿度两种。绝对湿度表示某一地区某一时刻空气中水汽的含量。采用重量单位时，用 $1m^3$ 空气中所含水汽的克数表示，重量单位绝对湿度代表符号为 m。采用压力单位时，为空气中所含水汽分压相当于水银柱高度的毫米(mm)数，或以 mb(毫巴)表示($1mb=10^2Pa$)，代表符号为 e。绝对湿度只能说明某一时刻空气中水汽含量的多少，而不能表明此时空气中水汽含量的饱和程度。因此又有相对湿度的概念。

空气中所能容纳的最大水汽数量随着气温升高而增大(表 2-2)。某一温度下，空气中可容纳的最大水汽数量，称为该温度下的饱和水汽含量，同样也可用重量单位(代号为 M)，或压力单位(代号为 E)表示。

表 2-2　不同温度下的饱和水汽含量

温度	-30℃	-20℃	-10℃	0℃	10℃	20℃	30℃
E(mm)	0.4	1.0	2.2	4.6	9.2	17.5	31.9
$M(g/m^3)$	0.5	1.1	2.4	4.8	9.4	17.3	30.4

绝对湿度和饱和水汽含量之比即为相对湿度(r)，即：$r=(e/E)\times100\%$，或 $r=(m/M)\times100\%$。相对湿度以百分比表示。

相对湿度可通过计算求得。若气温为 20℃，绝对湿度 $e=4.6mm$，可查表，得 $E=17.5mm$，相对湿度 $r(20℃)=(e/E)\times100\%=(4.6/17.5)\times100\%=26.3\%$，气温下降到

0℃，$E=4.6\text{mm}$，则 $r(0℃)=100\%$。

由此可见，由于饱和水汽含量随温度降低而减小，因此当绝对湿度不变时，随气温下降，相对湿度随之增高。当绝对湿度与饱和水汽含量相对时，相对湿度等于 100%，空气中水汽达到饱和时的气温称为露点。当气温降低到露点以下，空气中过剩的水汽即凝结而形成不同形式的液态或固态降水。

(4)蒸发

在常温下水由液态变化气态进入大气的过程称为蒸发。空气中的水汽主要来自地表水、地下水、土壤和植物的蒸发。有了蒸发作用，水循环才得以不断进行。

水面蒸发的速度和数量取决于许多因素(气温、气压、湿度、风速等)，其中主要决定于气温和绝对湿度的对比关系。气温决定了空气的饱和水汽含量，而绝对湿度则是该温度下空气中实有的水汽含量，该两水汽含量之差称为饱和差(d)，即 $d=E-e$。蒸发速度或强度与饱和差成正比，即饱和差愈大，蒸发速度也愈大。同理，相对湿度愈小，则饱和差愈大，蒸发速度也愈大。

风速是影响水面蒸发的另一重要因素。蒸发的水汽容易积聚在水面上而妨碍进一步蒸发，风将水面蒸发出来的水汽不断吹走，使蒸发加快，因此，风速愈大，蒸发就愈强烈。

蒸发包括水面蒸发、土面蒸发、叶面蒸发等。通常用水面蒸发量的大小表征一个地区蒸发的强度。气象部门常用蒸发皿(直径数十分米的圆皿)测定某一时期内蒸发水量，以蒸发的水柱高度毫米数表示蒸发量，如北京的多年平均蒸发量为 1102mm。

必须注意，气象部门提供的蒸发量，只能说明蒸发的相对强度，而不代表实际的蒸发水量。因为通常一个地区不全是水面，并且，用小直径的蒸发皿测得的蒸发量比实际的水面蒸发量要偏大许多。

(5)降水

当空气中水汽含量达饱和状态时，超过饱和限度的水汽便凝结，以液态或固态形式降落到地面，这就是降水。空气冷却是导致水汽凝结的主要条件。暖湿气团由于各种原因变冷就可以产生降水。其中最常见的是锋面降水。当暖湿气团与冷气团相遇时，在两者接触锋面上，水汽大量凝结形成降水。气象部门用水量计测定降水量，以某一地区某一时期的降水总量平铺于地面得到的水层高度毫米数表示。

降水是水循环的主要环节之一，一个地区降水量的大小，决定了该地区水资源的丰富程度，对地下水资源的形成具有重要影响。

以上介绍了主要气象要素的基本概念，这些气象要素的变化决定了大气的物理状态。在一定地区一定时间内，各种气象因素综合影响决定的大气物理状态称为天气。而某一区域天气的平均状态(用气象要素多年平均值表征)，称为该地区的气候。无论是变化迅速的气象要素，还是变化缓慢的气候要素，对于自然界水循环过程，以致地下水的时空分布都具有重要影响。

2.3.2　径流

径流是水循环的重要环节和水均衡的基本要素，系指降落到地表的降水在重力作用下沿地表或地下流动的水流。因此，径流可分为地表径流和地下径流，两者具有密切联系，并经常相互转化。据统计，全球大陆地区年平均有 47000km^3 的水量通过径流返回海洋，约占陆地降水量的40%。这部分水量大体上是可供人类利用的淡水资源。

地表径流和地下径流均有按系统分布的特点。汇注于某一干流的全部河流的总体构成一个地表径流系统,称为水系。一个水系的全部集水区域,称为该水系的流域。流域范围内的降水均通过各级支流汇注于干流。相邻两个流域之间地形最高点的连线即为分水线,又称分水岭。这些概念同样可用于地下水,但地下水的系统不像地表水系那样明显和易于识别,具有自己的一些特点。

在水文学中常用流量、径流总量、径流深度、径流模数和径流系数等特征值说明地表径流。水文地质学中有时也采用相应的特征值来表征地下径流。

流量(Q)系指单位时间内通过河流某一断面的水量,单位为m^3/s。流量Q等于过水断面面积F与通过该断面的平均流速V的乘积,即:

$$Q=V\cdot F \tag{2-1}$$

径流总量(W)系指某一时段T内,通过河流某一断面的总水量,单位为m^3。可由下式求得:

$$W=Q\cdot T \tag{2-2}$$

径流模数(M)系指单位流域面积$F(km^2)$上产生的平均流量,以$L/s\cdot km^2$为单位,计算式为:

$$M=\frac{Q}{F}\cdot 10^3 (1L=10^{-3}m^3) \tag{2-3}$$

径流深度(Y)系指计算时段内的总径流量均匀分布于测站以上整个流域面积上所得到的平均水层厚度,单位为mm,计算式为:

$$Y=\frac{W}{F}\cdot 10^{-3} \tag{2-4}$$

径流系数(α)为同一时段内流域面积上的径流深度Y(mm)与降水量X(mm)的比值:

$$\alpha=\frac{Y}{X} \tag{2-5}$$

以小数或百分数表示。以上各特征值的换算关系见表2-3。

表2-3 径流特征值换算关系

特征值 \ 关系式 \ 特征值	$Q(m^3/s)$	$W(m^3)$	$M(L/s\cdot km^2)$	$Y(mm)$
$Q(m^3/s)$	—	$\frac{W}{T}$	$M\cdot F\cdot 10^{-3}$	$\frac{Y\cdot F}{T}\cdot 10^3$
$W(m^3)$	$Q\cdot T$	—	$M\cdot F\cdot T\cdot 10^{-3}$	$Y\cdot F\cdot 10^3$
$M(L/s\cdot km^2)$	$\frac{Q}{F}\cdot 10^3$	$\frac{W}{T\cdot F}\cdot 10^3$	—	$\frac{Y}{F}\cdot 10^6$
$Y(mm)$	$\frac{Q\cdot T}{F}\cdot 10^{-3}$	$\frac{W}{F}\cdot 10^{-3}$	$M\cdot T\cdot 10^{-6}$	—

2.4　我国水循环概况

我国全境几乎均属季风气候，一年中有明显的旱季与雨季之分，这与我国特殊的地理格局有关。我国东南部受太平洋副热带高压影响，大约每年四五月份最南部开始雨季；随时间的推移，降雨带逐渐北移，六七月份位于江淮地区，七八月份到达华北、东北以及内陆腹心某些地区。我国西南云南到西藏一带，受印度洋季风的影响，大致六月到九月为雨季。

这种分明的雨季与旱季，使我国水资源在时间分配上相当不均匀。各个地区的雨季降水较多，是水循环积极进行的时期。即使是比较干旱的地区，由于全年降水的绝大部分集中于短期降落，河流、湖泊及其他地表水体的水量都得到补充，不少地区甚至江河漫溢，形成洪涝灾害。地下水在此期间也获得大量雨水渗入补充，此时期是用水的有利时期。反之，旱季一般均缺乏降水，地表水及地下水都以或快或慢的速度流向海洋，或以不同的蒸发强度转入大气圈。补给量小于排出量，总水量逐渐消耗减少，是用水不利的时期。

各个地区水量随时间变化的根本原因是水循环过程的不均匀性，这给用水带来不利影响。地下水的运动速度比地表水缓慢得多，因此，当地表的间歇河已经干涸，大小河溪的流量急剧减少之际，地下水仍能保持一定的水量和一定高度的水位。这样，不但其本身仍保持供给相当水量的能力，还使与其有联系的地表水获得源源不断的补充。一个地区的地下水对水循环的滞缓，对水量在时间上的分配起着调节作用，使之趋于较为均匀，对用水是很有利的。

我国幅员广大，不同地区距海洋的远近极为悬殊，东南沿海降水量最高可大于 2000～3000mm，向西北内陆逐渐减少，直到接近于零。降水量随地区的位置不同而变化，使各地区水循环强度及频率很不相同，从而，水资源条件以及对水需求的满足程度很不相同。一般说来，长江流域及其以南地区，降水较为丰沛，水循环的总量可以满足生产及生活的需要。但由于水量季节分配不均，某些地区在干旱季节仍然缺水。

华北和东北地区，一般雨季水量不少，但干旱季节长，普遍缺水，总的说来水量不能满足需求。在人口不断增长，工农业大力发展的情况下，水量不能满足需求这一矛盾将日益尖锐。必须充分认识水量不足的严重性，生活与生产对水资源的依赖程度并不亚于能源。水与能源都是工农业生产不可缺少的物质基础。但是开辟能源的途径是多方面的，从煤、石油、水力，直至原子能、地热、潮汐能、太阳能和风力，可以根据地区的条件，加以研究，开辟利用。而水资源却别无替代的东西，只能通过增加水循环的强度与频率，或由别的地区调入水源加以解决。能源对生活主要起间接的影响，水却是任何人每天不可缺少的必需品。所以，水比能源更为重要。要实现强国，必须高瞻远瞩，充分重视水资源的问题，否则，事到临头，将会十分被动。我国华北与东北，虽然从总体及发展的角度看，水资源不足，但由于目前这一矛盾尚未充分暴露，至今仍未引起足够的重视。

某些地区水资源不足的矛盾尚未充分显露，一方面是由于目前的生产发展水平并不高；另一方面则是由于目前有相当一大部分的用水取自地下。地下水的分布比较普遍，有人因此把地下水看做似乎是“取之不尽”、“用之不竭”的，这里没有那里有，浅处没有深处有，因而对水资源抱盲目乐观的态度。实际上，地下水是地球总的水循环的一个环节，开采地下水无非是取用水循环过程中存在于地下的水。水在地下循环的速度一般相当缓慢，某些深部的地下水，其循环周期以几千年甚至几万年计。因此，即使每年只有雨季获得一次补充水量的地方（如华北、东北），由于多年循环的累积，在干旱季节仍能保持相当的水量可供采用。对一个地区来说，如果不考虑调入外来水源，那么，可以长期供应的水量，就是该地区经常参与水循环的那部分水量。当用水量超过经常参与水循环的总水量时，实际上是提取了多年中积存在地下的水。而后者是很难在短期得到补充的，从实际应用的角度看，有时甚至是无法补充恢复的。换句话说，这部分水只能在短期内用来暂时弥补水量收支的亏空，而不能保证长期不断地供应。如果不认识到这一点，不能及早采取措施解决水源问题，到一定时期，就会出现生产与生活无以为继的严重局面。

干旱或沙漠地区，对水的需求与依赖尤为明显。例如我国新疆、河西走廊等地，是季风降水难以抵达的地区，平原及盆地终年降水量寥寥无几，形成大范围的荒漠。任何生物的存在以存在水源为前提。沙漠中的所谓“绿洲”，就是因为有一定的水源条件。这些地方的水，不论是地表水还是地下水，均来源于邻近高山的冰川与积雪的融化，究其本源仍是山区的降水。如河西走廊的“绿洲”，即由祁连山冰雪融化补充其地表水及地下水。新疆的“绿洲”，无不环绕于塔里木与准噶尔沙漠的边缘，而以其四周的高山融雪为水源。一旦水源断绝，“绿洲”便成荒漠。古代“丝绸之路”上的某些繁盛的城镇，因水源断绝或埋没而致堙废，便是一例。

只有在缺水的地区，才显示出水的贵重，而在不很缺水的地区，由于到处容易获得水，长期习以为然，似乎认为水是无需考虑的问题。当一个地区发展到水源不能满足生活与生产的需要时，再来考虑解决水源问题，为时已晚，势必大大影响生产的发展。

以上说的是一个地区水循环的总量是否能满足需要。实际上，即使总的供应水量能与用水量保持平衡，也还存在某些季节水分过剩，某些季节水分不足的问题。对于具有季风气候、干温季节分明的我国来说，这个问题尤为突出。即使是丰水的长江流域及其以南地区，干旱年份的某些季节，也深感缺水之苦。这种地方也需要对水资源进行季节性的调节。为此，必须根据不同地区的条件，采取促进或滞缓地表水或地下水的措施。

不管是地表水还是地下水都是自然界水循环中的一个环节，均以大气降水为其补给来源。因此，一个地区水资源的丰富程度主要取决于降水量的多寡。降水量大的地区，水资源较为丰富；反之，水资源贫乏。由于降水在时间上分配的不均匀，在总径流量中占主要地位的地表径流由于循环速度快，利用率受到限制；而地下径流比较滞缓，分布也较广泛，无论在时间上和空间上均可起到一定的调节作用；从而大大提高了地下水在水资源中的价值和地位。但是，我们必须充分认识到，只有降水才是地下水补给的最主要来源。在某些降水十分稀少的干旱地区，甚至沙漠地区，有时也能发现一定数量的地下水。它们或者是从周围高山冰雪融水获得补充，实际上仍是固体降水的转化补给；或者是在长期地质历史或历史时期中积聚起来的，是多年水循环的积累。而可以长期供给利用的水量，只能是该地区经常参与水循环的那部分水量。当水用量超过参与水循环的总水量时，只能是该地区经常参与水循环的那部分水量。当用适量超过参与水循环的总水量时，实际上是提取多年积存的地下水；这部分水量是难以短期恢复补充的，从实际应用的角度而言，有时甚至是无法恢复的。因此，把地下水资源的形式作为自然界水循环过程中的一个环节加以研究，是水文地质学的一个基本出发点。

复习思考题

1. 叙述地球浅部层圈水的分布。
2. 什么是水文循环？它有哪些特点？
3. 水文循环又可分为大循环和小循环，什么是大循环和小循环？
4. 与水循环有关的气象因素和水文因素是哪些？
5. 我国水循环有哪些特点？

第3章 地下水的分类与赋存

3.1 岩石中的孔隙与水分

3.1.1 岩石中的孔隙

地下水存在于岩石孔隙之中，地壳表层十余公里范围内，都或多或少存在着孔隙，特别是浅部一二公里范围内，孔隙分布较为普遍。按照维尔纳茨基形象的说法，“地壳表层就好像是饱含着水的海绵”。

岩石孔隙既是地下水的储容场所，又是地下水的运动通路。孔隙的多少、大小、形状、连通情况及其分布特点等，通常把这些统称为岩石的空隙性。它对地下水分布、埋藏与运动具有重要的控制意义。

将岩石孔隙作为地下水储容场所与运动通路研究时，可以分为三类，即：松散岩石中的孔隙、坚硬岩石中的裂隙以及易溶岩层中的溶穴（隙）。

1. 孔隙

松散岩石是由大大小小的颗粒组成的，在颗粒或颗粒的集合体之间普遍存在空隙；空隙相互连通，呈小孔状，故称作孔隙。

岩石中孔隙体积的多少是影响其储容地下水能力大小的重要因素。孔隙体积的多少用孔隙度表示。孔隙度是指某一体积岩石（包括孔隙在内）中孔隙体积所占的比例。如以 P 表示孔隙度，V_p 表示岩石中孔隙体积，V 表示包括孔隙在内的岩石体积，则得

$$P=V_p/V \quad 或 \quad P=(V_p/V)\times 100\% \qquad (3-1)$$

孔隙度是一个比值，可用百分数或小数表示。

孔隙度的大小主要取决于颗粒排列情况及分选程度；另外，颗粒形状及胶结情况也影响孔隙度。对于黏性土，结构及次生空隙常是影响孔隙度的重要因素。

为了说明颗粒排列方式对孔隙度的影响，我们可以设想一种理想的情况，即颗粒均为大小相等的圆球。当这些理想颗粒作立方体排列时（图 3－1(a)），可算得其孔隙度为 47.64%；当做四面体排列时（图 3－1(b)），孔隙度仅为 25.95%。颗粒受力情况发生变化时，通过改变排列方式而密集程度不同（图 3－2）。上述两种理论上最大与最小的孔隙度平均起来接近 37%，自然界中松散岩石的孔隙度与此大体相近。

应当注意，我们在上述计算中并没有规定圆球的大小；因为孔隙度是一个比例数，与颗粒大小无关。

自然界并不存在完全等粒的松散岩石。分选程度愈差，颗粒大小愈不相等，孔隙度便愈

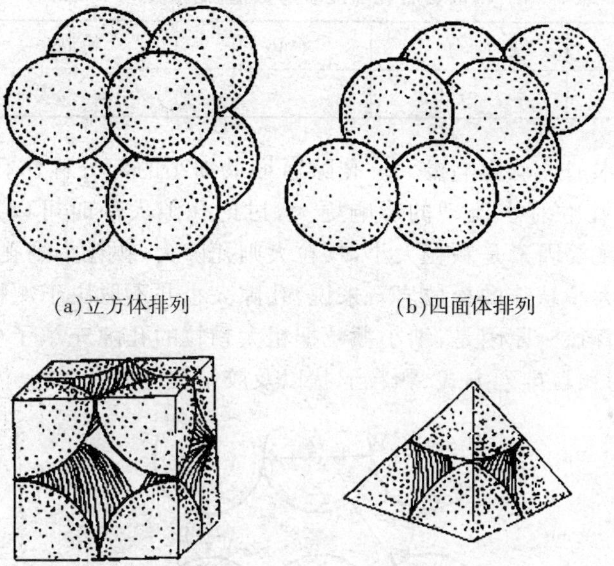

(a)立方体排列　(b)四面体排列

图 3-1　颗粒的排列形式(参照格雷通)

小。因为细小颗粒充填于粗大颗粒之间的孔隙中，自然会大大降低孔隙度(图 3-2 中3、4)。我们可以假设一种极端的情况，如果一种等粒砾石的孔隙度 P_1 等于 40%，另一种等粒的极细砂的孔隙度 P_2 也等于 40%，而极细砂完全充填于砾石孔隙中，则此混合砂砾石的孔隙度 $P=P_1\times P_2=16\%$。

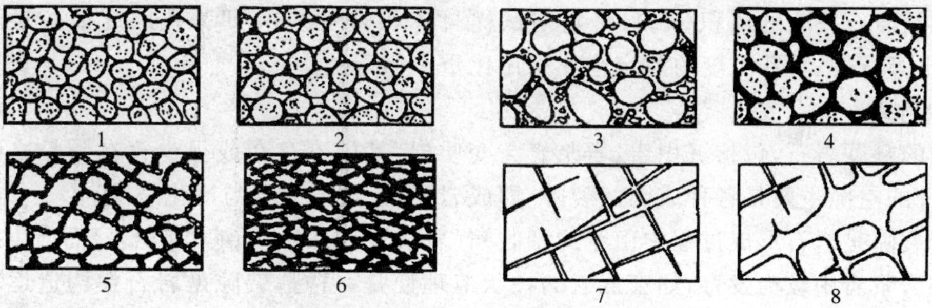

图 3-2　岩石中的各种空隙(据迈因策尔修改补充)

1—分选良好，排列疏松的砂；2—分选良好，排列紧密的砂；3—分选不良，含泥、砂的砾石；4—经过部分胶结的砂岩；5—具有结构性空隙的黏土；6—经过压缩的黏土；7—具有裂隙的基岩；8—具有溶隙及溶穴的可溶岩

自然界中也很少有完全呈圆形的颗粒。颗粒形状愈是不接近圆形，孔隙度就愈大。因为这时突出部分相互接触，会使颗粒架空。

黏土的孔隙度往往可以超过上述理论上的最大孔隙度。这是因为黏粒表面常带有电荷，在沉积过程中黏粒聚合，构成颗粒集合体，可形成直径比颗粒还大的结构孔隙(图 3-2 中 5、6)。此外，黏性土中往往还发育有虫孔、根孔、干裂缝等次生空隙。

松散岩石受到不同程度胶结时，由于胶结物质的充填，孔隙度有所降低(图 3-2 中 4)。

表 3-1 列出自然界中主要松散岩石孔隙的参考数值。

表 3-1 松散岩石孔隙度参考数值(据 R. A. Freeze)

岩石名称	砾石	砂	粉砂	黏土
孔隙度变化区间	25%～40%	25%～50%	35%～50%	40%～70%

孔隙大小对地下水的运动影响极大。孔隙通道最细小的部分称作孔喉，最宽大的部分称作空腹(图 3-3)。孔喉对水流动的影响更大，讨论孔隙大小时可以用孔喉直径进行比较。影响孔隙大小的主要因素是颗粒大小，颗粒大则孔隙大，颗粒小则孔隙小。需要注意的是，对分选不好、颗粒大小悬殊的松散岩石来说，孔隙大小并不取决于颗粒的平均直径，而主要取决于细小颗粒的直径。原因是，细小颗粒把粗大颗粒的孔隙充填了(图 3-2 中 3)。除此以外，孔隙大小还与颗粒排列方式、颗粒形状以及胶结程度有关。

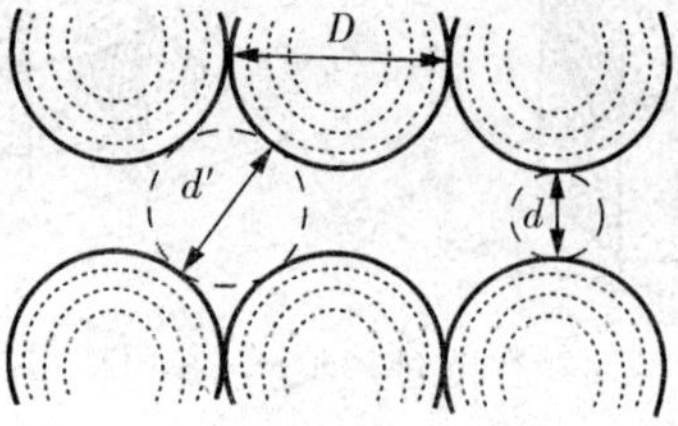

图 3-3 孔喉(直径为 d)与孔腹(直径为 d')通过孔隙通道中心切面图
假定颗粒为等粒球体(直径为 D)作立方体排列

孔隙度的测定方法很多，最常用的是饱水法，对卵石、砾石、粗砂、中砂较适用。这种方法简便，可以在野外进行。其方法是向一定容积的干试样内注水，使其达到饱和。注入水量的体积就是岩石孔隙的体积(V_n)，将它与试样总体积(V)之比，即为孔隙度值。对于细粒砂、黏性土等试样，其孔隙度的测定往往采用比重一容重法。

2. 裂隙

固结的坚硬岩石，包括沉积岩、岩浆岩与变质岩，其中不存在或很少存在颗粒之间的孔隙；岩石中的空隙主要是各种成因的裂隙，即成岩裂隙、构造裂隙与风化裂隙。

成岩裂隙是岩石形成过程中由于冷却收缩(岩浆岩)或固结干缩(沉积岩)而产生的。成岩裂隙在岩浆岩中较为发育，如玄武岩的柱状节理便是。构造裂隙是岩石在构造运动过程中受力产生的，各种构造节理、断层即是。风化裂隙是在各种物理的与化学的因素的作用下，岩石遭破坏而产生的裂隙，这类裂隙主要分布于地表附近。

(1)体积裂隙率(K_r)　是测定岩石裂隙体积(V_r)与该岩石(包括裂隙在内)的体积(V)之比，用小数或百分数表示，即：

$$K_r=\frac{V_r}{V}\text{或}K_r=\frac{V_r}{V}\times100\% \tag{3-2}$$

(2)面裂隙率(K_a)　是测定岩石面积上裂隙面积 $\sum l\cdot b$ 与该岩石(包括裂隙在内)的面积(F)之比，用小数或百分数表示，即：

$$K_a=\frac{\sum l\cdot b}{F}\text{或}K_a=\frac{\sum l\cdot b}{F}\times100\% \tag{3-3}$$

(3)线裂隙率(K_l)　是测定岩石直线上裂隙宽度之和$\sum d$与该测定直线长度l之比,用小数或百分数表示。即:

$$K_l=\frac{\sum d}{l} \text{ 或 } K_l=\frac{\sum d}{l}\times 100\% \qquad (3-4)$$

裂隙率可在野外或在坑道中通过测量岩石露头求得,也可以利用钻孔中取出来的岩芯测定。在测定裂隙率时,一般还应测定裂隙的方向、延伸长度、宽度、充填情况等。因为这些都对水的运动有很大影响。

裂隙发育一般并不均匀,即使在同一岩层中,由于岩性、受力条件等的变化,裂隙率与裂隙张开程度都会有很大差别。因此,进行裂隙测量应当注意选择有代表性的部位,并且应当明了某一裂隙测量结果所能代表的范围。

3. 溶穴(隙)

易溶沉积岩,如岩盐、石膏、石灰岩、白云岩等,由于地下水的溶蚀会产生空洞,这种空隙就是溶穴。溶穴体积V_k在包括溶穴在内的岩石体积V中所占的比例数即为岩溶率K_k,即:

$$K_k=\frac{V_k}{V}\times 100\% \qquad (3-5)$$

岩溶发育极不均匀。大者可宽达数百米、高达数十米乃至上百米、长达数十公里或更多,小的只有几毫米直径,并且,往往在相距极近处岩溶率相差极大。例如,在具有同一岩性成分的可溶岩层中,岩溶通道带的岩溶率可以达到百分之几十,而附近地区的岩溶率都几乎是零。

综上所述,若将孔隙率、裂隙率与岩溶率做一对比,可以得到以下结论。虽然三者都是说明岩石中空隙所占的比例,但在实际意义上却颇有区别。松散岩石颗粒变化较小,而且通常是渐次递变的,因此,对某一类岩性所测得的孔隙率具有较好的代表性,可以适用于一个相当大的范围。坚硬岩石中的裂隙,受到岩性及应力的控制,一般发育颇不均匀,某一处测得的裂隙率只能代表一个特定部位的状况,适用范围有限。岩溶发育极不均匀,利用现有的办法,实际上很难测得能够说明某一岩层岩溶发育程度的岩溶率。即使求得了某一岩层的平均岩溶率,也仍然不能真实地反映岩溶发育的情况。因此,岩溶率的测定方法及其意义,都还值得进一步探讨。

岩石空隙的发育情况,实际上远比上面所讨论的复杂。例如,松散岩石固然主要发育孔隙,但某些黏性土失水干缩后可以产生裂隙;这些裂隙的水文地质意义,往往超过其原有的孔隙。成岩程度不十分高的沉积岩,往往既有裂隙,又有孔隙。易溶岩层在同一岩层的不同部位,由于溶蚀强度不均一,有的部分主要发育裂隙,有的部分主要发育溶穴。因此,进行工作时必须从实际出发,注意观察、收集事实,在事实基础上分析空隙的形成原因及控制因素,弄清其发育规律。只有这样,才有利于分析地下水储存与运动条件。

3.1.2　岩石中的水分

地壳岩石中存在着各种形式的水。存在于岩石空隙中的有结合水及重力水,另外还有气态水和固态水以及组成岩石的矿物中的矿物结合水。

水文地质学重点研究的对象是岩石空隙中的水。

- 地壳岩石中的水
  - 岩石“骨架”中的水（矿物结合水）
    - 沸石水
    - 结晶水
    - 结构水
  - 岩石空隙中的水
    - 结合水（矿物表面结合水）
      - 强结合水
      - 弱结合水
    - 液态水
      - 重力水
      - 毛细水
    - 固态水
    - 气态水

1. 结合水

松散岩石的颗粒表面及坚硬岩石空隙壁面均带有电荷。水分子是偶极体，在电场作用下，一端带正电，另一端带负电（如图 3-4(a)）。由于静电吸引作用，固相表面（包括颗粒及岩石裂隙与洞穴壁面）便吸附水分子。根据库仑定律，电场强度与距离平方成反比。离表面很近的水分子，受到强大的吸力，排列十分紧密。随着距离增大，吸力逐渐减弱，水分子排列较为稀疏。受到固相表面的吸引力大于其自身重力的那部分水便是结合水。结合水束缚于颗粒表面及隙壁上，不能在自身重力影响下运动（如图 3-4(b)）。

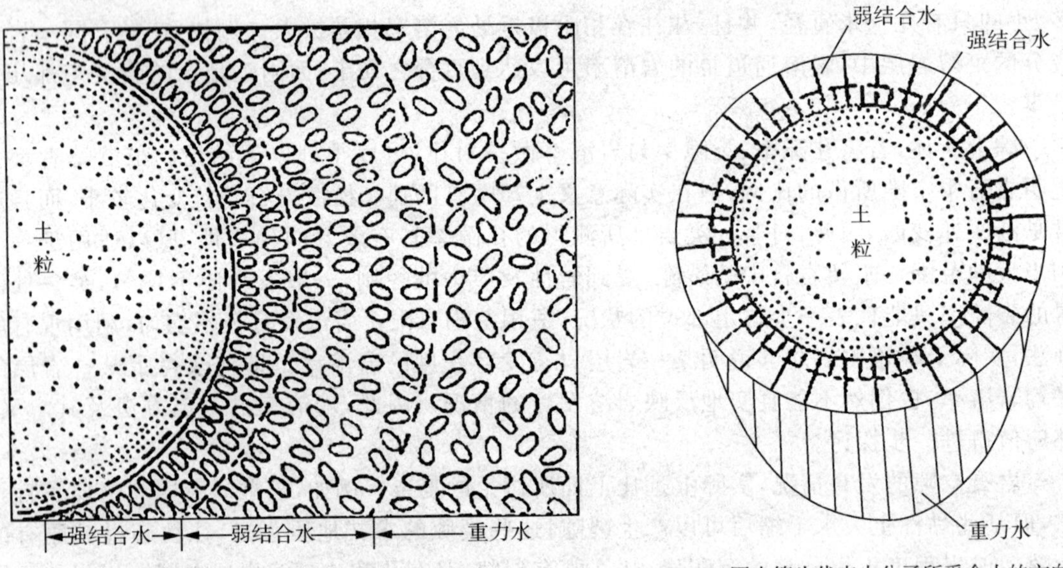

(a)图中椭圆形小粒代表水分子，结合水部分的水分子带正电荷一端朝向颗粒

(b)图中箭头代表水分子所受合力的方向

图 3-4 结合水与重力水（部分参照列别捷夫）

最接近固相表面的水叫强结合水。根据不同研究者的说法，其厚度相当于几个、几十个或上百个水分子直径。其所受吸引力可相当于 10000 个大气压，密度平均为 2g/cm³ 左右，溶解盐类能力弱，−78℃时仍不冻结，并像固体那样，具有较大的抗剪强度，不能流动，但可转化为气态水而移动。

结合水的外层，称作弱结合水，厚度相当于几百或上千个水分子直径，固体表面对它的吸引力有所减弱。密度较大，具有抗剪强度；黏滞性及弹性均高于普通液态水，溶解盐类的能力较低。弱结合水的抗剪强度及黏滞性是由内层向外逐渐减弱的。当施加的外力超过其抗剪强度时，最外层的水分子即发生流动。施加的力愈大，发生流动的水层厚度也愈大。

应当指出，以往的水文地质文献中广泛采用列别捷夫的说法，认为结合水是不传递静水压力的，并以包气带中结合水不传递静水压力的试验作为证明。其实这种说法并不确切。包气带的结合水分布是不连续的，当然就谈不上传递静水压力。在饱水带中，结合水是能够传递静水压力的，但要求静水压力必须大于结合水的抗剪强度。一般情况下，充满黏土空隙的基本上是结合水；由于结合水在自身重力下不能运动，因此，黏土不能给出水来，是不透水的。但在一定的水头差作用下，黏土就变成透水的了。

结合水区别于普通液态水的最大特征是具有抗剪强度，即必须施加一定的力方能使其发生变形。结合水的抗剪强度由内层向外层减弱。当施加的外力超过其抗剪强度时，外层结合水发生流动。施加的外力变大，发生流动的水层厚度也加大。

2. 重力水

距离固体表面更远的那部分水分子，重力对它的影响大于固体表面对它的吸引力，因而能在自身重力影响下运动，这部分水就是重力水。

重力水中靠近固体表面的那一部分，仍然受到固体吸引力的影响，水分子的排列较为整齐。这部分水在流动时呈层流状态，而不作紊流运动。远离固体表面的重力水，不受固体吸引力的影响，只受重力控制。这部分水在流速较大时容易转为紊流运动。

岩土孔隙中的重力水能够自由流动。井泉取用的地下水，都属于重力水，是水文地质研究的主要对象。

3. 气态水

气态水即水蒸气，它和空气一起分布于包气带岩石空隙中。它来源于大气中的水汽与液态地下水的蒸发。气态水可以随空气的流动而运动，即便是空气不流动时，气态水本身亦可发生迁移，由绝对湿度大的地方向绝对湿度小的地方迁移。当岩石空隙内空气中水汽增多而达到饱和时，或当温度变化而达到露点时，水汽开始凝结，成为液态水。气态水与大气中的水汽常保持动平衡状态而互相转移。气态水在一处蒸发，在另一处凝结，对岩石中水的重新分布有一定的影响。

4. 毛细水

松散沉积物中的细小孔隙通道有如自然界的毛细管，储存于松散沉积物毛细孔隙和岩石细小裂隙中的水称为毛细水。这种水一方面受重力作用，另一方面受毛细力作用。

根据毛细水在包气带岩土空隙中与地下水面的关系和充水程度，毛细水可分为以下三种：

(1)支持毛细水

由于毛细力的作用，水从地下水面沿着小孔隙上升到一定高度，在地下水面以上形成毛细水带。此带的毛细水下部有地下水面支持，故称支持毛细水(如图3-5)。毛细水带随地下水面的变化和蒸发作用而变化，但其厚度基本不变。观察表明，毛细带水除了作上述垂直运动外，由于其性质近似重力水，故也随重力水向低处流动，只是运动速度较为缓慢而已。

(2)悬挂毛细水

地下水由细颗粒层次快速降到粗颗粒层次中时，由于上下弯液面毛细力的作用，在细土层中会保留与地下水面不相连接的毛细水，这种毛细水称为悬挂毛细水(图 3-5)。

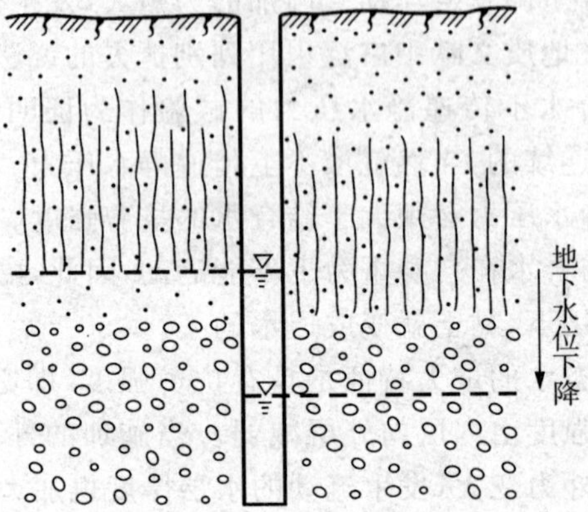

图 3-5　支持毛细水与悬挂毛细水

注：井左侧表示高水位时砂层中支持毛细水；右侧表示水位降低后砂层中悬挂毛细水；砾石层中孔隙直径已超过毛细管，故不存在支持毛细水

(3)孔角毛细水

在包气带中颗粒接触点上有许多孔角的狭窄处，水呈个别的点滴状态，在重力作用下也不移动，因为它与孔壁形成弯液面，结合紧密，将水滞留在孔角上(图 3-6)。

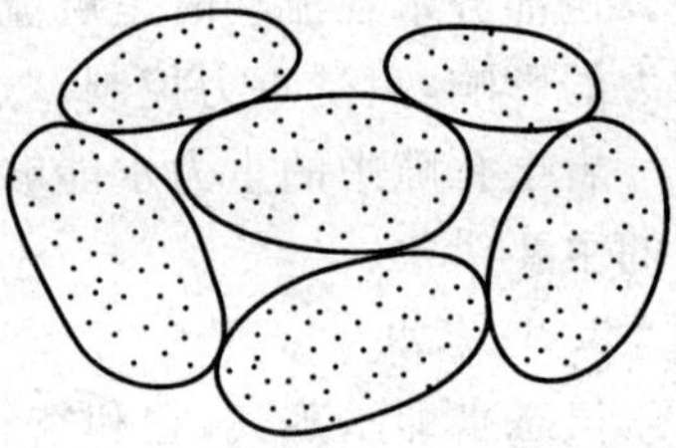

图 3-6　孔角毛细水

5. 固态水

当岩石的温度低于 0℃时，空隙中的液态水就转化为固态水。我国东北、内蒙古及青藏高原的某些地区，地下水终年以固态水的形态存在，即形成了所谓的多年冰土。

6. 矿物水

是存在于矿物晶体内部或晶格之间的水，又称化学结合水，包括沸石水、结晶水和结构水等。

(1)沸石水

以水分子(H_2O)形式存在于矿物晶格空隙之中的水称沸石水。方沸石($Na_2Al_2 \cdot Si_4O_{12} \cdot nH_2O$)中所含的水便是沸石水。沸石水与矿物结合得很不牢固，故沸石水的含水量并不固定，随湿度的变化而变化。常温下，当湿度下降时，所含的水可从沸石中逸出。

(2)结晶水

以水分子的形式进入矿物的结晶格架，并成为某些矿物的组成成分时叫结晶水。如将矿物加热到 400℃以上时，结晶水便可从矿物中分离出来，水分离出来后，矿物本身并未遭受破坏。如石膏($CaSO_4 \cdot 2H_2O$)加热后，随着水分子的逸出，石膏本身并未遭受破坏，而是分解为硬石膏($CaSO_4$)和自由水(H_2O)。

(3)结构水

结构水是以 H^+ 和 OH^- 形式存在于矿物结晶格架中的水，在矿物中并不保持水分子

(H_2O)结构。H^+和OH^-矿物结合得非常紧密,如白云母($KAl_2[AlSi_3O_{10}]OH_2$)。白云母只有加热到400℃以上,H^+和OH^-才能分离出未,随着它们的析出,白云母也被破坏了。

矿物水一般来说是不能被利用的。只有当高温变质岩石脱水以后,才能从矿物中析出,并转变为上述各种类型的水。

3.1.3 与水分的储容和运移有关的岩石性质

岩石空隙的大小和多少与水分的储容和运移有密切关系,特别是空隙的大小具有决定意义。在一个足够大的空隙中,从空隙壁面向外,依次分布着强结合水、弱结合水和重力水。空隙愈大,重力水占的比例愈大;反之,结合水占的比例就愈大。当空隙直径小于结合水层厚度的两倍时,空隙中全部充满结合水,而不存在重力水了。例如,黏土的微细孔隙中或基岩的闭合裂隙中,几乎全部充满着结合水;而砂砾石和具宽大裂隙或溶穴的岩层中,重力水所占的比例很大,结合水的数量则微不足道。因此,空隙大小和数量不同的岩石容纳、保持、释出及透过水的能力有所不同。

1. 容水度

岩石能容纳一定水量的性能称为岩石的容水性,在数量上以容水度来衡量。所谓容水度即岩石所能容纳的水的体积与岩石总体积之比值,可以下式来定义:

$$C=W/V \tag{3-6}$$

式中:C——岩石的容水度,以百分数表示;

W——岩石中所容纳水的体积;

V——岩石的总体积。

显然,容水度在数值上与空隙度相等。但是对于具有膨胀性的黏土来说,因充水后体积扩大,容水度可以大于空隙度。

2. 含水量

松散岩石的包气带中通常滞留较多的水分,为了说明其实际含水状况,可用含水量表示。

松散岩石孔隙中所含水的重量(G_w)与干燥岩石的重量(G_s)的比值,称为重量含水量(W_g),即:

$$W_g=(G_w/G_s)\times 100\% \tag{3-7}$$

含水的体积(V_w)与包括孔隙在内的岩石体积(V)的比值,称为体积含水量(W),即:

$$W=(V_w/V)\times 100\% \tag{3-8}$$

岩石的容水度和体积含水量之间的差值为饱和差。体积含水量与容水度之比称为饱和度。

3. 持水度

饱水岩石在重力作用下释水时,由于分子力和表面张力的作用,能在其空隙中保持一定水量的性能,称为岩石的持水度性。在数量上以持水度来衡量。持水度是指在重力作用下岩石空隙中所保持的水的体积与岩石总体积之比值,可以下式来定义:

$$S_r=W_r/V \tag{3-9}$$

式中：S_r——岩石的持水度，用百分数表示；

W_r——在重力作用下保持在岩石空隙中的水的体积；

V——岩石的总体积。

4. 给水度

饱水岩石在重力作用下能自由排出一定水量的性能，称为岩石的给水性。在数量上以给水度来衡量。给水度即饱水岩石在重力作用下能排出的水的体积与岩石总体积之比值，可由下式来定义：

$$S_Y = W_Y / V \tag{3-10}$$

式中：S_Y——岩石的给水度，以百分数表示（通常也以符号“μ”表示岩石的给水度）；

W_Y——在重力作用下饱水岩石排出的水的体积；

V——岩石总体积。

因为 $W_r + W_Y = W$，因此，很显然

$$C = S_r + S_Y \tag{3-11}$$

或

$$S_Y = C - S_r$$

即给水度等于容水度减去持水度。在一般情况下，如前述，容水度在数值上与空隙度相等，因此，给水度常常通过在实验室测定岩石的空隙度和持水度来确定。

岩石的给水度与岩石颗粒的大小、形状、排列以及压实程度等有关。均匀砂的给水度可达30%以上，但是大多数冲积含水层的给水度则为10%～20%。图3-7为空隙度、给水度和持水度随颗粒大小而变化的中值曲线，该曲线也反映了给水度、持水度及空隙度之间的关系。

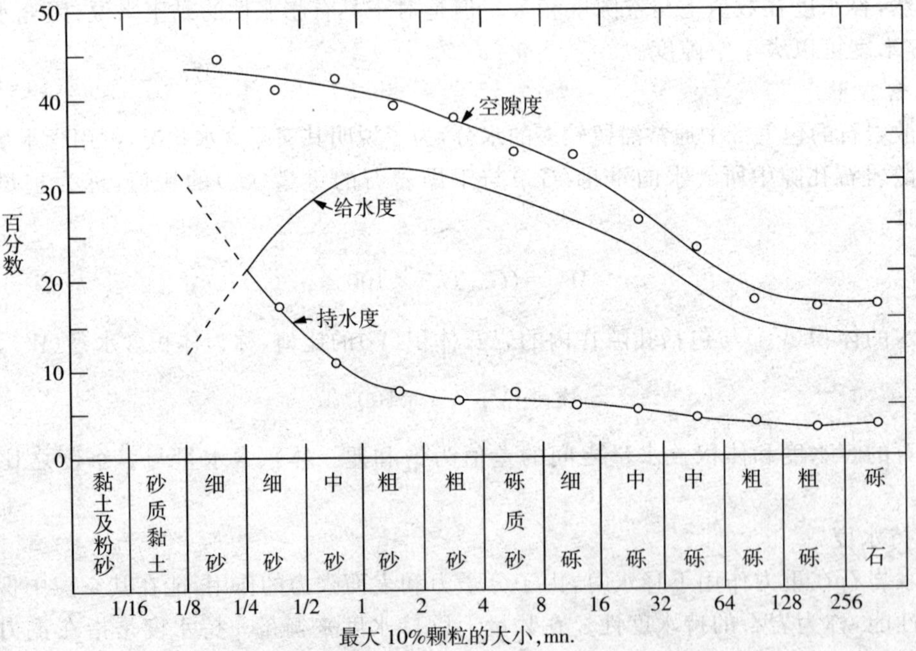

图3-7 空隙度、给水度和持水度与颗粒大小的关系（据D.K.托德）

渗透系数不仅与岩石的性质有关，还与渗透液体的物理性质黏滞性、温度等有关。通常情况下由于水的物理性质变化不大，可以忽略，因此可把渗透系数看成单纯说明岩石渗透性能的参数。

给水度是水文地质计算中很重要的参数，几种常见松散岩石的给水度见表3-2。坚硬岩石裂隙和溶洞中的地下水，因结合水及毛细水所占的比例非常小，岩石的给水度可看做分别等于它们的容水度或空隙度。

表3-2 常见松散岩石的给水度(据C. W. Petter, Jr. 1980)

岩石名称	给水度(%)		
	最大	最小	平均
黏土	5	0	2
砂黏	12	3	7
粉砂	19	3	18
细砂	28	10	21
中砂	32	15	26
粗砂	35	20	27
砾砂	35	20	25
细砾	35	21	25
中砾	26	13	23
粗砾	26	12	22

岩性对给水度的影响包括空隙多少及空隙大小，空隙大小的影响尤为显著。对于粗粒松散岩石及具比较宽大裂隙与溶穴的坚硬岩石，重力释水时，滞留于岩石空隙中的结合水与孔隙毛细水很少，给水度在数值上很接近容水度，即接近于孔隙度；颗粒细小的黏性土，给水度往往仅为百分之几。

对于均质的松散岩石，给水度的大小还与地下水位埋藏深度及水位下降速率有关。当初始地下水位埋深小于最大毛细保持高度时，水位下降后，将有一部分重力水转入毛细水带，释出水量减少，给水度便偏小。观测表明，当地下水位下降速率大时，给水度也偏小，这点对于细粒松散岩石尤为明显。原因是：重力释水并非瞬时完成，而往往滞后于水位下降，此外，大小不同的孔道释水不同步，大的孔道优先释水，可能在小孔道中形成一部分悬挂毛细水而不再释出。

总之，对于均质的松散岩石，只有初始水位埋深足够大，水位下降速率十分缓慢时，才能达到其理论最大给水度——此时除了结合水与孔角毛细水，其余的水全都在重力影响下释出。

5. 透水性

岩石允许水透过的性能称为岩石的透水性。岩石的透水性能主要取决于岩石空隙的大小和连通程度，在空隙透水、空隙大小相等的前提下，空隙度愈大，能够透过的水量则愈多。衡量岩石透水性的数量指标为渗透系数，渗透系数愈大，岩石的透水性愈强。

我们以松散岩石为例，分析一个理想孔隙通道中水的运动情况。图 3-8 表示圆管状孔隙通道的纵断面，孔隙的边缘上分布着在寻常条件下不运动的结合水，其余部分是重力水。由于附着于隙壁的结合水层对于重力水，以及重力水质点之间存在着摩擦阻力，最近边缘的重力水流速趋于零，中心部分流速最大。由此可得出：孔隙直径愈小，结合水所占据的无效空间愈大，实际渗流断面就愈小；同时，孔隙直径愈小，可能达到的最大流速愈小。因此孔隙直径愈小，透水性就愈差。当孔隙直径小于两倍结合水层厚度时，在寻常条件下就不透水。

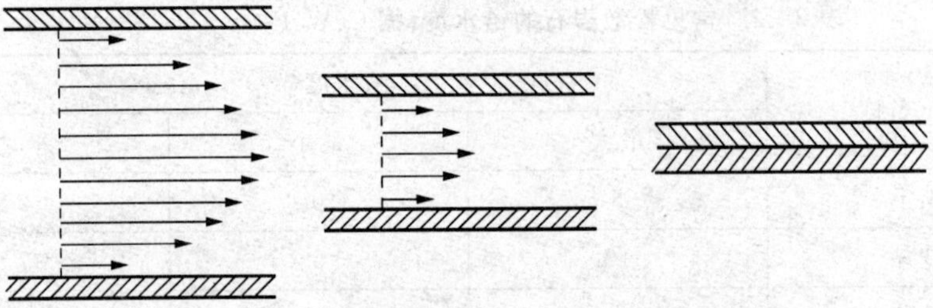

图 3-8　理想圆管状孔隙中重力水流速分布

（阴线部分代表结合水，箭头长度代表重力水质点实际流速）

如果我们把松散岩石中的全部孔隙通道概化为一束相互平行的等径圆管（图 3-9），则不难推知：当孔隙度一定而孔隙直径愈大，则圆管通道的数量愈少，但有效渗流断面愈大，透水能力就愈强；反之，孔隙直径愈小，透水能力就愈弱。由此可见，决定透水性好坏的主要因素是孔隙大小。只有在孔隙大小相等的前提下，孔隙度才对岩石的透水性起作用，孔隙度愈大，透水性愈好。

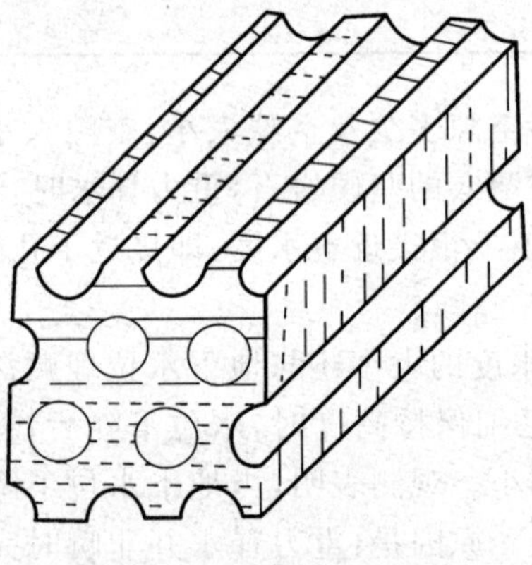

图 3-9　理想化孔隙介质

然而，实际的孔隙通道并不是直径均一的圆管，而是直径变化、断面形状复杂的管道系统（图 3-10(a)）。岩石的透水能力并不取决于平均孔隙直径（图 3-10(b)），而在很大程度上取决于最小的孔隙直径（图 3-10(c)）。

此外，实际的孔隙通道也不是直线的，而是曲折的（图 3-10(a)）。孔隙通道愈弯曲，水质点实际流程就愈长，克服摩擦阻力所消耗的能量就愈大。

颗粒分选性，除了影响孔隙大小，还决定着孔隙通道沿程直径的变化和曲折性（图 3-10(a)），因此，分选程度对于松散岩石透水性的影响，往往要超过孔隙度。

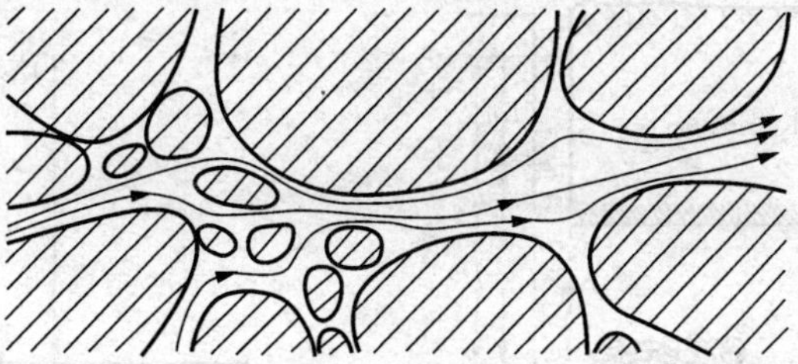

(a)孔隙通道原型

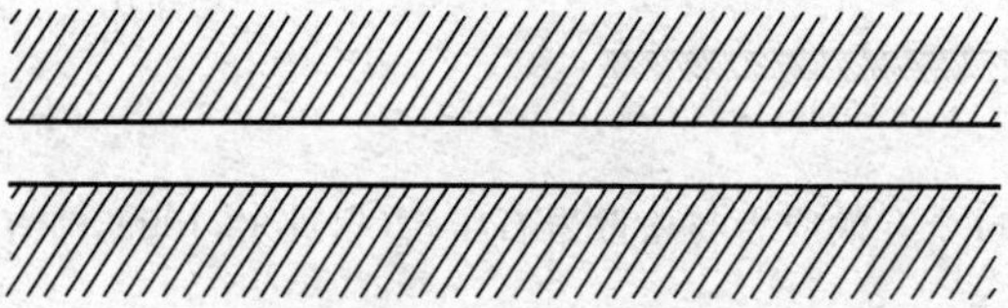

(b)概化为沿程等径的圆管

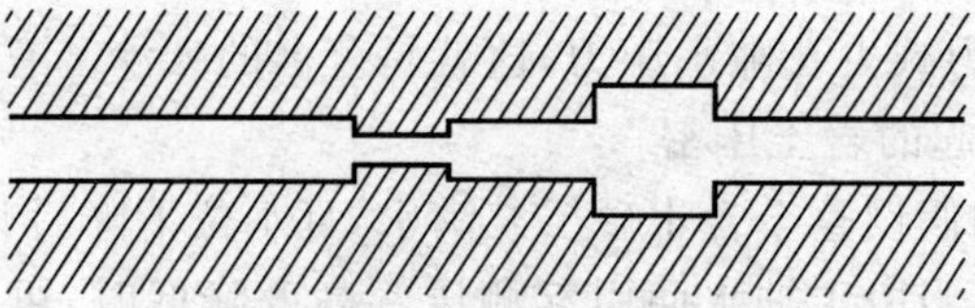

(c)概化为沿程不等径的圆管

图 3-10 实际孔隙通道极其概化

3.1.3 有效应力原理与松散岩土压密

1. 有效应力原理

太沙基(Terzaghi,1925)所提出的有效应力原理可以帮助我们分析地下水位变动情况下岩石有效应力的变化以及由此引起的松散岩石压密问题。

为使分析简单,我们假定所讨论的是松散沉积物质构成的饱水砂层,取任一水平单元面积 AB(或取饱水砂层顶面的 $A'B'$ 水平单元面积)(图 3-11),则作用在所研究的单元面积 AB 上的总应力 P 为该单元之上松散岩石骨架与水的重量之和。

此总应力由砂层骨架(固体颗粒)与水共同承受。水所承受的应力相当于孔隙水压力 u:

$$u=\gamma_w h \tag{3-12}$$

式中:γ_w——水的容重;

h——AB 平面上水的测压管高度。

孔隙水压力 u 可理解为 AB 平面处水对上覆地层的浮托力。由于这种浮托力的存在,使实际作用于砂层骨架(颗粒)上的应力小于总应力。实际作用于砂层骨架上的应力,称作有效应力 P_z。

由于 AB 平面处应力处于平衡状态,总应力等于孔隙水压力及有效应力之和。故得:

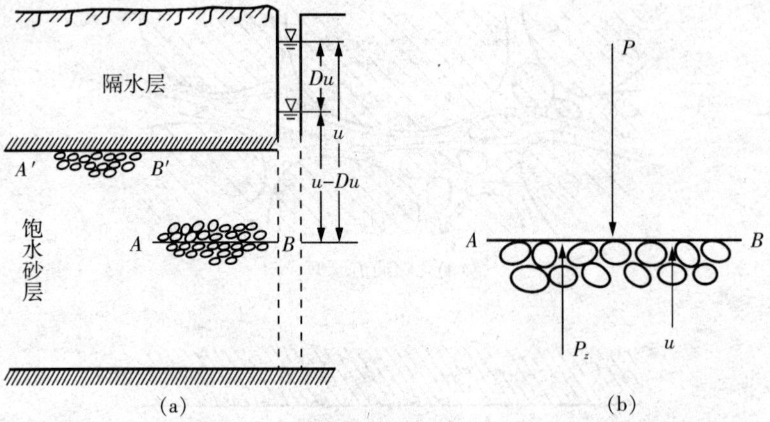

图 3-11　有效应力与松散岩石压密(据贝尔,1985,略有修改)

$$P=u+P_z$$

或
$$P_z=P-u \tag{3-13}$$

有效应力等于总应力减去孔隙水压力,这就是著名的太沙基有效应力原理。

2. 地下水位变动引起的岩土压密

为了分析简便,我们假设整个含水砂层充满水,且水位下降后其测压管高度仍高出饱水砂层顶面。这种情况下,当由于抽水而引起测压管高度降低时,可近似地认为总应力 P 不变,孔隙水压力降低 Δu,相应地有效应力增加 ΔP_z。即原先由水承受的应力,由于水头降低,浮托力减少,而部分地转由砂层骨架(颗粒本身)承担:

$$P_z+\Delta P_z=P-(u-\Delta u) \tag{3-14}$$

砂层是通过颗粒的接触点承受应力的。孔隙水压力降低,有效应力增加,颗粒发生位移,排列更为紧密,颗粒的接触面积增加,孔隙度降低,砂层受到压密。与此同时,砂层中的水则因减压而有少量膨胀。

砂层因孔隙水压力下降而压密,待孔隙水压力恢复后,砂层大体上仍能恢复原状。砂砾类岩土基本上呈弹性变形。但是,如果同样的压密发生于黏性土中,则由于黏性土释水压密时结构发生了不可逆转的变化,即使孔隙水压力复原,黏性土基本上仍保持其压密状态。黏性土以塑性变形为主。

抽水引起地下水位下降,松散岩石将被压密,从而其孔隙度、给水度、渗透系数等参数均将变小。对于黏性土来说,这种参数值的降低是不可逆的。

3.2　包气带与饱水带

我们在松散砂层中挖井,可以发现各种形式的水有一定的分布区间。刚挖井时,土层看上去是干燥的,其实在空隙中已有气态水,颗粒周围已吸附有结合水。向下挖,土层变得潮湿、颜色发暗,说明已出现毛细水。再向下,土的颜色变得更深更潮湿,毛细水逐渐增多,但井中仍无水，这是因为毛细水的弯液面阻止毛细水流入井中。继续向下挖，不需多久，水便开始渗入井中，出现地下水面，这就是重力水。从出现重力水面开始，以下称为饱水带，土层的所有空隙都充满了水分，以上称为包气带，空隙中以气态水和结合水为主。

3.2.1 包气带

包气带自上而下可分为土壤水带、中间带和毛细水带(图 3-12)。包气带顶部植物根系发育与微生物活动的带为土壤层，其中含有土壤水。土壤富含有机质，具有团粒结构，能以毛细水形式大量保持水分。包气带底部由地下水面支持的毛细水构成毛细水带。毛细水带的高度与岩性有关。毛细水带的下部也是饱水的，但因受毛细负压的作用，压强小于大气压强，故毛细饱水带的水不能进入井中。包气带厚度较大时，在土壤水带与毛细水带之间还存在中间带。若中间带由粗细不同的岩性构成时，在细粒层中可含有成层的悬挂毛细水。细粒层之上局部还可滞留重力水。

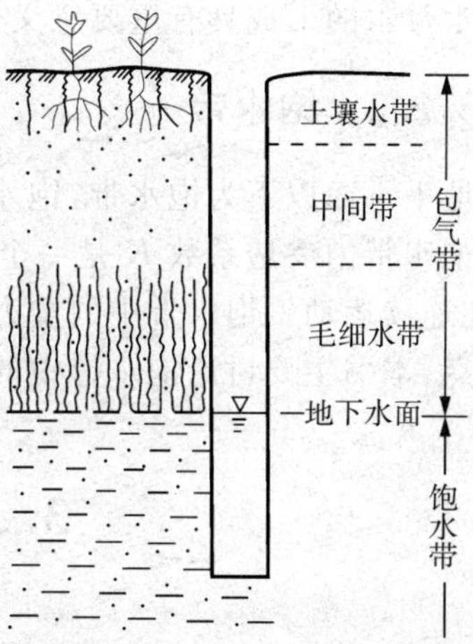

图 3-12 包气带与饱水带

包气带自上而下可分为三带：

1. 土壤水带

位于包气带顶部的是植物根系活动带，含土壤水，其含量大小可用土壤含水量 W 表示。土壤含水量是土壤中含水体积 V_n 和土壤总体积 V 之比，$W=V_n/V$ 也可以小数或百分数表示。若土壤具膨胀性，其含水量随含水体积的变化而变化。包气带内的土壤含水量除在雨季降水量较大或农作物灌溉期可暂时性饱和外，大多数时间内处于不饱和状态。只有在补给期水分达到饱和后方能在重力作用下向下部不饱和层运移，直到地下水面，使水位升高。

土壤由于含有较多有机质，具团粒结构，滞留有结合水和毛细水。土壤水带的深度，对应于植物根系所及深度，一般不超过数米，但高大乔木根部的排气孔深度可达十余米。

2. 中间带

中间带又称过渡带。介于土壤水带和毛细水带之间，其厚度变化很大，从零米直到几百米。如地下水面埋深较浅，距地表只有几米，土壤水带可延伸到地面时，不存在中间带；如果地下水面埋藏深，则在土壤水带和毛细带之间存在中间带，地下水面的埋深越大，中间带的厚度也越大。

3. 毛细水带

由于空气和水界面上的表面张力作用，水可沿地下水面上升形成支持毛细水，在包气带底部构成毛细水带。毛细水带下部饱水，但由于毛细力形成而呈现负压，其压强小于大气压强。由于毛细带内颗粒大小不同，毛细上升最大高度各处不同，因此毛细水带的上缘常具不规则的形状。

包气带水来源于大气降水的入渗，地表水体的渗漏，由地下水面通过毛细上升输送的水，以及地下水蒸发形成的气态水。包气带的赋存与运移受毛细力与重力的共同影响。重力使水分下移；毛细力则将水分输向空隙细小与含水量较低的部位，在蒸发影响下，毛细力常常将水分由包气带下部输向上部。在雨季，包气带水以下渗为主；雨后，浅表的包气带水以蒸发与植物蒸腾形式向大气圈排泄，一定深度以下的包气带水则继续下渗补给饱水带。

包气带的含水量及其水盐运动受气象因素影响极为显著。另外，天然以及人工植被也对其起很大作用。人类生活与生产对包气带水质的影响已经愈来愈强烈。包气带又是饱水带与大气圈、地表水圈联系必经的通道。饱水带通过包气带获得大气降水和地表水的补给，又通过包气带蒸发与蒸腾排泄到大气圈。因此，研究包气带水盐的形成及其运动规律对阐明饱水带水的形成具有重要意义。

3.2.2 饱水带

地下水面以下为饱水带，饱水带岩石空隙全部为液态水所充满，既有重力水也有结合水。饱水带内渗透系数 K 是一个常数，不随压力水头变化，地下水连续分布，能传递静水压力，能连续运动。饱水带中的重力水是开发利用和疏干排水的主要对象，是水文地质学研究的重点，本书主要讨论饱水带中的重力水。

3.3 含水层和隔水层

地下水面以下是饱水带，饱水带的岩层空隙中充满了水，开发利用地下水或排除地下水，主要都是针对饱水带而言的。饱水带的岩层，根据其给出与透过水的能力，划分为含水层及隔水层。

所谓含水层是指能够给出并透过相当数量水的岩层。含水层不但储存有水，而且水可以在其中运移。因此，含水层应是空隙发育的具有良好给水性和强透水性的岩层。如各种砂土、砾石、裂隙和溶穴发育的坚硬岩石。

隔水层是指那些不能给出并透过水的岩层，或者这些岩层给出与透过的水数量是微不足道的。因此，隔水层具有良好的持水性，而其给水性和透水性均不良，如黏土、页岩和片岩等。

在实际工作中划分含水层与隔水层时，不仅要根据是否能透过并给水，而且还要考虑岩层所给出的水的数量是否满足开采利用的实际需要，或者是否对工程设施构成危害。含水层和隔水层的划分是相对的，并不存在截然的界限或绝对的定量标志。从某种意义上讲，含水层和隔水层是相比较而存在的。

含水层首先应该是透水层，是透水层中位于地下水位以下经常为地下水所饱和的部分，上部未饱和部分则是透水不含水层。故一个透水层可以是含水层，如冲积砂砾含水层；也可以是透水不含水层，如坡积亚砂土层；还可以是一部分位于水面以下的是含水层，另一部分位于水面以上为透水不含水层(图 3-13)。

由上可知，含水层的形成应具备一定的条件：

1. 岩层具有储存重力水的空间

这里所指的主要是各类空隙，即松散岩石的孔隙，坚硬岩石的裂隙和溶穴等。岩石的空隙越大，数量越多，连通性越好，储存和通过的重力水就越多，越有利于形成含水层。如透水性强的砂砾石便是良好的含水层；坚硬砂岩的孔隙虽不发育，但发育构造裂隙和风化裂隙，裂隙成为其主要的储水空间，所以砂岩是含水层。河南驻马店一带的黏土，因为裂隙发育含

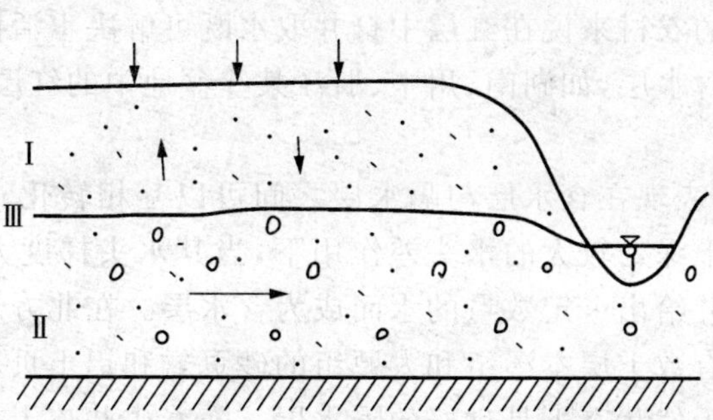

图 3－13　透水层与含水层

有地下水，成为当地农业灌溉的供水水源，在这里黏土也是含水层。

2. 具备储存地下水的地质结构

具有空隙的岩层还必须有一定的地质构造条件才能储存水。如图 3－13 所示，河流冲积层由下部砂砾层和上部细砂层组成。二者都具有良好的透水性，上部砂层接受大气降水补给后要向下渗透到砾石，本身成为包气带，成为透水不含水层；下部砾石层接受来自上部砂层水的补给后，在向下渗透过程中遇下伏的不透水黏土层的阻隔而聚积、储存起来成为含水层。因此一个含水层的形成必须要有透水层和不透水层组合在一起，才能形成含水地质结构。

含水地质结构有两种基本形式：

(1)透水—含水—隔水形式：如大部分松散沉积物和基岩裸露地区，透水层大面积出露地表，接受补给后，沿空隙往下渗透，到隔水层或裂隙不发育的基岩面，便在透水的空隙中积聚、储存起来形成含水层，其上未饱水的部分成为透水不含水层。

(2)隔水—含水—隔水形式。如透水岩层大部分为隔水层覆盖，仅在其出露地表的局部范围内方可接受补给，由于下伏有不透水层，水充满整个透水岩层，常具承压性。如山前平原或冲积平原深部的砂砾石透水层、煤系地层中裂陷、溶穴发育的坚硬基岩等均为这种类型的含水层。

3. 具有充足的补给水源

一个含水层的形成除了有储容水的空间和储存水的地质条件以外，还应该有一定的补给条件，方对供水和排水具有一定的实际意义。首先形成含水层的透水岩层应部分地或全部地出露地表以便接受大气降水和地表水的补给；或在顶底的隔水层中存在透水天窗或导水断裂等通道，通过这些通道，可以得到其他含水层补给。充足的补给来源、丰富的补给量是决定含水层水量大小和保证程度的重要因素。否则该岩层充其量只是一个透水的岩层而不能形成含水层。

含水层与隔水层只是相对而言，并不存在截然的界限，二者是通过比较而存在的。如河床冲积相粗砂层中夹粉砂层，粉砂层由于透水性小，可视为相对隔水层；但是该粉砂层若夹在黏土中，粉砂层因其透水性较大则成为含水层，黏土层作为隔水层。由此可见，同样是粉砂层在不同地质条件下可能具有不同的含水意义。

含水层的相对性也表现在所给出的水是否具有实际价值，即是否能满足开采利用的实际需要或是否对采矿等工程造成危害。如南方广泛分布的红色砂泥岩，涌水量较小，若与砂砾层孔隙水或灰岩岩溶水相比，由于水量太小对供水与煤矿充水不具实际意义，可视作隔水层,但对广大分散缺水的农村来说在红层中打井取水既可解决生活供水,也可作为一部分灌溉水源,成为有意义的含水层,如湖南、川中、浙江某些盆地中的红层地下水是生活和灌溉用水的主要水源。

含水层的相对性还表现在含水层与隔水层之间可以互相转化。如黏土,通常情况下是良好的隔水层,但在地下深处较大的水头差作用下,当其水头梯度大于起始水力坡度,也可能发生越流补给,透过并给出一定数量的水而成为含水层。在北方煤矿区,在奥陶系灰岩和太原组薄层灰岩间,隔有数十层本溪组和太原组的砂页岩和铝土页岩,通常由于断层闭合或被充填而不导水,故在天然状态下是良好的隔水层。随着矿井疏干排水,薄层灰岩水位大幅度下降,与奥陶系灰岩水之间形成了很大的水头差,奥灰水不断冲刷和突破断裂裂隙,大量补给太原组薄层灰岩,太原组灰岩钻孔涌水量由开采前的$<$1L/s 增大到 100～150L/s,这些隔水层实际上已不起隔水作用。

从极端的意义上讲,自然界不存在没有空隙的岩层,因此实际上也不存在不含有水的岩层,关键在于所含的水的性质。空隙细小的岩层,含有的几乎全是结合水,结合水在寻常条件下是不能移动的,这类岩层起着阻隔水通过的作用,所以是隔水层。空隙较大的岩层,主要含有重力水,在重力影响下能给出与透过水,就构成含水层。空隙愈大,重力水所占的比例愈大,水在空隙中运动时所受阻力愈小,透水性便愈好。所以,卵砾石、具有宽大的张开裂隙与溶穴的岩层,构成透水良好的含水层。

判断一个岩层是含水层还是隔水层时,必须仔细观察各种有关现象,并进行缜密分析,这样方能得出比较合乎实际的结论。例如,在一般情况下,黏土的孔隙极其微细,通常是隔水层,可是有些地方却从黏土中取得了数量可观的地下水。原因是这些黏土或者发育有干缩裂隙,或者发育有结构孔隙,或者有较多的虫孔与根孔。再例如,某些种类的片麻岩往往只发育闭合裂隙,从整体上说属于隔水层;但是断层带却可构成良好的含水带。薄层状泥质与砂质或钙质互层的沉积岩,张开裂隙顺着砂质及钙质薄层发育。这种情况下,顺层方向岩层是透水的,垂直层面方向上却是隔水的。这就是岩层透水性的各向异性。均一岩性的块状岩层,当构造裂隙沿着某一方向特别发育时,透水性也表现某种程度的各向异性。上述例子足以说明,根据实际情况对岩层透水性进行具体分析是何等必要。

含水层这一名称对松散岩石很适用。因为松散岩层常呈层状,在同一地层内可按岩性区分为不同单元,而在同一岩性单元中透水与给水能力比较均匀一致,地下水分布是呈层状的。对于裂隙基岩来说,地层中裂隙发育均匀时,地下水均匀分布于全层,称作裂隙含水层也是合适的。但当裂隙发育受局部构造因素控制,在同一地层中分布极不均匀时,同一岩层的透水与给水能力相差很大。例如当一条较大的断层穿越不同地层时,尽管岩性不同,断裂带却可能具有较为一致的透水与给水能力。这种情况下将其称为含水带更为合适。

岩溶的发育常限于具有一定岩性的可溶岩层中,从这个意义讲,可以说是含水层;因为地下水确实分布于该层之中。但是,岩溶的发育极不均一,地下水主要赋存于以主要岩溶通道为中心的岩溶系统中,别的部分含水很少,实际上地下水并未遍布于某一层次中。对于含水的岩溶化地层说来,所谓含水层,实际上只说明在某一岩层中某些部位(岩溶系统中)可能含水,而并非在整个岩层中部含有水。因此,称之为岩溶含水系统更为恰当些。

实际工作中如按含水层的涵义严格划分,尚不能满足生产的需要。为此需要有含水带、含水段、含水岩组、含水岩系的划分。

1. 含水带

含水带是指局部的、呈条带状分布的含水地段。在含水极不均匀的岩层中，如果简单地把它们划归为含水层或隔水层，显然是不符合实际的，特别是在裂隙或溶穴发育的基岩山区，应按裂隙、岩溶的发育和分布及含水情况，在平面上划分出含水地段——含水带。如穿越不同成因、岩性、时代的含水断裂破碎带，可划分为一个含水带。

2. 含水段

含水段是指同一厚度较大的含水层，按其含水程度在剖面上划分的区段。例如，华北一些地区的奥陶系石灰岩，厚度达几百米，而且其中没有很好的隔水层，从上部到下部有水力联系，可以划分为一个统一的含水层。但在生产实践中发现，该灰岩含水并不均匀，某些地段裂隙、岩溶比较发育，水量较大；有些地段裂隙、岩溶不发育，水量很小。因此，有必要进一步把它划分为强含水段、弱含水段或隔水段，这就为矿山排水和供水工程设计提供了可靠依据。

3. 含水岩组

把几个水文地质特征基本相同（或相似）且不受地层层位限制的含水层归并在一起，称为一个含水岩组。如我国北方晚古生代煤田，其中石河子组砂页岩互层，多达数十层，总厚度数百米，可将其归并为几个含水岩组。有些第四纪松散沉积物的砂层中，常夹有薄层黏性土（或呈透镜状），但其上下砂层之间有水力联系，有统一的地下水位，化学成分亦相近，可划归为一个含水岩组。

4. 含水岩系

在开展地区性的大范围的水文地质研究和编图时，往往将几个水文地质条件相近的含水岩组划为一含水岩系。同一含水岩系的几个含水岩组彼此之间可以有隔水层存在。如第四系含水岩系，基岩裂隙水含水岩系或岩溶水含水岩系等。

3.4　地下水的分类

地下水赋存于各种自然条件下，其形成条件不同，在埋藏、分布、运动、物理性质及化学成分等诸方面也各异。为了便于研究和利用地下水，人们通过分析，将某些基本特征相同的地下水加以归纳合并，划分成简明的类型，这就是地下水的分类。

目前，地下水的分类原则和方法有许多种。考虑到地下水的埋藏条件和含水介质的类型对地下水水量、水质的时空分布有着决定意义，故这里所谓的地下水分类主要是按埋藏条件和含水介质类型的不同而划分的。

所谓地下水的埋藏条件，是指含水层在地质剖面中所处的部位及受隔水层（或弱透水层）限制的情况。据此可将地下水分为包气带水（包括土壤水和上层滞水）、潜水和承压水。

按含水介质（空隙）的类型，可将地下水分为孔隙水、裂隙水及岩溶水。

依据上述两种分类可组合成如表 3 - 3 所列的九种复合类型的地下水。如孔隙潜水、裂隙承压水等。

表 3-3 地下水分类表

含水介质 / 埋藏条件	孔隙水	裂隙水	岩溶水
包气带水	松散沉积物中的土壤水；存在局部隔水层上的季节性重力水(上层滞水)、过路重力水及悬挂毛细水	裸露裂隙岩层中存在的季节性重力水及毛细水	裸露岩溶化岩层上部岩溶通道中存在的季节性重力水
潜水	各种松散沉积物浅部的水	裸露于地表的各类裂隙岩层中的水	裸露于地表的岩溶化岩层中的水
承压水	松散沉积物构成的山间盆地、自流斜地及堆积平原深部的水	构造盆地、向斜、单斜或断裂带裂隙岩层中的水	构造盆地、向斜、单斜或断裂带岩溶化岩层中的水

地下水埋藏和分布于地壳岩石中，因此岩石的成分和性质、岩石空隙的大小、形状及其成因等必然会影响到地下水的物理性质、化学成分、循环条件以及动态变化。为了充分利用和研究地下水资源，有必要对地下水进行科学的分类。

地下水分类的原则和方法很多，但总起来不外乎以下两种。一种是根据地下水的某一特征进行分类；另一种则是综合考虑地下水的若干特征进行分类。前一种如按起源不同，可将地下水分为渗入水、凝结水、初生水和埋藏水；按矿化程度不同，可分为淡水、微咸水、咸水、盐水及油水。此外还可按照地下水的温度、气体成分、运动性质以及动态变化等特征进行分类。这些分类的优点是：简单、明确、便于从某一角度去认识和研究地下水。缺点是不够全面。综合考虑若干特征进行分类，则可以避免上述缺点。

3.5 不同埋藏条件的地下水

按地下水的埋藏条件划分为上层滞水、潜水、承压水三类。

3.5.1 上层滞水

上层滞水是存在于包气带中，局部隔水层之上的重力水。

上层滞水的形成主要决定于包气带岩性的组合，以及地形和地质构造特征。一般地形平坦、低凹，或地质构造(平缓地层及向斜)有利于汇集地下水的地区，地表岩石透水性好，包气带中又存在一定范围的隔水层，有补给水入渗时，就易形成上层滞水(图 3-14)。

松散沉积层、裂隙岩层及可溶性岩层中都可埋藏有上层滞水。但由于其水量不大，且季节变化强烈，一般在雨季水量大些，可做小型供水水源，而到旱季水量减少，甚至干枯。上层滞水的补给区和分布区一致，由当地接受降水或地表水入渗补给，以蒸发或向隔水底板边缘

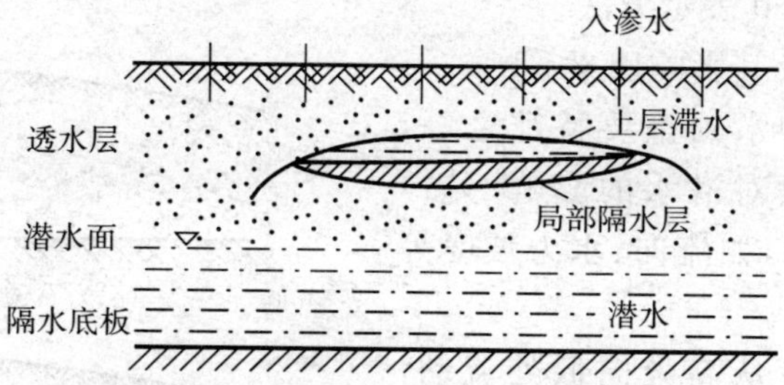

图 3-14　上层滞水示意图

进行侧向散流排泄。上层滞水一般矿化度较低，由于直接与地表相通，水质易受污染。

3.5.2　潜水

1. 潜水的埋藏条件和特征

潜水是埋藏于地表以下、第一个稳定隔水层以上、具有自由水面的含水层中的重力水（图 3-15）。潜水一般埋藏于第四系松散沉积物的孔隙中，以及裸露基岩的裂隙、溶穴中。

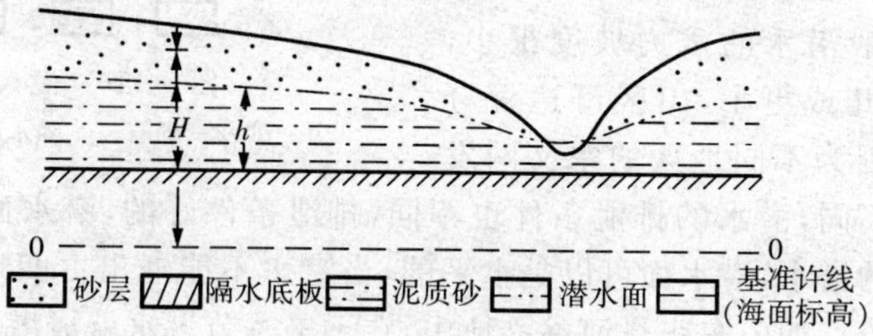

图 3-15　潜水埋藏图

潜水的自由表面称为潜水面。潜水面至地面的垂直距离称为潜水的埋藏深度（T）。潜水面上任一点的标高称该点的潜水位（H）。潜水面至隔水底板的垂直距离称潜水含水层的厚度（h），它是随潜水面的变化而变化的。

潜水的埋藏条件决定了潜水的以下特征：

(1)潜水具有自由水面。因顶部没有连续的隔水层，潜水面不承受静水压力，是一个仅承受大气压力作用的自由表面，故为无压水。潜水在重力作用下，由高水位向低水位流动。在潜水面以下局部地区存在隔水层时，可造成潜水的局部承压现象。

(2)潜水因无隔水顶板，大气降水、地表水等可以通过包气带直接渗入补给潜水。故潜水的分布区和补给区经常是一致的。

(3)潜水的水位、水量、水质等动态变化与气象水文、地形等因素密切相关。因此，其动态变化有明显的季节性、地区性。如降雨季节含水层获得补给，水位上升，含水层变厚，埋深变浅，水量增大，水质变淡。干旱季节排泄量大于补给量，水位下降，含水层变薄、埋深加大。湿润气候、地形切割强烈时，易形成矿化度低的淡水；干旱气候、低平地形时，常形成咸水。

(4)潜水易受人为因素的污染。因顶部没有连续隔水层且埋藏一般较浅，污染物易随入渗水流进入含水层，影响水质。

(5)潜水因埋藏浅，补给来源充沛，水量较丰富，易于开发利用，是重要的供水水源。

2. 潜水面的形状及其表示方法

(1)潜水面的形状及其影响因素

潜水面的形状是潜水的重要特征之一,它一方面反映外界因素对潜水的影响;另一方面也反映潜水的特点,如流向、水力坡度等(图 3-16)。

潜水在重力作用下从高处向低处流动,称潜水流。在潜水流的渗透途径上,任意两点的水位差与该两点间的距离之比,称为该处的水力坡度(梯度)。

一般情况下,潜水面是呈向排泄区倾斜的曲面。潜水面的形状和水力坡度受地形地貌,含水层的透水性、厚度变化及隔水底板起伏,气象水文因素和人为因素等的影响。

潜水面的起伏和地表的起伏大体一致,但较地形平缓。一般潜水的水力坡度很小,平原区常为千分之几或更小,山区可达百分之几或更大。这是因为不同地区的水文网发育程度和切割程度不同,潜水的排泄条件也不同,排泄条件好的,潜水面坡度就大,反之则小。古凹地中埋藏的潜水,潜水面可以是水平的,当潜水不能溢出古凹地时则成为潜水湖,能溢出时变为潜水流。如山东张夏河谷盆地中,在干旱季节潜水就成潜水湖,而雨季补给充沛时就转化为潜水流。

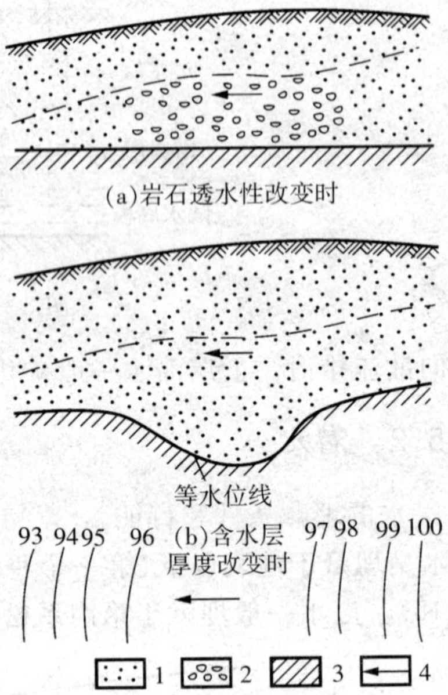

图 3-16 潜水面形状

1—砂;2—砾石;3—隔水层;4—潜水流向

当含水层变厚,透水性变好时,水力坡度也随之变小,潜水面平缓。反之,水力坡度变大,潜水面变陡(图 3-16)。

隔水底板凹陷处含水层变厚,潜水面变缓;隔水底板隆起处,潜水流受阻,含水层变薄,潜水面突起,甚至接近地表或溢出地表形成泉(图 3-17)。

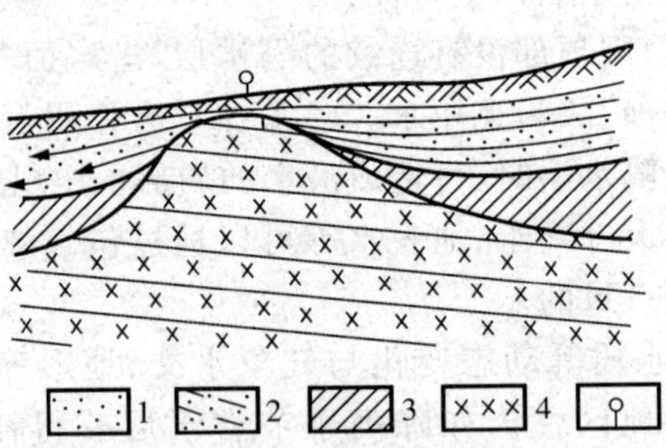

图 3-17 受阻的潜水流

1—砂;2—含水砂;3—黏土;4—火成岩;5—泉

在河流的上游地段,水文网下切至含水层时,潜水补给河水,潜水面向河流或冲沟倾斜;在河流的下游地段,河水位高于潜水,河水补给潜水,潜水面便倾向于含水层。在河间地带,潜水面的形状取决于两河水位的关系,可以形成分水岭;也可以向一方倾斜,由高水位河流向低水位河流渗透(图 3-18)。

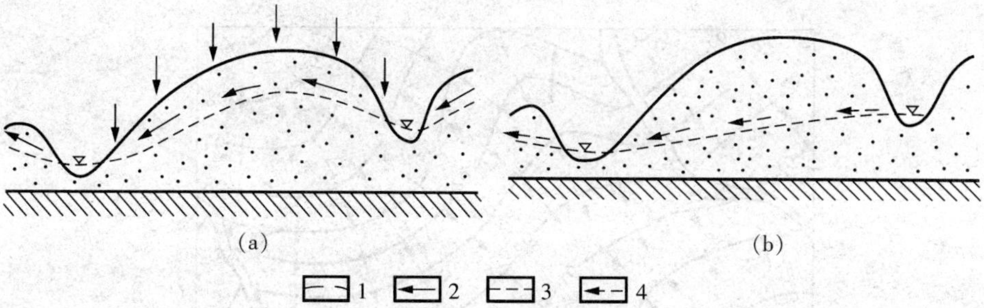

图3-18 两河间潜水面形状

1—降雨季节地下水位线；2—降雨季节地下水流向；3—干旱季节地下水位线；4—干旱季节地下水流向

人为因素的影响可急剧地改变潜水面形状。如集中开采区可形成中心水位下降数十米的降落漏斗。水库回水使地下水水位大幅度升高，不仅改变潜水面形状而且可改变补排关系。

(2)潜水面的表示方法和意义

潜水面的形状和特征在图上通常有两种表示方法：水文地质剖面图和等水位线图。

水文地质剖面图是在具有代表性的剖面线上，按一定比例尺，根据水文地质调查所获得的地形、地质及水文地质资料绘制而成。该图上不仅要表示含水层、隔水层的岩性和厚度的变化情况以及各层的层位关系等地质情况，还应把各水文地质点（钻孔、井、泉等）的位置、水量和水质标于图上，并标上各水文地质点同一时期的水位，连出潜水的水位线。水文地质剖面图可以反映出潜水面形状和地形、隔水底板、含水层厚度及岩性等关系（图3-19）。

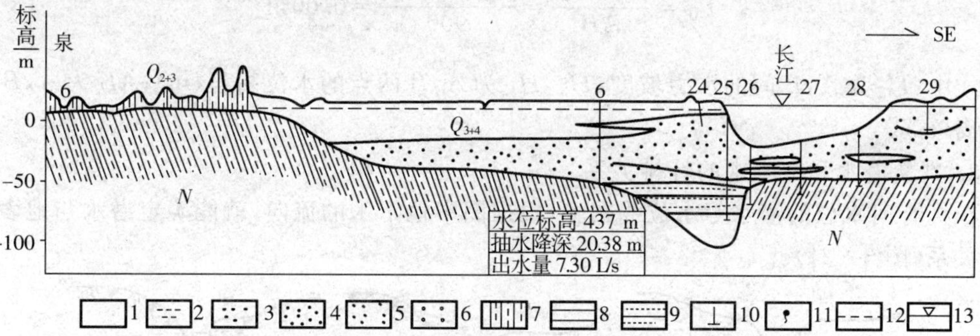

图3-19 南京市附近水文地质剖面图

1—黏土；2—砂土；3—中砂；4—粗砂；5—砂砾；6—砾石；7—粉质黏土；8—砂岩及页岩；9—砾岩夹薄层砂岩；10—钻孔；11—泉；12—地下水水位线；13—地表水水位

潜水等水位线图，就是潜水面的等高线图。它是在一定比例尺的平面图上（通常以地形等高线图作底图），按一定的水位间隔（等间距），将某一时期潜水位相同的各点连接成线，这就是水位等高线（图3-20）。由于潜水位是随时间而变化的，所以在编制潜水等水位线图时，必须利用同一时期的水位资料。具体编制方法与地形等高线图的编制方法相仿。

根据等水位线图可以解决以下几个方面的实际问题。

1. 确定潜水的流向

潜水流向始终是沿着潜水面坡度最大的方向流动，即沿垂直等水位线的方向由高水位向低水位运动（图3-20箭头所示）。

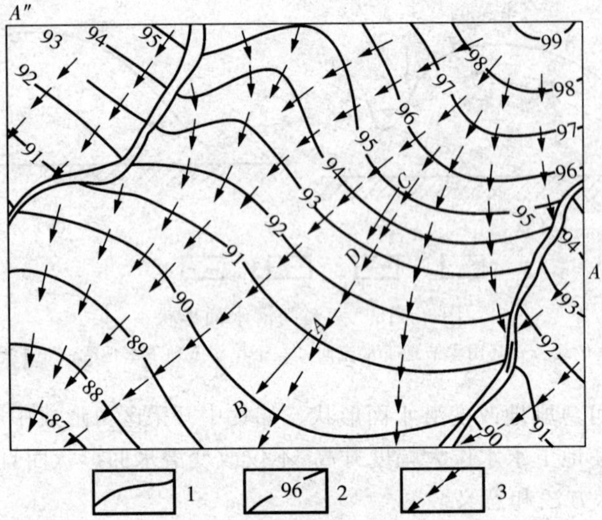

图 3-20　利用等水位线图求解潜水流向及水力坡度

1—等水位线；2—潜水为标高，(m)；3—地下水流向

2. 确定潜水面的水力坡度

相邻两条等水位线的水位差除以其水平距离即为潜水面坡度，当潜水面坡度不大时，可视为潜水的水力坡度(梯度)。按此定义，图 3-20 上 A、B 两点间的平均水力坡度为

$$I_{AB}=\frac{H_a-H_b}{AB}=\frac{91.0-90.0}{900}=0.0011 \tag{3-15}$$

式中：I_{AB} 为 A，B 间的水力坡度；H_a，H_b 为 A，B 两点的水位高程(m)；AB 为 A，B 两点间距离(m)。

3. 判断潜水和地表水的补排关系

在标有河水位的潜水等水位线图上，根据图中地下水的流向，就能确定潜水与地表水的补排关系(图 3-21)。

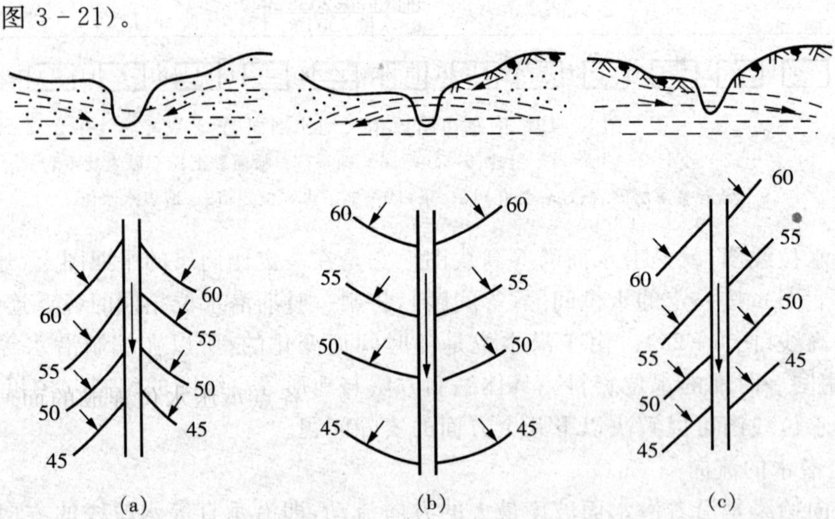

图 3-21　地表水和潜水关系

4. 确定潜水埋藏深度

等水位线与地形等高线相交之点，二者的高程之差，即为该点潜水的埋藏深度。根据各点的埋藏深度，将埋藏深度相同的点连成等线，可以绘出潜水埋藏深度图。

5. 确定泉水出露位置和沼泽化范围

地形等高线与潜水等水位线标高相等且相交的地点，为泉水出露点，或是与潜水有联系的湖、沼等地表水体。

6. 推断含水层岩性或厚度的变化

当地形坡度无明显变化，而等水位线变密处，表征该处含水层透水性能变差，或含水层厚度变小。反之，等水位线变稀的地方，则可能是含水层透水性变好或厚度增大的地方。

7. 确定含水层厚度

当已知隔水底板高程时，可用潜水位高程减去隔水底板高程，即得该点含水层厚度。

8. 作为布置引水工程设施的依据

取水工程最好布置在潜水流汇合的地区，或潜水集中排泄的地段。取水建筑物排列方向一般应垂直地下水流向，即与等水位线相一致。

综上所述，潜水的基本特点是与大气圈及地表水圈联系密切，积极参与水循环。产生此特点的根本原因是其埋藏特征——位置浅，上部无连续隔水层。

3.5.3　承压水(自流水)

1. 承压水的特征和埋藏条件

(1)承压水的基本特征

充满于两个稳定隔水层(弱透水层)之间的含水层中的重力水，称为承压水(图3-22)。当这种含水层中未被水充满时，其性质与潜水相似，称为无压层间水。承压含水层上部的隔水层(弱透水层)称为隔水顶板。下部的隔水层(弱透水层)称为隔水底板。顶底板之间的距离称为含水层厚度(M)。钻孔(井)未揭穿隔水顶板则见不到承压水，当隔水顶板被钻孔打穿后，在静水压力作用下，含水层中的水便上升到隔水顶板以上某一高度，最终稳定下来。此时的水位称稳定水位。钻孔或井中稳定水位的高程称含水层在该点的承压水位或测压水位(H_2)。地面至承压水位的垂直距离称为承压水位埋藏深度(H)。隔水顶板底面的高程称为承压水的初见水位(H_1)，即揭穿顶板时见到的水面。隔水顶板底面到承压水位之间的垂直距离称为承压水头或承压高度(h)。承压水位高出地表高程时，承压水被揭穿后便可喷出地表而自流。各点承压水位连成的面便是承压水位面。

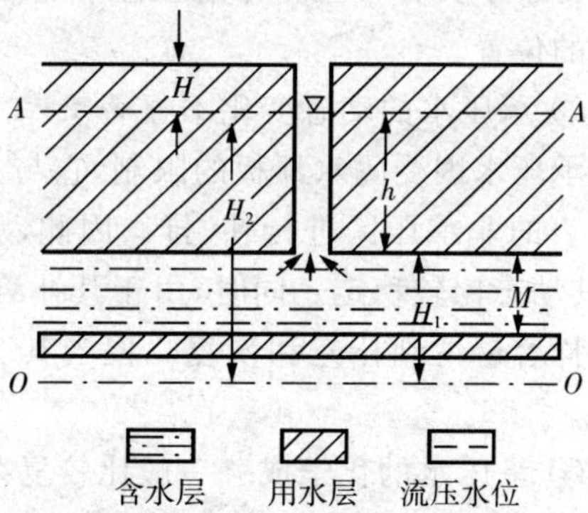

图3-22　承压水埋藏示意图

由于承压水有隔水顶板，因而它具有与潜水不同的一系列特征。

① 承压水具有承压性

当钻孔揭露承压含水层时，在静水压力的作用下，初见水位与稳定水位不一致(图

3－22)，稳定水位高于初见水位。

② 承压水的补给区和分布区不一致(图 3－23)

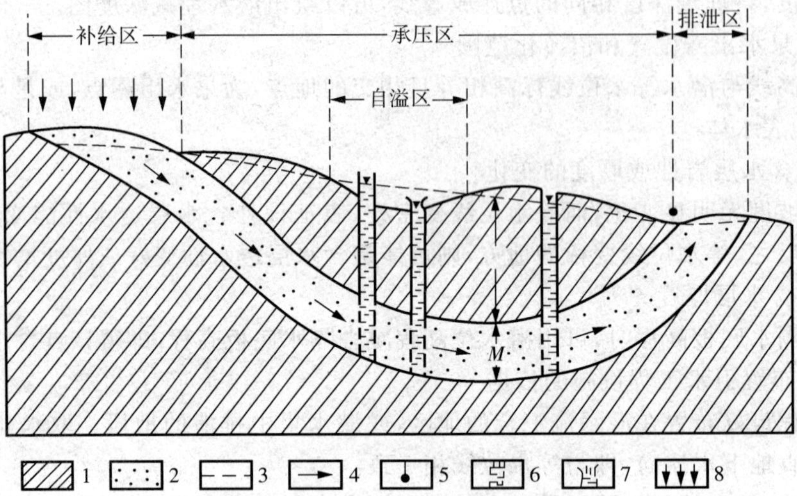

图 3－23　基岩自流盆地中的承压水

1—隔水层；2—含水层；3—潜水位及承压水测压水位；4—地下水流向；5—泉；

6—钻孔，虚线为进水部分；7—自喷孔；8—大气降水补给

H—承压高度；M—含水层厚度

因为承压水具有隔水顶板，因而大气降水及地表水只能在补给区进行补给，故承压水补给区常小于其分布区。补给区位于地形较高的含水层出露的位置，排泄区位于地形较补给区低的位置。

③ 承压水的动态变化不显著

承压水因受隔水顶板的限制，它与大气圈、地表水圈联系较差，只有在承压区两端出露于地表的非承压区进行补、排。因此，承压水的动态变化受气象(气候)和水文因素影响较小，其动态比较稳定。同时，由于其补给区总是小于承压区的分布，故承压水的资源不像潜水那样容易得到补充和恢复。但当其分布范围及厚度较大时，往往具有良好的多年调节性能。

④ 承压水的化学成分一般比较复杂

同潜水相似，承压水主要来源于现代大气降水与地表水的入渗。但是，由于承压水的埋藏条件使其与外界的联系受到限制，其化学成分随循环交替条件的不同而变化较大。与外界联系愈密切，参加水循环愈积极，其水质常为含盐量低的淡水，反之，则水的含盐量就高。如在大型构造盆地的同一含水层内，可以出现低矿化的淡水和高矿化的卤水，以及某些稀有元素或高温热水，水质变化比较复杂。

⑤ 承压含水层的厚度，一般不随补排量的增减而变化

潜水获得补给或进行排泄时，随着水量增加或减少，潜水位抬高或降低，含水层厚度加大或变薄。承压水接受补给时，由于隔水顶板的限制，不是通过增加含水层厚度来容纳水量。补给时测压水位上升，一方面，由于压强增大含水层中水的密度加大；另一方面，由于空隙水压力增大，含水层骨架有效应力降低，发生回弹，孔隙度增大(含水层厚度仅有少量的增

加)。排泄时,测压水位降低,减少的水量则表现为含水层中水的密度变小及骨架孔隙度减小。也就是说,承压含水层水量增减(补排)时,其测压水位亦因之而升降,但含水层的厚度则不发生显著变化。

⑥ 承压水一般不易受污染

由于有隔水顶板的隔离,承压水一般不易受污染,但一旦污染后则很难净化。因此,利用承压水作供水水源时,应注意水源地的卫生防护。

(2)承压水的埋藏条件

承压水的形成首先决定于地质构造。在适宜地质构造条件下,无论是孔隙水、裂隙水或岩溶水均能形成承压水。不同构造条件下,承压水的埋藏类型也不同。承压水主要埋藏于大的向斜构造、单斜构造中。向斜构造构成向斜盆地蓄水构造,称为承压盆地。单斜构造构成单斜蓄水构造,称为承压斜地。

① 承压盆地

承压盆地按其水文地质特征可分为三个组成部分(图 3－23):补给区、承压区和排泄区。从图中可以看出,在承压区上游,位置较高处含水层出露的范围称为补给区。补给区没有隔水顶板,具有潜水性质,它直接受降水或其他水源的入渗补给,水交替条件好,常为淡水。含水层有隔水顶板的地区称为承压区,此处地下水具有承压水的一切特征。在承压区下游,位置较低处含水层出露的范围称为排泄区。排泄区地下水常以上升泉的形式排泄,流量较稳定,矿化度一般较高,常有温泉出露。

承压盆地在不同深度上有时可有几个承压含水层,它们各自有不同的承压水位。当地形与蓄水构造一致时,称为正地形(图 3－24(a))。此时,下部含水层的承压水位高于上部含水层的承压水位;反之,当地形与蓄水构造不一致时,称为负地形(图 3－24(b)),此时,下部含水层的承压水位低于上部含水层的承压水位。水位高低不同,可造成含水层之间通过弱透水层或断层等通路而发生水力联系,形成含水间的补给关系,高水位含水层的水补给低水位含水层。

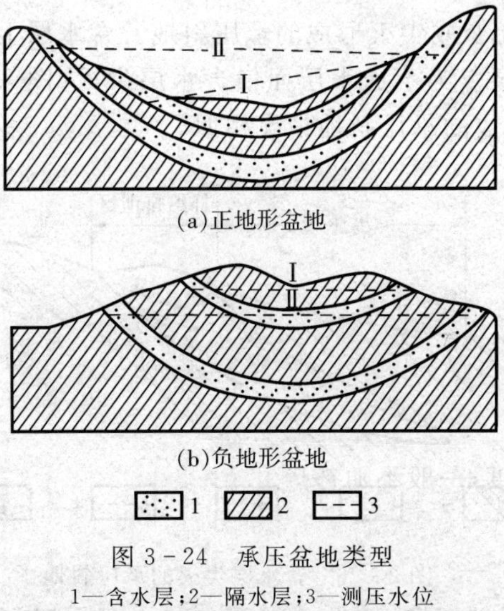

(a)正地形盆地

(b)负地形盆地

图 3－24　承压盆地类型

1—含水层;2—隔水层;3—测压水位

Ⅰ—上层测压水位;Ⅱ—下层测压水位

② 承压斜地

承压斜地的形成可以有三种不同情况：一种是单斜含水层被断层所截形成的承压斜地；另一种是含水层岩性发生相变或尖灭形成承压斜地；第三种是单斜含水岩层被侵入岩体阻截形成的承压斜地。

A. 单斜含水层被断层所截形成的承压斜地。单斜含水层的上部出露地表，成为承压含水层的补给区，含水层下部为断层所切。若断层导水，则含水层之间可以通过断层发生水力联系。在断层出露位置较低处，承压水可通过断层以泉的形式排泄于地表（图 3-25(a)），成为排泄区。此时，补给区与排泄区位于承压区两侧，与承压盆地相似。

倘若断层不导水，水沿含水层向下流动，遇断层而受阻后形成回流，在含水层露头区地形较低处以泉的形式排出地表，形成排泄区。此时，地下水的补给区与排泄区在同一侧，承压区在另一侧（图 3-25(b)）。显然露头区附近地下水循环交替条件较好，深处则差。如果承压斜地延伸较深时，下端含水层中的地下水往往处于停滞状态，使矿化度较高。

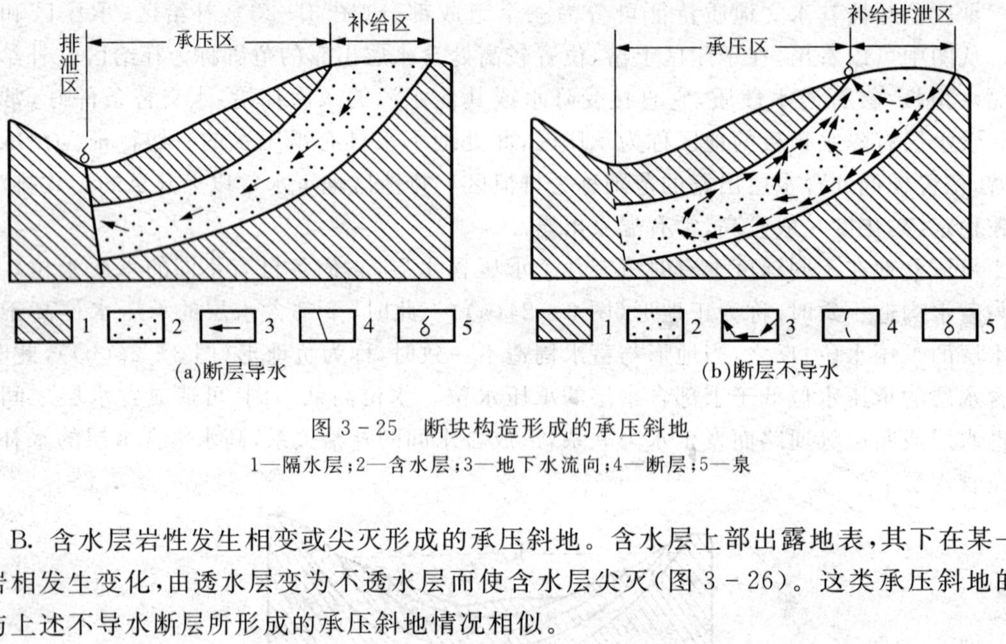

图 3-25 断块构造形成的承压斜地

1—隔水层；2—含水层；3—地下水流向；4—断层；5—泉

B. 含水层岩性发生相变或尖灭形成的承压斜地。含水层上部出露地表，其下在某一深度岩相发生变化，由透水层变为不透水层而使含水层尖灭（图 3-26）。这类承压斜地的情况与上述不导水断层所形成的承压斜地情况相似。

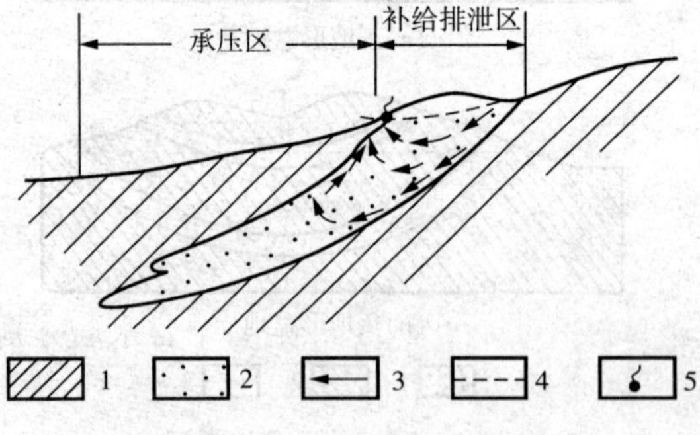

图 3-26 含水层尖灭的承压斜地

1—黏土层；2—砂层；3—地下水流向；4—地下水位；5—泉

C. 单斜含水层被侵入岩体阻截形成的承压斜地。各种侵入岩体，当它们侵入透水性很强的单斜含水岩层中，并处于地下水的下游时，由于它们起到阻水的作用，可形成承压斜地。如济南承压斜地，为寒武系、奥陶系灰岩组成的一向北倾斜的单斜构造(图 3-27)。南部千佛山一带灰岩广泛出露，形成承压水的补给区，地下水沿顺层发育的溶穴向北流动，至济南城一带，深部受到闪长岩体的阻截和覆盖，表层又被第四系透水性弱的黏性土覆盖，形成承压水的承压区和排泄区，济南市区有 108 个泉排泄，故有泉城之称。

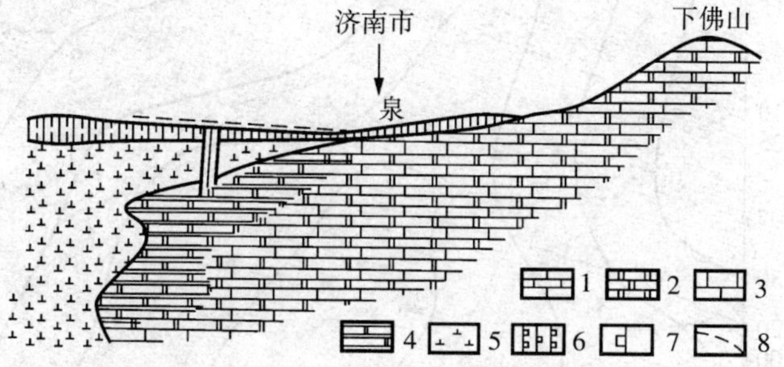

图 3-27　济南火成岩体阻截承压斜地

1—寒武系灰岩；2—下奥陶统白云质灰岩；3—中奥陶统灰岩；4—大理岩；5—闪长岩及辉长岩；6—胶接较好的砾岩；7—承压水位；8—地下水位

其他，如基岩断裂破碎带的裂隙随深度的增大而闭合，或裂隙被充填等情况，均可形成承压斜地。

承压盆地和承压斜地在我国分布比较广泛。根据地质年代和岩性的不同，可分为两类：一类是第四系松散沉积物构成的承压盆地和承压斜地，它们广泛存在于山间盆地和山前平原中；另一类是由坚硬基岩构成的承压盆地和承压斜地。如北方的淄博盆地、井陉盆地、沁水盆地、开平盆地等就是寒武—奥陶系石灰岩上覆石炭—二叠系砂页岩及第四系堆积物而构成的承压水盆地。广东的雷州半岛以及新疆等地的许多山间盆地都属于这类向斜盆地。较为典型的大型承压盆地是四川盆地，盆地中部分布侏罗—白垩系砂页岩，向四周依次出露古生界岩层。主要含水层为侏罗系砂岩裂隙水、三叠系嘉陵江组灰岩及二叠系长兴组灰岩和茅口组灰岩的岩溶水，有的地段可出现自流水。

2. 承压水等水压线图

承压水的等水压线图，就是承压水测压水位面的等高线图。它是反映承压水特征的一种基本图件。可以根据若干个井孔中，同一时期测得的某一承压含水层的水位资料绘制。其绘制方法与绘制潜水等水位线图相同。等水压线图(图 3-28)，可以反映承压水面(测压水位面)的起伏情况。承压水面与潜水面不同之处，在于潜水面是一个实际存在的面，而承压水面是一个虚构的面，这个面可以与地形极不吻合，甚至高于地表(正水头区)，只有当钻孔揭露承压含水层时，才能测得。因此，等水压线图通常要附以含水层顶板等高线。

在同一个承压盆地中，可以有几个承压含水层，每个含水层分别有其补给区和排泄区，因此就有各不相同的测压水位面，当然它们的等水压线图也各不相同。

由于承压含水层的埋藏深度比较大，因此要得到不同含水层的测压水位，必然要增加很多勘测工作量，必须考虑到绘制此图的必要性。

利用等水压线图可以解决以下实际问题。

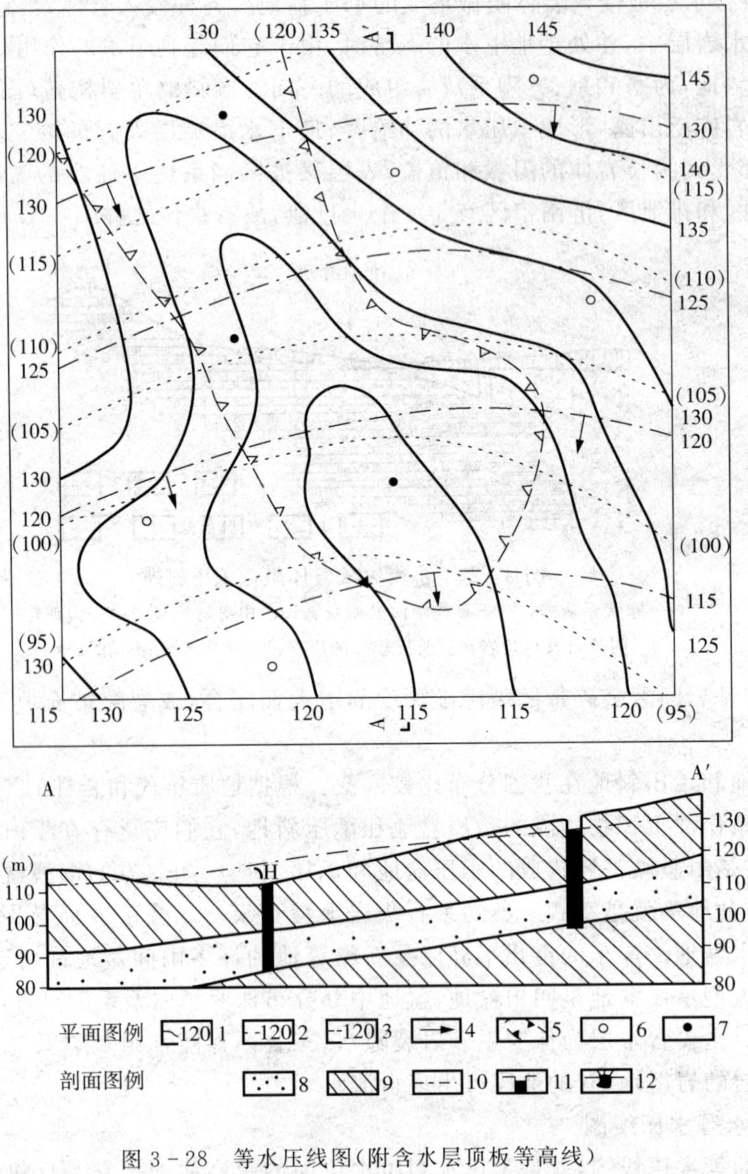

图 3－28　等水压线图(附含水层顶板等高线)

1—地形等高线(m);2—含水层顶板等高线(m);3—等测压水位线(m);4—地下水流向;
5—承压水自溢区;6—钻孔;7—自喷孔;8—含水层;9—隔水层;10—测压水位线;11—钻孔;12—自喷孔

(1)确定承压水的流向

承压水的流向垂直于等水压线,由高水位向低水位运动。

(2)确定承压水的水力坡度、判断含水层岩性和厚度的变化

承压水水力坡度的确定与潜水一致。承压水与潜水相似,测压水面的变化与岩性和含水层厚度变化有关。此处不再重述。

(3)确定承压水位埋藏深度

地面高程减去相应点的承压水位即可。承压水位埋藏深度越小,开采利用就越方便。该值是负值时,水便自流(喷出)涌出地表。据此可选择开采承压水的地点。该值是正值时,

为非自流区。

(4)确定承压含水层的埋藏深度

用地面高程减去相应点含水层顶板高程即得。了解承压含水层的埋藏深度情况，有助于选择地下工程的位置和开采承压水的地点。

(5)确定承压水水头值的大小

承压水位减去相应点含水层顶板高程，即为承压水水头值。根据承压水水头，可以预测开挖基坑、洞室和矿山坑道时的水压力。

(6)可以确定潜水与承压水间的相互关系

将等水压线与潜水等水位线绘在一张纸上，根据它们之间的相互关系，可以判断二者间是否有水力联系。如在潜水含水层厚度与透水性变化不大的地段，出现潜水等水位线隆起或凹陷的现象，可初步判断此地段承压水与潜水可能通过“天窗”或导水断裂产生了水力联系(图3-29)。

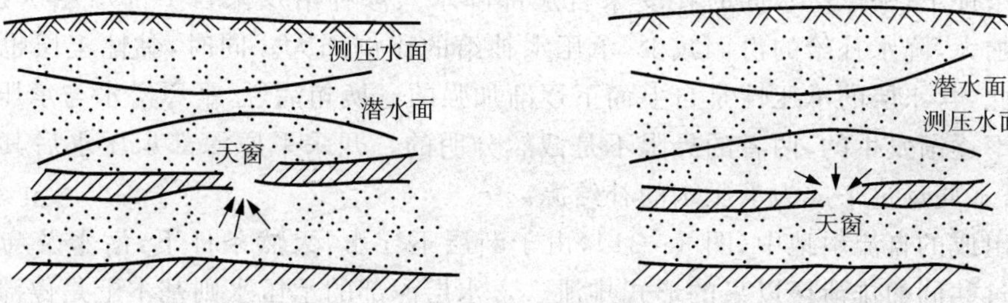

图3-29 潜水与承压水相互补给的关系

上述按地下水的埋藏条件分为包气带水、潜水和承压水三种类型。根据它们在自然界中经常存在的空间部位，编绘的上层滞水、潜水和承压水理想模式图(图3-30)，应当指出，该理想模式图，只能反映三类地下水在空间上的埋藏关系，具有人为性。实际上，自然界中水文地质条件是复杂多变的，各类地下水经常处于相互联系转化中。不同地区，各类地下水往往是单独出现，或两种、两种以上的地下水类型同时并存。它们之间有时有水力联系或相互补给关系。

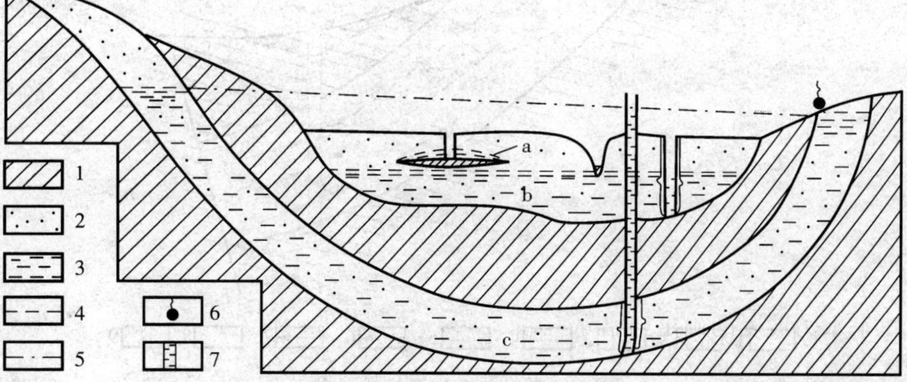

图3-30 潜水、承压水及上层滞水

1—隔水层；2—透水层；3—饱水部分；4—潜水位；5—承压水测压水位；6—泉(上升泉)；7—水井，实线表示井壁不进水

a—上层滞水；b—潜水；c—承压水

在工作中，要根据实际情况，结合当地的地质、水文地质条件，总结不同地区地下水类型模式及各类地下水的特征是十分重要的。

3. 潜水与承压水的相互转化

在自然与人为条件下，潜水与承压水经常处于相互转化之中。显然，除了构造封闭条件下与外界没有联系的承压含水层外，所有承压水最终都是由潜水转化而来；或由补给区的潜水测向流入，或通过弱透水层接受潜水的补给。

对于孔隙含水系统，承压水与潜水的转化更为频繁。孔隙含水系统中不存在严格意义上的隔水层，只有作为弱透水层的黏性土层。山前倾斜平原，缺乏连续的厚度较大的黏性土层，分布着潜水；进入平原后，作为弱透水层的黏性土层与砂层交互分布。浅部发育潜水(赋存于砂土与黏性土层中)，深部分布着由山前倾斜平原潜水补给形成的承压水。由于承压水水头高，在此通过弱透水层补给其上的潜水。因此，在这类孔隙含水系统中，天然条件下，存在着山前倾斜平原潜水转化为平原承压水，最后又转化平原潜水的过程。

天然条件下，平原潜水同时接受来自上部降水入渗补给及来自下部承压水越流补给。随着深度加大，降水补给的份额减少，承压水补给的比例加大。同时，黏性土层也向下逐渐增多。因此，含水层的承压性是自上而下逐渐加强的。换句话说，平原潜水与承压水的转化是自上而下逐渐发生的，两者的界限不是截然分明的。开采平原深部承压水后其水位低于潜水时，潜水便反过来成为承压水的补给源。

基岩组成的自流斜地中(图 3-31)，由于断层不导水，天然条件下，潜水及与其相邻的承压水通过共同的排泄区以泉的形式排泄。含水层深部的承压水则基本上是停滞的。如果在含水层的承压部分打井取水，井周围测压水位下降，潜水便全部转化为承压水由开采排泄了。

由此可见，作为分类，潜水和承压水的界限是十分明确的，但是，自然界中的复杂情况远非简单的分类所能包容，实际情况下往往存在着各种过渡与转化的状态，切忌用绝对的固定不变的观点去分析水文地质问题。

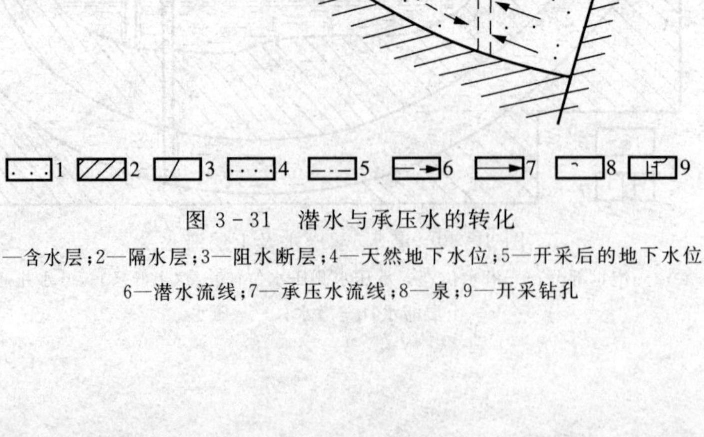

图 3-31　潜水与承压水的转化

1—含水层；2—隔水层；3—阻水断层；4—天然地下水位；5—开采后的地下水位；6—潜水流线；7—承压水流线；8—泉；9—开采钻孔

复习思考题

1. 叙述岩石的裂隙率。
2. 地壳岩石中的水有哪些?
3. 包气带自上而下可分为哪三带?
4. 含水层的形成应具备哪些条件?
5. 叙述地下水的分类。
6. 什么是潜水?它有哪些特征?
7. 影响潜水面形状的因素有哪些?潜水面的表示方法有几种?
8. 潜水等水位线图是怎样编制的?此图可以解决哪些问题?
9. 何谓承压水?它有哪些特征?与潜水特征有何区别?
10. 地下水如何分类?
11. 承压水的补给区、承压区和排泄区各有何特点?
12. 什么叫等水压线图?它是怎样绘制的?钻孔打到等水压线高度能否见到承压水?为什么?绘制等水压线图有何实际意义?

第4章 地下水运动的基本规律

地下水在岩石空隙中的运动称为渗透。由于岩石的空隙形状、大小和连通程度的变化，因而地下水在这些空隙中的运动是十分复杂的，要掌握地下水在每个实际空隙通道中水流运动的特征是不可能的，同时也无必要。于是，人们用一种假想的水流去代替岩石空隙中运动的真实水流的方法来研究水在岩石空隙中的运动。这种假想的水流，一是认为它是连续地充满整个岩石空间(包括空隙空间和岩石骨架占据的空间)；二是不考虑实际流动途径的迂回曲折，只考虑地下水的流向，这种假想的水流称为渗流。为了使渗流符合渗透的真实情况，它必须满足以下条件：

(1)渗流通过任一过水断面的流量等于通过该断面的实际渗透流量；

(2)渗流在任一过水断面的水头等于实际渗透水流在同一断面的水头；

(3)渗流在运动中所受到的阻力等于实际渗透水流所受的阻力。

发生渗流的区域称为渗流区或渗流场。渗透流速(渗透速度或渗流速度)(v)、渗流(q)、水头(h)等这些描述渗流场特征的物理量，称为渗流的运动要素。

由于岩石的空隙在一般情况下都很细小，且空隙通道又迂回曲折，因而地下水在其中流动过程中受到的阻力很大，所以地下水的流动远比地表水流动缓慢。

地下水在岩石空隙中渗透时，有两种流态：层流和紊流。水流质点做有秩序的、互不混杂的流动，称为层流。地下水在岩石狭小空隙中流动时，重力水受介质的吸引力较大，水的质点排列较有秩序，故做层流运动。水流质点无秩序地、互相混杂地流动，称为紊流运动。做紊流运动时，水流所受阻力比层流状态大，消耗的能量较多。地下水在宽大的空隙岩石中流动时，水的流速较大，容易呈紊流运动。

水在渗流场内运动，各个运动要素不随时间改变时，称为稳定流。运动要素随时间变化的水流运动，称为非稳定流。严格地讲，地下水运动都属于非稳定流。但是为了便于分析计算，可以将某些运动要素变化微小的渗流，近似地看做稳定流。

地下水运动的空间变化类型有一维流、平面流和空间流。渗流场中任意点的速度变化只与空间坐标的一个方向有关时，称为一维流或线状流。渗流场中任意点的速度变化与空间坐标的两个方向有关时，称为平面运动或二维流运动。渗流场中任意点的速度变化与空间坐标的三个方向有关时，称为空间流或三维流运动。

4.1 重力水运动的基本规律

4.1.1 线性渗透定律——达西定律

1852～1855年，法国水力学家达西(Darcy)通过大量的实验，得到线性渗透基本定律。

实验是在装有砂的圆筒中进行的(图 4－1)。水由筒的上端加入,渗流经过砂柱,由下端流出。上游用溢水设备控制水位,使实验过程中水头始终保持不变。在圆筒的上下端各设一根测压管,分别测定上下两个过水断面的水头。下端出口处设管嘴以测定流量。

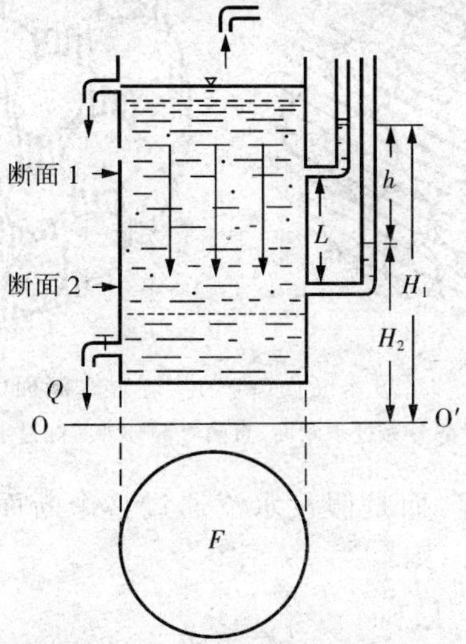

图 4－1　达西试验示意图

根据实验结果,得到达西公式:

$$Q=KF\frac{h}{L}=KFI \tag{4-1}$$

式中:Q——渗透流量(出口处流量即为通过砂柱各断面的流量);

F——过水断面(在实验中相当于砂柱横断面积);

h——水头损失($h=H_1-H_2$,即上下游过水断面的水头差);

I——水力坡度(相当于 h/L,即水头差除以渗透长度);

K——渗透系数。

从水力学已知,通过某一断面的流量 Q 等于流速 V 与过水断面 F 的乘积,即:

$$Q=FV \tag{4-2}$$

或 $V=Q/F$。据式(4－2)、式(4－1),达西定律也可以另一种形式表达:

$$V=\frac{Q}{F}=KI \tag{4-3}$$

式中:V 称作断面的流速。

以下来探讨式(4－3)中各项的物理涵义。

(1)渗透流速 V:在上面引用水力学中的公式 $Q=FV$ 时,式中的过水断面 F 系指砂柱的横断面积。在该横断面积中,包括砂颗粒所占据的面积及孔隙所占据的面积,而水流实际通过的过水断面面积 F_1 为孔隙所占据的面积(图 4－2),故:

$$F_1=FP$$

式中：P 为空隙度。

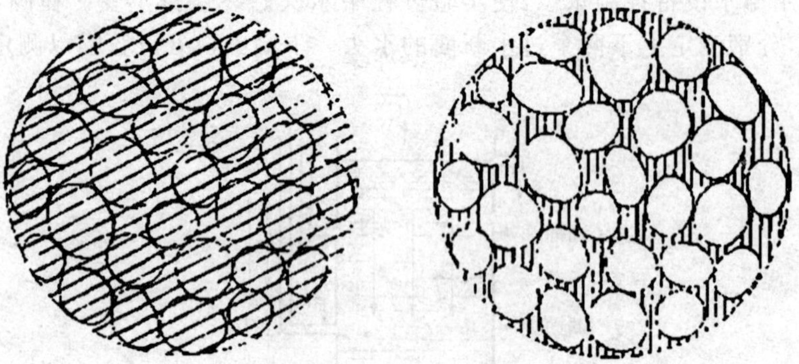

图 4-2 过水断面(F)与实际过水断面(F_1)
斜阴影部分为过水断面，直阴影部分为实际过水断面

由此可知，V 并非实际流速，而是假设水流通过整个断面 F 时的流速。如令通过实际过水断面 F_1 时的实际流速为 u，则

$$Q=F_1u \tag{4-4}$$

比较公式(4-2)及式(4-4)，可得：

$$Q=FV=F_1u$$

而 $F_1=FP$，故

$$FV=FPu，即$$

$$V=Pu \tag{4-5}$$

岩石的空隙度总是小于 1 的，故渗透流速始终小于实际流速。

考虑到空隙表面结合水的存在，渗透流速 V 与实际流速 u 的关系应表达为：

$$V=\mu u \tag{4-6}$$

式中：μ 为给水度。对于大空隙岩石，给水度 μ 与空隙度 P 在数值上很相近。细小空隙的岩石则两者相差很远，必须采用式(4-6)。

在分析地下水运动时，比如应用实际流速，则必须获得空隙断面积 F_1，而后者不易求得，应用起来很不方便。引入渗透流速 V 可以解决这一困难。但是，我们必须记住，渗透流速 V 并不是地下水实际的流速，而是设想地下水通过整个过水断面(包括岩石骨架与空隙在内)时所具有的虚拟的流速。

(2)水力坡度 I：水力坡度为沿渗透途径的水头损失与相应渗透途径长度的比值。水在空隙中运动时，受到隙壁以及水质点自身的摩擦阻力，克服这些阻力保持一定流速，就要消耗机械能，从而出现水头损失。所以，水力坡度可以理解为水流通过某一长度渗透途径时，为克服摩擦阻力，保持一定流速所耗失的以水头形式表现的机械能。在利用 $I=\frac{H_1-H_2}{L}=$

$\frac{h}{L}$这一公式确定水力坡度时，应当注意，水头差 h 与渗透长度 L 必须对应。

(3)渗透系数 K：从达西定律 $V=KI$ 可以看出，水力坡度 I 是无因次的，故渗透系数 K 的因次与渗透速度 V 相同，一般采用米/昼夜或厘米/秒为单位。令 $I=1$，则 $V=K$，意即渗透系数为水力坡度等于 1 时的渗透流速。水力坡度为一定值时，渗透系数愈大，渗透流速就愈大；渗透流速为一定值时，渗透系数愈大，水力坡度愈小。由此可见，渗透系数可定量说明岩石的渗透性能。渗透系数愈大，岩石的透水能力愈强。在空隙连通的前提下渗透系数与岩石中空隙的大小多少有关。

渗透系数对于渗流计算有着重要意义，一般通过实验室或野外现场试验测定，此外也可用经验公式来计算。后者可靠性较差。

前已提及，水流在岩石空隙中运动，需要克服隙壁及水质点之间的摩擦阻力；所以，渗透系数不仅与岩石的空隙性质有关，还与水的某些物理性质有关。如果我们假想黏滞性不同的两种液体在同一岩石中运动，则黏滞性大的液体渗透系数就会小于黏滞性小的液体。通常情况下，研究地下水的运动时，由于水的物理性质变化不大，可以忽略，而把渗透系数看成单纯说明岩石渗透性能的参数。但在特殊条件下，例如在研究温热水运动时，由于温度增加使水的黏滞性显著降低，就不能加以忽略了。松散岩石渗透系数的常见值可参见表 4-1。

表 4-1 松散岩石渗透系数参考值

松散岩石名称	渗透系数(m/d)	松散岩石名称	渗透系数(m/d)
亚黏土	0.001～0.10	中砂	5.0～20.0
亚砂土	0.10～0.50	粗砂	20.0～50.0
粉砂	0.50～1.0	砾石	50.0～150.0
细砂	1.0～5.0	卵石	100.0～500.0

注：此为一般经验值，仅供参考，特殊条件下，具大空隙及裂隙的亚黏土（甚至黏土）渗透系数可大于粉砂。此表转引自北京地质学院工程地质教研室编《土质学》。

在达西定律中，渗透速度与水力坡度的一次方成正比，为线性关系，这是层流运动的普遍定律。达西定律不仅适用于松散岩石，也适合于裂隙岩石及岩溶化岩石，只要水流属于层流运动即可。自然界地下水的运动，大多数属于层流状态，因而达西定律应用十分广泛。

但有人根据试验结果认为，一部分地下水层流运动不服从达西定律，关于这方面内容可参阅地质出版社 1979 年出版的，由薛禹群、朱学愚编著的《地下水动力学》。

达西定律是由砂质土体实验得到的，后来推广应用于其他土体，如黏土和具有细裂隙的岩石等。进一步的研究表明，在某些条件下，渗透并不一定符合达西定律，因此在实际工作中我们还要注意达西定律的适用范围。

大量试验表明，当渗透速度较小时，渗透的沿程水头损失与流速的一次方成正比。在一般情况下，砂土、黏土中的渗透速度很小，其渗流可以看做是一种水流流线互相平行的流动——层流，渗流运动规律符合达西定律，渗透速度 v 与水力梯度 i 的关系可在 $v-i$ 坐标系中表示成一条直线，如图 4-3(a)所示。粗颗粒土（如砾、卵石等）的试验结果如图 4-3(b)所示，由于其孔隙很大，当水力梯度较小时，流速不大，渗流可认为是层流，$v-i$ 关系成线性变化，达西定律仍然适用；当水力梯度较大时，流速增大，渗流将过渡为不规则的相互混杂的流动形式——紊流，这时 $v-i$ 关系呈非线性变化，达西定律不再适用。

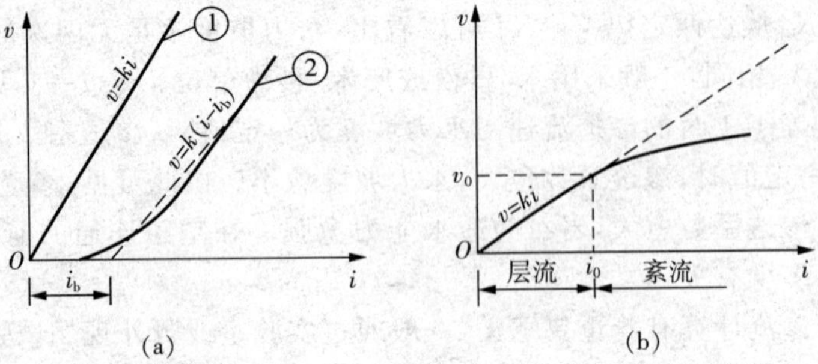

图 4-3　细粒土与粗粒土的 $v-i$ 关系

4.1.2　非线性渗透定律

地下水在较大的空隙中运动，且其流速相当大时，水流呈紊流运动，运动规律服从紊流运动规律，即：

$$V=KI^{1/2} \tag{4-7}$$

此时渗透流速与水力坡度的平方根成正比，故称非线性渗透定律。

当地下水运动呈混合流（层流向紊流的过渡）状态时，则符合式（4-8）：

$$v=KI^{1/m} \tag{4-8}$$

式中：m 介于 1～2 之间。

4.1.3　达西定律应用举例

1. 地下水天然流量计算

如图 4-4 所示，有一潜水含水层由均质的砂层组成，隔水底板水平，在平面上水流呈稳定的剖面平面流动。砂层中的渗流属层流，可根据达西定律写出流量方程。从图中可知，潜水浸润曲线为一下降曲线，各点的水力坡度都不相同。

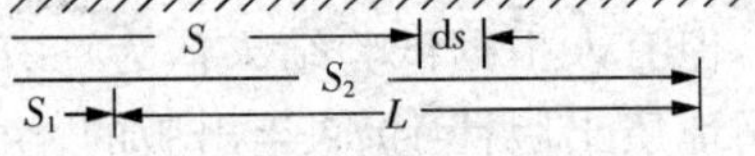

图 4-4　水平隔水层上的潜水流

故以微分形式表示如下：

$$I=-\frac{\mathrm{d}h}{\mathrm{d}s}$$

式中：ds——渗透途径上无限小长度；

　　dh——ds 长度上的水头差，见图 4-4。

严格说来，ds 应是弧形线段，因水力坡度很小，故可近似地以水平轴上的投影表示。沿水流方向，ds 的值增加，为正值；dh 值减少，为负值，而水力坡度应为正值，故式前加一负号。由于水流在平面上互相平行，故可取单位宽度的水流代表整个断面上水流。单位宽度水流

断面积为 $h\cdot 1=h$（h 为含水层厚度。注意，此处 h 是变数）。单位宽度渗透流量以 q 表示，则得：

$$q=-Kh\frac{\mathrm{d}h}{\mathrm{d}s} \tag{4-9}$$

式中：q、K 为常数，其他均为变数。分离变数，得：

$$\frac{q}{K}\mathrm{d}s=-h\mathrm{d}h$$

由断面1至断面2对式(4-9)进行积分：

$$\frac{q}{K}\int_{s1}^{s2}\mathrm{d}s=-\int_{h1}^{h2}h\mathrm{d}h$$

得

$$\frac{q}{K}(S_2-S_1)=\frac{h_1^2-h_2^2}{2}$$

令 $S_2-S_1=L$，则得：

$$q=K\frac{h_1^2-h_2^2}{2L} \tag{4-10}$$

式(4-10)也可改写为：

$$q=K\cdot\frac{h_1+h_2}{2}\cdot\frac{h_1-h_2}{L} \tag{4-11}$$

式中：$\frac{h_1+h_2}{2}$ 为1、2断面之间含水层平均厚度；$\frac{h_1-h_2}{L}$ 为1、2断面间平均水力坡度。

如水流宽度为 B，整个过水断面上的流量为 Q，平均水力坡度为 I，含水层平均厚度为 h，整个过水断面面积以 F 表示之，则得：

$$Q=KBhI=KFI$$

与式(4-1)完全相同。

2. 井流计算

在井孔中，由于人工抽水使井中水位低于周围水位，形成一个漏斗状的水面，称为降落漏斗。此时，地下水沿径向从周围流向井中，我们称之为井流或径向流。在生产实际中，经常需要对一定条件下的井流作出定量评价。

1863年，法国裘布依(J. Dupuit)首先应用达西定律对这种井流问题进行了计算。裘布依假设地下水的渗流场满足下列条件(如图4-5)：

(1)潜水含水层的几何形状为一圆柱体，周围是定水头的补给边界；

(2)含水层为均质，原始水位水平，隔水底板水平；

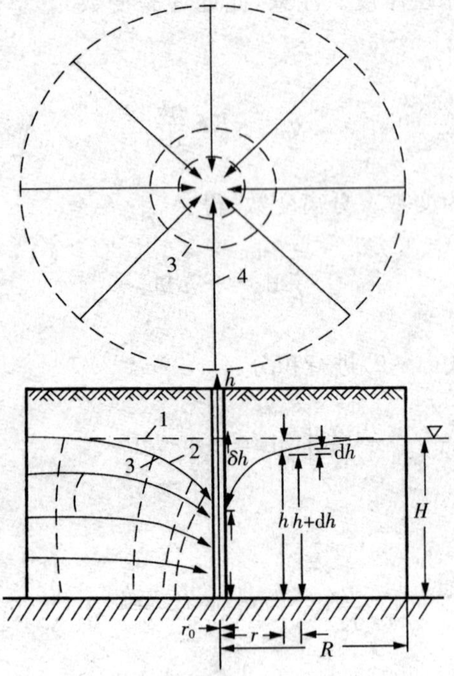

图 4-5 裘布依井流条件示意图

1—天然水头线；2—降落漏斗；3—等水头线；4—流线

(3)在圆形含水层的中心位置分布有一抽水井，该井揭穿整个含水层，达到隔水底板(完整井)，并以一定的流量进行抽水。

在抽水过程中，降落漏斗不断加深和扩大，逐渐扩展到含水层之外的圆形补给边界，于是外部水便向含水层发生补给，当单位时间内补给量与抽水量达到平衡时，井流便处于稳定状态。

渗流场的坐标系统是这样规定的：取水平隔水底板为基准面，以井轴作为纵坐标轴(h 轴)；沿隔水底板方向作为水平坐标轴(r 轴)；以井轴为原点，向外为正(图 4-5)。

我们先讨论一下渗流场内过水断面和水力坡度的特点。

如图 4-5 所示，井流的流线均为向下弯曲的曲线。因此，过水断面是一个以井轴为中心的旋转曲面。为了便于求解，裘布依假设井中水位降深不大，过水断面就可近似地视为一圆柱面。于是，渗流场内任一过水断面面积便可表示为

$$\omega=2\pi rh$$

式中：r——以井轴为中心的圆柱面半径；

h——与井轴距离为 r 的含水层厚度。

渗流场的水力坡度是 r 的函数，即 $I=f(r)$。则有

$$I=\frac{\mathrm{d}h}{\mathrm{d}r}$$

式中：dh、dr 含义见图 4-5。

于是，渗流场内通过任一过水断面的流量即为

$$Q=2\pi rhK\frac{dh}{dr}$$

分离变量并积分

$$Q=\int_{r_0}^{R}\frac{1}{r}dr=2\pi K\int_{h_0}^{H}h\,dh$$

$$Q\ln\frac{R}{r_0}=\pi K(H^2-h_0^2)$$

$$Q=\frac{\pi K(H^2-h_0^2)}{\ln\frac{R}{r_0}}=1.366K\frac{H^2-h_0^2}{\lg\frac{R}{r_0}} \tag{4-12}$$

这就是潜水含水层稳定井流公式，称为裘布依公式。

式中：Q——通过任一过水断面的渗透流量，它等于抽水井流量，也等于外围补给量(L^3T^{-1})；

H——潜水含水层抽水前的原始水位(L)；

h_0——抽水井中的水位(L)；

R——井轴至补给边界的距离，称为补给半径(L)；

r_0——抽水井的半径(L)。

承压条件下的稳定井流公式为

$$Q=\frac{2\pi KM(H-h_0)}{\ln\frac{R}{r_0}}=2.73\frac{KMS_0}{\lg\frac{R}{r_0}} \tag{4-13}$$

式中：M——承压含水层厚度(L)；

S_0——抽水井中的水位降深(L)；

其他符号同前。

裘布依公式的出现，对推动地下水定量研究起了重要作用。不过公式所要求的圆形定水头边界条件在自然界中很少见到，因此，裘布依方程在应用上常会遇到困难，为了解决这一问题，德国工程师蒂姆(A. Theim)提出用“影响半径”替代裘布依模型的补给半径。蒂姆所定义的影响半径是指在无限含水层中，从抽水井中心到实际上已观测不出地下水位下降处的水平距离(图 4-6)。他认为在此距离之外，地下水基本上不受抽水的影响。这样就引出包含影响半径(图 4-6)的蒂姆公式(表达形式与裘布依公式一样，其中的“R”改换为蒂姆提出的影响半径

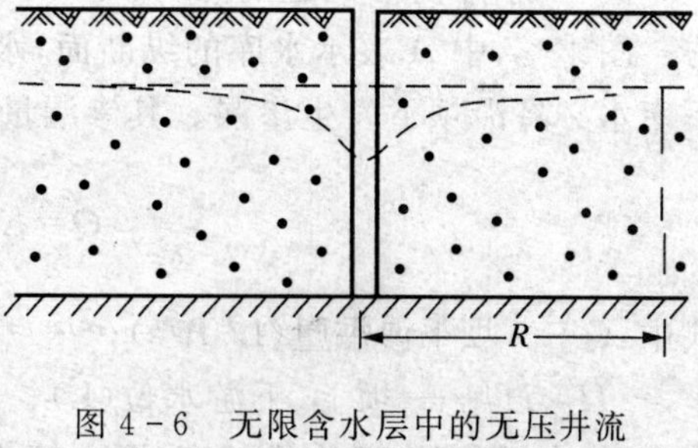

图 4-6　无限含水层中的无压井流

即可)。

达西公式不仅适用于地下水的稳定层流运动,也适用于非稳定层流运动。1935 年,美国学者泰斯(C. V. Theis)以达西定律为基础,利用热传导理论提出了地下水非稳定井流的计算公式,称为泰斯公式。其推导过程的假设条件是:含水层是均质、各向同性和等厚的;无垂直渗流;井流为层流;抽水井为完整井;水头下降引起水从储存量中的释放是瞬时完成的;抽水前地下水位是水平的;抽水井的井径无限小且是定流量抽水;含水层侧向无限延伸。

泰斯公式的表达形式为:

$$Q=\frac{4\pi TS}{W(u)}\text{(承压水)} \tag{4-14}$$

$$Q=\frac{2\pi K(2H-S)S}{W(u)}\text{(潜水)} \tag{4-15}$$

$$\left(u=\frac{r^2}{4at}\right)$$

式中:S——观测井水位降深(L);

Q——定流量抽水井的流量(L^3T^{-1});

$T=KM$——含水层的导水系数(L^2T^{-1});

K——含水层渗透系数(LT^{-1}),M——含水层厚度(L);

$W(u)$——井函数(可根据 u 值查表求得);

r——抽水井中心至观测井距离(L);

a——含水层的导压系数(L^2T^{-1});

t——抽水持续时间(T);

H——承压含水层初始水位(L)。

泰斯公式的应用条件看起来似乎难以满足,但实践证明,这并不影响公式的实用性。故泰斯公式被广泛用于解决地下水开采(或排水)、动态预报、水资源评价及矿坑涌水量预测等问题。在我国自 20 世纪 70 年代以来逐渐被推广应用。

3. 运用达西定律分析问题

达西定律不仅可以应用于对地下水的定量计算,还可用于分析水文地质问题。在此举几个实例来说明。

例一,水库防渗问题的分析:

图 4-7 中 A 表示水库的纵断面,水库坝下为透水的砂层,在坝的上下游水头差的作用下库水必将沿坝下发生渗漏。其渗漏量大小服从达西定律,即

$$Q=K\omega I=K\frac{H_1-H_2}{l}\omega$$

式中:Q——坝下渗漏量(L^3T^{-1});

H_1、H_2——坝上、下游水位(L);

l——坝下渗透途径长度(图中箭头线所示)(L);

K——砂土渗透系数(LT^{-1});

ω——坝下过水断面面积(L^2)。

现在考虑一下，通过哪些途径能减少水库的渗漏。

分析达西公式可知，Q 的大小取决于 K、ω 和 I 的大小，若能设法使 K、ω 和 I 变小，则 Q 随之变小；若 K、ω 和 I 其中一个等于零，Q 亦等于零。为此，可采取下列两种措施(图 4-7 中的 B)：

(1)在坝下用隔水材料(通常是黏土)设置“心墙”(图 4-7 中的 B)，其作用是减小过水断面，增长渗透途径。如砂层厚度不大，可使心墙直接与隔水底板相接，则过水断面面积为零，达到完全防渗的目的。

(2)在坝的上游或下游铺设防渗层。其作用是增加渗透途径，如图 4-7 中的 B。铺设防渗层(图中的 B)后，其渗透途径长度大于铺设前(图 4-7 中的 A)，水头差不变，则水力坡度变小，渗漏量变小。

例二，画地下水位线：

在绘制水文地质剖面图时，必须画出地下水位线。问题是怎样才能使画出的水位线符合实际情况。多打些钻孔或直接揭露地下水面固然可靠，但成本较高。因此，如何用最小的勘探量，合理地画出地下水位线，就要进行科学分析。

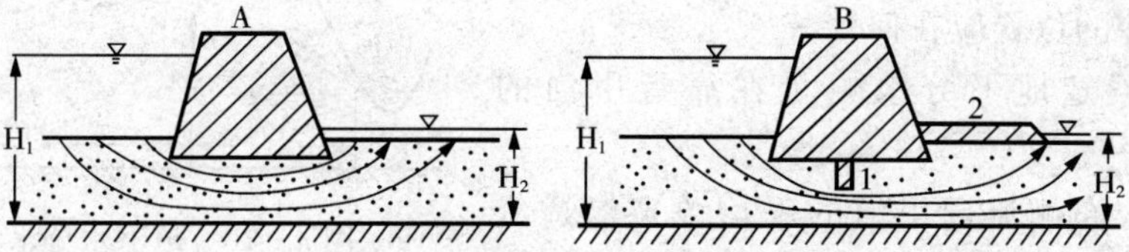

图 4-7　水库渗漏示意图

图 4-8 表示隔水底板水平的均质潜水含水层，沿流向分布有 1、2 两口井，水位分别为 h_1、h_2。地下水流动为与剖面平行的稳定流。现设通过两井过水断面的单宽流量为 q，则有

$$q_1 = K h_1 I_1$$

$$q_2 = K h_2 I_2$$

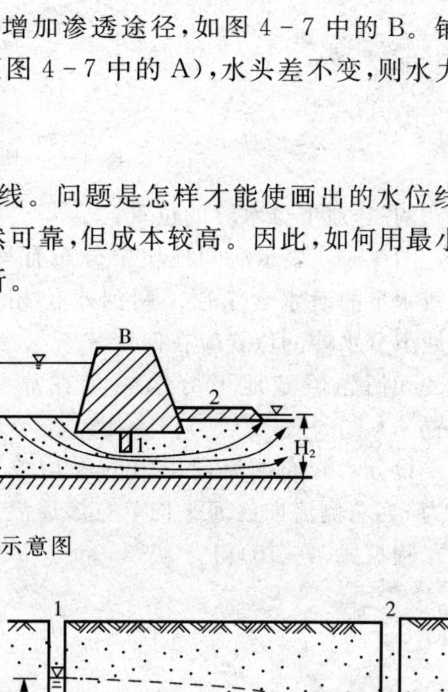

图 4-8　隔水底板水平的潜水含水层

在无入渗、蒸发及人为因素影响情况下，根据水流连续性原理可知：

$$q_1 = q_2$$

则

$$h_1 I_1 = h_2 I_2 = C(\text{常数})。$$

因 $h_1 > h_2$，所以 $I_2 > I_1$。

由于从 1 井到 2 井，含水层厚度 h 逐渐变小，故水力坡度 I 必然是逐渐增大。这就说明，此条件下通过 1、2 两井的水位所画出的浸润曲线(潜水面)必须是一条曲率逐渐增大的凸型下降曲线，而不可画成直线或其他形状。

图 4-9 表示隔水底板倾斜的潜水含水层，其他条件与上图相同。由分析可知，两孔之

间的浸润曲线是曲率逐渐变小的凹型下降曲线。

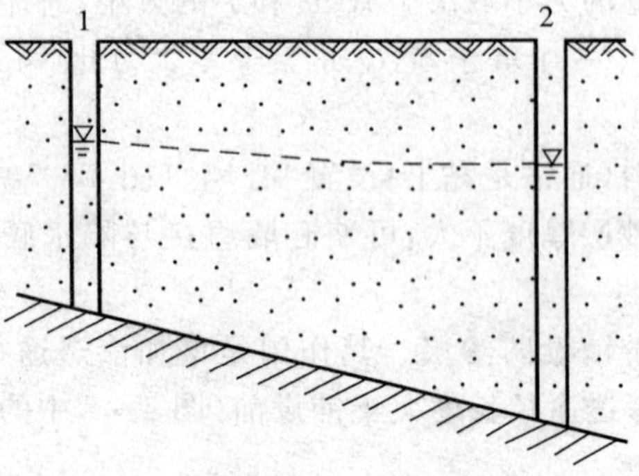

图 4－9　隔水底板倾斜的潜水含水层

例三,地下分水岭的位置:

图 4－10 表示河间地块中分布有均质、隔水底板水平的潜水含水层。两河水位相等。现分析地下分水岭的位置应在何处。

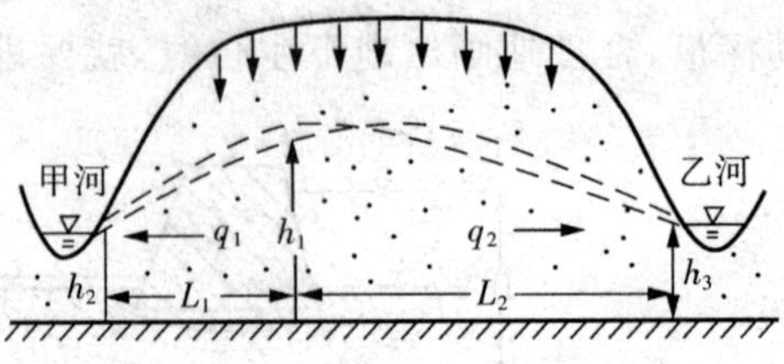

图 4－10　地下水分水岭示意图

我们先假定地下分水岭是在靠近甲河的位置。

设分水岭左侧流向甲河的平均单宽渗透流量为 q_1,右侧流向乙河平均单宽渗透流量为 q_2。

根据式(4－10)得:

$$q_1 = K\frac{h_1+h_2}{2}\cdot\frac{h_1-h_2}{L_1}$$

$$q_2 = K\frac{h_1+h_3}{2}\cdot\frac{h_1-h_3}{L_2}$$

因 $h_2=h_3$ 及 $L_2>L_1$,所以 $q_1>q_2$。

于是在雨季,当入渗补给量大于径流排泄量时,地下水位普遍上升,但因 $q_1>q_2$,所以分水岭左侧水位上升慢,右侧上升快,地下分水岭要向右移动;在旱季,地下水处于消耗过程,水位普遍下降。同理,因 $q_1>q_2$,所以左侧水位下降快,右侧下降慢,地下分水岭亦同样向右移动。

如果假设地下水分岭是在靠近乙河的一侧,则按上述同样的方法可以证明:分水岭必将向左移动。综上,可以得出结论:在此种条件下,地下分水岭的位置必定是在沟河之间的中心部位。

自然界的岩层,由于成因不同和环境差异,以及后期所遭受的破坏程度不同等原因,它们的透水性质是千变万化的,这就使地下水的运动复杂化。对岩层的透水性必须加以简化,否则在研究中将遇到无法克服的困难。因此,按岩层透水性能不同,进行如下分类:

(1)按岩层渗透系数大小不同,可分为透水层和隔水层。透水层又可分为强透水层和弱透水层。强透水层是指透水性强,即渗透系数较大的岩层,如粗砂、中砂、砂卵石、砾石层等。弱透水层是指渗透系数较小的岩层,如亚砂土、亚黏土等。隔水层是指那些不透水的岩层,如黏土、泥炭层等。

在自然条件下，岩层的结构和分布是错综复杂的。因此，上述的划分并没有严格的界限，而是相对而言。如细砂与砂卵石层、砾石层组合在一起时，则可将细砂层定为弱透水层；如果细砂和亚黏土结合在一起时，细砂层则可定为强透水层。又如当地表的亚黏土层覆盖在砂砾石层之上，研究砂砾石层中地下水的运动时，可将亚黏土视为相对隔水层，但研究砂砾石层的补给来源时，在一定条件下，需要将亚黏土作为弱透水层来考虑。

(2)按渗透系数随空间位置变化程度不同，含水层可分为均质含水层和非均质含水层。在均质含水层中，渗透系数不随坐标位置变化而变化，是个常数。非均质含水层的渗透系数则随坐标位置变化而变化，是个变数。

严格地讲，自然界所有含水层都是非均质的。因为组成含水层的岩石颗粒形状、大小、分选程度和岩层中发育的片理、层理，以及节理和裂隙等等，在空间分布很不均匀，所以说渗透系数也不可能是不变的常数。通常在渗透系数随空间变化不大时，按均质岩层处理。由此对实际工程计算所引起的误差并不大，但却大大地简化了理论研究。

(3)按渗透系数是否随渗流方向改变，将含水层分为各向同性和各向异性。各向同性含水层是指岩层中各点的渗透系数与渗流方向无关，即在同一点不同方向上的渗透系数均相等($K_X=K_Y=K_Z$)。而各向异性的含水层是指岩层中同一点的渗透系数随渗透方向不同而不同，即在同一点不同方向上的渗透系数是不等的($K_X \neq K_Y \neq K_Z$)。

均质含水层有各向同性和各向异性。如厚层的比较均匀的砂层就是均质各向同性的，因为它的渗透系数在不同位置上和在同一位置的不同方向上都接近同一常数，而黄土层是均质各向异性的，因为黄土层发育有柱状节理，垂向的渗透系数大于其他方向的渗透系数。如图 4-11 所示。

(a)各向同性　　(b)各向异性

图 4-11　均质含水层

非均质含水层也有各向同性和各向异性的区别。如洪积砂砾石层或多级阶地组成的含水层，其渗透系数往往沿水流方向显著变小，但在某一位置上与方向无关，这种岩层就是非匀质各向同性，如图 4-12(a)所示。而薄层的层状岩层是非匀质各向异性的含水层，如图 4-12(b)所示。

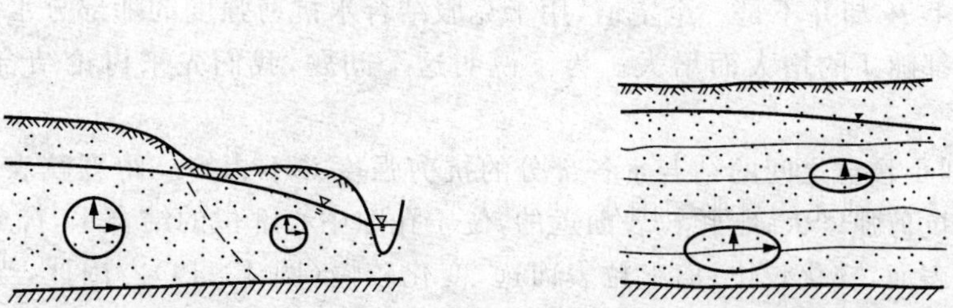

(a)各向同性　　(b)各向异性

图 4-12　非均质含水层

4.2　结合水运动的基本规律

4.2.1　结合水运动的基本规律

结合水是一种在力学性质上介于固体与液体之间的异常液体。强结合水的力学性质更近于固体，不能流动。我们在这里所讨论的结合水，指的是弱结合水。结合水在运动时采取层流运动的形式。但与理想液体不同，它不服从牛顿的内摩擦定律。必须有外力克服结合水所具有的抗剪强度 τ_0 后才能产生流动。

黏性土中结合水的渗透规律，在 $I-V$ 直角坐标系中，是一条通过原点的向 I 轴凸出的曲线（图 4－13）。这条曲线的任一段近于直线的部分，可以用 A.A·罗戴的近似表达式表示：

$$V=K(I-I_0) \tag{4-16}$$

式中，I_0 为起始水力坡度，其他符号意义同前。起始水力坡度 I_0 的涵义是，克服结合水的抗剪强度，使之发生流动所必须具有的水力坡度。

但是，上述说法只适于粗略地分析与解决问题，是不够严格的。从图 4－13 可以看出，表征结合水运动规律的曲线是通过坐标原点的。这就是说，只要有水力坡度，结合水就会发生运动。只不过，当水力坡度未超过起始水力坡度 I_0 时，结合水的渗透速度 V 非常微小，只有通过精密测量才能觉察罢了。因此，严格地说，起始水力坡度 I_0 乃是结合水发生明显渗流时用于克服其抗剪强度的那部分水力坡度。在一般情况下，利用近似公式 $V=K(I-I_0)$ 说明结合水的运动比较方便，并且也能够满足研究的精度要求。

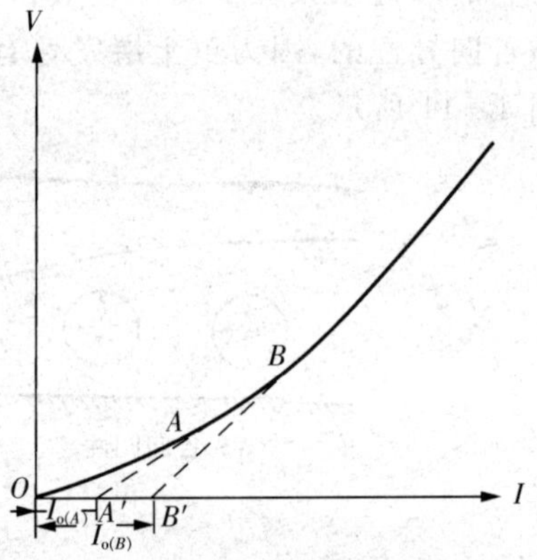

图 4－13　结合水的运动规律（据张忠胤）

前面已经提到，重力水在某一指定岩石中渗流时，只要水的物理性质不变化，渗透系数 K 就是常数。可是，结合水在某一指定黏性土中渗透时，实际上 K 却并不是一个定值，用于克服结合水抗剪强度的那部分水力坡度 I'_0 也不是定值，两者都随 I 的增大而增大。为了说明这个问题，我们先来讨论结合水抗剪强度的分布。

存在于细小颗粒之间的结合水各部分的抗剪强度并不相等。距颗粒表面近的，受颗粒的吸引力大，抗剪强度大；距颗粒表面远的，位于孔隙中心部位的结合水，抗剪强度较小。并且，靠近土粒表面，变化较快；离土粒表面远，变化较慢（图 4－14）。因此，当水力坡度较小时，能够克服的抗剪强度比较小，只有孔隙中心 τ_0 值较小的那一部分结合水发生运动。随着水力坡度加大，τ_0 值较大的结合水也参与运动。显然，随着 I 增大，实际发生渗透的孔隙断面也随之加大。我们把实际发生渗透的那部分孔隙称作“渗孔”(有效孔隙),其平均直径 D_0 为渗孔径;相应地,渗孔体积占土体积的百分比以渗孔率(有效孔隙率)P_0 表示之,以区别于孔隙度 P。实际上,结合水的抗剪强度还受土粒形状、大小、矿物成分、水的 pH 值、水中离子成分和浓度、水的温度等一系列因素的影响。但是,距颗粒表面的距离是影响结合水抗剪强度的主要因素。

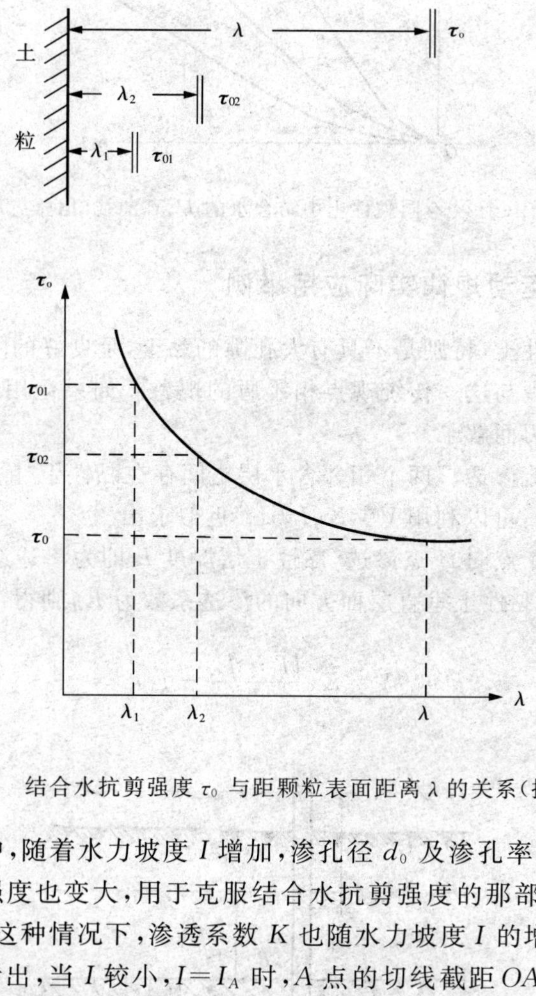

图 4-14　结合水抗剪强度 τ_0 与距颗粒表面距离 λ 的关系(据张忠胤)

在同一块黏性土中,随着水力坡度 I 增加,渗孔径 d_0 及渗孔率 P_0 加大。因而,渗孔部分结合水的平均抗剪强度也变大,用于克服结合水抗剪强度的那部分水力坡度 I'_0 实际上也有所加大。显然,在这种情况下,渗透系数 K 也随水力坡度 I 的增大而变大。

从图 4-13 可以看出,当 I 较小,$I=I_A$ 时,A 点的切线截距 OA'(代表 $I_0(A)$)较小,斜率(代表 K)也较小;I 加大到 $I=I_B$ 时,B 点的切线截距 OB' 及斜率均随之加大。由此可见,严格地说来,结合水的运动规律(V、K、I、I_0 的关系)只能用 $I-V$ 曲线才能准确地表达。

从图 4-13 还可以看出,随着 I 加大,K 及 I'_0 越来越趋于某一定值,$I-V$ 曲线很接近直线了。原因是,当 I 加大,d_0 增大到相当大时,再使 d_0 增大,τ_0 值就要增加很多。因此,I 值愈大时,I 值有一增量,d_0 和 τ_0 的增长愈小,愈趋近于定值,K 及 I_0 值便趋于定值。在这种情况下,利用公式 $V=K(I-I_0)$ 来分析问题,与实际情况的出入就很小了。

在天然条件下,将岩性不同的黏性土相比较,则颗粒愈大,孔隙直径 D_0 越大,起始水力坡度 I_0 愈小,渗透系数 K 愈大(如图 4-15)。

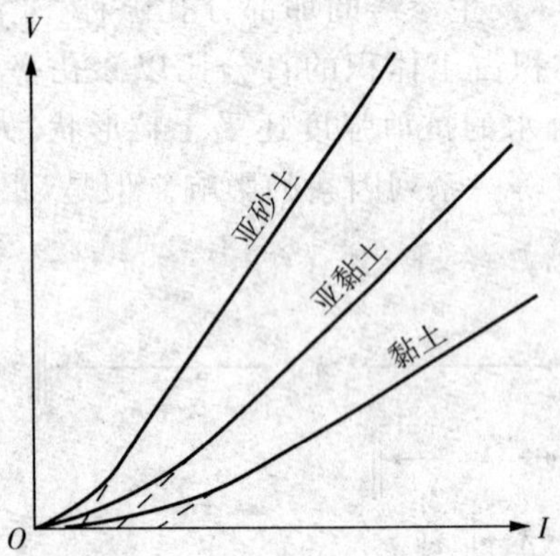

图 4-15 不同黏性土中结合水的 I-V 曲线(据张忠胤)

4.2.2 结合水运动规律实际应用举例

过去曾经认为,黏性土,特别是不具有大孔隙的黏土,是良好的隔水层,是不透水的。但是,实际工作中往往发现与这一传统观点相矛盾的现象。如果运用结合水运动规律的理论去分析,这些问题便迎刃而解了。

(1)黏性土中的越流渗透。两个相邻含水层之间存在黏性土"隔水层"时,垂直黏性土层面单位面积上的渗透量,可以利用 $V=K(I-I_0)$ 近似求出。

如图 4-16,水由 A 点向 B 点渗透,黏性土层厚度 L 即为渗透途径长度,A 点的水头为 H_1,B 点的水头为 H_2,黏性土垂直层面方向的渗透系数为 K,则得:

$$V=K(\frac{H_1-H_2}{L}-I_0)$$

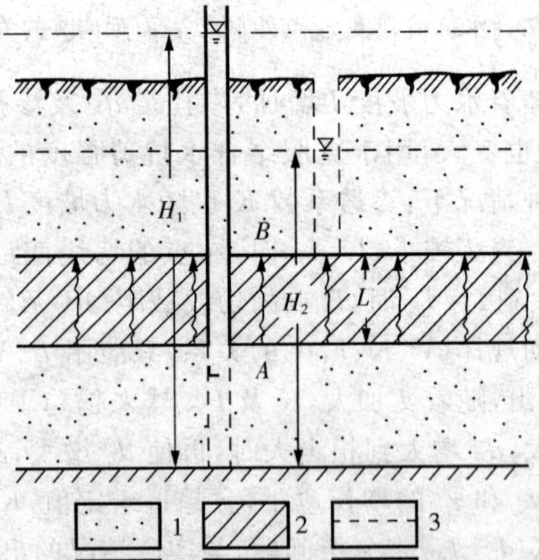

图 4-16 黏性土的越流渗透

1—砂(透水层);2—黏性层(半隔水层);3—潜水面;4—承压含水层测压水面;5—越流渗透;6—井,虚线部分为滤水管

当黏性土厚度较大，黏性土层两边的含水层水头差较小时，则 $I<I_0$，$V=0$，不发生渗透。含水层水头差较大，黏性土层厚度较小，则 $I>I_0$，$V>0$，开始发生渗透。黏性土层越薄，透水能力越大，含水层水头差愈大，则渗透量就越大。这种通过黏性土“隔水层”发生的渗透叫做越流。越流渗透可以在任意两个相邻的含水层以及含水层与地表水体之间发生。

(2)黏性土中的水位，在野外往往可以遇到这样的现象：在黏性土中掘井时，由地表向下，土由干燥变为湿润；更向下土完全饱水，但在井中并不见水，这是在毛细带中；再往下，井中开始出现自由水面。如果我们在此时停止挖井，观测水位变化，就可以发现水位一直保持在某一高度上(初见水位)。按照传统的说法，这就是潜水面了(如图 4-17(a))。继续将井加深并观测稳定水位，可以看到水位随井深加大(图 4-17(b)、(c)、(d))，稳定水位高于初见水位，按传统的概念，这似乎又是承压水了。

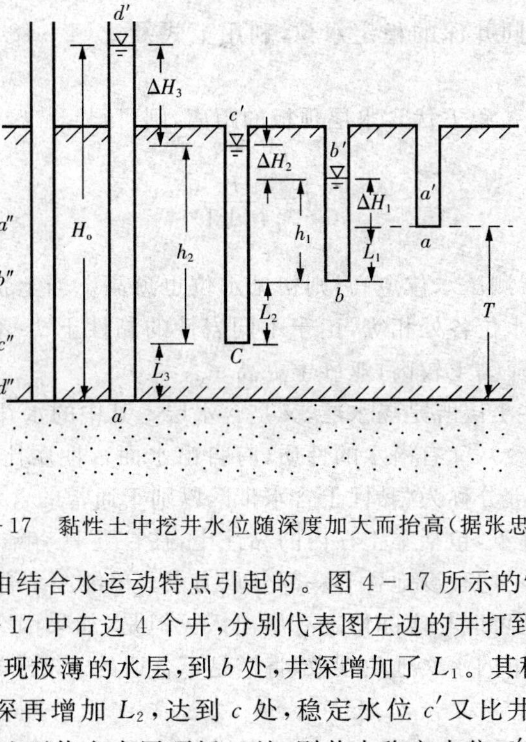

图 4-17 黏性土中挖井水位随深度加大而抬高(据张忠胤)

这种奇怪的现象是由结合水运动特点引起的。图 4-17 所示的情况，黏性土是均质的，不具有大的孔隙。图 4-17 中右边 4 个井，分别代表图左边的井打到 a''、b''、c''、d''时的情况。井打到深度 a 上，井底出现极薄的水层，到 b 处，井深增加了 L_1。其稳定水位 b' 比井深 a 时的水位 a' 高出 ΔH_1；井深再增加 L_2，达到 c 处，稳定水位 c' 又比井深 b 时的水位 b' 高出 ΔH_2；井深再加大 L_3，到达下伏含水层顶板 d 处，则井中稳定水位 d' 即为含水层的测压水位 H_0，高出 c' 为 ΔH_3。经验证明，水位抬高值与井深加大值之间有如下关系：

$$\frac{\Delta H_1}{L_1}=\frac{\Delta H_2}{L_2}=\frac{\Delta H_3}{L_3}=\frac{\Delta H_1+\Delta H_2}{L_1+L_2}=\cdots=\text{常数} \tag{4-17}$$

左侧井中任意两点的水力坡度均可计算，如 $d''c''$ 之间的水力坡度 $I_{d''c''}$ 为：

$$I_{d''c''}=\frac{H_0-(h_2+L_3)}{L_3}$$

如以 L 代表任意一点高出下伏含水层顶板的距离，以 h 代表该点的压力水头高度，以 H_0 代表由顶板起算的下伏含水层测压水位高度，则可得普遍式：

$$I=\frac{H_0-(h+L)}{L} \tag{4-18}$$

黏性土层中的水显然是由下伏含水层补给的。既然井中各孔水位都是稳定水位，如果忽略微小的蒸发，就没有任何排泄去路，也就是说，井中水位稳定后，下伏含水层不再有水向黏性土层渗透，即：

$$V=K(I-I_0)=0$$

K 不可能为零，因此，此时必定：

$$I=I_0$$

在野外观测黏性土中不同井深的稳定水位，利用上式及式(4－18)，即可求得起始水力坡度 I_0。

如以 T 代表初见水位距下伏含水层顶板的距离，则可得：

$$T=\frac{H_0}{I_0+1} \tag{4-19}$$

从上式可知，下伏含水层测压水位愈高，则初见水位也愈高。当上覆黏性土岩性不同时，即使下伏承压含水层测压水位各处相等，由于不同岩性的黏性土 I_0 不等，初见水位也会有起伏：黏土的初见水位低，亚黏土较高，亚砂土更高。

在这种情况下，黏性土层既是隔水层，又是含水层。其中的水，既具有承压水的特点(初见水位与稳定水位不一致)，又有潜水的性质(有自由水面)，性质比较特殊。张忠胤建议将此情况下黏性土中含水部分称为“黏性土含水带”，以别于通常的含水层。

实际上，在自然条件下，包括黏土在内的黏性土，往往还具有结构孔隙及虫孔、根孔、裂隙等较大的空隙，因此，不同程度地含有一部分重力水。单纯用结合水的运动规律去说明黏性土中的水文地质现象，可能与实际情况有所出入。但是，如果因袭传统的观点，以重力水运动规律去说明黏性土中的水文地质现象，肯定是不合适的。对于这类问题，还需要进一步加以研究。

对于结合水，过去主要从土壤学或土质学的角度出发加以研究，而且，着重研究的是包气带水，很少从水文地质角度研究饱水带结合水的运动规律。张忠胤在其近年所著《关于“结合水动力学”问题》一文中，较为系统地提出并阐述了这方面的一些问题。此节主要参照该文写成。由于这方面的研究还不够成熟，因此，在此引述的一些观点，属于探讨性质，其目的在于对这一问题引起重视，以促进今后进一步地研究。

4.3 饱水黏性土中水的运动规律

不少研究者曾进行了饱水黏性土的室内渗透试验，并得出了不同的结果(Kufilek，1969；Miller et al.，1963；Olsen，1966)。根据这些试验结果，黏性土渗透流速 v 与水力梯度

I 主要存在三种关系：

(1) $v-I$ 关系为通过原点的直线，服从达西定律(如图4-18(a))；

(2) $v-I$ 曲线不通过原点，水力梯度小于某一值 I_0 时无渗透；大于 I_0 时，起初为一向 I 轴凸出的曲线，然后转为直线(图4-18(b))；

(3) $v-I$ 曲线通过原点，I 小时曲线向 I 轴凸出，I 大时为直线(图4-18(c))。

迄今为止，较多学者认为，黏性土(包括相当致密的黏土在内)中的渗透，通常仍服从达西定律。例如，奥尔逊(Olsen，1966)曾用高岭土做渗透试验，加压固结使高岭土孔隙度从58.8%降到22.5%，施加水力梯度 $I=0.2\sim40$，结果得出 $v-I$ 关系为一通过原点的直线。他解释说，这是因为高岭土颗粒表面的结合水层厚度相当于20～40个水分子，仅占孔隙平均直径的2.5%～3.5%，所以对渗透影响不大；对于颗粒极其细小的黏土，尤其是膨润土，结合水则有可能占据全部或大部分孔隙，从而呈现非达西定律的渗透。

偏离达西定律的试验结果大多如图4-18(c)所示，我们据此来分析结合水的运动规律。曲线通过原点，说明只要施加微小的水力梯度，结合水就会流动，但此时的渗透流速 v 十分微小。随着 I 加大，曲线斜率(表征渗透系数 K)逐渐增大，然后趋于定值。

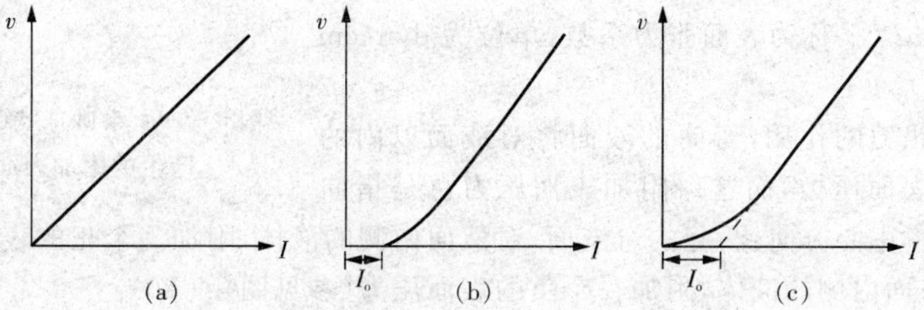

图4-18 饱水黏性土渗透试验的各类 $v-I$ 关系曲线

张忠胤把 K 趋于定值以前的渗流称作隐渗流，而把 K 趋于定值以后的渗流称为显渗流。他认为，结合水的抗剪强度随着离颗粒表面距离的加大而降低；施加的水力梯度很小时，只有孔隙中心抗剪强度较小的那部分结合水发生运动；随着 I 增大，参与流动的结合水层厚度加大，即对水流动有效的孔隙断面扩大，因此，隐渗流阶段的 K 值是 I 的函数；由于内层结合水的抗剪强度随着靠近颗粒表面而迅速增大，当 I 进一步增大时，参与流动的结合水的厚度没有明显扩大，此时，K 即趋于定值(张忠胤，1980)。

对于图4-18(c)的 $v-I$ 曲线，可从直线部分引一切线交于 I 轴，截距 I_0 称为起始水力梯度。$v-I$ 曲线的直线部分可用罗查的近似表达式表示：

$$v=K(I-I_0) \tag{4-20}$$

结合水是一种非牛顿流体，是性质介于固体与液体之间的异常液体，外力必须克服其抗剪强度方能使其流动。

饱水黏性土渗透试验实验要求比较高，稍不注意就会产生各种实验误差，得出虚假的结果。因此，不能认为黏性土的渗透特性及结合水的运动规律目前已经得出了定论。

4.4　毛细现象与包气带水的运动

4.4.1　毛细现象的实质

将细小的玻璃管插入水中，水会在管中上升到一定高度才停止，这便是固、液、气三相界面上产生的毛细现象(图 4-19～图 4-21)。

毛细现象的产生，与表面张力有关。我们知道，任何液体都有力图缩小其表面的趋势。一个液滴总是力求成为球状，因为球状是同一容积的液体表面最小的形状。由此说明，液体表层犹如蒙盖着一层拉紧的弹性薄膜，表层分子彼此拉得很紧。设想在液面上划一根长度为 l 的线段，此线段两边的液面，以一定的力 f 相互吸引，力的作用方向平行于液面而与此线段垂直，大小与线段长度 l 成正比，即 $f=al$。a 称为表面张力系数，单位为 dyn/cm ($1\text{dyn}=10^{-3}\text{N}$)。

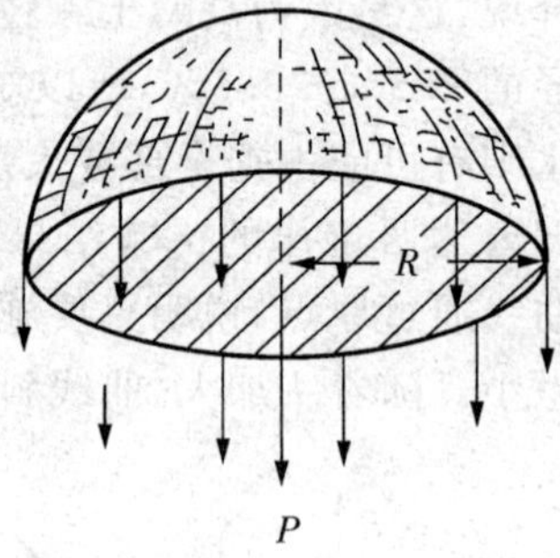

图 4-19　半圆球状凸形弯液面产生的附加表面压力

由于表面张力的作用，弯曲的液面将对液面以内的液体产生附加表面压力，而这一附加表面压力总是指向液体表面的曲率中心方向：凸起的弯液面，对液面内侧的液体，附加一个正的表面压力；凹进的弯液面，对该面内侧的液体，附加一个负的表面压力(参见图 4-20)。

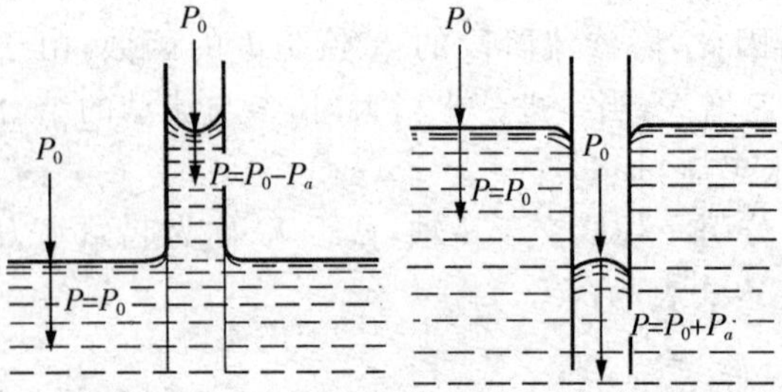

图 4-20　弯液面形状与表面压力的关系

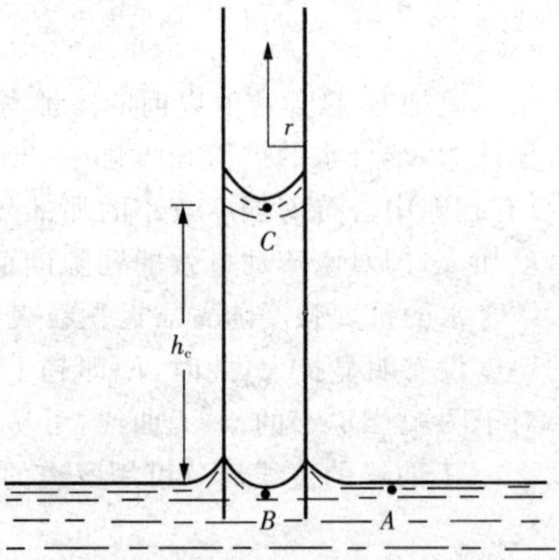

图 4-21　毛细现象

注：黑箭头代表作用与液面的大气压力，
空箭头代表液面以下液体实际承受的表面压力

我们试来分析附加表面压力是如何引起的。为了方便起见，设想切取一个半径为 R 的半圆球形液面(图 4-19)。显然，在此液面的圆周状边线上都存在着指向液层内部的表面张力；其合力为 $\alpha \cdot 2\pi R$，垂直于面积为 πR^2 的投影圆面。由此，表面张力所引起的附加表面压力 P_α 为：

$$P_\alpha = \frac{\alpha \cdot 2\pi R}{\pi R^2} = \frac{2 \cdot \alpha}{R} \tag{4-21}$$

因此，此时弯液面下的液体实际承受到的表面压力(以下简称"实际表面压力")：

$$P = P_0 + P_\alpha$$

式中：P_0 为大气压力。

实际上，任何形状的弯液面所产生的附加表面压力 P_α 都可以用拉普拉斯方程式表示：

$$P_\alpha = \alpha\left(\frac{1}{R_1} + \frac{1}{R_2}\right) \tag{4-22}$$

式中：α——表面张力系数；

R_1、R_2——液体表面的两个主要曲率半径。

当液面为凸形时，附加表面压力是正的。此时，实际表面压力 $P = P_0 + P_\alpha$；如液面为凹形时，附加表面压力是负的，故实际表面压力 $P = P_0 - P_\alpha$。平的液面，不产生附加表面压力，故实际表面压力 $P = P_0$(图 4-20)。

当 $R_1 = R_2$ 时，$P_\alpha = \frac{2\alpha}{R}$，与式(4-21)完全相同。式(4-21)乃是拉普拉斯方程式的特殊形式。

拉普拉斯方程式的涵义是：弯曲的液面将产生一个指向液面凹侧的附加表面压力，附加表面压力与表面张力系数成正比，与表面的曲率半径成反比。

现在，我们回过头来讨论毛细现象。如图 4-21 所示，将半径为 r 的毛细管插入水中，毛细管中的水形成凹进的弯液面，并向上升起，到达一定高度才停止。由于管壁上形成结合水，故水能够完全湿润管壁，弯液面的边缘与管壁平行；当毛细管足够细时，弯液面接近于凹进的半圆球形面。根据式(4-22)，此处 $R_1 = R_2 = r$，故得；

$$P_\alpha = \frac{2\alpha}{r}，\text{或 } P_\alpha = \frac{4\alpha}{D} \tag{4-23}$$

式中：D——毛细圆管直径。

4.4.2　毛细负压

凹形弯液面产生的附加压强 P_c，是个负压强，称为毛细压强。凹形弯液面的水，由于表面张力的作用，要比平的液面小一个相当于 P_c 的压强；或者说，凹形弯液面下的水存在一个相当于 P_c 的真空值。为了说明这点，我们可以做一个简单的实验：使两个玻璃圆球保持一定间隙，然后向此间隙滴水，可看到两个圆球在接触处形成孔角毛细水，并立即贴紧(图 4-22)。加水的砂比干燥的砂更为密实，也是毛细负压强作用的结果。

为了应用方便，我们将附加表面压力 P_c 换算为以米为单位的水柱高度，并以专门符号

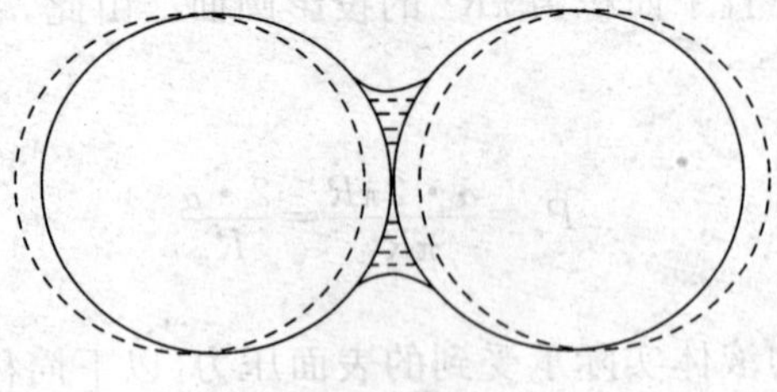

图 4-22 分离的圆球(虚线)因滴水形成孔角毛细水而贴紧(实线)

h_c 表之。则

$$h_c=\frac{P_c}{\rho g}=\frac{4\alpha}{\rho g D}\approx\frac{0.03}{D} \tag{4-24}$$

式中：ρ——水的密度，等于 $1g/cm^3$；

g——重力加速度，等于 $981cm/s^2$；

α——表面张力系数，等于 74dyn/cm(即 $74\times10^{-3}N/m$)；

D——毛细管直径，单位为 mm。

式(4-24)称为茹林公式。

h_c 为毛细压力水头(毛细压头)，是一个负的压力水头。就像在饱水带用测压管测定压力水头(测压高度)一样，可以用张力计测定包气带的毛细压力水头(图 4-23)。张力计是一端带有陶土多孔杯的充水弯管，多孔杯充水后透水而不透气。将此多孔杯插入土中，经过一定时间，张力计中的水与土中的水达到水力平衡，在弯管开口部分显示一个稳定的水位。由此水位到放置多孔杯处的垂直距离就是毛细压头 h_c，从图 4-23 可以看出它是一个负的压力水头，因此习惯上称为毛细负压。

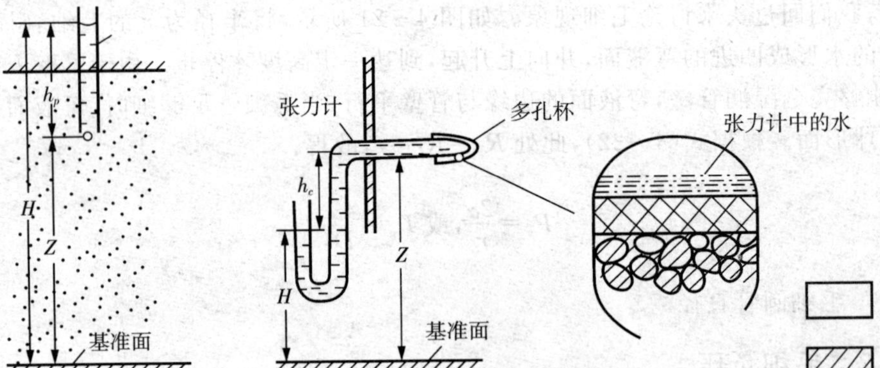

图 4-23 饱水带和包气带的压力测定(贝尔，1985)

a—饱水带；*b*—包气带；1—空气；2—颗粒；3—水，4—多孔薄片

4.4.3　毛细上升高度与悬挂毛细水

饱水带中任意一点的水头值 H 可表示为：

$$H=Z+h_p \tag{4-25}$$

而包气带中任一点的水头值 H 则为：

$$H=Z-h_c \tag{4-26}$$

两式中：Z——由指定基准面算起的位置高度(位置水头)；

h_p——测压高度(压力水头)；

h_c——毛细负压(由毛细力引起的负的压力水头)。

若取潜水面为基准，则潜水面处任一点饱水带水头值为：

$$H=Z+h_p=0 \quad (Z=0, h_p=0) \tag{4-27}$$

若包气带支持毛细水的弯液面位于潜水面处(见图 4-21 中点 B)，则该点上支持毛细水的水头值为：

$$H=Z-h_c=0-h_c=-h_c \tag{4-28}$$

即比周围潜水面水头低 h_c，则在此水头差驱动下，支持毛细水将上升。当支持毛细水弯液面上升到 h_c 处时，弯液面处(图 4-21 中点 C)的水头为：

$$H=Z-h_c=h_c-h_c=0 \tag{4-29}$$

此时支持毛细水带的水头与潜水面上重力水水头相等，支持毛细水的弯液面即停留于潜水面的上 h_c 处而不再上升。最大毛细上升高度即为 h_c。据式(4-24)，最大毛细上升高度与毛细管直径成反比。因此，颗粒细小的土，最大毛细上升高度也大(表 4-2)。

表 4-2　土的最大毛细上升高度(据西林－别克丘林，1958)

土　　砂	最大毛细上升高度(cm)
粗　　砂	2～5
中　　砂	12～5
细　　砂	35～70
粉　　砂	70～150
黏 性 土	＞200～400

指向液面凹侧的箭头表示毛细力，由于水柱重心向下的箭头表示重力，线段长度代表力的大小在上层颗粒细而下层颗粒粗的层状土中，细粒层中可形成悬挂毛细水。此时，悬挂毛细水的上下端均出现弯液面，下端的弯液面可以是凸的、平的或凹的。毛细力与重力的平衡如图 4-24 所示。

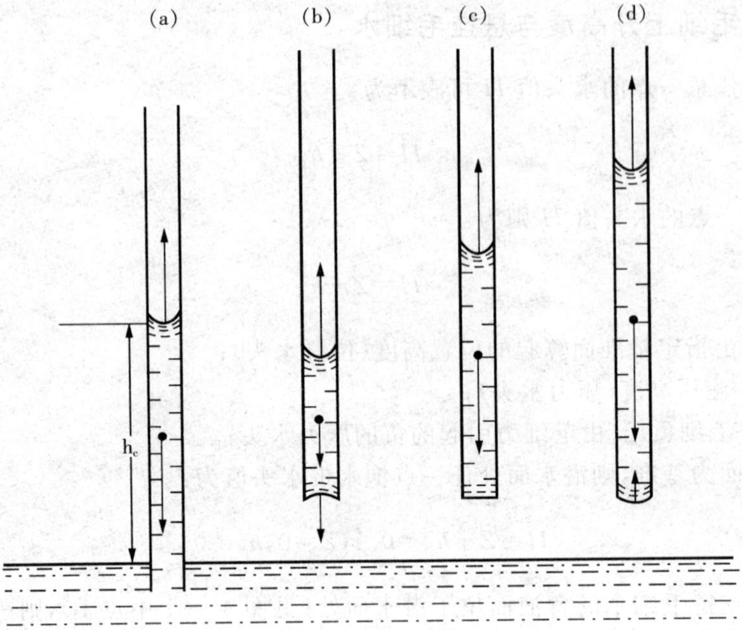

图 4-24　悬挂毛细水受力平衡状况〔据(罗戴,1964)补充〕

4.4.4　包气带水水分分布及运动

地表以下与地下水面以上,岩石空隙没有充满水,包含有空气,该带称为包气带。包气带中的水包括土壤水和上层滞水。

土壤水是位于地表附近土壤层中的水,主要为结合水和毛细水。它主要靠降水入渗,水汽的凝结及潜水补给。大气降水向下渗透,必须通过土壤层,这时渗透水的一部分就保持在土壤层里,成为所谓田间持水量(即土壤层中最大悬挂毛细水含量),多余部分呈重力水下渗补给潜水。土壤水主要消耗于蒸发和植物蒸腾。土壤水的动态变化受气候的控制,故季节变化明显。当潜水位浅时,土壤中的毛细水可以是支持毛细水,在气候干燥、地下水大量蒸发时,盐分不断积累在土壤表面,可使土壤盐渍化。气候潮湿多雨,土壤透水性不良,潜水位接近地表的地区可以形成沼泽。当地下水位较深时,这部分毛细水多为悬挂毛细水。土壤水对供水无意义,但对植物生长有重要作用。

上层滞水是存在于包气带中,局部隔水层之上的重力水。

上层滞水的形成主要决定于包气带岩性的组合,以及地形和地质构造特征。一般地形平坦,低凹或地质构造(平缓地层及向斜)有利汇集地下水的地区,地表岩石透水性好,包气带中又存在一定范围的隔水层,有补给水入渗时,就易形成上层滞水(图 3-14)。

松散沉积层、裂隙岩层及可溶性岩层中都可埋藏有上层滞水。但由于其水量不大,且季节变化强烈,一般在雨季水量大些,可做小型供水水源,而到旱季水量减少,甚至干枯。上层滞水的补给区和分布区一致,自当地接受降水或地表水入渗补给,以蒸发或向隔水底板边缘进行侧向散流排泄。上层滞水一般矿化度较低,由于直接与地表相通,水质易受污染。

在理想条件下,即包气带由均质土构成,无蒸发与下渗,包气带水水分分布稳定时,含水量的垂向分布如图 4-25(c)所示。由地表向下某一深度内含水量为一定值,相当于残留含水量(W_c)。构成残留含水量的包括结合水、孔隙毛细水与部分悬挂毛细水(参见图 4－25(a)放大图 1),是反抗重力保持于土中的最大持水度。这部分水与其下的支持毛细水及潜水不发生水力联系。由此往下,进入支持毛细水带,含水量随着接近潜水面而增高(参见图 4－25a 放大图 2)。在潜水面之上有一个含水量饱和(体积含水量等于孔隙度)的带,称为毛细饱和带(图 4－25)。支持毛细水带是在毛细力作用下,水分从潜水面上升形成的,因此它与潜水面有密切水力联系,随潜水面变动而变动。为什么此带中含水量逐渐增加以至达到饱和呢?这是因为土中的孔隙实际上是由大小不一的孔隙通道构成的网络(图 4－25(b)),细小的孔隙通道毛细上升高度大,较宽大的孔隙通道毛细上升高度小。最宽大的孔隙通道也被支持毛细水充满的范围,便是毛细饱和带(图 4－25)。

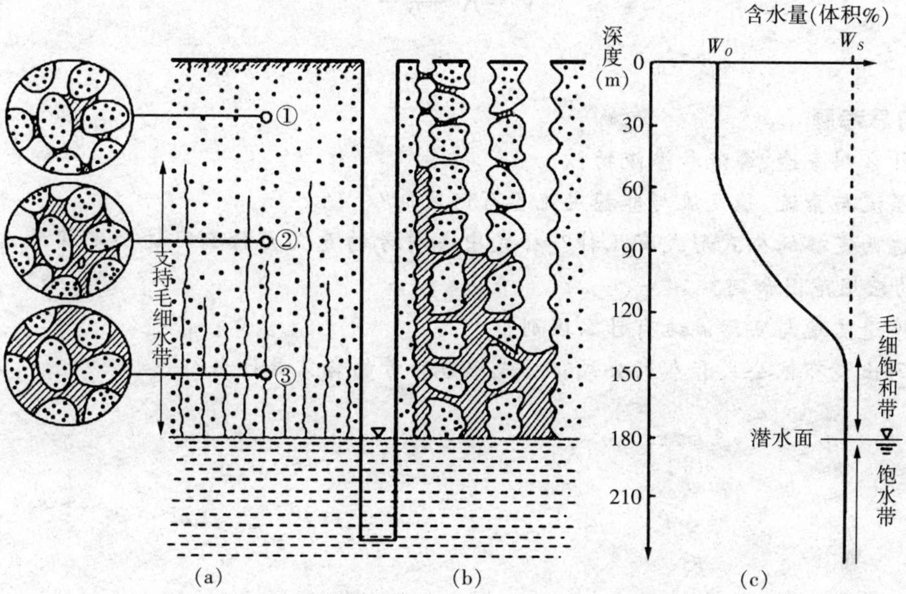

图 4－25　均质土包气带水分布(张人权等,1985)
(左侧放大图参照 Freeze et al.,1979)

毛细饱和带与饱水带虽然都被水所饱和,但是前者是在表面张力的支持下才饱水的,所以也称作张力饱和带。井打到毛细饱和带时,由于表面张力的作用,并没有水流入井内,必须打到潜水面以下井中才会出水。包气带中毛细负压随着含水量的变小而负值变大。这是因为,随着含水量降低,毛细水退缩到孔隙更加细小处,弯液面的曲率增大(曲率半径变小),造成毛细负压的负值更大。因此,毛细负压是含水量的函数:

$$h_c = h_c(W) \tag{4-30}$$

饱水带中,任一特定的均质土层,渗透系数 K 是常数。但在包气带中,渗透系数 K 随含水量降低而迅速变小,K 也是含水量的函数:

$$K = K(W) \tag{4-31}$$

原因是:(1)含水量降低,实际过水断面随之减少;(2)含水量降低,水流实际流动途径的弯曲程度增加;(3)含水量降低,水流在更窄小的孔角通道及孔隙中流动,阻力增加。由于上述原因，渗透系数与含水量呈非线性关系。

包气带水的非饱和流动，仍可用达西定律描述。作一维垂直下渗运动时，渗透流速可表示为：

$$V_Z=K(W)\frac{\partial H}{\partial Z} \tag{4-32}$$

降水入渗补给均质包气带，在地表形成一极薄水层(其厚度可忽略)，则当活塞式下渗水的前锋到达深度 Z 处时，位置水头为 $-Z$(取地面为基准，向上为正)，前锋处弯液面造成的毛细压力水头为 $-h_c$，则任一时刻 t 的入渗速率即垂向渗透流速为：

$$V_t=K\frac{h_c+Z}{Z} \tag{4-33}$$

复习思考题

1. 什么叫渗透、渗流和渗流场？
2. 层流与紊流、稳定流与非稳定流各有何区别？
3. 达西定律的公式形式有几种？公式中各符号的意义是什么？达西定律的意义是什么？它的应用范围如何？
4. 渗透流速与实际流速有什么区别？
5. 写出裘布依公式和泰斯公式。公式中各符号的含义是什么？

第5章　地下水的化学成分及其形成

5.1　概　　述

水是良好的溶剂。地下水与地介质长期作用,从岩石圈(这是主要的)、大气圈和地表水圈获得各种物质成分,成为成分复杂的溶液。地壳实际上是一个巨大的天然实验室,在不同的自然地理——地质环境中,温度、压力以及氧化还原条件都是变化的。地下水溶液经受各种化学的、物理化学的和生物化学的作用,成分不断发生变化,从而形成了具有不同化学成分的地下水。因而地下水的化学成分是地下水与环境——自然地理、地质背景以及人类活动长期相互作用的产物。一个地区地下水的化学面貌,反映了该地区地下水的历史演变。研究地下水的化学成分,可以帮助我们回溯一个地区的水文地质历史,阐明地下水的起源与形成。

为各种实际目的利用地下水,都对水质有一定要求(例如,饮用水要求不含对人体有害的物质,锅炉用水要求硬度低),为此要进行水质评价。含大量盐类(如 NaCl、KCl)或富集某些稀散元素(Br、I、B、Sr 等)的地下水是宝贵的工业原料;某些具有特殊物理性质与化学成分的水具有医疗意义。这两种情况下,地下水是宝贵的液体矿产,需要查明有关组分的富集规律。围绕盐矿、油田以及金属矿床,往往形成特定化学元素的分散晕圈,后者可以作为找矿标志。污染物在地下水中散布,同样也会形成晕圈。这就需要查明有关物质的迁移、分散规律,确定矿床或污染源的位置。

地下水中化学元素迁移、集聚与分散的规律,是水文地质学的分支——水文地球化学的研究内容。这一研究地下水水质演变的学科,与研究地下水水量变化的学科——地下水动力学一起,构成了水文地质学的理论基础。地下水中元素迁移不能脱离水的流动,因此水文地球化学的研究必须与地下水运动的研究紧密结合。地下水水质的演变具有时间上继承的特点,自然地理与地质发展历史给予地下水的化学面貌以深刻影响。因此,不能从纯化学角度,孤立、静止地研究地下水的化学成分及其形成,而必须从水与环境长期相互作用的角度出发,去揭示地下水化学演变的内在依据与规律。

研究地下水的水化学,在解决一系列水文地质理论时也有很大作用。起源与补给不同的地下水,具有不同的化学特征。含水层的水交替强度常在其化学成分中有所反映。比较不同含水层或含水层与地表水体的化学成分,可以帮助确定其间的水力联系。水是地壳中元素迁移、富集的强大动力,研究成矿过程中地下水的作用,对阐明成矿机理、完善与丰富成矿理论,有很大意义。

不能从纯化学的角度静止地去研究地下水化学成分及其形成,必须结合自然地理——地质背景,从水与环境长期相互作用的观点出发去进行研究。新的研究地下水水化学的学科分支——水文地球化学，它同地下水动力学一样，是水文地质学的基础理论。目前这一分支在理论上还不够成熟，还不能很好地解决一些实际问题。因此，完善与发展水文地球化学的基本理论，是水文地质学发展中的一个重要任务。

5.2　地下水的化学特征

地下水中含有各种气体、离子、胶体物质、有机质以及微生物等。自然界中存在的元素，绝大多数已在地下水中发现，但是，只有少数是含量较多的常见元素。这些常见元素，或者是地壳中含量较高，且在水中具有一定溶解度的，如 O_2、Ca、Mg、Na、K 等；或者是地壳中含量并不很大，但是溶解度相当大的，如 Cl；某些元素，如 Si、Fe 等，虽然在地壳中含量很大，但由于其溶于水的能力很弱，所以，在地下水中的含量一般并不高。

5.2.1　地下水中主要气体成分

地下水中常见气体成分有 O_2、N_2、CO_2 及 H_2S 等。一般情况下，地下水中气体含量不高，每公升水中只有几毫克到几十毫克。但是，气体成分能够很好地反映地球化学环境；同时，某些气体的含量会影响盐类在水中的溶解度以及其他化学反应。

1. 氧(O_2)，氮(N_2)

地下水中的氧气和氮气主要来源于大气。它们随同大气降水及地表水补给地下水，以入渗补给为主，与大气圈关系密切的地下水中含 O_2 及 N_2 较多。

溶解氧含量愈多，说明地下水所处的地球化学环境愈有利于氧化作用进行。O_2 的化学性质远比 N_2 活泼，所以在较封闭的环境中，O_2 将耗尽而只留下 N_2。因此，N_2 的单独存在，通常可说明地下水起源于大气并处于还原环境。空气中的惰性气体(A、Kr、Xe)与 N_2 的比例恒定，即：$(A+Kr+Xe)/N_2=0.0118$。当比例等于此数，说明 N_2 是大气起源的；小于此数，则表明水中含有生物起源或变质起源的 N_2。

2. 硫化氢(H_2S)

地下水中出现硫化氢其意义恰好与 O_2 相反，说明处于缺氧的还原环境。在与大气较为隔绝的环境中，当有有机质存在时，由于微生物的作用，SO_4^{2-} 将还原生成 H_2S。因此，H_2S 一般出现于封闭地质构造的地下水，如油田水中。

3. 二氧化碳(CO_2)

地下水中的二氧化碳主要有两个来源。一种由有机物的氧化(植物的呼吸作用及有机质残骸的发酵作用)形成。这种作用发生于大气、土壤及地表水中，生成的 CO_2 随同水一起入渗补给地下水。浅部地下水中主要含有这种成因的 CO_2；另一种是深部变质造成的。含碳酸盐类的岩石，在深部高温影响下，分解生成 CO_2，即：

$$CaCO_3 \xrightarrow{400℃} CaO+CO_2 \tag{5-1}$$

地下水中含 CO_2 愈多，其溶解碳酸盐岩与对结晶岩进行风化作用的能力便愈强。

随着近代工业的发展，大气中人为产生的 CO_2 显著增加，特别在某些集中的工业区，补给地下水的降水中 CO_2 含量往往格外高。

地下水中天然气体按成因分类如表 5－1 所列。

表 5－1 天然气体成因分类(据 B. B. 别洛乌索夫)

成因分类	成 分
A. 生物化学起源的气体;微生物分解有机物与矿物盐类生成	CH_4、CO_2、重烃、N_2、H_2S、H_2、O_2
B. 大气起源的气体;大气圈的空气渗入岩石圈而成	N_2、O_2、惰性气体
C. 化学起源的气体: a. 变质起源的气体,岩石在高温高压影响下形成 b. 在正常温度与压力下进行的天然化学反应产生的气体	CO_2、H_2S、H_2、CH_4、CO、N_2、HCl、HF、NH_3、$B(OH)_3$、SO_2 硫化物、Cl、S、氯化物、CO_2、可能还有其他气体
D. 放射起源的气体	He、镭与钍的射气

5.2.2 地下水中主要离子成分

地下水中分布最广、含量较多的离子共 7 种,即:氯离子(Cl^-)、硫酸根离子(SO_4^{2-})、重碳酸根离子(HCO_3^-)、钠离子(Na^+)、钾离子(K^+)、钙离子(Ca^{2+})及镁离子(Mg^{2+})。

一般情况下,随着总矿化度(含盐量)的变化,地下水中占主要地位的离子成分也随之发生变化。低矿化水中常以 HCO_3^- 及 Ca^{2+}、Mg^{2+} 为主;高矿化水则以 Cl^- 及 Na^+ 为主,中等矿化的地下水中,阴离子常以 SO_4^{2-} 为主,主要阳离子则可以是 Na^+,也可以是 Ca^{2+}。

地下水的矿化度与离子成分间之所以往往具有这种对应关系,主要是因为水中盐类的溶解度不同(表 5－2)。

表 5－2 地下水中常见盐类的溶解度(0℃,单位 g/L)

盐类	溶解度	盐类	溶解度	盐类	溶解度
NaCl	350	Na_2SO_4	50	Na_2CO_3	193.9(18℃)
KCl	290	$MgSO_4$	270	$MgCO_3$	0.1
$MgCl_2$	558.1(18℃)	$CaSO_4$	1.9	$CaCO_3$	0.18
$CaCl_2$	731.9(18℃)				

总的来说,氯盐的溶解度最大,硫酸盐次之,碳酸盐较小,钙的硫酸盐,特别是钙、镁的碳酸盐溶解度最小。随着矿化度增大,钙、镁的碳酸盐首先达到饱和并沉淀析出,继续增大时,钙的硫酸盐也饱和析出,因此,高矿化水中以易溶的氯和钠占优势。

1. 氯离子(Cl^-)

氯离子在地下水中广泛分布,但在低矿化水中一般含量仅数毫克/升到数十毫克/升,高矿化水中可达数克/升乃至 100g/L 以上。

地下水中的 Cl^- 主要有以下几种来源:(1)来自沉积岩中所含岩盐或其他氯化物的溶解;(2)来自岩浆岩中含氯矿物(氯磷灰石 $Ca(PO_4)Cl$、方钠石 $NaAlSiO_4NaCl$)的风化溶解;

(3)来自海水：海水补给地下水，或者来自海面的风将细沫状的海水带到陆地，均使地下水中 Cl^- 增多；(4)来自火山喷发物的溶滤；(5)人为污染：工业、生活污水及粪便中含有大量 Cl^-。因此，居民点附近矿化度不高的地下水中，如发现 Cl^- 的含量超过寻常，则说明已受到污染。

氯离子不为植物及细菌所摄取，不被土粒表面吸附，氯盐溶解度大，不易沉淀析出，因此，它的含量随着矿化度增长而不断增加。Cl^- 的含量常用来代替总矿化度，以说明地下水的矿化程度。

2. 硫酸根离子(SO_4^{2-})

在高矿化水中，硫酸根离子的含量仅次于 Cl^-，可达数克/升，个别达数十克/升，在低矿化水中，一般含量仅数毫克/升到数百毫克/升；中等矿化的水中，SO_4^{2-} 常成为含量最多的阴离子。

地下水中的 SO_4^{2-} 来自含石膏($CaSO_4 \cdot 2H_2O$)或其他硫酸盐的沉积岩的溶解，以及来自硫化物的氧化，例如：

$$2FeS_2 + 7O_2 + 2H_2O \longrightarrow 2FeSO_4 + 4H^+ + 2SO_4^{2-} \tag{5-2}$$

(黄铁矿)

煤系地层常含有很多黄铁矿，因此流经这类地层的地下水往往以 SO_4^{2-} 为主，金属硫化物矿床附近的地下水也常以 SO_4^{2-} 为主。

SO_4^{2-} 远不如 Cl^- 含量高，也不如 Cl^- 来得稳定。这是由于作为 SO_4^{2-} 主要来源的 $CaSO_4$ 溶解度较小，限制了 SO_4^{2-} 在水中的含量；此外，在还原环境中，SO_4^{2-} 将被还原为 H_2S 及 S。

3. 重碳酸根离子(HCO_3^-)

地下水中的重碳酸根离子，来自含碳酸盐沉积岩：

$$CaCO_3 + H_2O + CO_2 \longrightarrow 2HCO_3^- + Ca^{2+} \tag{5-3}$$

$$MgCO_3 + H_2O + CO_2 \longrightarrow 2HCO_3^- + Mg^{2+} \tag{5-4}$$

$CaCO_3$ 和 $MgCO_3$ 是难溶于水的，当水中有 CO_2 存在时，才有一定数量溶解于水，水中 HCO_3^- 的含量取决于与 CO_2 含量的平衡关系。

岩浆岩与变质岩地区，HCO_3^- 主要来自铝硅酸盐矿物的风化溶解，如：

$$Na_2Al_2Si_6O_{16} + 2CO_2 + 3H_2O \longrightarrow 2HCO_3^- + 2Na^+ + H_4Al_2Si_2O_9 + 4SiO_2$$

(钠长石)

$$CaO \cdot 2Al_2O_3 \cdot 4SiO_2 + 2CO_2 + 5H_2O \longrightarrow 2HCO_3^- + Ca^{2+} + 2H_4Al_2Si_2O_9$$

(钙长石)

地下水中 HCO_3^- 的含量一般不超过 1 克/升，HCO_3^- 几乎总是低矿化水的主要阴离子成分。

4. 钠离子(Na^+)

钠离子在低矿化水中的含量一般很低，仅数毫克/升到数十毫克/升，但在高矿化水中则必定是主要的阳离子，其含量最高时可达数十克/升。

Na^+ 来自沉积岩中岩盐及其他钠盐的溶解。在岩浆岩和变质岩地区则来自含钠矿物的风化溶解。酸性岩浆岩中有大量含钠矿物，如钠长石；因此，在 CO_2 和 H_2O 的参与下，将形成低矿化的以 Na^+ 及 HCO_3^- 为主的地下水。由于 Na_2CO_3 的溶解度比较大，故当阳离子以 Na^+ 为主时，水中 HCO_3^- 的含量可超过与 Ca^{2+} 伴生时的上限。

5. 钾离子(K^+)

钾离子的来源以及在地下水中的分布特点，都与钠相近。它来自含钾盐的沉积岩的溶解，以及岩浆岩、变质岩中含钾矿物的风化溶解。在低矿化水中含量甚微，而在高矿化水中较多。虽然在地壳中钾的含量与钠相近，钾盐的溶解度也相当大。但是，在地下水中 K^+ 的含量要比 Na^+ 少得多，这是因为 K^+ 大量地参与形成不溶于水的次生矿物(水云母、蒙脱石、绢云母)，并为植物所摄取。由于 K^+ 的性质与 Na^+ 相近，含量少，分析比较费事，所以，一般研究地下水化学成分，将 K^+ 归并到 Na^+ 中，不另区分。

6. 钙离子(Ca^{2+})

钙是低矿化地下水中的主要阳离子，含量一般不超过数百毫克/升。在高矿化水中，由于阴离子主要是 Cl^-，而 $CaCl_2$ 的溶解度相当大，故 Ca^{2+} 的绝对含量显著增大，但通常仍远低于 Na^+。

地下水中的 Ca^{2+} 来源于碳酸盐类沉积物及含石膏沉积物的溶解，以及岩浆岩、变质岩中含钙矿物的风化溶解。

7. 镁离子(Mg^{2+})

镁的来源及其在地下水中的分布与钙相近。来源于含镁的碳酸盐类沉积(白云岩、泥灰岩)，此外，还来自岩浆岩、变质岩中含镁矿物的风化溶解，如：

$$(Mg \cdot Fe)_2SiO_4 + 2H_2O + 2CO_2 \longrightarrow FeCO_3 + MgCO_3 + Si(OH)_4 \quad (5-5)$$

$$MgCO_3 + H_2O + CO_2 \longrightarrow Mg^{2+} + 2HCO_3^- \quad (5-6)$$

Mg^{2+} 在低矿化水中含量通常较 Ca^{2+} 少，在高矿化水中则少于 Na^+，通常不成为地下水中的主要离子。这是由于地壳组成中 Mg^{2+} 比较少，同时，镁易被岩土吸附及被植物摄取的缘故。

5.2.3　地下水中的其他成分

除了上述常见的大量出现的组分，地下水中通常还存在微量组分，如 Br、I、F、B、Sr、Ba 等。这些微量组分常可能说明地下水的形成环境，同时对人体健康有着明显影响。

地下水中还有未离解的化合物构成的胶体，其中分布最广的是 $Fe(OH)_2$、$Al(OH)_2$、及 SiO_2。这些都是很难以离子状态溶解于水的化合物，但以胶体方式出现时，在地下水中的含量可以大大提高。例如，SiO_2 虽然极难溶解，但可以以胶体方式出现，在矿化度很低的水中往往占有不可忽视的比例。

有机质是以碳、氢、氧为主的高分子化合物，经常以胶体方式存在于地下水中。大量有机质的存在，有利于还原作用。

地下水中还存在各种微生物。例如，在氧化环境中存在硫细菌、铁细菌等喜氧细菌；在还原环境中存在脱硫酸细菌，脱氧细菌等。这些微生物一方面可以指示地下水的环境，另一方面对地下水化学成分的形成与变化起着很大作用。污染水中的致病细菌，将会影响人体健康。

5.2.4　地下水的总矿化度及化学成分表示式

地下水中所含各种离子、分子与化合物的总量称为总矿化度，以每公升中所含克数（克/升）表示。为了便于比较不同地下水的矿化程度，习惯上以 105℃～110℃时将水蒸干所得的干涸残余物总量来表征总矿化度。也可以将分析所得阴阳离子含量相加，求得理论干涸残余物值。因为在蒸干时有将近一半的 HCO_3^- 分解生成 CO_2 及 H_2O 而逸失。所以，阴阳离子相加时，HCO_3^- 只取重量的半数。

为了简明地反映水的化学特点，可采用化学成分表示式，即库尔洛夫式。将阴阳离子分别标示在横线上下，均按毫克当量百分数自大而小顺序排列，小于 10% 的离子不予表示。横线前依次表示气体成分、特殊成分及矿化度（以字母 M 为代号），三者单位均为 g/L，梯线后以字母 t 为代号表示摄氏计的水温。如：

$$H^3SiO^8_{0.07}H^2S_{0.021}M_{3.27}\frac{Cl_{84.8}SO^4_{14.3}}{Na_{71.6}Ca_{27.8}}t℃$$

5.3　地下水化学成分的形成作用

地下水主要来源于大气降水，其次是河水、湖水及海水。这些水在进入含水层以前，已经含有某些物质，在与岩土接触后，化学成分又进一步演变。地下水化学成分的形成作用主要有以下几种。

5.3.1　溶滤作用

在水与岩土相互作用下，岩土中一部分物质转入地下水中，这就是溶滤作用。溶滤作用的结果，岩土失去一部分可溶物质，地下水则补充了新的组分。

水是由一个带负电的氧离子和两个带正电的氢离子组成的。出于氢和氢分布不对称（图 5-1）。在接近氧离子一端形成负极，氢离子一端形成正极，成为偶极分子。盐类与水接触时，组成结晶格架的离子，被水分子带相反电荷的一端所吸引；当水分子对离子的引力足以克服结晶格架中离子间的引力时，盐类结晶格架遭到破坏，离子进入水中，这就是水溶解盐类的过程（图 5-2）。

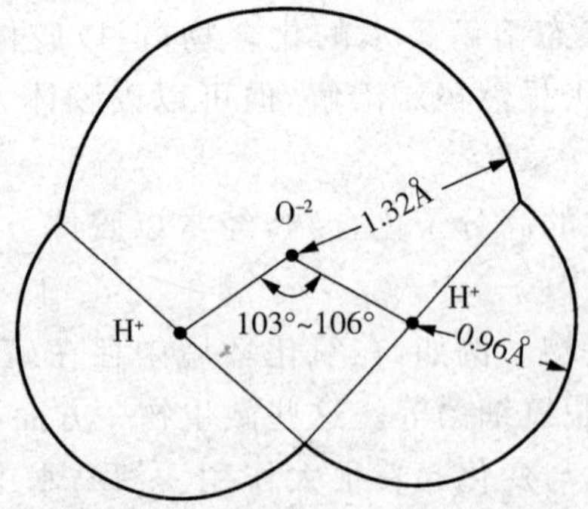

图 5-1　水分子结构示意图（据柏乌林格）

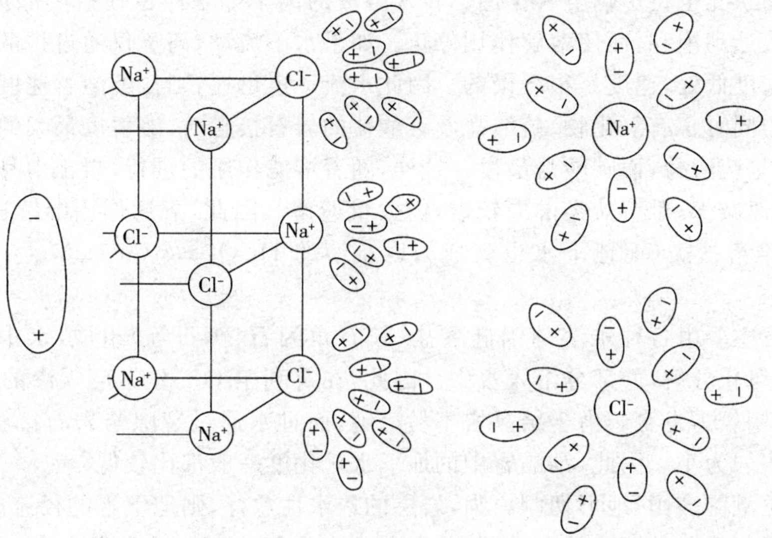

图 5-2　水溶解盐类过程示意图(据阿廖金,1960)

实际上,当盐类与水溶液接触时,同时发生两种方向相反的作用:溶解作用与结晶作用;前者使离子由结晶格架转入水中,而后者使离子由溶液中固着于晶体格架上。随着转入溶液的盐类离子增加,溶液浓度加大,水分子吸附结晶格架上的离子的能力减弱,溶解作用变慢,而溶液中的离子附着于晶体表面的机会增加,结晶作用加快。当单位时间内溶解与析出的盐量相等时,溶液达到饱和。这时,溶液中盐类含量即为该盐类的溶解度。

左侧为水的极化分子吸引结晶格架中的离子,右侧表示结晶格架破坏,离子溶入水中不同盐类,结晶格架中离子间的吸引力不同,因此,便具有不同的溶解度。

随着温度上升,结晶格架内离子的振荡运动加剧,相互间引力削弱,水的极化分子便易于从结晶格架上将离子拉开,因此,溶解度便变大(图 5-3)。但是,某些盐类(如 Na_2SO_4)有例外,由于其结晶水含量发生变化,故随温度上升溶解度反而降低。

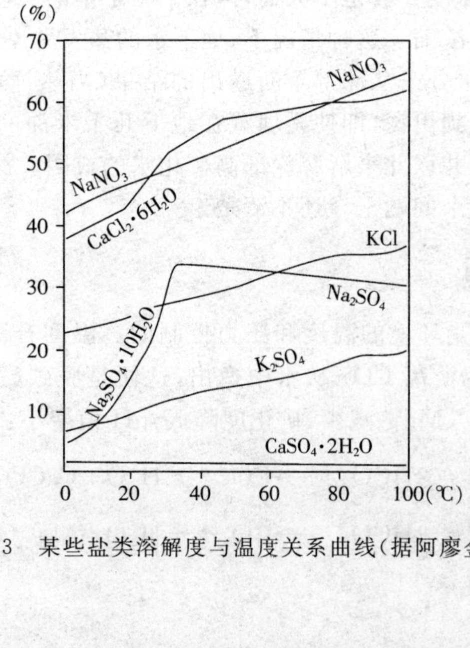

图 5-3　某些盐类溶解度与温度关系曲线(据阿廖金,1960)

水的流动状况也将影响溶解作用。转入溶液的离子如果停留在盐类晶体附近，则晶体周围溶液很快达到饱和，而使溶解作用停止。如果水不流动，离子仅通过扩散作用从浓度大的地方移向浓度低处，速度是很缓慢的。因此水流动愈迅速，则盐类溶解速度愈快。

地下水与同时含有氯化物、硫酸盐及碳酸盐的岩石接触时，溶解度最大的氯化物溶解速度最快；其次是硫酸盐，而碳酸盐最慢。这样，随着溶滤作用的进行，岩土中易溶盐类淋失得较为充分，迅速减少；难溶盐类淋失较慢，仍大量遗留。因此，溶滤作用继续进行时，所能溶滤的主要是难溶盐类，而地下水也就成为以难溶的 HCO_3^- 及 Ca^{2+}、Mg^{2+} 为主的低矿化水了。

结晶岩石主要由各种难溶的铝硅酸盐（长石角闪石、辉石等）组成，水中含 O_2 及 CO_2 时，方能促其风化分解，并部分溶入水中。因此，在有利于 O_2 及 CO_2 入渗的浅部及构造破碎带，溶滤作用较为发育。由于结晶岩不易溶解，而且水通过裂隙与岩石接触，作用面积较颗粒状的沉积岩为小。因此，结晶岩中的地下水矿化度一般都比较低。

气候愈是潮湿多雨，地形切割愈强，岩层的透水性愈好，则地下水的径流愈强烈，与地下水接触的岩土所经受的溶滤就愈充分，其中所包含的可溶盐类淋失得愈多，这样，地下水的矿化度也就愈低，水中难溶盐类的相对含量也就愈高。

5.3.2 浓缩作用

干旱、半干旱地区的平原，埋藏不深的地下水，蒸发比较强烈。随着水分蒸发，地下水溶液逐渐浓缩，矿化度不断增高；与此同时，溶解度较小的盐类在水中达到饱和而相继沉淀析出。因此，经过蒸发浓缩以后，无论是地下水的总含盐量，还是含盐类型，都将发生变化。

一般情况下，小于 1g/L 的低矿化水是重碳酸盐水，第二位阴离子往往是 SO_4^{2-}，Cl^- 的含量最小，阳离子则以 Ca^{2+} 为主，其次是 Mg^{2+}。随着蒸发作用进行，溶液浓缩，溶解度小的钙、镁的碳酸盐部分析出，SO_4^{2-} 及 Na^+ 逐渐上升为主要成分，形成硫酸盐水。随后，继续浓缩，水中硫酸盐浓度达到饱和析出，便形成以 Cl^-、Na^+ 为主的氯化物水，矿化度上升到数克/升，数十克/升，最高达 300g/L 以上。

蒸发浓缩作用的影响深度一般是不大的，但在十分干旱的气候条件下，即使埋藏深度数十米的潜水，也能受到蒸发浓缩。这种情况下，地下水的蒸发并不是通过毛细作用上升到地表而发生的。而是气态的水分子从深部不断逸出的结果（当然，蒸发强度要小得多）。有人认为，蒸发浓缩作用可以达到更深，即使是埋藏在地下几千米深的承压水，也可以在地热影响下产生深部蒸发而浓缩，并以此来解释深部高矿化水的成因。深部蒸发无疑是存在的，但它究竟能起到多大作用，这个问题至今还不清楚。

5.3.3 脱碳酸作用

水中 CO_2 的溶解度是受环境的温度和压力控制的。温度升高，压力降低，CO_2 的溶解度减小，一部分 CO_2 便成为游离 CO_2 从水中逸出，这便是脱碳酸作用。脱碳酸的结果，使得地下水中 HCO_3^- 及 Ca^{2+}、Mg^{2+} 减少，矿化度降低，pH 值变小：

$$Ca^{2+} + 2HCO_3^- \longrightarrow CO_2\uparrow + H_2O + CaCO_3\downarrow \qquad (5-7)$$

$$Mg^{2+} + 2HCO_3^- \longrightarrow CO_2\uparrow + H_2O + MgCO_3\downarrow \qquad (5-8)$$

深部地下水上升形成的泉,往往在泉口形成钙化,这就是脱碳酸作用的结果。温度较高的深层地下水,阳离子通常以 Na^+ 为主,这也与脱碳酸作用使 Ca^{2+}、Mg^{2+} 从水中析出有关。

5.3.4 脱硫酸作用

在还原环境中,当有有机质存在时,脱硫酸细菌能使 SO_4^{2-} 还原为 H_2S:

$$SO_4^{2-}+2C+2H_2O \longrightarrow H_2S+2HCO_3^- \quad (5-9)$$

结果使地下水中 SO_4^{2-} 减少以至消失,HCO_3^- 增加,pH 值变大。

封闭的地质构造,如储油构造,是产生脱硫酸作用的有利环境。因此,油田水中 SO_4^{2-} 往往含的很少,H_2S 含量增多。这一特征可以作为寻找油田的辅助标志。

5.3.5 阳离子交替吸附作用

土壤及某些岩石的胶体颗粒表面带有负电荷,能够吸附阳离子。一定条件下,颗粒将吸附地下水中某些阳离子,而将其原来吸附的部分阳离子转为地下水中的组分,这便是阳离子交替吸附作用。

不同的阳离子,其吸附于岩土表面的能力不同,按吸附能力,自大而小顺序为:$H^+ > Fe^{3+} > Al^{3+} > Ca^{2+} > Mg^{2+} > K^+ > Na^+$,离子价愈高,离子半径愈小,吸附能力愈大。因此,三价离子较二价离子吸附能力大,H^+ 则由于其离子半径很小,故吸附能力最大。

当含 Ca^{2+} 为主的地下水,进入主要吸附有 Na^+ 的岩土时,水中的 Ca^{2+} 便置换岩土所吸附的一部分 Na^+,使地下水中 Na^+ 增多而 Ca^{2+} 减少。

地下水中某种离子的相对浓度增大,则该种离子的交替吸附能力(置换岩土所吸附的离子的能力)也随之增大。例如,当地下水中以 Na^+ 为主,而岩土中原来吸附有较多的 Ca^{2+},那么,水中的 Na^+ 将反过来置换岩土吸附的部分 Ca^{2+}。海水侵入陆相沉积物时,就是这种情况。

显然,阳离子交替吸附作用的规模取决于岩土的吸附能力;而后者决定于岩土的比表面积。颗粒愈细,比表面积愈大,交替吸附作用的规模也就愈大。因此,黏土及黏土岩类最容易发生交替吸附作用,而在致密的结晶岩中,实际上不发生这种作用。

5.3.6 混合作用

成分不同的两种水汇合在一起,形成化学成分与原来两者都不相同的地下水,这便是混合作用。海滨、湖畔或河边,地表水往往混入地下水中。深层地下水补给浅部含水层时,则发生两种地下水的混合。

混合作用的结果,可能发生化学反应而形成化学类型完全不同的地下水。例如,当以 SO_4^{2-}、Na^+ 为主的地下水,与 HCO_3^-、Ca^{2+} 水混合时:

$$Ca(HCO_3)_2+Na_2SO_4 \longrightarrow CaSO_4\downarrow+2NaHCO \quad (5-10)$$

石膏沉淀析出,便形成了以 HCO_3^- 及 Na^+ 为主的地下水。

两种水的混合也可能不产生明显的化学反应。例如当高矿化的氯化钠型海水混入低矿化的重碳酸钙镁型地下水中,基本上不产生化学反应。这种情况下,混合水的矿化度与化学类型取决于参与混合的两种水的成分及其混合比例。

开发滨海地区的矿床时，往往可以发现，随着采矿深度加大，矿坑水由原来的低矿化重碳酸钙镁水或硫酸盐水，转变为矿化度较高的氯化钠型水，这很可能是海水入侵的标志。通过计算可以有把握地判断是否确有海水侵入，以及浸入海水占矿坑水的百分比。

5.3.7 人类活动在地下水化学成分形成中的作用

随着社会生产力的发展，人类活动对地下水化学成分的影响愈来愈大。这种影响表现在两个方面：一种是人类的工农业生产及日常生活使地下水发生污染；另一种是人类通过生产活动改变了地下水的形成条件，从而使其化学成分发生相应变化。

工业废水、废气与废渣以及农业上大量使用化学肥料，使地下水中富集了天然水中本来含量甚微的一些有害元素，如酸、氰、汞、砷、锌、铅、铬、锰、钼、亚硝酸、一氧化碳等。由于这种影响愈来愈大，近年来建立了环境水文地质学以专门探讨解决有关问题。

人类生产活动通过影响地下水的形成而改变其化学成分，既可起消极的作用，也可起积极的作用。在一定的水文地质条件下，滨海地区过度开发地下水可能引起海水入侵、污染淡的地下水。不合理的打井采水可使咸水含水层中的水进入淡水含水层，破坏地下淡水资源。干旱及半干旱地区不合理的灌溉使浅层地下水位上升造成大面积次生盐渍化，最终将使浅层地下水变咸而无法用于灌溉。兴修水库、合理地修筑灌溉渠道，则使地下水获得补充的淡水资源而水质变好。浅层分布地下咸水的干旱半干旱地区，通过挖渠打井，改变地下水的径流排泄条件，就可使原来向咸化方向发展的地下水逐步淡化。

人类利用改造自然的能力在迅速提高，愈来愈有必要防止人类活动对地下水化学成分的不利影响，积极发挥有利作用。

5.4 地下水化学成分的基本成因类型

地下水根据其化学成分的形成可划分为几个基本类型，即溶滤水、沉积水、再生水与初生水。溶滤水的化学成分由溶滤岩土获得；沉积水则是沉积物形成时或随后进入空隙，并在封闭的地质构造条件下封存下来的水，它的化学成分主要来源于形成沉积物的水体；再生水则是岩石受到高温变质作用时，从矿物结构中分离出来的水；初生水是直接由岩浆析出的水。后两者的化学成分来源于岩浆。

5.4.1 溶滤水

富含 CO_2 与 O_2 的渗入成因的地下水，溶滤它所流经的岩土而获得其主要化学成分，这种水称之为溶滤水。

溶滤水的成分受到岩性、气候、地貌等因素的影响。

岩土中可溶成分的溶解，这是溶滤水化学成分的基本来源。

除凝结水外，渗入补给地下的大气降水和地表水本身都具有一定的化学成分。大气降水看来似乎是相当纯净的，实际上它的成分也并不简单。大气降水中的化学成分来源于大气的基本组成（O_2、N_2、CO_2、惰性气体等），溅扬到空中的海水滴，风扬卷起来的尘埃，大气放电过程形成的化合物(氧化氮)等,而在工业集中区则还有工厂排出的烟尘。大部分地区大气降水的矿化度很低(每升水中仅含盐类几到几十毫克),多为重碳酸型水,并且饱含 O_2、N_2、CO_2 等气体成分。河水的化学成分变化大些。潮湿地区一般矿化度为几十毫克/升,多为重碳酸钙型水。而在极端干旱的地区,矿化度可能达到数克/升之多,为硫酸盐或氯化物水,河水不同程度地含有大气起源的气体成分。

地下水所流经的岩土对溶滤水化学成分有一定影响。在含盐地层沉积区,地下水中往往以 Cl^-、Na^+ 为主。有石膏沉积的地区,水中 SO_4^{2-} 与 Ca^{2+} 较多。石灰岩、白云岩等碳酸盐沉积区的地下水,必定是以 HCO_3^-、Ca^{2+}、Mg^{2+} 为其主要成分。酸性岩浆岩地区的地下水,大多为 HCO_3-Na 型水。基性岩浆岩地区的地下水常富含 Mg^{2+}。煤系地层分布区及金属矿床附近常常形成硫酸盐水。

但是,如果简单地断定,地下水流经什么样的岩土,就必定具有何种化学成分,那就把问题简单化了。发生溶滤时,岩土的组分按其地球化学特性,迁移能力各不相同,因而溶滤作用显示出阶段性。在潮湿气候条件下,即使是原来含有多量易溶盐类的沉积物,经过长期充分洗蚀,易迁移的离子大量淋失,作用继续进行,所能溶滤的主要是难于迁移的碳酸盐类了。因此,在潮湿气候长期影响下,虽然其原来地层中所含的组分极不相同,最终在浅表部分都可能出现低矿化重碳酸钙镁型地下水,并且,极其难溶的硅酸在水中将占相当比重。反之,干旱气候下的平原地区,由于强烈蒸发的影响,不论其岩性组成如何,浅部地下水最终总会形成矿化度很高的氯化钠型水。气候是决定地壳浅表元素迁移的重要因素,就大范围来说,溶滤水的化学成分首先反映了气候的深刻影响。潮湿气候下多形成低矿化的、以难溶离子为主的地下水,干旱气候下则形成高矿化的、以易溶离子为主的地下水。

地形对溶滤作用的影响,是通过改变地下水径流条件而起作用的。切割强烈的山区,地下水径流条件好,水交替迅速,岩层中的易流组分不断被淋滤并由地下径流带走,同时,地下水在岩层中停留时间短,常形成低矿化的以难溶离子为主的地下水。地势低平的地方,地下径流微弱,水交替缓慢,溶滤作用不发育,岩土中易溶盐类保存较多,水与岩土接触时间长,因此,地下水矿化度及易溶离子含量都较高。

图 5-4 反映了黄淮海平原浅层地下水矿化度分布。自南而北地下水矿化度变大,这显示了气候分带的影响,降水量正是由南向北逐渐减少的。由山前向海边地下水矿化度逐渐变大,说明山前的岩性地貌条件有利于发育溶滤作用,而滨海地区则受海潮浸渍,且地势低、岩性细,大陆盐化作用发育。黄河以北的冲积平原中,浅层地下水矿化度呈条带状变化,与河流沉积的岩性地貌分带一致;地形较高,沉积物较粗的河道带,溶滤作用较强,地下水矿化度低;河间地带,岩性细,地势低,盐化作用为主,地下水矿化度较大。

在各种因素综合影响下,潜水的化学类型也显示分带性。大范围的水化学分带,主要受气候控制。在地貌岩性影响下,沿着地下径流方向也显示分带性。干旱地区的山间盆地,这种分带表现得最为完整典型。例如,新疆吐鲁番盆地,从盆地边缘的洪积扇顶部,到盆地中心的藏丁湖,大致可分为三个水化学带。第一带是重碳酸盐水带,以 HCO_3^- 及 Ca^{2+} 为主,矿化度在 0.25~1g/L;第二带是硫酸盐水带,阴离子以 SO_4^{2-} 为主,阳离子则以 Ca^{2+} 为主,向下缘渐转为以 Na^+ 为主,矿化度为 1~3g/L,下缘增大到 12g/L;第三带是氯化物水带,以 Cl^-、Na^+ 为主,矿化度一般为 30g/L 左右,到藏丁湖畔则接近 300g/L。半干旱的华北平原的潜水,由山前冲积洪积扇到滨海,虽然有些地方也可分为重碳酸盐水、硫酸盐水及氯化物

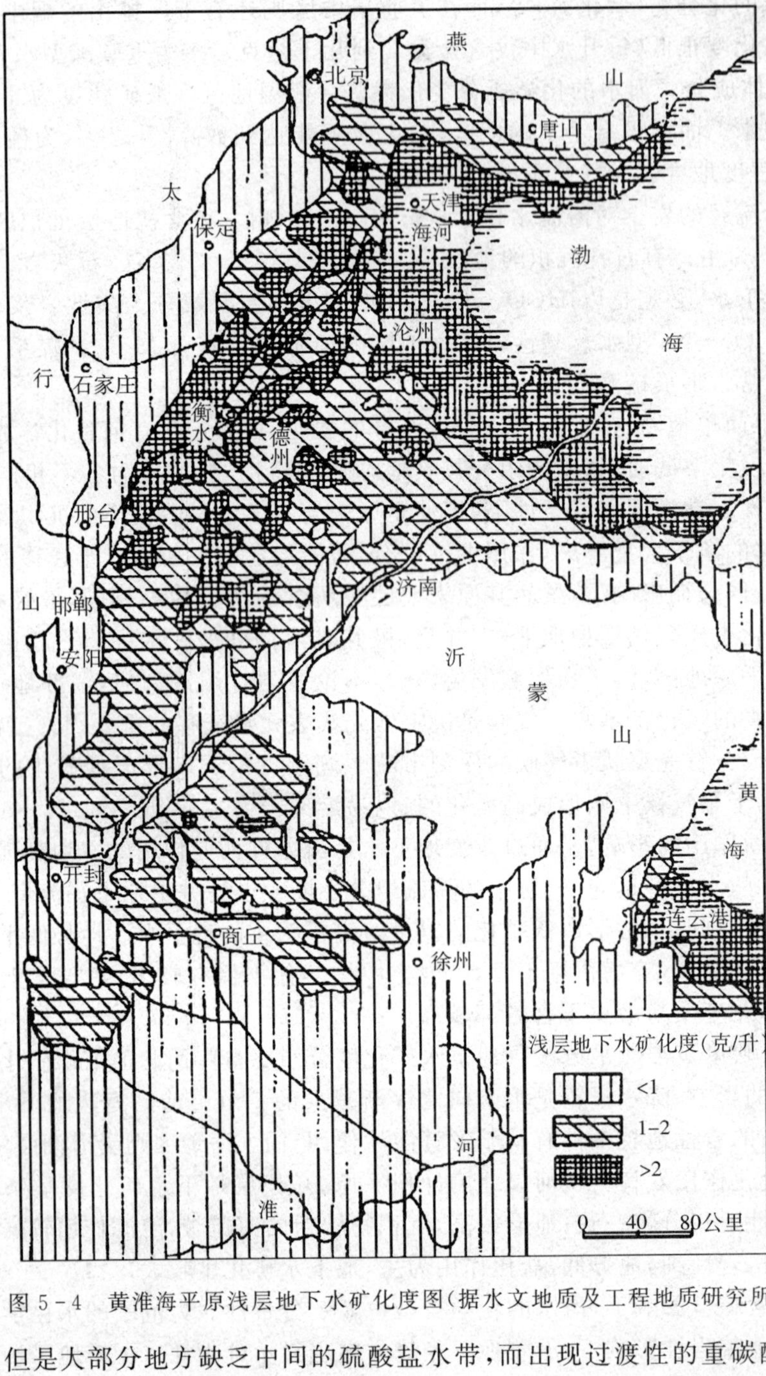

图 5-4　黄淮海平原浅层地下水矿化度图(据水文地质及工程地质研究所)

水三个水带,但是大部分地方缺乏中间的硫酸盐水带,而出现过渡性的重碳酸盐-氯化物及氯化物-重碳酸盐水带。很有可能,这种分带是半干旱半湿润气候下溶滤作用的典型分带。但是目前对它的形成机理尚未弄清。

掌握溶滤水的这种分带规律,不但能帮助我们根据不同水质情况利用地下水,而且还能帮助我们深入地理解地下水的形成过程。例如,在山东半岛近海一侧广泛分布有矿化度小于 1g/L 的重碳酸盐-氯化物型地下水,这种水甚至一直分布到某些山区。低矿化水中出现大量的易溶离子 Cl^-,尤其是一直分布到山区,这是很特别的。经过研究认为,很有可能水

中大量的 Cl^- 源于海水，是来自海面的季风及季风降水将海水细滴吹扬到环海陆地的结果。

干旱半干旱的平原下部或盆地中心，蒸发浓缩作用十分发育，往往可以形成矿化度高达数十克/升以至数百克/升的氯化钠型水。这种情况下，虽然地下水中的盐类主要来自溶滤，但是，在蒸发浓缩过程中，随着矿化度升高，难溶盐类沉淀析出，地下水的化学类型已经发生了根本的改变。因此，这种类型的潜水也称作大陆盐化潜水，以区别于单纯溶滤作用形成的矿化度较低以难溶离子为主的溶滤潜水。

承压水有一部分属于溶滤水。与大气圈联系比较密切的承压水，如堆积平原和盆地浅部松散沉积物中的水，以及具有一定构造开启性的基岩中的水，即属于溶滤水。构造开启性好，透水性强的承压含水层，水交替强烈，溶滤作用发育，就形成低矿化的重碳酸盐水；而在径流条件差、水交替弱的承压含水层中则形成矿化度较高的硫酸盐以至氯化物水。在同一承压含水层中，越是接近补给区，水交替越强，溶滤愈充分；向深部，水交替及溶滤作用变弱。因此，同一承压含水层由补给区向下，也可以呈现矿化度由低到高，离子成分由难溶离子为主到易溶离子为主的水带；而在典型的情况下清楚地表现为重碳酸盐、硫酸盐及氯化物水带。

一般说来，溶滤作用在地壳浅表发育。但是，有时开启性断裂可以深达数千米，这种情况下溶滤作用也能在深处进行。许多温泉水的化学成分可以证明这一点。与近期火山活动无关的温泉，多半是矿化度很低的重碳酸盐水，少数是硫酸盐水。在高温影响下，发生脱硫酸作用，促使 Ca^{2+}、Mg^{2+} 沉淀析出，而钠盐的溶解度却随温度显著增大，因而温泉水中阳离子几乎总是 Na^+ 占绝对优势。高温下硅酸溶解度提高，所以它在热水中的含量比较高。温泉水中经常含有大量氮气，表明它来源大气降水。滨海地区的温泉水质比较特殊，有时是矿化度数克/升的氯化钠型水，这时其主要化学成分并非来自溶滤，而是海水混入所致。

5.4.2　沉积水

沉积水是指与沉积物大体同时生成的古地下水。

在封闭的地质结构中，各类沉积物都有可能将沉积时所包含的水分长期埋藏保存下来，因此沉积水又称埋藏水。

不同水体的沉积物(海相的、河相的、湖相的)，具有不同的原始化学成分。在漫长的地质时期中，又经受一系列复杂的变化。这些变化还没有弄得很清楚，至今研究得比较多的是海相淤泥沉积中的水。

海相淤泥沉积物的特点是：孔隙度、含水量和比表面积都相当大，通常含有机质和各种微生物，属于缺氧的地球化学环境。因此，有利于各种生物化学和物理化学作用的进行。

海水的平均化学成分是矿化度 35g/L 的氯化钠水，即：

$$\left(M_{35}\frac{Cl_{90}}{Na_{77}Mg_{18}},\frac{r_{Na}}{r_{Cl}}=0.85,\frac{Cl}{Br}=29.3\right) \tag{5-11}$$

上式中 r 为毫克当量的代号，$\frac{r_{Na}}{r_{Cl}}$，即 Na 与 Cl 毫克当量比值，后面的$\frac{Cl}{Br}$为重量比值。

与海水相比较，海相淤泥所形成的沉积水一般有以下几个特点：

(1)矿化度很高，最高可达 300g/L；(2)硫酸根离子减少以至消失；(3)钙的相对含量明显增大，钠减少，$\frac{r_{Na}}{r_{Cl}}<0.85$；(4)富集溴、碘，尤其是碘的含量显著增加，$\frac{Cl}{Br}$变小；(5)出现硫化氢、甲烷、铵、氮；(6)pH 值增高。

对于海相沉积水矿化度的增大有不同的解释。有的人认为是海水在泻湖中蒸发浓缩所致，也有的人认为是沉积物经构造沉降后，在高温影响下深部蒸发作用的结果。

生物化学作用在改变海相淤泥水原始化学成分上影响最大，其中脱硫酸作用是最重要最广泛的一种。脱硫酸作用使 SO_4^{2-} 减少乃至消失，出现 H_2S，HCO_3^- 增加，水的 pH 值提高。

HCO_3^- 增加与 pH 值提高，使部分碳酸钙和碳酸镁沉淀析出，水中 Ca^{2+}、Mg^{2+} 减少。

由于 Ca^{2+}、Mg^{2+} 减少，水与岩土颗粒间阳离子吸附平衡遭到破坏，岩土吸附的部分 Ca^{2+} 转入溶液，溶液中部分 Na^+ 为岩土吸附。有人认为，正是这种沉积后期的阳离子交替吸附作用使水溶液的$\frac{r_{Na}}{r_{Cl}}$降低，成为氯化物-钠-钙型水。

其他的生物化学作用还有细胞的分解、蛋白质分解及脱硝酸作用等，其结果产生甲烷、铵、氮等。

生物遗骸中原来含有较多的溴及碘，在有机物分解时富集于水中，使$\frac{Cl}{Br}$降低。

关于钙的增多，虽然都认为是阳离子交替吸附作用的结果。但是，布涅耶夫正确地指出，这种作用不是在沉积后期发生的，而是在浅海盆地中就完成了。当河流将吸附大量 Ca^{2+} 的黏土携带入海时，与富含钠的海水相遇，产生下列交替反应：

$$NaCl+Ca(\text{吸附})\longrightarrow CaCl2+2Na(\text{吸附}) \tag{5-12}$$

海相淤泥在成岩过程中受到上覆岩层压力而密实时，其中所含的水，一部分被挤压进入孔隙较大的相邻岩层，构成后生沉积水；另一部分仍保留于淤泥层中，这便是同生沉积水。

埋藏在地层中的海相淤泥沉积水，在经历若干时期以后，由于地壳运动而被剥蚀出露于地表，或者由于开启性构造断裂使其与外界连通。这时，从含水层揭露部分开始，溶滤水逐渐排除原有的沉积水。低矿化的富含 O_2 及 CO_2 的渗入水，使原有的水受到显著淡化，并开始溶解岩层中的盐类，原有的阳离子吸附平衡破坏而产生新的交替吸附作用，氧化作用重新发生。如果构造的开启程度好，经过长期入渗淋滤，沉积水可以完全排走，而为溶滤水所替换。在构造开启性不十分好时，则在补给区分布低矿化的以难溶离子为主的溶滤水，较深处则出现溶滤水和沉积水的混合，而在深部仍为高矿化的以易溶离子为主的沉积水。

5.4.3 内生水

早在 20 世纪初，曾把温热地下水看做岩浆分异的产物。后来发现，在大多数情况下，温泉是大气降水渗入到深部加热后重新升到地表形成的。近些年来，某些学者通过对地热系统的热均衡分析得出，仅靠水渗入深部获得的热量无法解释某些高温水的出现，认为应有10%～30%的来自地球深部层圈的高热流体的加入。这样，源自地球深部层圈的内生水说又逐渐为人们所重视，有人认为，深部高矿化卤水的化学成分也显示了内生水的影响。

内生水的典型化学特征至今并不完全清楚。前苏联某些花岗岩中包裹体溶液为矿化度100～200g/L 的氯化钠型水。冰岛玄武岩区的热蒸汽凝成的水，是矿化度 1～2g/L 的

HS^--HCO_2^--Na^+水，含有大量SiO_2与CO_2。

内生水的研究至今还很不成熟，但由于它涉及水文地质学乃至地质学的一系列重大理论问题，因此，今后水文地质学的研究领域将向地球深部层圈扩展，更加重视内生水的研究。

5.5 地下水的温度

地壳表层有两个热能来源：一个是太阳的辐射，另一是来自地球内部的热流。根据受热源影响的情况，地壳表层可分为变温带、常温带及增温带。

变温带是受太阳辐射影响的地表极薄的带。由于太阳辐射能的周期变化，本带呈现地温的昼夜变化和季节变化。地温的昼夜变化只影响地表以下1m～2m深。变温带的下限深度一般为15m～30m。此深度上地温年变化小于0.1℃。

变温带以下是一个厚度极小的常温带。地温一般比当地年平均气温高出1℃～2℃。在粗略计算时，可将当地的多年平均气温作为常温带地温。

常温带以下，地温受地球内热影响。通常随深度加大而有规律地升高，这便是增温带。增温带中的地温变化可用地温梯度表示。地温梯度是指每增加单位深度时地温的增值，一般以℃/100m为单位。

地下水的温度受其赋存与循环处所的地温控制。处于变温带中的浅埋地下水显示微小的水温季节变化。常温带的地下水水温与当地年平均气温很接近，这两带的地下水，常给人以“冬暖夏凉”的感觉。增温带的地下水随其赋存与循环深度的加大而提高，成为热水甚至蒸汽。如西藏羊八井的钻孔，获得温度为160℃的热水与蒸汽，已知年平均气温(t)、年常温带深度(h)、地温梯度(r)时，可概略计算某一深度(H)的地下水水温(T)，即：

$$T = t + (H-h)r \tag{5-13}$$

同样，利用地下水水温(T)，可以推算其大致循环深度(H)，即：

$$H=\frac{T-t}{r}+h \tag{5-14}$$

地温梯度的平均值约为3℃/100m。通常变化于1.5℃/100m～4℃/100m之间，但个别新火山活动区可以很高。如西藏羊八井的地温梯度为300℃/100m。

5.6 地下水化学成分研究方法

地下水化学成分的研究包括两个方面的内容：一个方面是确定地下水中各种离子、分子、气体及有机质的含量及其相互关系，为此要进行有关的化验分析；另一方面是研究地下水化学成分的形成，即经过资料系统整理，找出地下水化学成分的变化规律，及其与形成环境(自然地理的、地质的、人类活动的)之间的内在联系。

在研究一个地区的地下水化学成分形成时，不仅要分析当前的环境条件，还应追溯环境的演变历史，即分析地区的自然地理、地质发展史。

5.6.1 地下水化学成分分析内容

地下水化学成分的分析是研究的基础。工作目的与要求不同，分析项目与精度也不相同。在一般水文地质调查中，区分为简分析和全分析，为了配合专门任务，则进行专项分析。

简分析用于了解区域地下水化学成分的概貌，这种分析可在野外利用专门的水质分析箱就地进行。简分析项目少，精度要求低，简便快速，成本不高，技术上容易掌握。分析项目除物理性质（温度、颜色、透明度、嗅味、味道等）外，还应定量分析以下各项：HCO_3^-、SO_4^{2-}、Cl^-、Ca^{2+}、总硬度、pH 值。通过计算可求得水中各主要离子含量及总矿化度。定性分析的项目则不固定，较经常的有 NO_3^-、NO_2^-、NH_4^+、Fe^{2+}、Fe^{3+}、H_2S 耗氧量等。分析这些项目是为了初步了解水质是否适于生活饮用。

全分析项目较多，要求精度高。通常在简分析的基础上选择有代表性的水样进行全分析，以较全面地了解地下水化学成分，并对简分析结果进行检核。全分析并非分析水中的全部成分，一般定量分析以下各项：HCO_3^-、SO_4^{2-}、Cl^-、CO_3^{2-}、NO_3^-、NO_2^-、Ca^{2+}、Mg^{2+}、K^+、Na^+、NH_4^+、Fe^{2+}、Fe^{3+}、H_2S、CO_2、耗氧量、pH 值及干涸残余物。

结合不同任务而进行的专项分析，应根据具体任务要求确定分析项目。

某些专门性的研究，则还需要详细分析水中的气体成分（如矿水研究）、各种稀有分散元素（如卤水研究）或金属元素（如水化学找矿）、微生物（油田水研究）等。

水分析的结果，对离子、胶体物质及干涸残余物均以每升水中所含的克数（克/升）或毫克数（毫克/升）表示。为了反映多种离子成分的相互关系和相对数量，还用每升水中的毫克当量数（毫克当量/升）及毫克当量百分数（毫克当量%）表示。

用一种小柱状图可以简单明了地反映水样的化学特性（图 5－5）。柱状图以毫克当量百分数表示离子含量，左侧自下而上按碱性由强到弱依次表示阳离子含量，右侧按酸性自下而上表示阴离子，有时在柱状图底下可注明总矿化度（克/升）。如图 5－7 所示的水样，具有较高的暂时硬度，不宜作为锅炉用水，含少量的 $NaHCO_3$，用于灌溉时应注意其不利影响。水的矿化度低，含 NaCl 少，是良好的饮用水。

图 5－5 水化学成分柱状图

在进行地下水的化学分析的同时，必须对有关的地表水体（河、湖、海及水库、主要渠道）取样分析。因为地表水体可能是地下水的补给来源，或者是排泄去路。前一种情况下，地表水的成分将影响地下水；后一种情况下，地表水反映了地下水化学变化的最终结果。对于作为地下水主要补给来源的大气降水的化学成分，至今一直很少注意，原因是它所含物质数量很少。但是，必须看到，在某些情况下，不考虑大气降水的成分，就不能正确地阐明地下水化学成分的形成。

5.6.2 研究地下水化学成分形成时对岩土的分析

为了弄清岩土对地下水化学成分的影响，只研究其矿物组成或化学成分那是不够的，十分重要的是测定其可溶盐含量，研究岩土中所包含的结合水的化学成分，以及对岩土的吸附离子成分进行研究。

沉积的岩土中包含有结合水及重力水。在成岩过程中，以及经受构造变动时，重力水可能被替换；结合水以及囚禁于孔隙中的重力水（被孔隙边角结合水包围而不能自由移动的重力水）的一部分，受压挤出流入周围空隙较大的岩层中，转为自由流动的重力水；另一部分则仍然保留于岩土中。这部分保留下来的水，虽然会由于扩散作用而与周围地下水发生化学成分的交换，但是，由于扩散作用十分缓慢，即使经历漫长的地质历史时期，基本上仍然反映沉积当时的化学面貌。因此，查明这部分水的化学成分，与含水层中现有的重力水的成分进行对比，可以判断含水层中的水究竟是溶滤水还是沉积水，以及含水层中沉积水被替换的程度。这对于确定地下水的成因以及资源性质（易于恢复的或不可恢复的）都有很大意义。

用浸出液法（水渍出液法）获得的分析结果，往往不能反映真实情况，因为在浸渍冲淡岩土时，岩土中部分易溶盐类也转入水中。为了克服这一缺点，可采用压出液法，即用专门仪器对原状土样加以远超过其上覆地层载荷的压力，将外层结合水以及囚禁重力水压出进行分析。

5.6.3　化学元素间比例系数在研究地下水化学成分形成中的意义

一些物理化学性质相近的元素（元素周期表中同族或同类的相邻元素），往往具有一定共生关系，利用其比例系数（重量比值）可帮助判断地下水的成因。

$\frac{Cl}{Br}$系数：氯与溴化学性质相当近似，但是溴化物的溶解度比氯大。一般在大洋水中$\frac{Cl}{Br}$系数接近 300（局部海水有例外，如亚速海此比值$>$2000）。海水浓缩时，NaCl 沉淀，残余海洋水中 Br 相对浓集。因此，一般高矿化水，$\frac{Cl}{Br}>300$ 的地下水为富溴的残余海洋水的沉积水，$\frac{Cl}{Br}<300$ 则为贫溴的含盐地层溶滤水。

$\frac{Br}{I}$系数：Br 与 I 同属卤族元素。在一般地下水中此系数很小，正常海洋水$\frac{Br}{I}$系数接近 1300。由于 I 在海生生物体中浓集，因此，含有大量有机残骸的海相淤泥沉积水中含碘大为增加，$\frac{Br}{I}$系数低的水往往是海相沉积水。

$\frac{Ca}{Sr}$系数：海水浓缩盐类沉淀时，含锶的天青石（$SrSO_4$）的沉淀次序在石膏（$CaSO_4 \cdot 2H_2O$）和硬石膏（$CaSO_4$）之前，而晚于碳酸钙和碳酸镁。因此，溶滤碳酸盐类沉积岩所形成的地下水，$\frac{Ca}{Sr}$系数较大，接近 200，而在海水及与海水有关的沉积水中，$\frac{Ca}{Sr}$较小，为 33。

除了相近元素的比例系数外，通常还利用主要离子毫克当量数的比值来说明地下水化学成分的变化情况。这类系数如$\frac{r_{Na}}{r_{Cl}}$、$\frac{r_{SO_4}}{r_{(SO_4+Cl)}}$等。

$\frac{r_{Na}}{r_{Cl}}$系数：标准海洋水平均值为 0.85；经过阳离子交替吸附作用的沉积水$<$0.85；岩盐层溶滤形成的地下水接近于 1；一般地下水此值通常大于 1（因为 Na^+ 有其他来源，Cl 除 NaCl 外很少有其他来源）。

$\frac{r_{SO_4}}{r_{(SO_4+Cl)}}$系数:此系数可表征脱硫酸作用的发育程度,脱硫酸作用完全时,此系数为零,这个系数也叫做脱硫酸系数。

在实际工作中应用这些系数分析地下水化学成分形成与变化时,如果不加分析,公式化地套用,就可能得出完全错误的结论。因此,必须综合考虑各种水化学标志,并与地质水文地质条件结合起来分析。例如,仅仅根据$\frac{Cl}{Br}$系数>300 一项就确定是岩盐地层溶滤水,那是不恰当的,局部的海水完全可以大于 300。又如,我国一些地方陆相起源的地下水,其$\frac{r_{Na}}{r_{Cl}}$比值却与海水的比值十分接近。如果某处的地下水为高矿化的 Cl-Na 水,SO_4^{2-} 含量较高,且$\frac{r_{Na}}{r_{Cl}}$接近 1,$\frac{Cl}{Br}$系数远超过 300,气体成分主要是大气起源的氮,而且具有一定地质依据,那么,认为它是岩盐地层溶滤水就比较有把握了。

5.6.4 地下水化学成分分类与图示方法

将地下水按化学成分分为不同类型,将便于我们掌握一个地区地下水化学成分变化规律。地下水化学成分的分类很多,在此仅举数种加以说明。

1. 舒卡列夫分类

前苏联舒卡列夫的分类(表 5-3),是根据地下水中六种主要离子(Na^+ 与 K^+ 合并为 Na^+)及矿化度划分的。将含量大于 25%毫克当量的阴离子和阳离子进行组合,共分成 49 型水,每型以一个阿拉伯数字作为代号。按矿化度又划分为 4 组:A 组矿化度小于 1.5g/L,B 组为 1.5~10g/L,C 组为 10~40g/L,D 组大于 40g/L。

表 5-3 舒卡列夫分类图表

超过 25%毫克当量的离子	HCO_3	HCO_3+SO_4	HCO_3+SO_4+Cl	HCO_3+Cl	SO_4	SO_4+Cl	Cl
Ca	1	8	15	22	29	36	43
Ca+Mg	2	9	16	23	30	37	44
Mg	3	10	17	24	31	38	45
Na+Ca	4	11	18	25	32	39	46
Na+Ca+Mg	5	12	19	26	33	40	47
Na+Mg	6	13	20	27	34	41	48
Na	7	14	21	28	35	42	49

不同化学成分的水都可以用一个简单的符号代替,并赋以一定的形成特征。例如,1-A型即矿化度小于 1.5g/L 的 HCO_3-Ca 型水,是沉积岩地区典型的溶滤水,而 49-D 型则是矿化度大于 40g/L 的 Cl-Na 型水,可能是与海水及海相沉积有关的地下水,或者是大陆盐化潜水。如果水中大于 25%毫克当量的阴离子或阳离子不止一种,则在命名时将含量大的放在前面。例如 SO_4-HCO_3-Ca-Na 型水,即表明阴离子中 SO_4^{2-} 毫克当量数比

HCO_3^- 大，阳离子中 Ca^{2+} 大于 Na^+。

这种分类简明易懂，应用比较普遍，可以利用分类图表系统整理水分析资料。从图表的左上角向右下角大体与地下水总的矿化作用过程一致。缺点是以25%毫克当量作为划分水型的依据带有人为性。实际上，有时小于25%毫克当量的次要离子，也是很有意义的。其次，在分类中，对大于25%毫克当量的离子未反映其大小的次序。因此反映水质变化不够细致。

2. 阿廖金天然水分类

舒卡列夫分类以含量较多的离子作为分类基础的；另一种分类法是以阴阳离子间含量对比关系为基础的。前苏联阿廖金的天然水分类，是将这两个原则结合起来考虑的。

阿廖金分类是根据含量最多的阴离子划分为三大类，在每一大类中再根据主要的阳离子分为三组，然后再按阴阳离子含量的比例关系，分为四个型。如此共得27种水（图5-6）。

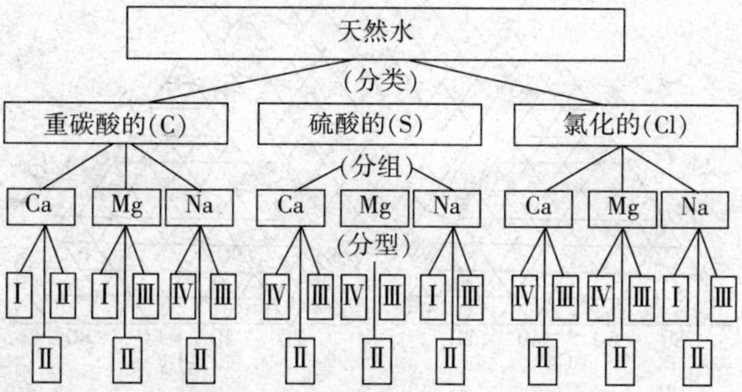

图5-6　阿廖金天然水分类图表

注：重碳酸组的Ⅳ应为Ⅰ型

阿廖金分类法共分出四个型：

Ⅰ第一型：$rHCO_3^- > r(Ca^{2+}+Mg^{2+})$，即水中有多余的 HCO_3^- 与 Na^+ 相应，此型标志着在富含 K^+、Na^+ 的岩浆岩分布区进行溶滤作用的水，或是以 Ca^{2+} 与岩土所吸附的 Na^+ 进行交替的水。在S类与Cl类的Ca及Mg组中没有此型。因为当阴离子中 HCO_3^- 处于次要地位，而 Ca^{2+}、Mg^{2+} 含量很多时，不可能形成此型水。

Ⅱ第二型：$rHCO_3^- < r(Ca^{2+}+Mg^{2+}) < r(HCO_3^- + SO_4^{2-})$，此型标志着与沉积岩及其风化产物有关的天然水，其中包括循环深度不大的地下水。

Ⅲ第三型：$r(HCO_3^- + SO_4^{2-}) < r(Ca^{2+}+Mg^{2+})$，或 $rCl^- > rNa^+$，水中有多余的 Cl^- 与 Ca^{2+}、Mg^{2+} 相应，此型为高矿化天然水，其中包括经阳离子交替吸附作用而使成分大大改变的地下水。

Ⅳ第四型：$r(HCO_3^-)=0$，此型为酸性水，如矿坑水。显然，C类中不可能包括IV型。

按阿廖金分类划分的水类型可用符号代表，如 $C_{Ⅱ}^{Ca}$ 表示C类Ca组Ⅱ型。

此分类是对所有天然水的分类，应用并不广泛，但其分类所考虑的原则对于研究地下水化学成分形成规律时是值得参考的。

考虑到气体成分对地下水地球化学环境的重大意义，A. M·奥弗琴尼科夫提出了天然水的水文地球化学系统，详见他所著的《普通水文地质学》（修订增补第二版）。

3. 派珀三线图解

派珀(A. M. Piper)三线图解由两个三角形和一个菱形组成(图 5-7),左下角三角形的三条边线分别代表阳离子中 $Na^{+}+K^{+}$、Ca^{2+} 及 Mg^{2+} 的毫克当量百分数。右下角三角形表示阴离子 Cl^{-}、SO_4^{2-} 及 HCO_3^{-} 的毫克当量百分数。任一水样的阴阳离子的相对含量分别在两个三角形中以标号的圆圈表示,引线在菱形中得出的交点上以圆圈综合表示此水样的阴阳离子相对含量,按一定比例尺画的圆圈的大小表示矿化度。

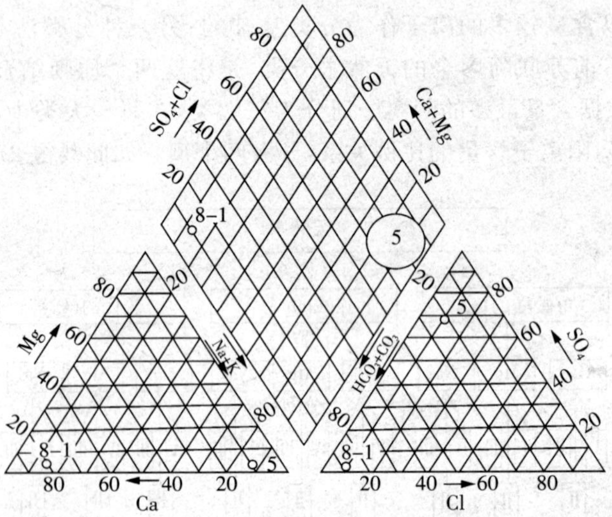

图 5-7 派珀三线图解

(Piper,1953)

落在菱形中不同区域的水样具有不同化学特征(图 5-8)。1 区碱土金属离子超过碱金属离子;2 区碱大于碱土;3 区弱酸根超过强酸根;4 区强酸大于弱酸;5 区碳酸盐硬度超过50%;6 区非碳酸盐硬度超过 50%;7 区碱及强酸为主;8 区碱土及弱酸为主;9 区任一对阴阳离子含量均不超过 50%毫克当量百分数。

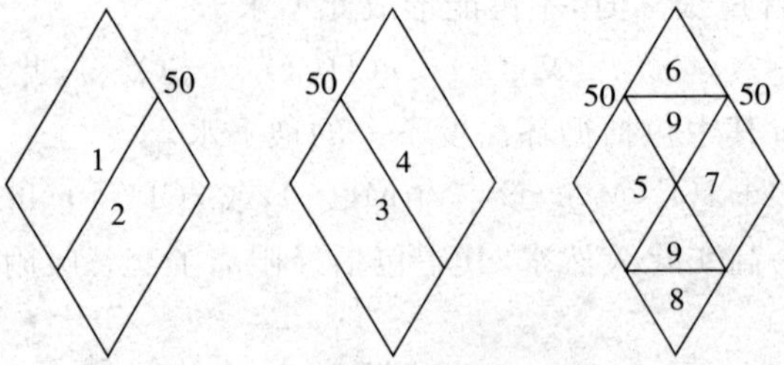

图 5-8 派珀三线图解分区

(Piper,1953)

这一图解的优点是不受人为影响,从菱形中可看出水样的一般化学特征,在三角形中可以看出各种离子的相对含量。将一个地区的水样标在图上,可以分析地下水化学成分的演变规律。

5.6.5　地下水水化学图

地下水水化学图用来反映地下水化学成分的变化及其规律性。它的图的形式表示地下水资源的质量指标，直接回答生产问题；与地质水文地质图对照分析，可以帮助分析地下水资源的形成。

地下水水化学图一般包括以下三类：

1. 平面图

包括地下水化学成分类型分区图、各种离子等值线图、矿化度等值线图、比例系数（如$\frac{r_{Na}}{r_{Cl}}$、$\frac{r_{Cl}}{r_{Br}}$等）等值线图、硬度等值线图、水质评价分区图（根据工作任务选择不同评价指标）等。这些图件都应按含水层分别编制。当受资料限制，且几个相邻含水层连通较好时，则可综合编图。但是，潜水含水层和承压水含水层必须分别编图。

2. 剖面图

当有足够的分层或分段取样的水质分析资料时，可编制地下水水化学剖面图，图类与平面图相同，但在剖面上一般应表示主要的地质水文地质内容。

3. 关系曲线图

这种图是为了寻求地下水化学成分变化的规律性。将要查明关系的两个因素分别以纵、横坐标表示，然后将各分析结果按坐标标点，作出各种关系曲线，如矿化度-离子含量关系曲线，不同离子之间的离子含量关系曲线，离子含量-深度关系曲线，离子比值-矿化度关系曲线，离子比值-深度关系曲线等。

并不是在任何情况下都要做这些图，应根据工作任务及地区特点，有的放矢地选作某些能够说明问题的图件。

复习思考题

1. 叙述地下水的化学特征。
2. 地下水中主要气体成分有哪些？
3. 地下水的离子成分有哪些？分别来源于什么物质成分？
4. 地下水化学成分形成的作用有哪些？
5. 叙述溶滤作用。
6. 叙述溶滤作用对地下水产生的影响。
7. 地下水根据其成分的不同可以分为哪几种类型？各有什么样的特点？
8. 叙述派珀三线图解。
9. 通过你对本章的学习，根据自己的实践经验描述一下各种成分的地下水的用途。

第6章 地下水的补给、排泄与径流

补给与排泄是含水层与外界发生联系的两个作用过程。补给与排泄的方式及其强度，决定着含水层内部的径流，以及水量与水质的变化。这些变化在空间上的表现就是地下水的分布，在时间上的表现便是地下水的动态；而从补给与排泄的数量关系研究含水层水量及盐量的增减，便是地下水的均衡。只有对地下水的补给、排泄、径流建立起清晰的概念，才有可能正确地分析与评价地下水资源，采取合理有效的兴利防害措施。

6.1 地下水的补给

含水层或含水系统从外界获得水量的过程称作补给。补给除了获得水量，还获得一定盐量或热量，从而使含水层或含水系统的水化学与水温发生变化。补给获得水量，抬高地下水位，增加了势能，使地下水保持不停地流动。由于构造封闭，或由于气候干旱，地下水长期得不到补给，便将停滞而不流动。

补给的研究包括补给来源、补给条件与补给量。地下水的补给来源有大气降水、地表水、凝结水，来自其他含水层或含水系统的水等。与人类活动有关的地下水补给有灌溉回归水、水库渗漏水，以及专门性的人工补给。

6.1.1 大气降水的补给

1. 大气降水的入渗过程与机制

松散沉积的包气带中含有土颗粒、空气和水。在这样的三相体系中，水的运动是相当复杂的。至今研究人员对降水入渗的机制还没有完全弄清楚。我们以松散沉积物为例，讨论降水入渗补给地下水。

降雨初期，如果土壤相当干燥，其吸收降水的能力则很强。重力、颗粒表面的吸引力以及细小孔隙中的毛细力，都力促水分渗入土层。渗入的水分被颗粒表面所吸引，形成结合水，被吸入细小的毛细空隙，形成悬挂毛细水。因此，雨季初期的降雨，几乎全部都保留于包气带中，很少甚至根本不补给地下水。

包气带中结合水及悬挂毛细水达到极限以后，土壤吸收降水的能力便显著下降。继续降雨，雨水在重力作用下，通过静水压力传递(包括通过气塞传递压力)，降雨后几乎立即引起地下水位抬高。

目前认为，松散沉积物中的降水入渗存在活塞式与捷径式两种方式(图 6－1)。

活塞式下渗(Piston type infiltration)：此方式是鲍得曼(Bodman)等人于 1943～1944 年，在对均质砂进行室内入渗模拟试验的基础上提出。简而言之，这种入渗方式是入渗水的湿锋面整体向下推进，犹如活塞的运移。

在理想情况下，包气带水分趋于稳定，不下渗也无蒸发、蒸腾时，均质土包气带水分分布如图 6-2(c)中所示。包气带上部保持残留含水量(W_0)，一定深度以下，由于支持毛细水的存在，含水量大于 W_0 并向下渐增，接近地下水面的毛细饱和带以及饱水带，含水量达到饱和含水量(W_S)。

实际情况下，只有在雨季过后包气带水分稳定时最接近此理想情况。雨季之前，由于旱季的土面蒸发与叶面蒸腾，包气带上部的含水量已低于残留含水量 W_0，而造成所谓的水分亏缺(图 6-2(a)，(t_0))。

雨季初期的降雨，首先要补足水分亏缺，多余的水分才能下渗(图 6-2(b)，(t_3、t_4))。下渗水达到地下水面，使地下水储量增加，地下水位抬高(图 6-2(c))。

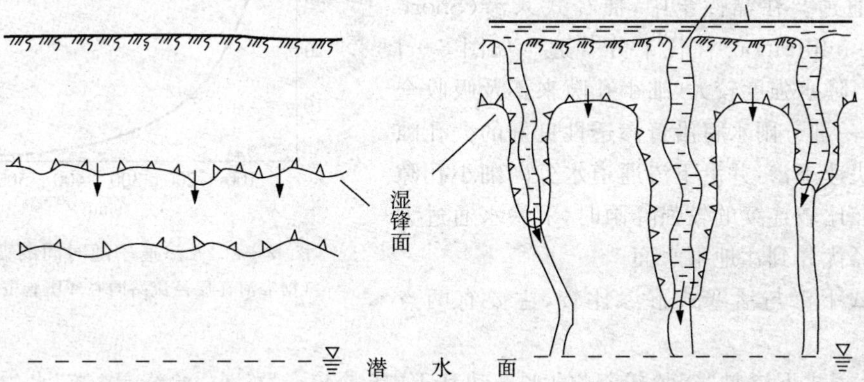

(a)活塞式下渗；　　(b)捷径式与活塞式下渗的结合

图 6-1　活塞式与捷径式下渗

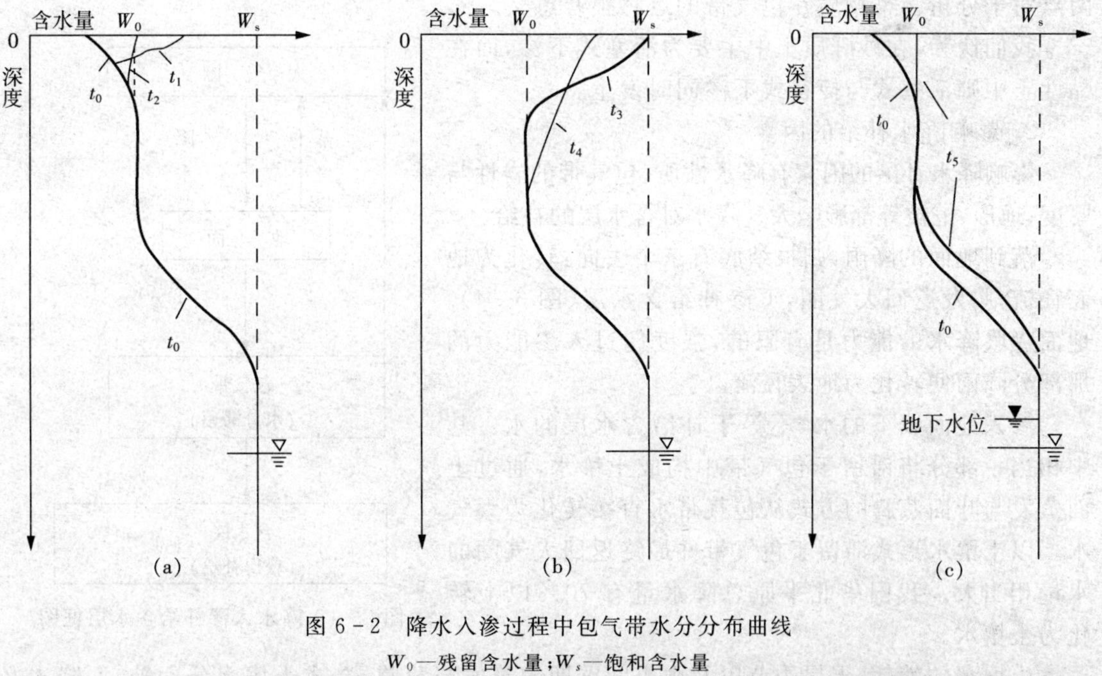

图 6-2　降水入渗过程中包气带水分分布曲线

W_0—残留含水量；W_s—饱和含水量

就地表接受降雨入渗的能力而言，初期较大，逐渐变小趋于一个定值。降雨初期，由于表土干燥，毛细负压很大，毛细负压与重力共同使水下渗，此时包气带的入渗能力很强。随着降雨延续，湿锋面推进到地下一定深度，相对于重力水力梯度($I=1$)，毛细水力梯度逐渐变小，入渗速率逐渐趋于某一定值(图 6-3)。在降雨强度超过地表入渗能力时，便将产生地表坡流。

活塞式下渗是在理想的均质土中室内试验得出的。实际上，从微观的角度看，并不存在均质土。尤其是黏性土，除了粒间孔隙与颗粒集合体内和颗粒集合体间的孔隙外，还存在根孔、虫孔与裂缝等大的孔隙通道。在黏性土中，捷径式入渗(Short-circuit type infiltration)往往十分普遍。如图 6-1(b)所示，当降水强度较大，细小孔隙来不及吸收全部水量时，一部分雨水将沿着渗透性良好的大孔隙通道优先快速下渗，并沿下渗通道水分向细小孔隙扩散。存在比较连续的较强降雨时，下渗水通过大孔道的捷径优先到达地下水面。

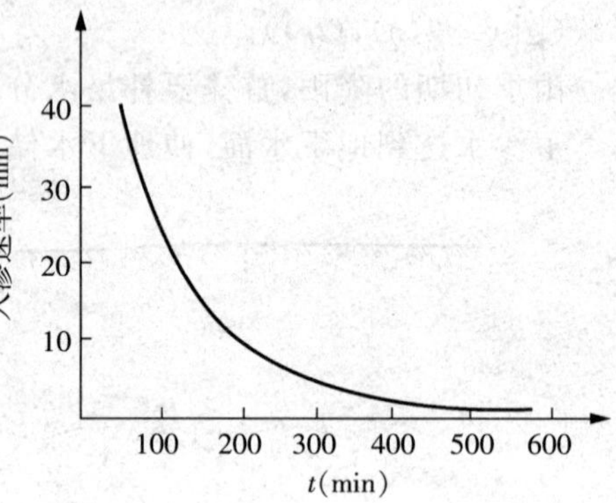

图 6-3　入渗速率随时间的变化

(据淮河瓦屋径流站同心环实验资料)

捷径式下渗与活塞式下渗比较，主要有两点不同：

(1)活塞式下渗是“年龄较新”的水推动其下“年龄较老”的水，始终是“老”水先到达含水层；捷径式下渗时“新”水可以超前于“老”水到达含水层；

(2)对于捷径式下渗，入渗水不必全部补充包气带水分亏缺，即可下渗补给含水层。这两点对于分析污染物质在包气带的运移很有意义。

我们认为，在砂砾质土中主要为活塞式下渗，而在黏性土中则活塞式与捷径式下渗同时发生。

2. 影响降水补给的因素

影响降水补给的因素有降水性质、包气带的岩性与厚度、地形、植被等都影响大气降水对含水层的补给。

落到地面的降雨，归根结底有三个去向：转化为地表径流，腾发返回大气圈，下渗补给含水层(图 6-4)。地面吸收降水的能力是有限的，强度超过入渗能力的那部分降雨便转化为地表径流。

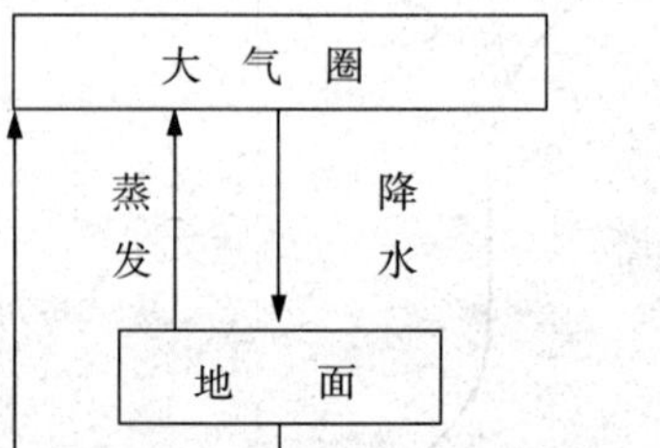

图 6-4　降水入渗补给含水层框图

渗入地面以下的水，不等于补给含水层的水。其中相当一部分将滞留于包气带中构成土壤水，通过土面蒸发与叶面蒸腾的方式从包气带水直接转化为大气水。以土壤水形式滞留于包气带并最终返回大气圈的水量相当大。我国华北平原总降水量有 70%以上转化为土壤水。

土壤水的消耗(干旱季节以及雨季间歇期的蒸发与蒸腾)造成土壤水分亏缺，而降水必须补足全部水分亏缺(在捷径式下渗情况下降水必须补足水分亏缺的大部分)后方能补给地下水。由此可见,雨季滞留于包气带的那部分水量,相当于全年支持毛细带以上包气带水的蒸发蒸腾量。

入渗水补足水分亏缺后,其余部分继续下渗,达到含水层时,构成地下水的补给。因此,平原地区降水入渗补给地下水水量为:

$$q_x = X - D - \Delta S \tag{6-1}$$

式中:q_x——降水入渗补给含水层的量;

X——年总降水量;

D——地表径流量;

ΔS——包气带水分滞留量,即水分亏缺。

以上各项均以水柱的毫米数表示。

令 $q_x/X=\alpha$,α 称为降水入渗系数,即每年总降水量补给地下水的份额,常以小数表示。α 通常变化于 0.2～0.5 之间,我国南方岩溶地区 α 可高达 0.8 以上,西北极端干旱的间盆地则趋于零。

由于降水量中相当一部分要补足水分亏缺,因此年降水量过小时,能够补给地下水的有效降水量就很小;年降水量大则有利于补给地下水,α 值较大。参见图 6－9,该图中当潜水埋深为 2.5m 时,年降水量中约有 350mm 为无效降水量。

降水特征也影响 α 值的大小。间歇性的小雨很可能只湿润土壤表层而经由蒸发及蒸腾返回大气,不构成地下水的有效补给。过分集中的暴雨则又可能因降水强度超过地面入渗能力而部分转化为地表径流,使 α 值偏低。因此,不超过地面入渗速率的连绵细雨最有利于地下水的补给。

包气带渗透性好,有利于降水入渗补给。包气带厚度过大(潜水埋深过大),则包气带滞留的水分也大,不利于地下水的补给。但潜水埋藏过浅,毛细饱和带达到地面,也不利于降水入渗。

当降水强度超过地面入渗速率时,地形坡度大会使地表坡流迅速流走,使地表径流增加。平缓与局部低洼的地势,有利于滞积表流,增加降水入渗的份额。

森林、草地可滞留地表坡流与保护土壤结构,这方面有利于降水入渗。但是浓密的植被,尤其是农作物,以蒸腾方式强烈消耗包气水,造成大量水分亏缺。尤其在气候干旱的地区,农作物复种指数的提高,会使降水补给地下水的份额明显降低。

我们应当注意,影响降水入渗补给地下水的因素是相互制约、互为条件的整体,不能孤立地割裂开来加以分析。例如,强烈岩溶化地区,即使地形陡峻,地下水位埋深达数百米,由于包气带渗透性极强,连续集中的暴雨也可以全部吸收,有时 α 值可达 70%～90%。又如,地下水位埋深较大的平原、盆地,经过长期干旱后,一般强度的降水不足以补偿水分亏缺。这时候,集中的暴雨反而可成为地下水的有效补给来源。

所有上述因素中,经常起主要作用的是降水量和包气带的岩性与厚度。

6.1.2 地表水的补给

地表水体包括河流、湖泊、海洋、水库等,都可补给地下水,现以河流为例进行分析。一般山地河流、河谷深切,河流水位常低于地下水位,故河流排泄地下水。

山前地带,河流堆积,地面高程较大,河流水位常高于地下水位,故河水补给地下水。

大型河流的中下游，常由于河床堆积成为地上河（黄河），也是河水补给地下水。

河流与地下水之间的补给，取决于河流水位与地下水位的关系，这种关系沿着河流纵断面有所变化（图 6 - 5）。山区河流深切，河流水位常年低于地下水位，起排泄地下水的作用（图6 - 5(a)）。进入山前，堆积作用加强，河床位置抬高，而地下水埋藏深度大，故河水经常补给地下水（图 6 - 5(b)）。冲积平原上部，河水位与地下水位接近，汛期河水补给地下水，非汛期地下水补给河水（图 6 - 5(c)）。到了冲积平原中下部，由于强烈的堆积，多形成所谓“地上河”，因此河水多半补给地下水（图 6 - 5(d)）。

河流补给地下水时，补给量的大小取决于下列因素：河床的透水性，河流与地下水有联系部分的长度及河床湿周（浸水周界），河水位与地下水位的高差，以及河床过水时间的长短。

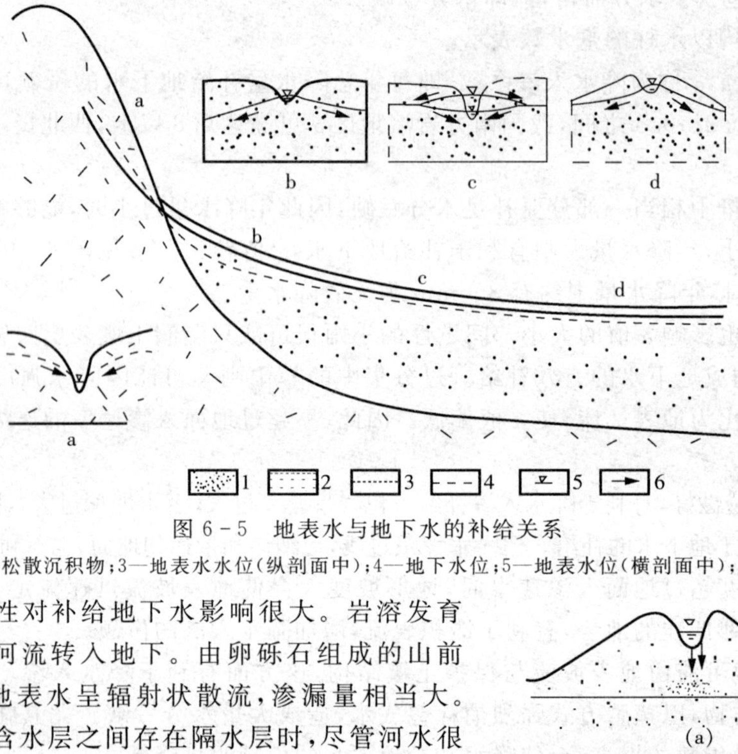

图 6 - 5　地表水与地下水的补给关系

1—基岩；2—松散沉积物；3—地表水水位（纵剖面中）；4—地下水位；5—地表水位（横剖面中）；6—补给方向

河床透水性对补给地下水影响很大。岩溶发育地区往往整条河流转入地下。由卵砾石组成的山前洪积扇上缘，地表水呈辐射状散流，渗漏量相当大。当河床与下伏含水层之间存在隔水层时，尽管河水很多，对地下水的补给却很少。

河道愈是宽广，河水位愈高，河床湿周便愈长，愈有利于补给地下水。

我国北方的河流大多是间歇性的，每年仅在一两个月的汛期中有水。汛前，河床以下的包气带含水不足，初汛来临，河水浸湿包气带，并垂直下渗；开始，河水与地下水并不相连，下渗水及地下水面凸起（图 6 - 6(a)）。随着地下水面抬高，地表水与地下水联成一体，被抬高的地下水面向外扩展，河水渗漏量变小（图 6 - 6(b)）。河水撤走后，地下水位趋平，使一定范围内地下水位普遍抬高（图 6 - 6(c)）。

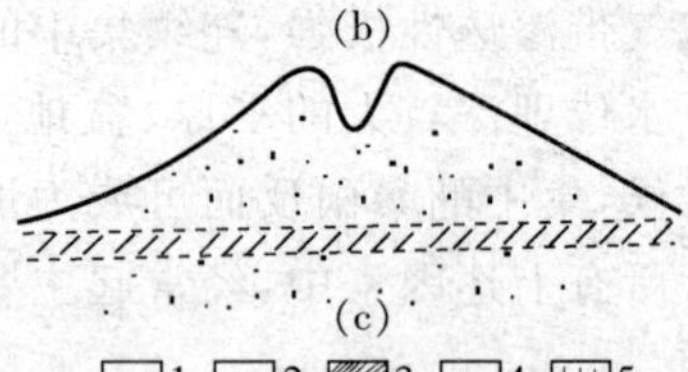

图 6 - 6　河水补给引起地下水位抬高

1—原地下水位；2—抬高后地下水位；3—地下水抬高部分；4—河水位；5—补给方向

应当注意，河水的渗漏量有一部分是消耗于补充包气带温度的；河流过水时间不长，且河床由细粒物质组成时，这部分水可占相当大的比例。这种情况下，不能简单地把河水渗漏量当做补给地下水的量。

地表水对地下水的补给，与大气降水不同：后者是面状补给，普遍而均匀；前者是线状补给，局限于地表水体的周边。地表水体附近的地下水，既接受降水补给，又接受地表水的补给，经开采后与地表水的高差加大，可使地下水得到更多的增补。因此，一般说来，河流附近的地下水比较丰富。

干旱地区的平原或盆地，降水稀少，对地下水补给往往微不足道。在这里，发源于山区的河流，或者由于高山冰雪融化，或者由于高山降水，水量比较充沛，因此常成为地下水主要的甚至是唯一的补给来源。如河西走廊的武威地区，地下水补给量的 99% 来自河水渗漏。

潜水和承压水含水层，接受降水及地表水补给的条件不同。潜水在整个含水层分布面积上都能直接接受补给，而承压水仅在含水层出露于地表或与地表连通处方能获得补给。因此，地质构造与地形的配合关系，对承压含水层的补给影响极大。含水层出露于地形高处，充其量只能得到出露范围（补给区）大气降水的补给（图 6-7(a)）；出露于低处，则整个汇水范围内的降水都有可能汇集补充（图 6-7(b)）。切穿承压含水层隔水顶板的导水断层，在有利的地形条件下，也能将大范围内的降水引入含水层（图 6-7(c)）。汇水区的大小也影响潜水含水层接受补给（图 6-7(d)）。

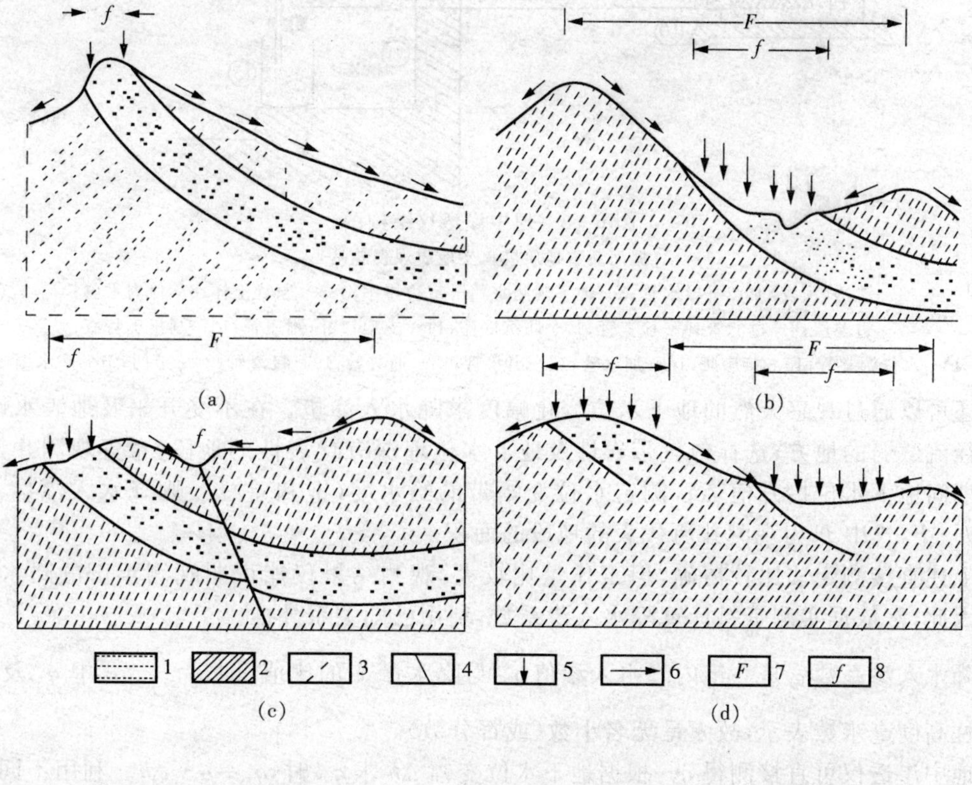

图 6-7　含水层的补给区与汇水区

1—透水层；2—隔水层；3—断层；4—导水断层；5—降水；6—地表径流方向；7—补给区；8—汇水区

6.1.3　大气降水及地表水补给地下水的水量确定

确定大气降水及地表水补给地下水的量，目前采用的方法，有的较为精确，但是比较繁杂，不易做到；有的较为简捷，但精度较差。在此主要介绍较为易行的几种方法。

一般，平原地区分别求降水及地表水对地下水的补给量，山区则统一求算。

1. 平原地区降水入渗量的确定

专门装备的地学渗透仪可用于测定降水入渗。仪器结构如图 6-8 所示。根据所研究地区的情况，可在不同皿中配置不同的包气带岩性剖面，并人为控制地下水位埋深，以便测得不同情况下的降水入渗量。

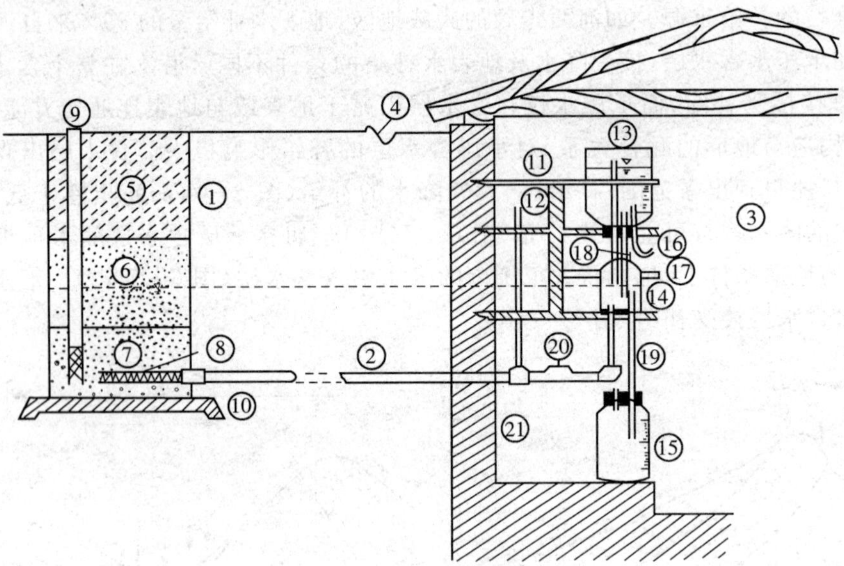

图 6-8　地中渗透仪结构图

（据河北省地质局水文地质观察总站）

1—渗透（蒸发）皿；2—导水管；3—地下观测室；4—室边排水沟；5—原状土样；6—皿内水位；7—过滤层；8—过滤管；9—检查管；10—防沉底座；11—支架；12—测压管；13—马里奥特瓶；14—水位调整管；15—接渗瓶；16—加水管；17—出水管；18—通气管；19—接渗管；20—节门；21—防水墙

还可以通过观察天然的地下水位变化幅度求降水入渗量。在不受开采及地表水影响、地下径流微弱的地方，选择包气带岩性及地下水位埋深有代表性的地段，布置观测井，观测降水期间地下水位抬升值 Δh，测定水位变幅带的给水度（饱和差）μ。则降水入渗量 $Q_x=\mu\cdot\Delta h\cdot F$，式中 F 为观测井所代表的地段的面积。

上述直接测定法比较精确，但工作量比较大，观测结果仅能说明观测年份的降水入渗量。因此，常依据实测资料计算降水入渗系数，利用已知关系外推。

降水入渗系数 α 是一年内降水入渗值 q_x 与降水量 x 的比值，即 $\alpha=\frac{q_x}{x}$，式中 q_x 及 x 均以水柱高度毫米数表示，故 α 是无名小数（或百分数）。

地中渗透仪可直接测得 q_x，根据地下水位变幅 Δh 求 q_x 时，$q_x=\mu\cdot\Delta h$。利用不同年份的降水量（$x_1,x_2,x_3,\cdots,x_n$）及降水入渗值（$q_{x1},q_{x2},q_{x3},\cdots,q_{xn}$），可求得相应降水入渗系数 $\alpha_1,\alpha_2,\alpha_3,\cdots,\alpha_n$。得到 x 与 α 的关系曲线（图 6-9）。此关系可应用于条件相近的地区，如某

区多年平均降水量为 $\bar{x}$，从曲线上可查得相应降水入渗系数 $\bar{\alpha}$，则多年平均降水补给地下水量为：$\overline{Q}_x=\bar{x}\cdot\bar{\alpha}\cdot F\cdot 10^3$。式中 F 是面积，单位为平方公里，$\overline{Q}_x$ 的单位为立方米。

2. 平原地区地表水渗漏量的确定

最简单的情况下，可通过实测河流流量变化来确定。在预计河流发生渗漏的上下游各测一断面流量，分别为 Q_1 及 Q_2，则地表水渗漏量 $Q_d=Q_1-Q_2$，此即为地表水补给地下水量。如涉及间歇性洪水，则消耗于包气带的水量占相当比例，误差较大。

为精确地测定地表水对地下水的补给量，可垂直河流一侧打一排观测孔进行观测。补给量由两部分组成，一部分表现为地下水位抬升，即：$q_1=\mu\cdot\Delta h$；另一部分系地下径流量，即：$q_2=K\omega I$。总的地表水入渗补给量 $Q_d=(q_1+q_2)\cdot 2l$，式中 l 是渗漏河段长度。由于费工费事，此法一般很少采用。

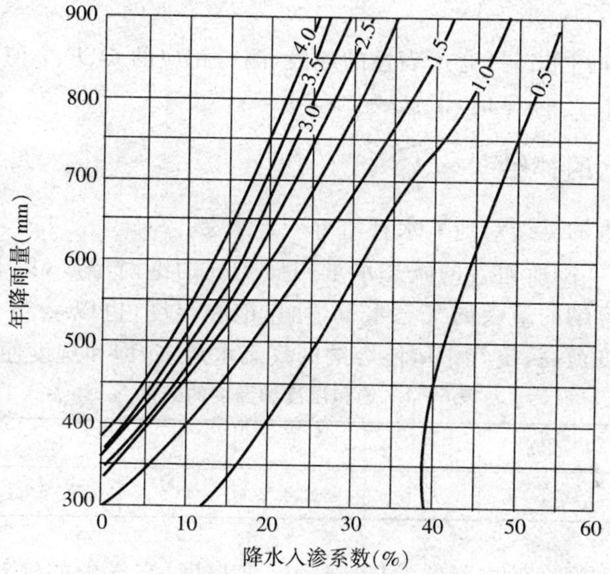

图 6－9　降水入渗系数与年降水量、潜水埋深关系曲线

（据河北省地质局水文地质观测总站）

注：河北石家庄，根据地中渗透仪观测资料编绘，

包气带岩性主要为亚黏土及亚砂土，图中曲线旁注数字为潜水埋藏深度(m)

3. 山区降水及河水入渗量的确定

大气水、地表水、地下水三者经常转换，单独求算大气降水入渗量，因地形和岩性复杂而难以实现。一般山区地下水埋深较大，蒸发作用可以忽略，故常依测得某一流域的地下水排泄量来代替大气降水入渗量。

(1)若该山地没有河水外排，只有泉或泉群排泄地下水，即可用所有泉水流量之和作为地下水的排泄量，即大气降水入渗补给地下水的量。

(2)干旱季节，常年流水河中没有地表径流注入，则河流中的流量皆由地下水提供，称之为基流量。该基流量就是流域内地下水的排泄量。即干旱季节河流的基流量就是大气降水入渗补给地下水的量(基流量可由测流法获得)。

(3)当流域内地下水分散排泄时，由于排泄点甚多，测起来很困难，则可用分割河水流量过程线的方法求得全年地下水的排泄量，以此代表大气降水补给地下水的量。其中最简单

的方法是:流量过程线的直线分割法。具体方法如下:

在控制研究区域的河流断面上,定期测定河流流量,即可作出全年流量过程线,即流量随时间的变化曲线。

从流量过程线的起涨点 A 引水平线交退水段的 B 点,则 AB 线与时间轴所围定的部分就相当于地下水的排泄量,即剔除了由洪水期地表径流流入河中的水量,剩下的就是由地下水提供的基流量(大气降水入渗补给量,即 $Q_{基}=Q_{补}$)。

山区的大气降水入渗系数是全年降水及地表水入渗总量与降水量的比值:

$$\alpha=\frac{Q}{F\cdot x\cdot 1000} \tag{6-2}$$

式中:Q——大气降水及地表水入渗总量,可用全年泉水量或地下水泄流量代表(m^3);

F——大气降水汇水面积(km^2);

x——年降水量(mm)。

全区测定不方便时,可选择有代表性的地段,测得相应的 Q、F、x 值。然后再用 α 值,及全区的 F、x 值,反求全区的 Q 值,即:$Q=x\cdot\alpha\cdot F\cdot 1000$。

6.1.4 凝结水的补给

在某些地方,水汽的凝结对地下水补给有一定意义。

单位体积空气中实际所包含的气态水量叫做空气的绝对湿度,以 g/m^3 为单位。某一温度下,空气中可能容纳的最大的气态水量,称作饱和湿度,也以 g/m^3 为单位。饱和湿度是随温度而变的,温度愈高,空气中所能容纳的气态水愈多,饱和湿度便愈大(表 6-1)。

表 6-1 饱和湿度和温度的关系

温度(℃)	−30	−20	−10	0	10	20	30
饱和湿度(g/m^3)	0.5	1.1	2.4	4.8	9.4	17.3	30.4

温度降低时,饱和湿度随之降低,温度降到一定程度,空气中的绝对湿度与饱和湿度相等,温度继续下降,超过饱和湿度的那一部分水汽便将凝结成水。这种由气态水转化为液态水的过程称作凝结作用。

夏季的白天,大气和土壤都吸热增温;到夜晚,土壤散热快而大气散热慢。地温降到一定程度,在土壤孔隙中水汽达到饱和,凝结成水滴,绝对湿度随之降低。由于此时气温较高,地面大气的绝对湿度较土中为大,水汽由大气向土壤孔隙运动。如此不断补充,不断凝结,当形成足够的液滴状水时,便下渗补给地下水。

一般情况下,凝结形成的水相当有限。但是,高山、沙漠等昼夜温差大的地方(撒哈拉大沙漠昼夜温差大于50℃),凝结作用对地下水补给的作用不能忽视。据报道,我国内蒙古沙漠地带,在风成细沙中不同深度均有水汽凝结(表 6-2)。

表 6-2 内蒙古沙漠不同深度的凝结水量

深度(m)	0.5	1.0	2.0	4.0	7.5
凝结水量(mm)	158.49	66.34	97.12	66.55	43.80

6.1.5　含水层之间的补给

在松散沉积物中，黏性土层构成半含水—半隔水层。一方面含水层之间可通过黏性土层中的“天窗”发生联系。例如，冲积物中前后两期古河道叠置的地方，就可以构成这种天窗（图 6-10）。即使没有“天窗”，当上下含水层有足够的水头差时，水头高的含水层可以通过半隔水层越流补给水头较低的一层（图 6-10）。当然，半隔水层愈薄，隔水性能愈弱，两层水头差愈大，则越流补给量便愈大。单位面积上的越流补给量是比较小的，但是由于其补给面积很大，因此总量是相当可观的。

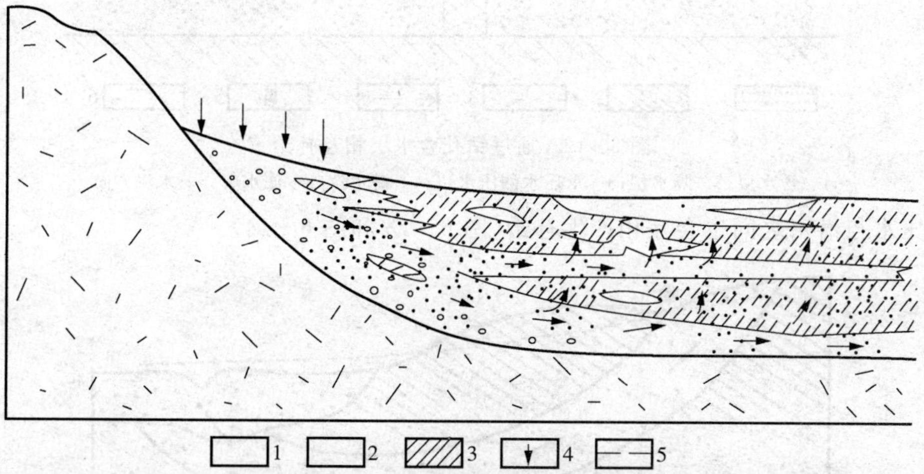

图 6-10　松散沉积物中含水层间通过“天窗”及越流渗透发生水力联系

1—基岩；2—砂砾含水层；3—半含水—半隔水层；4—降水补给；5—地下水流向

基岩构成的隔水层也可能有天窗。但在一般情况下，基岩隔水层比较稳定，隔水性能较好。因此，切穿隔水层的导水断层，往往是其主要补给通路（图 6-11）。断层的导水能力越强（透水性好、宽度大、延伸远），含水层之间水头差愈大，而距离愈近，则补给量愈大。

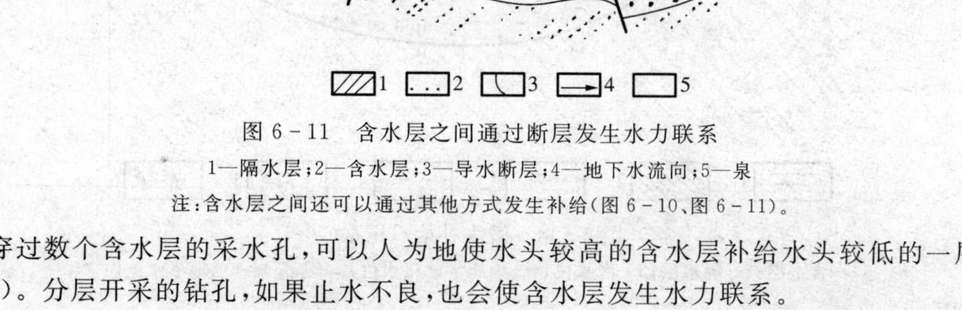

图 6-11　含水层之间通过断层发生水力联系

1—隔水层；2—含水层；3—导水断层；4—地下水流向；5—泉

注：含水层之间还可以通过其他方式发生补给（图 6-10、图 6-11）。

穿过数个含水层的采水孔，可以人为地使水头较高的含水层补给水头较低的一层（图 6-12）。分层开采的钻孔，如果止水不良，也会使含水层发生水力联系。

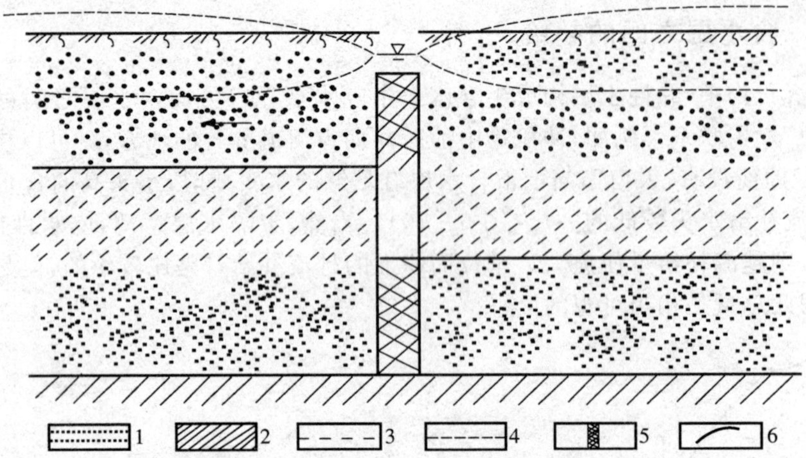

图 6-12　通过钻孔含水层相互补给

1—含水层；2—隔水层；3—承压水测压水位；4—潜水位；5—滤水管；6—水流方向

承压水与潜水之间也会互相产生补给(图 6-13 和图 6-14)。

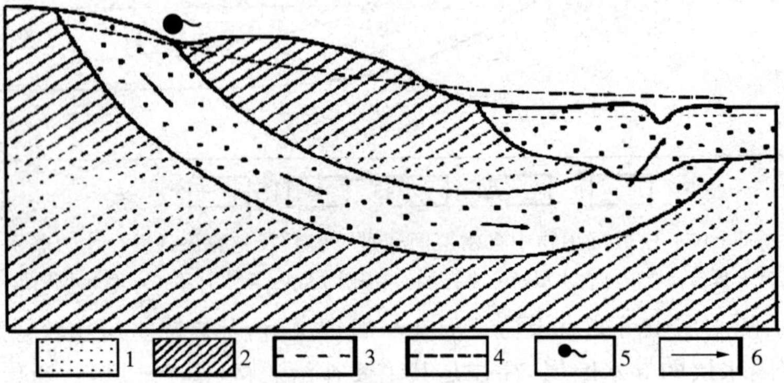

图 6-13　承压水补给潜水

1—含水层；2—隔水层；3—潜水位；4—承压水测压水位；5—下降泉；6—地下水流向

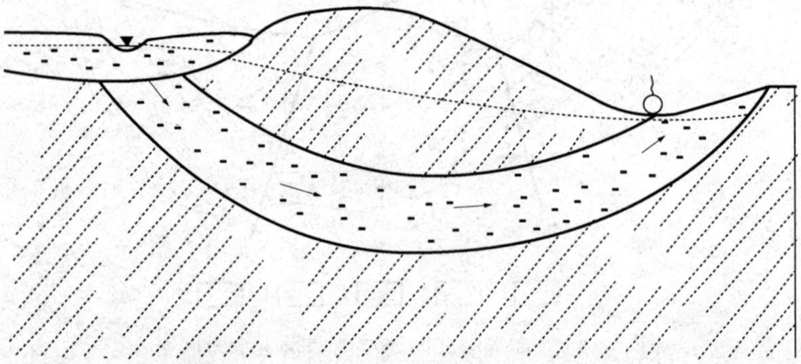

图 6-14　潜水补给承压水

1—含水层；2—隔水层；3—潜水位；4—承压水测压水位；5—上升泉；6—地下水流向

相邻含水层通过其间的弱透水层发生水量交换，称作越流。越流经常发生于松散沉积物中，黏性土层构成弱透水层。

越流补给量的大小，也可用达西定律进行分析（图 6-15）。

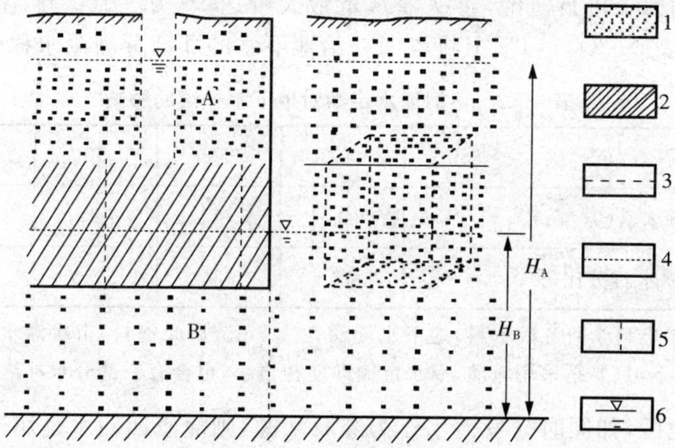

图 6-15 影响越流的因素

1—含水层；2—隔水层；3—A 含水层前水位；4—B 含水层测压水位；5—井，虚线部分下滤水管；6—井中水位

相邻含水层之间水头差愈大，弱透水层厚度愈小而其垂向透水性愈好，则单位面积越流量便愈大。

传统上人们把隔水层绝对化，看做完全不透水的，直到本世纪 40 年代越流现象才被认识。但是，越流概念提出之后，人们仍然倾向于低估越流量。其实，尽管弱透水层的垂向渗透系数相当小（可能比含水层小若干数量级），但是，由于驱动越流的水力梯度往往比水平流动的大上 2～3 个数量级，产生越流的面积（全部弱透水层分布范围）更比含水层的过水断面大得多，对于松散沉积物构成的含水系统，越流补给量往往会大于含水层侧向流入量。对于松散沉积物中地下水水量与水质的形成，忽略越流往往无法正确加以解释。但是，迄今为止，对于越流现象的普遍性，对于越流的意义，仍然缺乏足够的认识。

查明含水层之间的补给关系及其联系程度是很有实际意义的。为供水目的利用某一含水层时，如果该含水层从其他含水层获得补给，则可开采利用的水量将有所增加。对此含水层排水时，如果不考虑这种联系，可能作出错误的排水设计，达不到预期的排水效果。

6.1.6 地下水的其他补给来源

除了上述补给来源，地下水还可从人类无意与有意的某些活动中得到补给。

地下水的其他补给来源，包括灌溉水、工业及生活废水的补给，以及专门的人工补给等。实际上，这些都属于人工补给，只不过前两者本意并不在于补充含水层的水量而已。

利用地表水灌溉农田时，渠道渗漏及田面渗漏常使浅层地下水获得大量补给。灌溉渠道的渗漏与地表水补给相似，为线状补给；由于灌渠比河道密集得多，有时还采用半填半挖的地上渠自流灌溉，因此渗漏的比例相当大。进入田间的水量与渠道总输水量的比值称作渠系水有效利用系数，以小数表示。大型的灌溉系统，渠系水有效利用系数为 0.4～0.6，即输水损失将近一半。输水损失部分，除了蒸发消耗及湿润包气带损耗的水量，其余部分均补给地下水。

灌水田间渗漏，近似大气降水的补给，属面状补给。随着耕作情况，亩次灌水量(灌水定额)及灌水方式不同，渗漏水量很不相同。喷灌亩次灌水量不到20方，灌水几乎全部保持于耕层中，不发生向深部的渗漏。小畦灌溉亩次灌水量30方左右，渗漏补给地下的水量也不大。在不平整的四面上进行淹灌，亩次灌水量最大可达80方～100方，渗漏补给地下水的量就相当可观了(表6-3)。习惯上将渗漏补给地下水的那部分灌溉水称作灌溉回归水。

表6-3　不同灌水定额对地下水补给的影响

灌水定额(方/亩·次)	40	50	60	70	80
补给地下水量(方/亩)	0	4	8	12	16
补给量占灌水百分比(%)	—	3	13.3	17.0	20.0

注：据北京水利水电科学研究院资料，地下水埋深为1.8m。据此资料，亩次灌水10方不渗漏补给地下水。但是一般情况下，只要是采用淹灌，灌水定额即使相当小，也会有一部分水补给地下水。

地表水灌溉地区，如同时开发潜水作为灌溉水源，则灌溉回归水是属于可回收的增补地下水资源。否则，则可能引起地下水位逐年上升，导致土壤次生的沼泽化或盐渍化。

补给过程中，地下水在获得水量的同时，也相应地获得盐分，从而使其水质发生变化。

一般情况下，大气降水、河水、水库的水总要比同一地区地下水含盐量低。因此，这类水的补给通常起着淡化、改善水质的作用。干旱地区的潜水处于不断盐化的过程中，只有经常能获得淡水的地方，潜水才是淡的。在这里，寻找淡水的关键是分析补给条件。河流两侧、间歇性集水洼地，灌溉渠道两侧，往往是淡的潜水分布的部位。

在含水层水质不良时(含盐量过高或轻度受污染时)，可以通过人为增加淡水补给以改善水质。

6.2　地下水的排泄

含水层失去水量的作用过程称作排泄。在排泄过程中，含水层的水质也发生相应变化。研究含水层的排泄应包括排泄去路及方式、影响排泄的因素及排泄量。

地下水通过泉(点状排泄)、向河流泄流(线状排泄)及蒸发(面状排泄)等形式向外界排泄。此外，一个含水层中的水可向另一个含水层排泄。此时，对后者来说，即是从前者获得补给。用井开发地下水或用钻孔、渠道排除地下水，都属于地下水的人工排泄。

蒸发排泄仅耗失水量，盐分仍留在地下水中。其他种类的排泄，都属于径流排泄，盐分随同水分同时排走。过去曾经把蒸发排泄称作垂直排泄，而将其他种类的排泄称为水平排泄。这种划分并不恰当，因为含水层的越流排泄也是垂直进行的。

6.2.1　泉

在地形面与含水层或含水通道相交点，地下水出露成泉。山区及丘陵的沟谷与坡脚，常常可以见到泉，而在平原地区很少有。

按照补给泉的含水层的性质，可将泉分为上升泉及下降泉两大类。上升泉由承压含水层补给，水流在压力作用下呈上升运动。下降泉由潜水或上层滞水补给，水流作下降运动。必须仔细分析补给泉的含水层加以判断，仅仅根据泉口附近水是否冒涌来判断是上升泉或下降泉，那是不合适的。当潜水受阻溢流于地表时，泉口附近的水流也可局部地显示上升运动（图 6 - 16(d)）；反之，通过松散覆盖物出露的上升泉，泉口附近的水流也可能是呈下降运动的。

根据出露原因，下降泉可分为侵蚀泉、接触泉与溢流泉。沟谷切割揭露潜水含水层时，形成侵蚀（下降）泉（图 6 - 16(a)、(b)）。地形切割达到含水层隔水底板时，地下水被迫从两层接触处出露成泉，这便是接触泉（图 6 - 16(c)）。大的沿坡体前线常有泉出露，这是由于滑坡体本身岩体破碎、透水性良好，而滑坡床相对隔水，实质上也是一种接触泉。当潜水流前方透水性急剧变弱或由于隔水底板隆起，潜水流动受阻而涌溢于地表成泉，这便是溢流泉（图 6 - 16(d)、(e)、(f)、(g)）。

上升泉按其出露原因可分为侵蚀（上升）泉、断层泉及接触带泉。当河流、冲沟等切穿了承压含水层的隔水顶板时，形成侵蚀（上升）泉（图 6 - 16(b)）。地下水沿导水断层上升，在地面高程低于测压水位处，涌溢地表，便成为断层泉（图 6 - 16(i)）。在岩脉或侵入体与围岩接触带，常因冷凝收缩而产生隙缝，地下水沿此类接触带上升成泉，就叫做接触带泉（图 6 - 16(j)）。

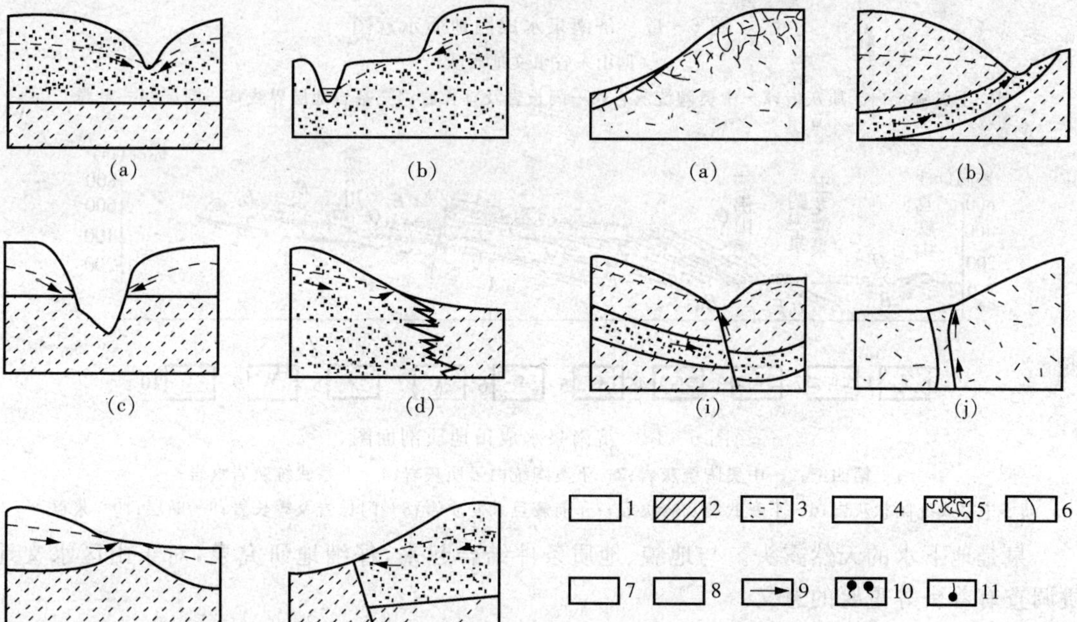

图 6 - 16　泉的类型

1—透水层；2—隔水层；3—坚硬基岩；4—岩脉；5—风化裂隙；6—断层；
7—潜水位；8—测压水位；9—地下水流向；10—下降泉；11—上升泉

在地形、地质、水文地质条件十分巧妙地配合下，才可能出现成群的大泉。举世闻名的泉城——济南，在 2.6km^2 范围内出露 106 个泉，其总涌水量最大时达到 5m^3/s。济南市向南，为寒武奥陶系构成的单斜山区，地形与构造均向济南市方向倾落，市区北侧为闪长岩及辉长岩侵入体，奥陶纪灰岩呈舌状为闪长岩及辉长岩所包围(图 6-17、图 6-18)。透水性良好的灰岩接受大范围降水的补给，丰富的地下水汇流于济南市的东南，受到岩浆岩组成的口袋状“地下堤坝”的阻挡，被迫出露，有的从接触带灰岩中溢出，有的经岩浆岩体的裂隙上升，通过厚近 20m 的松散覆盖层，出露成为大小泉群，造成“家家泉水”的奇观。

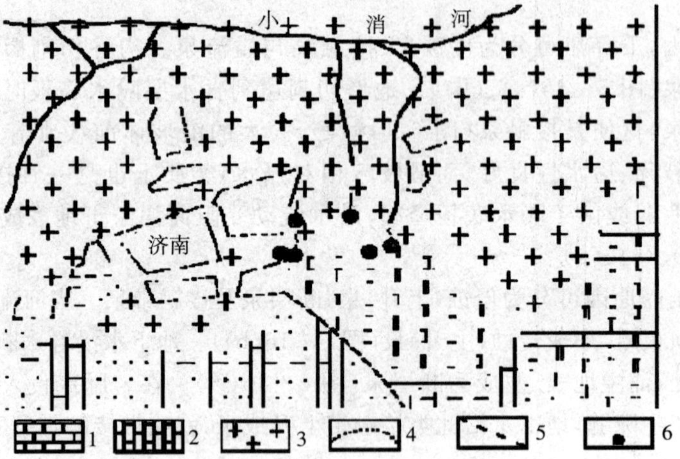

图 6-17　济南泉水成因地质示意图

(据山东省水文地质队)

1—下奥陶统白云质灰岩；2—中奥陶统灰岩；3—闪长岩及辉长岩；4—基岩地层界线；5—断层；6—泉群

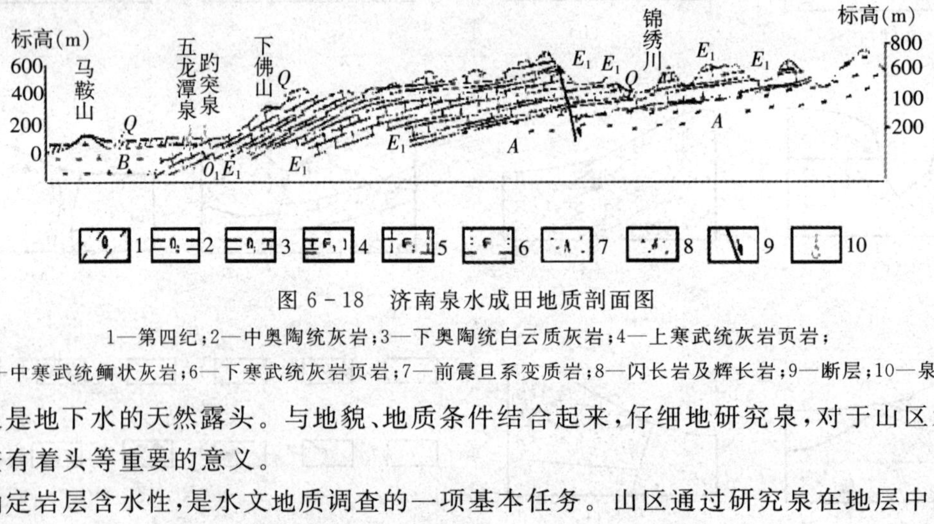

图 6-18　济南泉水成田地质剖面图

1—第四纪；2—中奥陶统灰岩；3—下奥陶统白云质灰岩；4—上寒武统灰岩页岩；

5—中寒武统鲕状灰岩；6—下寒武统灰岩页岩；7—前震旦系变质岩；8—闪长岩及辉长岩；9—断层；10—泉群

泉是地下水的天然露头。与地貌、地质条件结合起来，仔细地研究泉，对于山区水文地质调查有着头等重要的意义。

确定岩层含水性，是水文地质调查的一项基本任务。山区通过研究泉在地层中的出露情况及其涌水量，可以很好地说明问题。现以图 6-19 为例说明。

在具有构造裂隙与风化裂隙的古老片麻岩及燕山期花岗岩中，泉的数量虽多但涌水量却都小于 1L/s，说明这两者是弱含水层(体)，而在深部，随着风化裂隙减少及构造裂隙闭合，很可能成为实际不透水的岩层。下寒武统为厚层页岩夹薄层砂岩，只在断层带有个别小泉，结合岩性可判断本层为隔水层，断层带局部可能导水。中寒武统为鲕状灰岩，出露泉虽不多，但泉涌水量可达 1～10L/s，说明是较好的含水层。上寒武统仅出现个别小泉，结合其岩性，基本上可看做是隔水层。奥陶纪纯质厚层灰岩分布区，有几个值得注意的现象：一是地表水系不发育；二是泉的数量不多但涌水量大；三是泉水多出露于本层与其他地层接触带。这说明奥陶纪灰岩是本区透水性最强的含水层。从图上还可看出，断层的某些部位显然是导水的，地下水由深部上升形成温泉。有一个温泉出露于第四纪沉积物中，根据其水温判断，它是由下部隐伏断层补给的上升泉。图的右下角，在片麻岩与花岗岩接触带，有一个上升泉，说明接触带某些部分是张开的。

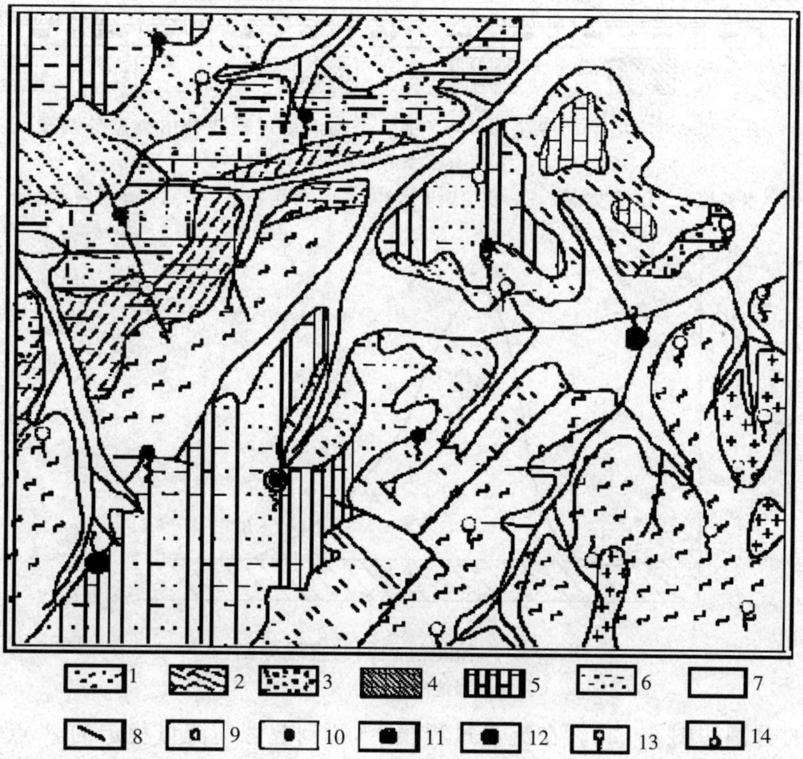

图 6－19　地质图（附泉）

1—前震旦纪片麻岩片岩；2—下寒武纪砂页岩；3—中寒武纪鲕状灰岩；4—上寒武统薄层灰岩及页岩；5—奥陶纪厚层灰岩；6—燕山期花岗岩；7—第四纪松散沉积；8—断裂；9—涌水量＜1L/s 的泉；10—涌水量 1～10L/s 的泉；11—涌水量＞1L/s 的泉；12—温泉；13—下降泉；14—上升泉

通过研究泉水的化学成分与气体成分，可以了解补给泉的那个含水层的化学特征。访问了解泉的动态，对于分析地下水形成很有意义。例如，山东其一矿区发生淹矿事故时，沿断层带一二十公里远的泉一时间相继消失，由此可以判断矿坑涌水的来源。

泉直接从基岩出露时，仔细观测出露口，可以弄清不同成因类型裂隙的导水程度。第四纪沉积厚度不大时，可通过泉的分布判断被掩盖的地层界线与构造线。

6.2.2　泄流

地下水也可以泄流方式线状排入河流。地下水位与河水位的高差愈大，含水层透水性愈好，河床断面揭露的含水层的面积愈大，则泄流量也愈大。由于泄流不像泉那么集中，因此地下泄流量不好直接测定。

在河流上设立水文站，按一定时间间隔测定河水流量，便可得到流量过程线（图6－20）。常年有水的河流，其流量由两部分组成：一部分是洪峰，是流域内降水汇聚形成；另一部分是基流，系地下水补给形成的。因此，通过分割流量过程线，可以求得地下水泄流量。

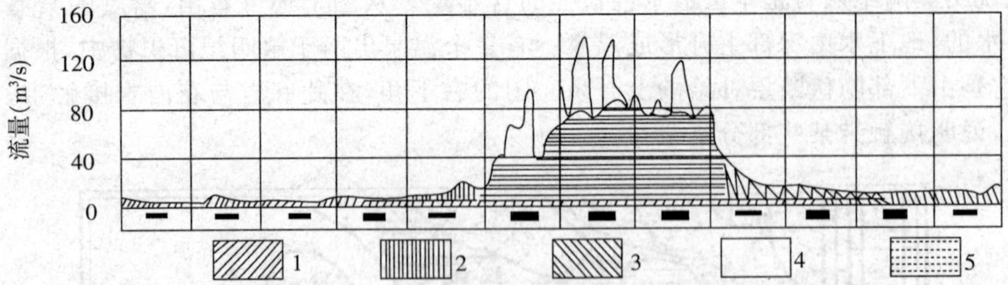

图 6-20 玛纳斯河煤窑站 1955 年日平均流量过程线补给类型分割图

(据李涛等)

1—深层地下水补给；2—融雪水补给；3—浅层地下水补给；4—降雨补给；5—高山冰雪融水补给

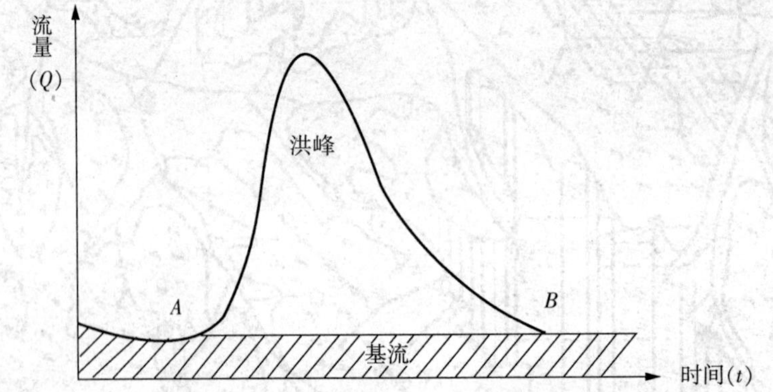

图 6-21 流量过程线的直线分割法

(引自成都地质学院水文地质系)

最简单的分割如图 6-21。在流量过程线上，找到起涨前流量稳定的 A 点，以及退水后流量趋于稳定的 B 点，AB 连线，其以下部分即为地下水泄流量。但是，这种直线分割法不能完全反映真实情况。当潜水与河水无直接水力联系时，降雨以后，随着降雨入渗，潜水位抬高，实际泄流量将大于图上分割量。当潜水与河水有直接水力联系时，降雨后河水位抬高，使地下水泄流量减少，甚至发生反补给，按直线分割的地下泄流量将偏大。实际上，只有当基流由承压水补给时，直线分割法才是合适的。当然，精度要求不高时，也可利用它大略估计地下水泄流量。

潜水与河水无直接水力联系时，可利用标准退水曲线分割流量过程线。一次洪水过程线可划分为涨水段、峰段及退水段三部分。退水初期，流量由上游河网蓄水消退、潜水消退及承压水补给所构成，而以河网蓄水消退为主；到后期，则完全由地下水泄流所组成；完全由地下水泄流组成的退水曲线即称作标准退水曲线。

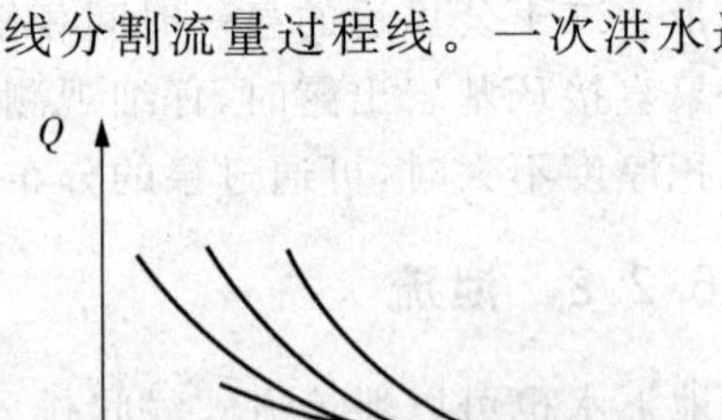

图 6-22 作图法求标准退水曲线

(引自成都地质学院水文地质系)

用作图法求标准退水曲线时，可选取若干个流量过程线的退水段，采用同一纵横比例尺，横轴重合，左右移动，使退水曲线尾部达到最大重合，作下包线，即得标准退水曲线(图6-22)。

使标准退水曲线与流量过程线重合，从起涨点 A 沿标准退水曲线延伸到 C（图 6－23），同样，将退水段由 B 点前推到 D，$ABCD$ 连线下的阴线部分即为地下水泄流量。

河水与潜水有直接水力联系时，则用库捷林法分割流量过程线（图 6－24）。洪峰时期河水位抬高，可近似地认为地下水泄流量等于零。但是，在起涨点 A 以前已流入河中的地下水不可能立即流出出口断面。假定流域上游最远点流到出口断面需经过 BF 时段（等于由上游最远点到本出口断面的距离除以洪峰移动速度），则 AF 即为地下泄流实际退水线。D 为退水点，即此点向右全部流量由地下水补给，而在 EC 时段前，上游最远点已开始接受地下水补给。因此，经分割后，阴影部分即为地下水泄流量。

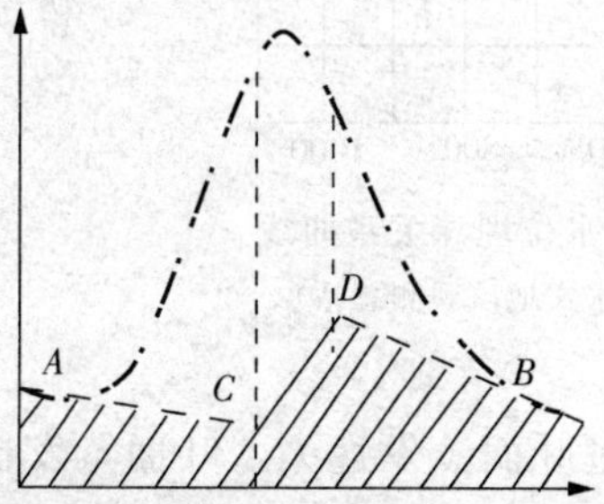

图 6－23　利用标准退水曲线在流量过程中分割地下水泄流量

（引自成都地质学院水文地质系，1977）

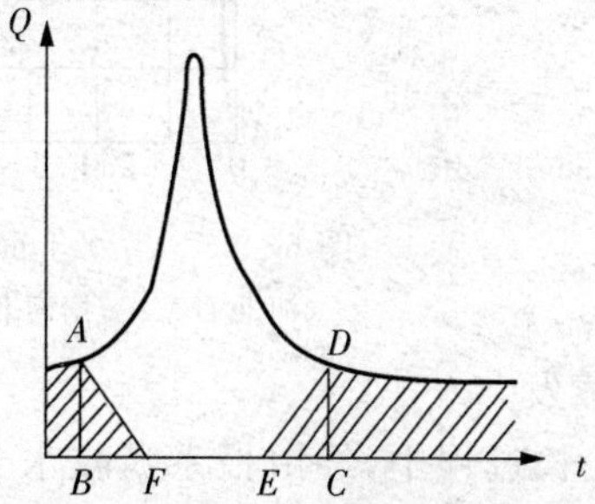

图 6－24　用库捷林法公流量过程线上分割地下水泄流量

（引自成都地质学院水文地质系，1977）

6.2.3　蒸发

地下水的蒸发排泄包括土面蒸发及叶面蒸发两者。

1. 土面蒸发

地下水沿潜水面上的毛细孔隙上升，形成一个毛细水带，当潜水埋藏不很深时，毛细水带上缘离地面较近；大气相对湿度较低时，毛细弯液面上的水不断由液态转为气态，逸入大气，潜水则源源不断通过毛细作用上升补给，使蒸发不断进行。水分蒸发的结果，使盐分滞留浓集于毛细带的上缘。降雨时，部分盐分淋溶重新进入潜水。因此，强烈的蒸发排泄将使土壤及地下水不断盐化。

影响土面蒸发的主要因素是气候、潜水埋藏深度及包气带岩性。

气候愈干燥，相对湿度愈小，土面蒸发便愈强烈。如我国西北地区的山间盆地，相对湿度经常小于 50%，潜水矿化度可达 100g/L 以上；而相对湿度达 80%以上的川西平原，虽然潜水埋藏很浅，但矿化度还不到 0.5g/L。

潜水埋深对土面蒸发的影响可用图 6－25 说明。该曲线是用控制水位埋深的土面蒸发皿观测结果编成。埋深愈浅，土面蒸发愈大。根据曲线估计，河北石家庄地区埋深大于 5m 时，潜水蒸发即趋近于零。但在干燥炎热的气候下，潜水埋深为十几米或更大时，蒸发仍相当显著。

包气带岩性主要通过其对毛细上升高度与速度的控制作用而影响潜水蒸发。粗粒的砂毛细上升高度小，亚黏土、黏土中毛细上升速度慢（按照另一种看法，后一类土中主要是结合水的薄膜状运动，上升速度当然就更缓慢了）都不利于土面蒸发；亚砂土、粉土等组成包气带时，由于毛细上升高度大，可产生较大的水力坡度，而其渗透系数又有一定数值，故其毛细上升速度最大，土面蒸发最为强烈。

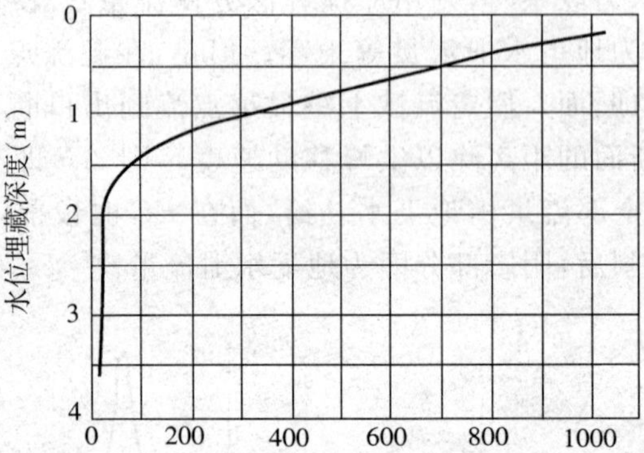

图 6-25　潜水土面蒸发量与水位埋深关系曲线

（河北石家庄，据河北省地质局水文地质观测总站）

2. 叶面蒸发

植物在生长过程中，经由根系吸收水分，并通过叶面蒸发逸失。叶面蒸发也称作蒸腾。

通过盆栽试验（把植株根部插在有水的器皿内，皿口盖住，以防水面蒸发，并观察由于叶面蒸发引起的水位降低），可以确定作物的蒸腾量。根据前苏联及美国学者的试验，每生成单位重量小麦籽粒，需要消耗 1200～1300 倍的水量。植被繁茂的土壤全年的蒸发量约为裸露土壤的两倍，个别情况下甚至超过露天水面蒸发量。前苏联中亚细亚林区，在整个生长期，林木的蒸腾量可达 630mm～840mm。对德意志联邦共和国进行水均衡计算，发现蒸腾量竟占总蒸发量的 75%，年平均达 377.53mm。

叶面蒸发只消耗水分而不带走盐类。植物根系吸收水分时，也吸收一部分溶解盐类，但是，只有喜盐植物才能吸收较大量的盐分。

成年树木的耗水能力相当大。一棵 15 年的柳树每年可消耗 90m^3 以上的水。前苏联饥饿草原、灌渠林带排水影响范围可达 200m，潜水位下降最多达 1.6m（图 6-26）。因此，可在渠边植树代替截渗沟，以消除由于地下水位上升而引起的土壤次生盐渍化。

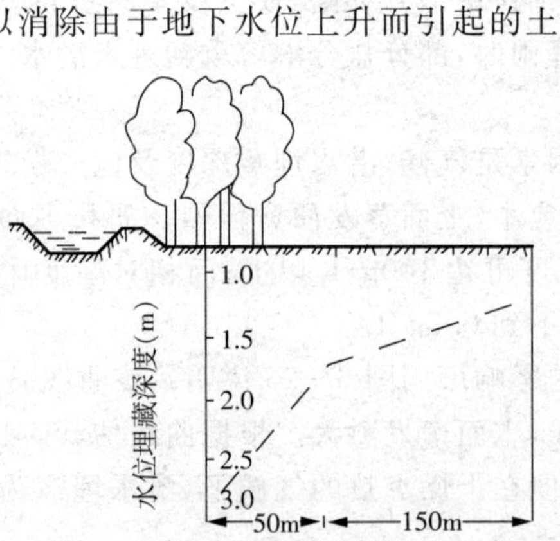

图 6-26　前苏联饥饿草原护田林对潜水位的影响

（据乌克兰林学院）

6.2.4　土壤沼泽化与盐渍化

1. 土壤的沼泽化

土壤长期处于过湿状态，以致地表滞水，植物遗体因氧化不完全而形成泥炭层堆积下来，便形成沼泽。土壤经常处于过湿状态而未发育泥炭层的，则称为沼泽化地段。

沼泽或沼泽化地段，不利于建筑道路和房屋，在未进行治理前，也不宜于农业垦植。

在特定的自然地理、地质、水文地质条件下，土壤及地表水分滞积，才形成沼泽或湿地。

按补给水源，可以区分为主要由大气降水补给的、主要由地表水补给的、主要由地下水补给的以及混合补给的沼泽四种(图 6-27)。

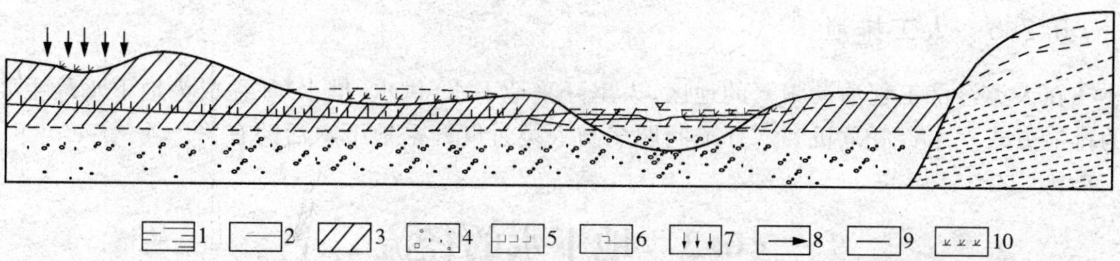

图 6-27　前沼泽成因示意图

(参照黑龙江水文地质工程地质队绘制)

1—基岩隔水层；2—基岩含水层；3—亚黏土、黏土；4—砂砾；5—地下水位及毛细水带；6—地表水洪水位；7—大气降水；8—地下水流向；9—泥炭及腐植质层；10—植物群落

主要由大气降水补给的沼泽，通常分布于位置较高的河间地带，由于表土透水性不好(如为黏土、亚黏土)，地形为封闭或半封闭的洼地，有较充足的降水补给时，土壤中水分滞留而形成沼泽。

地势低洼，或地下水流动受阻，潜水面接近地表的地方，可形成潜水补给的沼泽。河流中下游的宽缓河谷，冲积平原下游的河间地带，滨湖、滨海地区，冲洪积扇溢出带的沼泽多属此类。

不少沼泽接受各种水源的混合补给。例如，河谷地带的沼泽，除了常年接受地下水补给外，汛期还从河水泛滥获得补给。

三江平原是我国沼泽最发育的地区之一。这里年降水量为 500mm～600mm。在近期以沉降为主的新构造运动控制下，形成了许多洼地；平原浅部普遍覆盖一层亚黏土及黏土，地下水埋藏不深，并发育有多年冻土；因此，水分入溶与径流的条件都很差。地势较高的地带及一级阶地上，多发育大气降水补给为主的沼泽，河谷地带则为地下水及地表水共同补给的沼泽，另外有一些地方，潜水面上的毛细带接近地表，土壤含水过多，在降水及地表水补给下，很容易形成沼泽。

在平原地带由于修建水库及灌溉水的渗漏，都可能导致土壤过湿，引起次生沼泽化。

治理沼泽的关键是排水，除了地表水，往往还需要排除潜水甚至承压水。

2. 土壤的盐渍化

在比较干旱的气候条件下，由细粒土组成的平原、盆地中，埋藏不深的潜水强烈蒸发，盐分累积于土族，便导致土族的盐渍化。耕层累盐达到一定程度(0.2～0.3g/100g 土)，作物生长明显受到抑制，重盐渍土上甚至寸草不生。

天然条件下，土壤盐分的运移存在着方向相反的两个过程：一个是积盐过程，地下水通过毛细上升蒸发，盐分累积于土壤层中；另一个是脱盐过程，水分通过包气带下渗，将土壤中的盐分溶解并淋洗到地下水中排走。

干旱的气候有利于积盐而不利于脱盐，湿润气候则相反。但在气候干旱的平原并非到处都发育盐渍土，潜水埋深较大、岩性较粗、地下径流较强的地方，以及经常汇水的低地，往往不发生或只发生轻微的盐渍化。因为这些地段或者不利于土壤积盐作用，或者有利于土壤脱盐。但如果出于灌溉、修建水库等原因使潜水位上升，则将加强积盐作用，而引起次生盐渍化。为了防治土壤盐渍化，应采取排水措施，降低地下水位，同时冲洗土壤，以减弱土壤积盐过程，加强脱盐过程。

6.2.5 人工排泄

在人类经济工程活动频繁的地区，人工开采地下水(供水、排水)往往成为地下水最主要的排泄方式。水资源危机和水环境问题多与人类过度开采地下水活动有关。

6.3 地下水的径流

地下水由补给区流向排泄区的作用过程称作径流。除某些构造封闭的自流水盆地及地势十分平坦地区的潜水外，地下水都处于不断的径流过程中。径流是联结补给与排泄的中间环节，通过径流，地下水的水量与盐量由补给区传送到排泄区；径流的强弱影响着含水层水量与水质的形成过程。研究地下水的径流应包括径流方向、径流强度、径流量等。

6.3.1 径流方向

在最简单的情况下，含水层自一个集中的补给区流向集中的排泄区，具有单一径流方向。实际上含水层大多具有较复杂的径流。以冲积平原中下游的潜水为例，在总的地势控制下，地下水总体上向下游方向运动，同时受局部地形的控制，从地形较高的地上河河道流向河间洼地(图 6-25)。相应地，在这两个方向上都可观察到地下水矿化度沿径流方向增长、水型按一定序列变化。冲积平原深部的承压水，除了由山前补给区向远山方向沿着含水层水平径流外，还有穿越含水层的垂直“径流”。后一种径流，既有纵向的，也有横向的。

地下水在补给区获得水量补给之后，通过径流到排泄区排泄。所以，地下水总的径流方向是由补给区指向排泄区(由源指向汇)。但在某些局部地段，由于地形变化造成局部势源与势汇关系的差异，使得局部地下水径流方向与总体方向不一致。如在地下水的运动那一章河间地块流网图中，补给区分水岭处的地下水，先垂直向下，在排泄区又垂直向上流，中间地带近乎水平运动。再如，从井孔中抽水时，井孔周围的水流都指向井孔，呈向心状径流。又如河北平原，在总的地势控制下，地下水从地形较高的西部太行山前向东部地势较低的渤海方向流。但在广阔的大平原的某些局部地段，会由于地形、地质-水文地质结构或含水系统的差异，使得地下水在遵循整体东流的基础上而发生变化。在地表河流或古河道裸露区，常常是大气降水补给地下水，水先向下流，然后叠加在东流的地下水流场中。近几十年来，人们用水量大增，某些地段过度开采地下水，形成若干大小不等的地下水降落漏斗，使天然的地下水流场(地下水系统)平衡被打破,为了达到并维持新的平衡,地下水系统的水头重新分布,使河北平原的某些部位的地下水径流方向发生改变,甚至变反。更有甚者会使补给区与排泄区易位。如以沧州市为中心的地下水降漏斗,中心部位水位降低数十米,周围地下水径流便向漏斗中心运动。

关于地下水径流方向问题的思维是:"水往低处流"。此处高低内涵有三:

补给区→排泄区:① 地形的高低(高处→低处);② 水位(水头)的高低;(高水头→低水头);③ 重力势的高低。(高势→低势,势源→势汇)。

在降水入渗之后就自然具有了这种重力势,它随着水的运动克服介质阻力做功消耗而减小,表现为水位(水头)降低。地下水在运动中,由源向汇,近汇者先至,先者径直;远汇者后至,后者径曲。

所以,研究地下水径流方向,应以地下水流网为工具,以重力势场及介质分析为基础,具体问题具体分析。

6.3.2　径流强度

含水层的径流强度,可用平均渗透流速来衡量。根据达西定律 $V=KI$,故径流强度与含水层的透水性,与补给区及排泄区之间的水位差成正比,而与补给区到排泄区距离成反比。

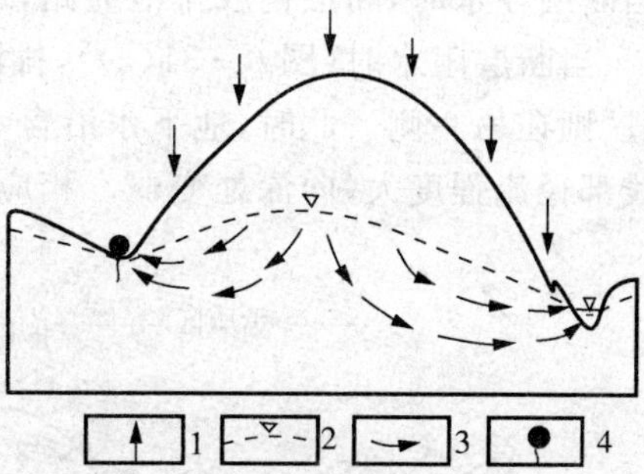

图 6-28　渗入-经流型的山区潜水

1—潜水补给;2—潜水位;3—地下径流方向;4—泉

对于潜水来说,含水层透水性愈好,地形高差愈大,切割愈强烈,大气降水补给愈丰沛,则地下径流愈发育。山区地下水的循环属于渗入-径流型(图 6-28),长期不断循环的结果,地下水向溶滤淡化方向发展。侵蚀基准面以上,径流最为强烈,向深部,随着径流的途径变长,径流变弱。干旱半干旱地区、地形低平的细土堆积平原,径流很弱。潜水只经过短暂的径流,便就地蒸发排泄了(图 6-29)。在这里,地下水属于渗入-蒸发型循环,不断循环的结果就是水向浓缩盐化方向发展。

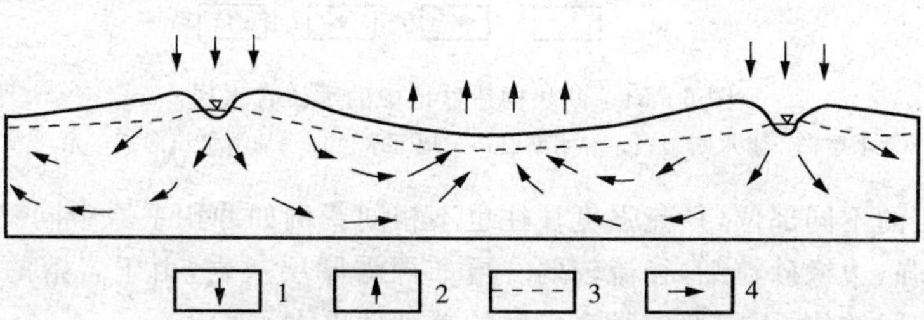

图 6-29　渗入-蒸发型的平原潜水

1—主要入渗补给区;2—主要蒸发排泄区;3—潜水位;4—地下水径流方向

承压含水层的径流强度主要取决于构造开启程度。含水层出露部分愈多,透水性愈好,补给区到排泄区的距离愈短,而两者的水位差愈大,则径流强度愈大,地下水溶滤淡化的趋势也就愈明显。当然,气候愈是湿润多雨,则补给区的水位抬高愈大,径流强度也就愈大。构造开启程度对承压含水层径流强度的影响可参见图 6-30。

断块构造盆地中的承压含水层,其径流条件取决于断层的导水性。如图 6-31(b)所

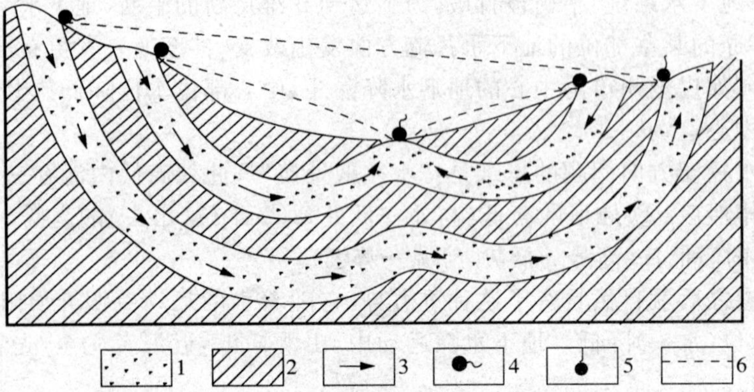

图 6-30 构造开启程度对承压含水层径流强度的影响

1—含水层；2—隔水层；3—地下水径流方向，箭头长短代表径流强弱；4—下降泉；5—上升泉；6—地下水位

示，当断层导水时，断层构成排泄通路，地下水由含水层出露地表部分的补给区，流向断层排泄区。当断层阻水时（图 6-31(a)），排泄区位于含水层出露的地形最低点，与补给区相邻，承压区则在另一侧。此时，地下水沿含水层底侧向下流动，到一定深度后，再反向而上。显然，浅部径流强度大，向深处变弱。相应地，水的矿化度由露头处向下逐渐增大。

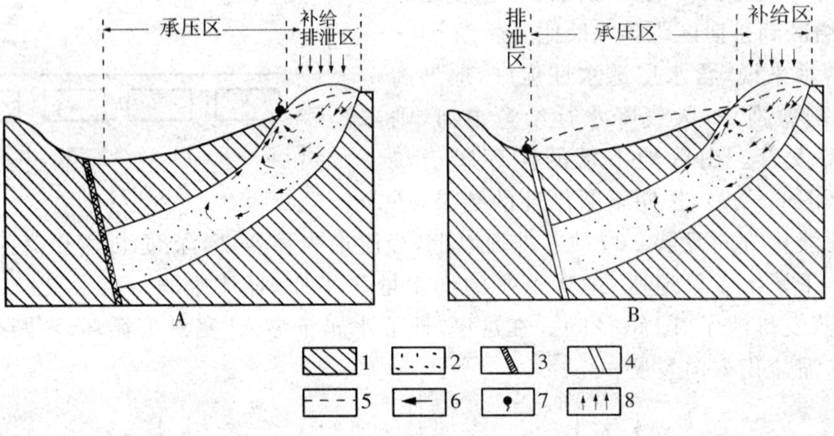

图 6-31 断块构造盆地中的承压含水层

1—隔水层；2—含水层；3—阻水断裂；4—导水断裂；5—地下水位；6—地下水流向；7—泉；8—大气降水补给

同一含水层的不同部位，径流强度往往也不相同。例如冲积平原中同一条古河道，中心砂粒粗，径流较强；边缘砂粒细，径流较弱。再如裸露厚层灰岩，由于岩溶的差异性发育，形成地下水系与河间地块，不同部位径流强度的差别就更大了。

径流强度的不同往往表现为水质的变化；反之，根据水质情况可以分析径流强度。

6.3.3 地下径流模数

地下径流模数（M_j）表示每平方公里面积上的地下径流量为每秒若干升，单位为 $L/s \cdot km^2$，即：

$$M_j=\frac{Q\times10^3}{F\times365\times86400}(\mathrm{L/s\cdot km^2})$$

式中，Q 为地下水流量（m^3/a），在山区相当于大气降水及地表水的年补给量（年排泄量），平原中则应利用达西定律求得；F 为含水层分布面积（km^2）。

应当注意，由于不同地区含水层厚度不同，故地下径流模数不能用来衡量、比较地下水的径流强度（地下水径流强度应当用平均渗透流速来衡量），它说明一个地区或一个含水层中以地下径流形式存在的地下水量的大小。

6.4 地下水天然补给量、排泄量与径流量的估算

6.4.1 山区地下水天然补给量、排泄量与径流量的估算

天然状态下地下水的补给量、排泄量与径流量之间的关系，在不同条件下是不一样的。

山区的潜水属于渗入-径流型循环，即水量基本上不消耗于蒸发，径流排泄可看做是唯一的排泄方式。因此，各种水量的关系为：补给量＝径流量＝排泄量。由于排泄量较易确定，故可计算排泄量以获知各量。其步骤如下：

（1）如排泄以集中的泉或泉群形式出现，则测定泉的总流量，乘以相应时间，得全年排泄量。

（2）如排泄以向河流泄流形式出现，则通过分割河流流量过程线求得全年排泄量。

（3）查得含水层分布面积，求算地下径流模数或地下水补给模数（参见本节末）。

（4）如有必要且资料允许时，可对各个含水层分别计算排泄量，并求分层的地下径流模数或地下水补给模数。

有通向邻区（平原或山间盆地）的隐蔽补给时，应利用专门手段查明，加入上述各项计算中。

6.4.2 平原及山间盆地地下水天然补给量、排泄量及径流量的估算

平原地区浅层水（潜水及浅部承压水）与深层承压水的循环型式不同，故应分别讨论。

1. 浅层水

平原浅层水接受降水及地表水入渗补给，部分消耗于蒸发，部分消耗于径流排泄，为渗入-蒸发、径流型循环。气候干旱，地势低平的地方，径流很弱，为渗入-蒸发型循环。因此：补给量＝排泄量；径流量＜补给量（排泄量）。

平原中计算排泄量很困难，故可从计算补给量着手。在忽略深层水越流补给的前提下，可按以下步骤计算：

（1）求降水入渗量。

（2）求地表水入渗量。

（3）上述两项相加即为地下水总补给量。

（4）来自毗邻山区的地下水补给量不应加入，以免与山区计算重复。但如山区地下水不考虑利用，可将该水量加入平原地下水总补给量中。此时应沿山与平原交界线设断面，用达

西定律计算流入水量。

(5)求不同地段地下水补给模数。

(6)地下径流量可利用达西定律求潜水流量获得，并据此求算地下径流模数。但应明确，平原地区的地下径流模数不能用来表征补给强度。

2. 深层承压水

平原松散沉积物中的深层承压水，其补给来源有：(1)山前冲洪积平原砾石带潜水的下渗；(2)毗邻山区的侧向补给；(3)来自深部基岩含水层的补给。其中第(1)项是主要的。一般情况下，将平原浅层水的补给量看做包括深层承压水在内的平原地下水总补给量，与实际出入不大。

平原深层承压水的排泄量与补给量相等。天然条件下，一般是向较浅的含水层越流排泄，同时也向下游水平排泄。排泄分散，计算很困难。

利用达西定律可以求算某一断面承压含水层的径流量。但应注意，由于越流补给(排泄)的存在，不同断面上的径流量是不等的，愈向下游，径流量愈小(图 6-32)。

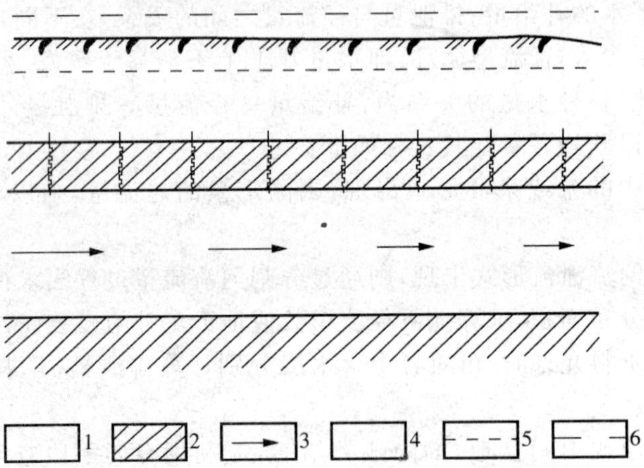

图 6-32　由于越流排泄承压含水层防水流方向径流量减少

1—隔水层；2—半隔水层；3—径流方向，箭头长短表示径流量大小；4—越流渗透；5—潜水位；6—承压水测压水位

6.4.3　地下水补给模数

地下水的补给量构成其补给资源。为了定量表示补给资源，对比不同地段的补给强度，可采用地下水补给模数。

地下水补给模数(M_b)表示每平方公里含水层分布面积上地下水年补给量为若干万立方米，其单位为 $m^3 \times 10^4/a \cdot km^2$。即：

$$M_b = \frac{Q}{F \cdot 10^4}$$

式中 Q 为地下水年补给量(m^2/a 年)，F 是含水层分布面积(km^2)。在山区，补给模数与地下径流模数(M_j)的换算关系为：

$$M_b = M_j \times \frac{86400 \times 365}{10^3 \times 10^4} = 3.15 M_j$$

地下水补给模数可与地下水开采模数配套使用。所谓开采模数表示每平方公里面积上每年开采的水量为若干万立方米($m^3 \times 10^4/a \cdot km^2$)，用以表征地下水开采强度。补给模数与开采模数同属强度的概念，采用同一单位，可便于比较开采强度是否已达到或超过补给强度。

6.5　地下水补给与排泄对地下水水质的影响

地下水获得矿化度与化学类型不同的补给水，水质也因而发生变化。干旱地区的潜水往往因长期蒸发浓缩而成为高矿化水。在那些经常获得低矿化水补给的地段，如河流沿岸，季节性集水洼地，灌渠两侧等，常可找到适于饮用的淡水透镜体。高矿化水与污染水的补给，则使含水层水质恶化，这多半是在人为影响下发生的。例如工业废水与生活污水的不合理排放，降水淋滤废料与吸收废气后补给地下水等，过量抽汲滨海地区的或与咸水层有联系的淡水含水层，也可引起海水或咸水补给淡水层水质恶化。

地下水的排泄，根据其对水质影响可分为两大类：一类是径流排泄，包括以泉、泄流等方式的排泄在内，其特点是盐随水走，水量排走的同时也排走盐分；另一类是蒸发排泄，其特点是水走盐留。

将补给、排泄结合起来，我们可以划分为两大类地下水循环：渗入-径流型和渗入-蒸发型。前者，长期循环的结果，使岩土与其中赋存的地下水向溶滤淡化方向发展；后者，长期循环，使补给区的岩土与地下水淡化脱盐，排泄区的地下水盐化，土壤盐渍化(图6-33、图6-34)。

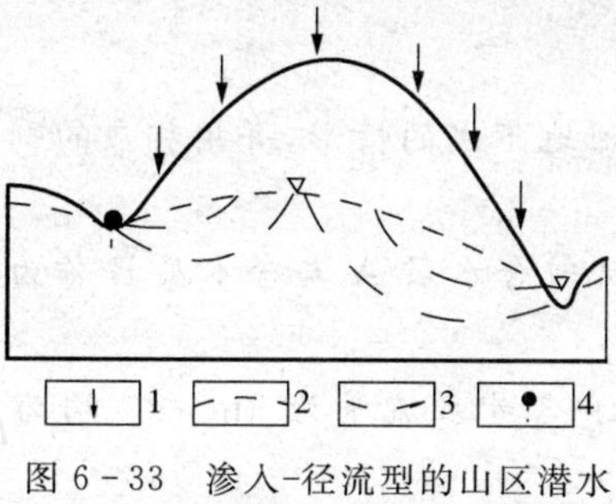

图6-33　渗入-径流型的山区潜水

1—降水补给；2—潜水位；3—地下径流方向；4—泉

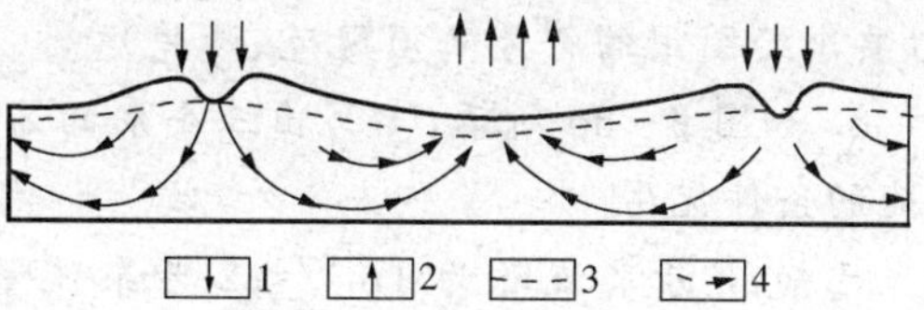

图6-34　入渗-蒸发型的干旱、半干旱平原潜水

1—主要入渗补给区；2—主要蒸发排泄区；3—潜水位；4—地下径流方向

地下水径流强度、径流量与水质的关系

地下水径流强度——单位时间内通过单位断面的水量。

这个 ω 概念正是地下水渗透速度的定义，即：$V=Q/\omega$，所以地下水径流强度可用渗透速度来表征。由达西公式可知：$V=Q/\omega=KI=K(h/L)$。所以，地下水的径流强度(即渗透速度)与含水层的透水性(K)成正比；与补给区到排泄区的水头差或水位差(h)成正比；与流动距离(L)成反比。

显然，在含水层透水性强，地形切割强烈高差大，降水充沛的地方，地下水径流强度大，径流量大，水的矿化度低。即水循环交替迅速，水的矿化度较低。反之，径流强度小，水矿化度高。

因此可以说：含水层透水性能的好坏、地形高差大小及切割破碎状况、径流距离等，都影响着地下水径流强度，径流强度又控制着水质变化，因此可将它们称为地下水径流的影响因素或地下水径流条件。

对于承压水来说，那些赋水构造规模小，破坏严重，补给丰富，含水层透水性强，则其径流强度大，水质好（矿化度低）。反之，比较完整的大型盆地，含水性较弱时，地下水径流强度较弱，水质亦较差。

下面两种断块构造盆地承压含水层的径流模式，径流强度受断层导水性控制：

(1)断层带阻水，补给区与排泄区在承压区一侧为同一含水层出露区，排泄点在出露区最低处。大气降水转变为地下水后沿含水层底板向下流动一定深度（不会太大）就向上反出。所以浅部径流强度大，深部变弱；浅部水质好，深部水质差。

(2)断层带透（导）水，在补给区接受水量以后，沿承压含水层流向排泄区，经断层通道上升排泄于地表。其水质和水量与径流强度密切相关。

地下水的径流量，可用达西公式求得。即：$Q=K\omega I$(m^3/ s)。如果求算某一时间段的径流量，则再乘以该时间段即可(QT)。

复习思考题

1. 叙述地下水补给方式，以及各自的特点和影响因素。

2. 地下水排泄有哪些途径？它们各自有哪些特点？

3. 地下水径流和径流强度如何确定？

4. 影响降水补给的因素有哪些？

5. 叙述土面蒸发和叶面蒸发。

6. 叙述地下水补给与排泄对地下水质的影响。

7. 试列举五种在野外所能见到的河流补给或排泄地下水的情形，并用相应的剖面图表示（要求绘图用的符号必须规范、清楚）。

8. 如图 6-35 所示，①写出三个泉的名称；②试比较含水层 A 与含水层 B 作为供水水源地的条件优劣。

已知：1 号泉流量为 1m^3/s；2 号泉流量为 2m^3/s；3 号泉流量为 3m^3/s。均为多年平均值。

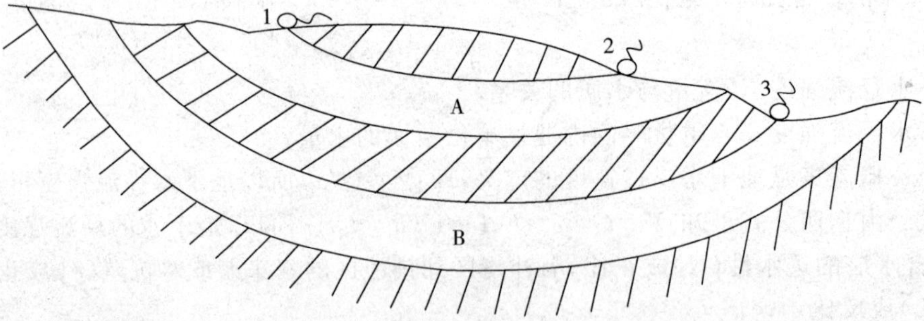

图　6-35

第7章　地下水动态与均衡

7.1　概　　念

按照系统学的观念来研究地下水时，含水系统（含水层）在周围环境因素影响下，必将对含水系统内部状态产生变化。这种变化即把含水层看做是一个独立的系统，在与环境相互作用下（大气降水，地表水的补给，人工开采或回灌、蒸发、蒸腾等），含水系统（含水层）各要素（水位、水量、水化学成分、水温等）随时间变化称为地下水动态。

含水系统（含水层）各要素之所以随时间发生变化，是含水系统（含水层）水量、盐量、热量、能量收支不平衡的原因。例如，当某个含水层的补给量大于其排泄量时，储水量增加，地下水位上升；反之，地下水位下降。同样，含水层盐量、热量与能量的改变，也会引起地下水质、水温与水位的相应变化。

这样我们可以把某一时间段内某一地段内地下水水量（盐量、热量、能量）的收支状况称为地下水均衡。

关于地下水动态与均衡两者关系可以认为是：动态是均衡的外部表现，均衡则是动态的内部原因。目前人们注意主要是水位动态与水量均衡的研究，而对盐量、热量、能量的动态与均衡的研究还不完善，需要我们水文地质工作者对其理论和方法进一步发展和完善。

7.2　地下水的动态

7.2.1　地下水动态的形成

地下水动态是含水系统（含水层）对环境的激励产生的响应，也可以看做为含水系统（含水层），将输入信息变换后产生的输出信息，其关系可以表示如下：

激　励 ⟶ 含水系统 ⟶ 响　应

输入信息 ⟶ 含水系统 ⟶ 输出信息

让我们分析一下降水对地下水位的影响。例如，在同等降水条件下，我们考察不同的地下水含水系统，从中可以发现地下水位的变化是各不相同的。首先我们看一下裂隙含水系统的变化，当降水一开始，降水很快通过裂隙直达地下水面，水位开始上升，当降水结束时水位达到最高，降水影响便告结束。而孔隙含水系统，当降水一开始，首先要经过包气带，补充包气带水分的亏缺，然后通过大小不同的空隙以不同的速度下渗。当运动最快的水滴到达地下水面时，水位才开始上升，占比例最大的水量到达地下水面时，地下水位的上升到达峰值，降水结束时，影响还在继续，当运动最慢的水滴到达地下水面以后，影响才告结束。

从上面的例子可以看出，影响地下水动态的因素是外部环境和含水系统内部共同作用的结果。

7.2.2　影响地下水动态的因素分析

前面我们讲了影响地下水动态是含水系统和环境共同作用的结果，这样我们可以把影响地下水动态的因素分为两大类：一类是环境对含水系统（含水层）的信息输入，如降水、地表水、人工开采或补给地下水、地心力等的影响；另一类是变换输入信息的因素，主要是赋存地下水的地质条件。

7.2.2.1　气象（气候）因素

气象（气候）因素对潜水动态影响最为普遍。气象因素的特点是气候类型很多，而且它们在地球各个区域内在很大程度上是稳定的。气候的类型决定着气候对地下水动态的影响。在这里应该区分出气象（天气）与气候的概念：气候因素的影响很少随时间变化，而且在该气候类型存在的时期内是单一倾向的。相反，气象因素本身则变化迅速，并且具有某种同期性，能够引起地下水动态的迅速和多为波状的变化，如降水的数量及历时分布影响地下水补给，而气温、湿度、风速等影响着潜水的蒸发排泄。

在气象（气候）要素周期性变化影响下，潜水动态昼夜变化，季节变化及多年变化，其中季节变化对潜水最具意义。我国东部属季风气候区，降水集中在春夏之交，是一年当中主要的补给期。这时气温虽高，湿度也大，但蒸发量并不大，而且潜水位达到了峰值。雨季结束后，补给逐渐减少，潜水通过径流及蒸发排泄，水位逐渐下降，到翌年雨季前水位达到谷值。全年潜水动态变化呈现为单峰单谷形（图 7－1）。

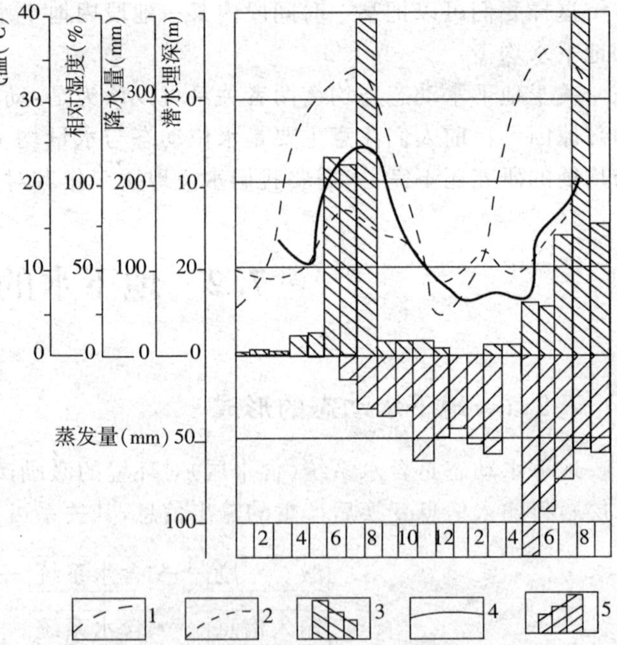

图 7－1　潜水动态曲线

（1954～1955 年，北京）

1—气温；2—相对湿度；3—降水量；4—潜水位；5—蒸发量

（1954 年 1～6 月，1955 年 4 月蒸发量缺资料）

气候还存在着多年的周期性变化，例如，太阳黑子 11 年的周期变化，影响太阳辐射的强度、气温、雨量和大气压力，这也就造成地下水位的多年同一周期变化（图 7－2）。

可见，地下水动态的季节性变化与多年变化，主要受气象因素控制。气象因素包括大气降水、蒸发、蒸腾、温度、气压等，它对地下水（特别是潜水）动态的影响，主要是由大气降水与蒸发两项气象要素体现的。对于重大的长期性地下水排水设施，应考虑多年的地下水位与水量的变化，供水工程应根据多年资料分析最低水位时水量是否满足要求。排水时应考虑多年最高水位时的排水量。

7.2.2.2 水文因素

地表水与地下水之间有着密切的水力联系。有些地区河水在高水位期补给地下水，低水位期则由地下水补给河水。地表水体补给地下水会引起地下水位抬升，这种抬升随着远离河流其水位变幅减小，并有时间滞后现象。河水对地下水动态的影响一般为数百米至数千米，在此范围以外，主要受气候因素影响(图 7-3)。河流排泄潜水时，愈是接近河流潜水水位变幅愈小；远离河流的分水岭地段潜水位变幅最大。这样的水力联系同样存在于地下水与湖泊、海洋之间。

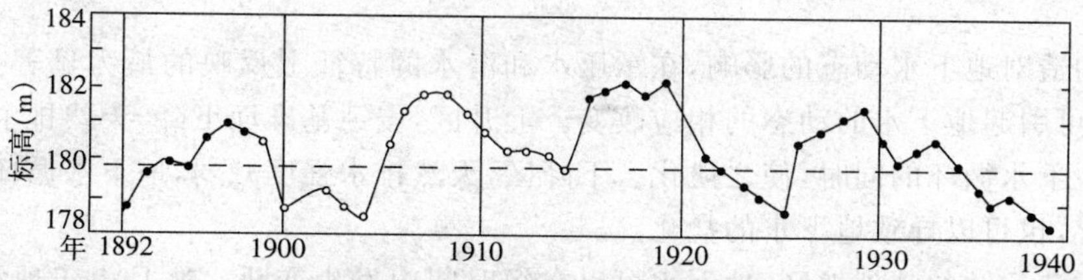

图 7-2 前苏联卡明草原地下水位变化曲线

[阿利托夫斯基等，1956]

(根据每年 9 月 1 日平水位资料绘成；实点为实测水位，空心点为水位的可能位置)

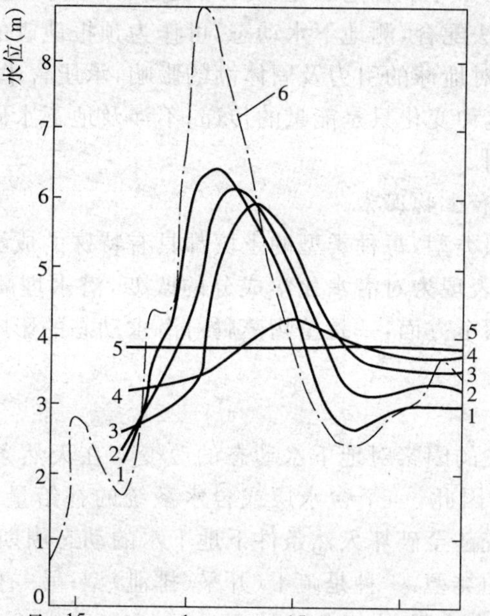

图 7-3 莱茵河洪水对潜水的影响

(转引自卡明斯基，1958)

1、2、3、4、5—观测井潜水位，数字大的距河远；6—莱茵河水位

7.2.2.3 地质因素

地质因素是影响输入信息变换的因素。地质因素包括地层、岩性、构造、地貌等，除了地震、火山喷发、崩塌、固体潮、地应力等现象表现为急剧的变化外，一般的较之水文、气候因素的变化，都显得稳定。它对地下水动态形成的影响并不像水文、气象因素那样，反映在周期性，而只反映在形成特征方面。我们可以从以下几方面加以说明。

当降水补给地下水时，包气带厚度与岩性控制着地下水对降水的响应。潜水埋藏深度愈大，降水渗透途径愈长；地下水位抬高的时间滞后与延迟愈长；水位历时曲线呈现为较宽缓的波。包气带岩性的渗透性愈好，则降水通过包气带到达地下水面的时间愈短；地下水位抬升的时间与延迟愈小；水位历时曲线波形愈陡。

河水引起潜水水位变动时，含水层厚度愈大，透水性愈好，给水度愈小，则波及的范围愈远。

地质构造对地下水动态的影响，在承压水和潜水的特征上反映的最为显著。地壳的升降运动，亦可引起地下水的动态的相应改变。上升区，侵蚀基准面下降，天然排水条件加强，并在加速地下水循环的同时，使之淡化。下降区，天然排水强度减弱，地下水循环缓慢，可以导致沼泽化，也可以导致地下水的盐化。

在新构造运动的强烈地区，地下水可以在短时间内发生变化。这是由于地震孕震及发震过程中地应力的变化，引起岩层压缩或膨胀，从而引起孔隙水压力异常变化，导致水位波动，水化学成分改变。如 1966 年邢台地震，1974 年海城地震，1976 年唐山地震，在地震前后均出现了许多特殊现象。如井水冒泡翻花、变浑、变甜、变苦等，地下水大幅升降和成片变化的现象。因此，与其他方法配合，测地下水动态，可作为预报地震的一种重要手段。

另外，受太阳和月亮对地球的引力及固体潮的影响，承压含水层中的测压水位会产生周期性的波动。应当注意这种变化只是能量的传递，不涉及地下水储量的变化，这也包括地震及其他产生的地应力作用。

7.2.2.4 土壤因素和生物因素

土壤可分为许多成因类型，每种类型的土壤都具有特殊的成壤过程，与下伏潜水动态具有独特的相互关系，主要表现为对潜水化学成分的改变，潜水埋藏愈浅，影响愈显著。生物因素的作用主要表现在两个方面：一是植物蒸腾对潜水动态的影响；二是细菌对地下水化学成分的改变。

7.2.2.5 人为因素

是通过人类活动有关的因素对地下水动态的改变。在天然条件下，由于气候因素在多年中趋于某一平衡状态，因此，一个含水层或含水系统的补给量与排泄量在多年中保持平衡。而人为因素可以改变甚至破坏天然条件下地下水的动态周期性变化的趋势。人类因素可以分为两种基本不同的类型：一种是疏干(开采、排泄)型；另一种是充水(灌溉，补给)型。

各种取水建筑物、排水工程，由于排出地下水后，人工采排成为地下水新的排泄去路，含水层或含水系统原来的均衡遭到破坏，天然排泄量的一部分或全部转化为人工排泄量，故其排泄量减少或不再存在，但也可能增加新的补给量(含水层由向河流排泄变成接受河流补给；水位埋深加大而加强降水的入渗补给量)。

当采排地下水一段时间后，新增加的补给量及减少的天然排泄量与人工排泄量相等时，则含水层或含水系统水量收支就会达到新的平衡。这时在动态曲线上表现为：地下水在此原来的位置上波动，而不持续下降。

当采排水量过大，天然排泄量的减量与补给量的增量的总和小于人工排泄量时，将不断消耗含水层或含水系统的储蓄量，使地下水位下降，甚至出现大面积的地下水位漏斗（图 7-4）。

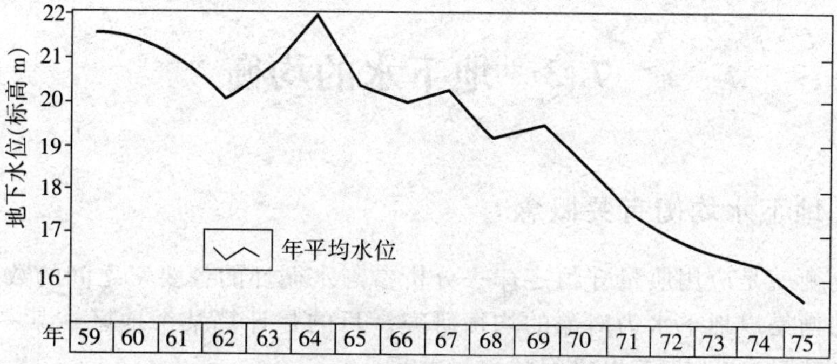

图 7-4　河北保定西部地下水位变化曲线
（据河北省地矿局第四水文地质大队）

修建水库，利用地表水灌溉，跨流域调水等会增加新的补给来源而使地下水位抬升，致使地下水动态发生变化。若在气候干旱半干旱条件下，将加剧地下水的蒸发，促使土壤向盐渍化方向发展；而在气候湿润地区，则会引起土壤次生化沼泽化现象。

此外，人为污染地下水是人工干扰地下水动态的另一种表现，它会引起水质恶化，而且更难治理，更应引起我们高度警惕。

7.2.3　地下水天然动态类型

地下水动态类型划分为很多种，根据动态形成的条件不同，目的不同，分类的方法不同。潜水与承压水由于排泄方式及交替程度不同，其动态特征也不相同。我们依此可分为三种主要动态类型：蒸发型、径流型及弱径流型。

7.2.3.1　蒸发型

主要出现于干旱半干旱地区地形切割微弱的平原或盆地。此类地区地下水径流微弱，以蒸发排泄为主。降水及地表水入渗补给，引起水位抬升，水质相应淡化。随着埋深变浅，旱季蒸发加剧，水位逐渐下降，水质逐渐盐化。随后蒸发减弱，水位趋于稳定。此类动态特点是：年水位变幅小，各处变幅接近，水质季节性变化明显，长期下去地下水不断向盐化方向发展，使土壤盐渍化。

7.2.3.2　径流型

主要分布于山区及山前。地形高差大，水位埋藏深，蒸发微弱可以忽略，以径流排泄为主。伴随降水和地表水入渗补给，各处水位抬升幅度不等。接近排泄区水位上升幅度小，远离排泄区水位上升幅度大；因此，水力梯度增大，径流排泄加强。补给停止后，径流排泄使各处水位逐渐趋平。此类动态特点是：年水位变幅大而不均，水质季节性变化不明显，长期下去地下水不断淡化。

承压水均属径流型，动态变化的程度取决于构造封闭条件。构造开启程度愈好，水交替愈强烈，动态变化愈明显，水质趋向淡化。

7.2.3.3 弱径流型

主要出现在气候湿润的平原与盆地地区。这些地区地形切割微弱,潜水埋藏不深,湿度大,蒸发弱,故仍以径流排泄为主,但地形平坦径流微弱。此类动态特征是:年水位变幅小,各处变幅接近,水质季节变化不明显,长期下去水质向淡化方向发展。

7.3 地下水的均衡

7.3.1 地下水均衡有关概念

所谓水均衡就是应用质量守恒定律去分析参与水循环的各要素之间的数量关系。

地下水均衡是以地下水为对象的均衡研究。目的是计算某个地区在某一段时间内,地下水量(盐量,热量)收入与支出之间的数量关系。

均衡区:进行均衡计算所选定的地区。它最好是一个具有隔水边界的完整水文地质单元(含水系统)。

均衡期:进行均衡计算的时间段。它可以是若干年,一年,也所以是一个月或一个季度。

正均衡:某一均衡区,在一定的均衡期内,地下水水量(盐量,热量)的收入大于支出,即地下水储存量(盐储量,热储量)增加。

负均衡:某一均衡区,在一定的均衡期内,地下水水量(盐量,热量)的收入小于支出,即地下水储量(盐储量,热储量)减少。

进行均衡研究必须分析均衡的收入项与支出项,列出均衡方程式。通过测定或估算列入均衡方程式的各项,以求算某些未知项。一般情况下地下水均衡研究需要考虑下列各项如表 7-1 所示

表 7-1 收入项与支出项具体内容表

收入项(A)	支出项(B)
1. 渗入到地下水面的大气降水量	1. 蒸发,沸腾
2. 地表水流入量(河流、湖泊、水库、渠道等水的入渗)	2. 地下水流出(向河流、湖泊或海洋,以及以泉流的形式排泄)
3. 地下水流入量(地下水的侧向补绘及承压水的越流补给)	3. 地下水侧向流出
4. 人工补给(灌溉回归水、注水井及人工引渗补给)	4. 人工采排(抽水井,矿坑,排水渠道)
5. 凝结水补给	

地下水均衡则要求上列收支两方面达到平衡。严格地说,地下水均衡研究应包括水量、水温(热量)、水质(盐量)均衡三个方面的内容。目前对后两项的研究还不够成熟,多限于水量均衡的研究,而且主要涉及潜水水量均衡。

7.3.2 水均衡方程式

陆地上某一地区天然状态下总的水均衡其收入项(A)一般包括:大气降水量(X)、地表流入量(Y_1)、地下水流入量(W_1)、水汽凝结量(Z_1)。支出项(B)一般为:地表水流出量(Y_2)、地下水流出量(W_2)、蒸发量(Z_2)。均衡期水的储存量变化为 $\Delta\omega$,则水均衡方程式为:$A-B=\Delta\omega$,即:

$$(X+Y_1+W_1+Z_1)-(Y_2+W_2+Z_2)=\Delta\omega,\text{或} \tag{7-1}$$

$$X-(Y_2-Y_1)-(W_2-W_1)-(Z_2-Z_1)=\Delta\omega \tag{7-2}$$

水的储存量变化 $\Delta\omega$ 中包括:地表水变化量(V),包气带水变化量(m),潜水变化量($\mu\Delta h$)及承压水变化量($\mu_e\Delta h_c$)。其中,μ 为潜水含水层的给水度或饱和差;Δh 为均衡期潜水位变化值(上升用正号,下降用负号);μ_e 为承压含水层的弹性给水度;Δh_c 为承压水测压水位变化值。据此,水均衡方程式可写为:

$$X-(Y_2-Y_1)-(W_2-W_1)-(Z_2-Z_1)=V+m+\mu\Delta h+\mu_e\Delta h_c \tag{7-3}$$

为计算方便,列入均衡式各项均以均衡期内发生的发生水量平铺于均衡区面积所得水柱高度表示,常用毫米为单位。

7.3.3 潜水均衡方程式

潜水的收入项(A)包括:降水入渗补给量(X_f),地表水入渗补给量(Y_f),凝结水补给量(Z_c),上游端面潜水流入量(W_{u1}),下覆承压含水层越流补给潜水水量(Q_t,如潜水向承压水越流排泄则列入支出项)。支出项(B)包括:潜水蒸发量(Z_u,包括土面蒸发及叶面蒸发),潜水以泉或泄流形式排泄量(Q_d),下游段面潜水流出量(W_{u2})。均衡期始末潜水储存量变化为 $\mu\Delta h$(图7-5)。则:

$$A-B=\mu\Delta h \tag{7-4}$$

$$\mu\Delta h=(X_f+Y_f+Z_c+W_{u1}+Q_t)-(Z_u+Q_d+W_{u2}) \tag{7-5}$$

此为潜水均衡方程式的一般形式。在一定条件下,某些均衡项可取消。例如,通常凝结水补给很少,Zc 可忽略不计;地下径流微弱的平原区,可认为 W_{u1}、W_{u2} 趋近于零;无越流的情况下,Q_t 不存在;地形切割微弱,径流排泄很小,Q_d 可从方程中消除。去掉以上各项后,方程式简化为:

$$\mu\Delta h=X_f+Y_f-Z_u \tag{7-6}$$

多年均衡条件下,$\mu\Delta h=0$,则得:

$$X_f+Y_f=Z_u \tag{7-7}$$

此为典型的干旱半干旱平原潜水均衡方程式。此式表示渗入补给潜水的水量全部消耗于蒸发。

典型的湿润山区潜水均衡方程式为:

$$X_f+Y_f=Q_d \tag{7-8}$$

即入渗补给的水量全部以径流形式排泄。

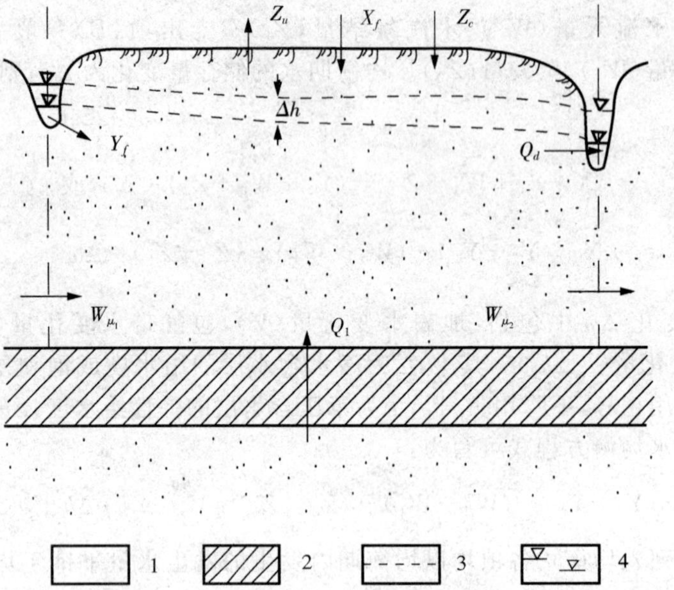

图 7-5　潜水均衡示意图

（据王大纯等，1995）

1—含水量；2—半隔水层；3—潜水位；4—高、低地表水位

7.3.4　人类活动影响下的地下水均衡

研究人类活动影响下的地下水均衡，可以帮助我们定量评价人类活动对地下水动态的影响，预测其水量水质变化趋势，并据此提出调控地下水动态使之朝向人类有利的方向发展的措施。

为了防治土壤次生盐渍化，克雷诺夫（M. M. K_{pbIJIOB}）对苏联中亚某灌区进行了潜水均衡研究，得出该区潜水均衡方程式为：

$$\mu\Delta h=X_f+f_1+f_2+Q_t-Z_u-Q_r \tag{7-9}$$

式中：f_1、f_2——分别为灌渠水及田面灌水入渗补给潜水的水量；

Q_t——下伏承压含水层越流补给潜水的水量；

Q_r——通过排水沟排走的潜水水量。

其余符号意义同前。

以一个水文年为均衡期，经观测计算，求得均衡方程式各项数值（单位为毫米水柱）为：

$$31.0=22.7+255.5+77.0+9.2-313.4-20.0$$

据此得出以下结论：

（1）潜水表现为正均衡，一年中潜水水位上升 620mm，增加潜水储存量 31mm（μ=0.05）。长此以往，潜水蒸发量将不断增加，会产生土壤盐渍化。

（2）破坏原有地下水均衡，导致潜水位抬升的主要因素是灌溉水入渗。其中灌渠水入渗量占总收入的 70%，田面入渗水量占 21%。

(3)现有排水设施的排水能力(年排水量为 20mm)太低，不能有效地防止潜水位抬升。

(4)为防止土壤次生盐渍化，必须采取以下措施：或减少灌水入渗(衬砌渠道、控制灌水量)，或加大排水能力，或两者兼施，以消除每年 31mm 的潜水量增加值。

7.3.5　大区域地下水均衡研究需要注意的问题

从供水角度出发，可供长期开采利用的水量便是含水系统从外界获得的多年平均年补给量。对于大的含水系统，除了统一求算补给量，有时往往还需要分别求算含水系统各部分的补给量。此时应注意避免上、下游之间，潜水、承压水之间，以及地表水与地下水之间的水量重复计算。

图 7-6 表示了一个堆积平原含水系统，它可区分为包含潜水的山前冲洪积平原及包含潜水及承压水的冲积湖积平原两大部分。天然条件下多年中水量均衡，地下水储量的变化值为零。各部分的水量均衡方程式如下(等号左侧为收入项，等号右边为支出项)。

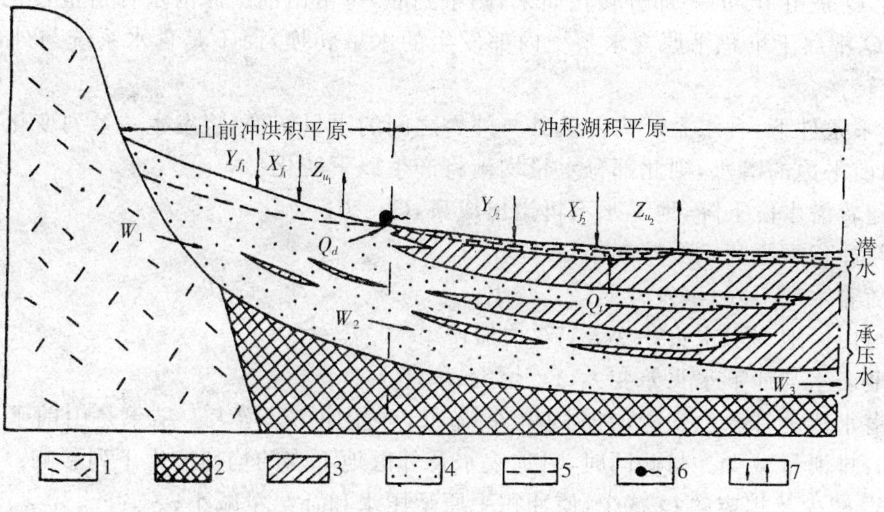

图 7-6　堆积平原含水系统地下水均衡模式

(据王大纯等，1995)

1—透水基岩；2—不透水基岩；3—黏性土；4—砂砾石；5—潜水位；6—泉；7—均衡收支项

山前平原潜水：

$$X_{f_1}+Y_{f_1}+W_1=Z_{u_1}+Q_d+W_2 \tag{7-10}$$

冲积平原潜水：

$$X_{f_2}+Y_{f_2}+Q_t=Z_{u_2} \tag{7-11}$$

冲积平原承压水：

$$W_2=Q_t+W_3 \tag{7-12}$$

式中：X_{f_1}、X_{f_2}——分别为山前平原及冲积平原降水渗入补给潜水水量；

Y_{f_1}、Y_{f_2}——分别为山前平原及冲积平原地表水渗入补给潜水水量；

W_1、W_2、W_3——分别为山前平原上、下游断面及冲积平原下游断面地下水流入(流出)量；

Z_{μ_1}、Z_{μ_2}——分别为山前平原及冲积平原潜水蒸发量。

整个含水系统的水量均衡方程式为：

$$X_{f_1}+X_{f_2}+Y_{f_1}+Y_{f_2}+W_1=Z_{u_1}+Z_{u_2}+Q_d+W_3 \qquad (7-13)$$

如果简单地将含水系统各部分均衡式中水量收入项累加，则显然比整个系统的水量收入项多了 W_2 及 Q_t 两项。分别求算的结果比统一求算偏大。

从图 7-6 中很容易看出，冲积平原承压水并没有独立的补给项。它的收入项 W_2，就是山前平原潜水支出项之一。将式(7-10)改写为：

$$W_2=X_{f_1}+Y_{f_1}+W_1-Z_{u_1}-Q_d \qquad (7-14)$$

可知，W_2 是由山前平原补给量的一部分转化而来。冲积平原潜水的收入项 Q_t 同样也可以通过改写为(7-12)得出：

$$Q_t=W_2-W_3 \qquad (7-15)$$

显然，Q_t 是由 W_2 的一部分转化而来，归根到底，是由山前平原潜水补给量转化的。

W_2、Q_t 都属于堆积平原含水系统内部发生的水量转换，而不是含水系统与外部之间发生的水量转换。

在开采条件下，含水系统内部及其与外界之间的水量转换，将发生一系列变化。假定单独开采山前平原的潜水，则此部分水量均衡将产生以下变化：

(1)随着潜水位下降，地下水不再溢出成泉，$Q_d=0$；

(2)与冲积平原间水头差变小，W_2 减小；

(3)随着水位下降，蒸发减弱，Z_{u_1} 变小；

(4)与山区地下水水头差变大，W_1 增加；

(5)地表水与地下水头差变大，Y_{f_1} 增大；

(6)潜水浅埋带水位变深，有利于吸收降水，可能使 X_{f_1} 增大。结果是山前平原潜水补给量增加，排泄量减少。与此同时，对地表水及邻区地下水的均衡产生下列影响：

① W_2 减少及相应的 Q_t 减少，使冲积平原承压水和补给量减小；

② W_1 增大，使山区排泄量增大；

③ X_{f_1} 及 Y_{f_1} 增大，使地表径流量减少，从而使冲积平原潜水收入项 Y_{f_2} 变小。

综合上述，进行大区域水均衡研究时，必须仔细查清上下游，潜水和承压水，地表水与地下水之间的水量转换关系，否则将导致水量重复计算，人为地夸大可开采利用的水量。

复习思考题

1. 什么叫地下水动态、均衡？两者有何关系？
2. 地下水动态受哪些因素影响？
3. 地下水动态有几种类型？它们是如何形成的？
4. 什么是均衡区、均衡期？收入项和支出项包括哪些内容？
5. 潜水均衡方程式是如何建立的？有何实际意义？

第8章 地下水系统

8.1 地下水系统

8.1.1 地下水系统的概念

近年来,常可以在水文地质文献中看到地下水系统这一术语。但不同的使用者对这一术语的理解不尽相同。归纳文献中出现的提法,有的将其理解为地下水含水系统,有的理解为地下水流动系统,有的则认为地下水系统包含这两者。作为正在发展中的概念,这是完全可以理解的,但从系统学的角度去考虑,地下水系统只是环境生态系统的一个组成部分,所以理解为包含地下水含水系统和地下水流动系统更为确切。地下水含水系统是指由隔水或相对隔水岩层圈闭的,具有统一水力联系的含水岩系(图 8-1)。地下水流动系统是指由源到汇的流面群构成的,具有统一时空演变过程的地下水体(图 8-2)。

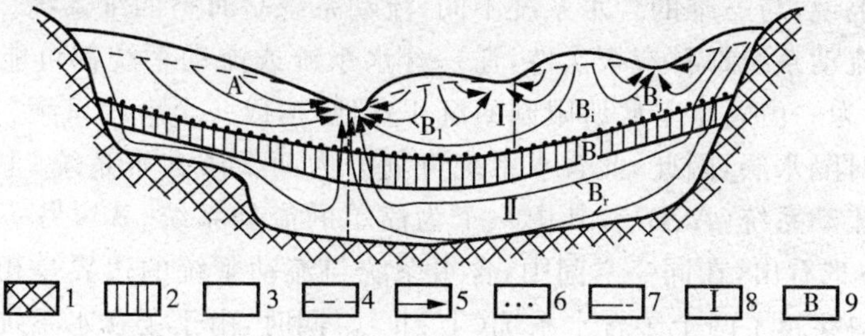

图 8-1 地下水含水系统与地下水的系统

(据王大纯等,1995)

1—隔水基底;2—相对隔水层;3—透水层;4—地下水位;5—流线;6—子含水系统边界;7—流动系统边界
8—子含水系统代号;9—子流动系统代号,B_r、B_i、B_j 分别为 B 流动系统的区域的代号

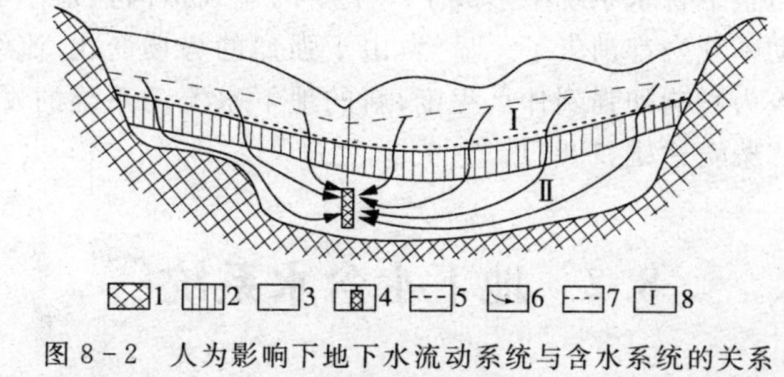

图 8-2 人为影响下地下水流动系统与含水系统的关系

(据王大纯等,1995)

1—隔水基层;2—相对隔水层;3—透水层;4—地下水开采中心;
5—地下水位;6—流线;7—子含水系统界线;8—子含水系统代号

含水系统与流动系统是内涵不同的两类地下系统，但也有其共同之处，两者都摆脱了长期统治水文地质界的“含水层思维”(Engelen，1986)，不再以含水层作为基本的功能单元，前者超越单个含水层将包含若干含水层与相对隔水层的整体作为研究的系统。后者摆脱了传统地质边界的制约，而以地下水流作为研究实体，并且都力求用系统的观点去考察、分析与处理地下水问题。因此，地下水系统概念的提出，意味着水文地质学的发展进入了新的阶段。

8.1.2 地下水含水系统与地下水流动系统的比较

含水系统与流动系统是内涵不同的两类地下系统，但也有其共同之处。我们之所以认为含水系统与流动系统都属于地下水系统，是因为这两者虽然从不同角度出发，却都揭示了地下水赋存与运动的系统性(整体性)。

含水系统的整体性体现于它具有统一的水力联系，存在于同一含水系统中的水是个统一的整体，在含水系统的任一部分加入(接受补给)或排出(排泄)水量，其影响均将波及整个含水系统。也就是说，含水系统作为一个整体对外界的激励做出响应。因此，含水系统是一个独立而统一的水均衡单元，可用于研究水量乃至盐量的均衡。含水系统圈划，主要着眼于包含水的容器(柴崎达雄，1982)，通常以隔水或相对隔水的岩层作为系统边界，它的边界属地质零通量面(或准零通量面)，系统的边界是不变的。

地下水活动系统的整体性体现于它具有统一的水流，沿着水流方向，盐量、热量与水量发生有规律的演变，呈现统一的时空有序结构。因此，流动系统是研究水质(水温、水量)时空演变的理想框架与工具。流动系统以流面为边界，属于水力零通量面边界，边界是可变的。从这个意义上说，与三维的含水系统不同，流动系统是时空四维系统。

含水系统与流动系统都具有级次性，任一含水系统或流动系统都可能包含不同级次的子系统。图 8-1 为一由隔水基底所限制的沉积盆地，构成一个含水系统。由于其中存在一个比较连续的相对隔水层，因此，此含水系统可划分为两个子含水系统(Ⅰ、Ⅱ)。此沉积盆地中发育了两个流动系统(A、B)。其中一个为简单的流动系统(A)，另一为复杂的流动系统(B)。从图上不难看出，在同一空间中，含水系统与流动系统的边界是相互交叠的。两个流动系统(A、B)均穿越了两个子含水系统(Ⅰ、Ⅱ)。同时，由于子含水系统的边界是相对隔水的，或多或少限制了流线的穿越。在流动系统 B 中，除了区域流动系统的流线穿越两个子含水系统外，局部流动系统与中间流动系统的发育均限于上部的子含水系统Ⅰ之中。

流动系统在人为影响下会发生很大变化。图 8-2 表示与图 8-1 同一个沉积盆地。在强烈人工开采影响下，整个含水系统中形成了一个新的流线指向盆地中心的辐轴式地下水流动系统，原来的流动系统全都消失了。显然，由于强烈的势场变化，流线普遍穿越了相对隔水层。不过，无论人为影响加强到什么程度，新的地下水流动系统的发育范围，不会超越大的含水系统的边界(柴崎达雄，1982)。

8.2 地下水含水系统

由图 8-1 不难看出，含水系统的发育主要受到地质结构的控制。

松散沉积物构成的含水系统发育于近代构造沉降的堆积盆地之中，其边界通常为不透水的坚硬基层。含水系统内部一般不存在完全隔水的岩层，仅有黏土、亚黏土层等构成的相对隔水层，并包含若干由相对隔水层分隔开的含水层，含水层之间即可以通过"天窗"，也可以通过相对隔水层越流产生广泛的水力联系。但是，在同一含水系统中，各部分的水力联系程度有所不同。例如，山前洪积平原多由粗粒的卵砾石构成，极少黏性土层，水力联系较好。远离沉积物源区的冲积湖积平原，黏性土层比例较大，水力联系减弱。并且，愈往深部，水流途径愈长，需要穿越的黏性土层愈多，水力联系更为减弱（图 8-3 中的 a）。

基岩构成的含水系统总是发育于一定的地质构造之中，或是褶皱，或是断层，更多的情况下两者兼而有之。固接良好的基岩往往包含有厚而稳定的泥质岩层，构成隔水层。有时，一个独立的含水层就构成一个含水系统（图 8-3 中的 b），岩相变化导致隔水层尖灭（图 8-3 中的 c），或者导水断层使若干含水层发生联系时（图 8-3 中的 d），则数个含水层构成一个含水系统。显然，在这种情况下，含水系统各部分的水力联系是不同的。另一方面，同一个含水层由于构造原因也可以构成一个以上的含水系统（图 8-3 中的 b、c）。因此，只有通过各种途径查明含水层之间的水力联系状况后，才可以正确地划分含水系统。

含水系统是由隔水或相对隔水岩层圈封闭的，并不是说它的全部边界都是隔水或相对隔水的，除了极少数构造封闭的含水系统（图 8-3 中的 e）以外，通常含水系统总有某些向环境开放的边界，以接受补给和进行排泄。这种开放边界不仅出现于表面，而且也存在于地下。例如，不同地质结构的含水系统以透水边界邻接是常见的。虽然这是相邻含水系统之间水力联系相当密切，但是由于两者水的赋存与运动规律不同，仍然有必要区分为不同的含水系统（图 8-3 中的 a、c）。

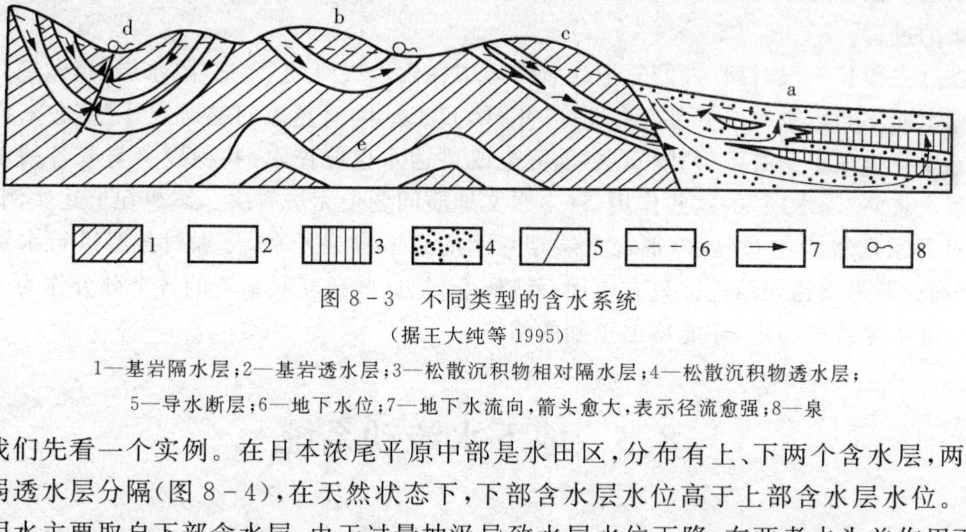

图 8-3　不同类型的含水系统

（据王大纯等 1995）

1—基岩隔水层；2—基岩透水层；3—松散沉积物相对隔水层；4—松散沉积物透水层；
5—导水断层；6—地下水位；7—地下水流向，箭头愈大，表示径流愈强；8—泉

我们先看一个实例。在日本浓尾平原中部是水田区，分布有上、下两个含水层，两者之间为弱透水层分隔（图 8-4），在天然状态下，下部含水层水位高于上部含水层水位。该区工业用水主要取自下部含水层，由于过量抽汲导致水层水位下降，在两者水头差作用下，上部含水层便通过其下的弱透水层向下部含水层产生补给，称为越流补给，其结果使上层水位亦随之下降，于是加速了水田水下渗补给上部含水层，使水田水量明显增大。据统计，在 1958 年年用水量为每单位面积 1855mm，但 17 年以后却增加到 1.4 倍，为 2625mm。根据对下部含水层水均衡计算结果，约 60％的抽水量是农田水供给的，而且越流补给量占该层全部补给量的 70％～80％。

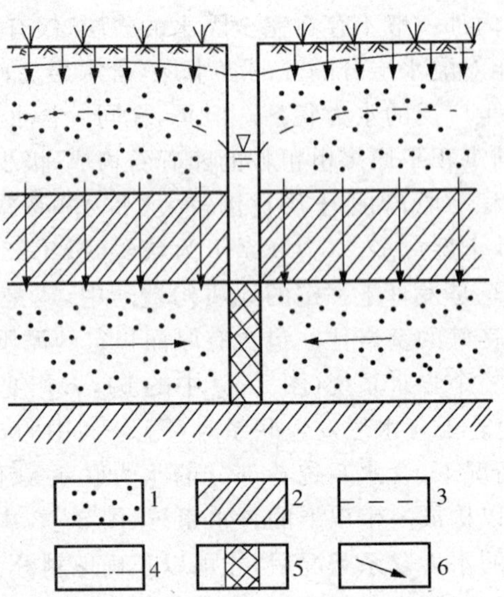

图 8-4 日本农尾平原中部含水层剖面图

1—砂土含水层；2—黏性土弱透水层；3—下部含水层水位；4—上部含水层水位；5—滤水管；6—水流方向

实际情况表明：上述剖面中的水田水、各含水层的水、弱透水层中的水以及分布于地面至地下水面之间的水，它们相互之间有着密切的水力联系，其中弱透水层并没有把两个含水层之间的水隔开。在一定的水头差作用下，水可以通过弱透水层从一个含水层渗透到另一个含水层中去。这一过程实际上也是黏性土中的结合水不断地向相邻含水层释放，转移为重力水的过程。

在过去很长一段时间，人们只把注意力集中在含水层研究上，把“隔水层”当做绝对不透水与释水而不予以重视。从雅各布 1946 年(C. E，Jacob)对越流问题研究开始，愈来愈多的水文地质学家认识到有不少“隔水层”实际上既可透水也能释水，并积极参与着各种水文地质过程。忽略“隔水层”的这些作用，许多水文地质问题便无法解决。试想在上述实例中，若把相对隔水层视为绝对隔水，把含水层相互间的联系割裂开来，分别对各层进行水资源评价，就难免要得出错误结论。只有应用系统概念，把这些相互联系着的各个部分作为一个整体——含水系统来考虑，才能得出正确的结论。

8.3 地下水流动系统

长期以来，水文地质学中存在一个根深蒂固的概念，忽视地下水的垂向运动，把地下水流动看做是平面二维的运动。因此地下水流动系统理论的发展，实质上是以地下水流网为工具，以势场介质场分析为基础，将渗流场、化学场与温度场统一于新的地下水流动系统框架之中。

8.3.1 地下水流动系统的动力特征

地下水在流动中必须消耗机械能以克服黏滞性摩擦(水质点与介质表面以及速度不同的流层中水质点间的摩擦)。对于地下水来说，驱动水运动的主要能量是重力势能。重力势能来源于地下水的补给，大气降水或地表水转变为地下水时，便将相应的重力势能加诸于地下水。即使地面的入渗条件相同，不同地形部位重力势能的积累仍有所不同。地形低洼地下水面达到或接近地表，地下水位的抬升增加地下水排泄（转化为大气水与地表水），从而阻止地下水位不断抬高。因此，地形低洼处通常是地势区——势汇，地形高处，地下水位持续抬升，重力势能积累，构成势源。通常情况下地形控制的势能称为地形势，原因即在此（图 8－5）。

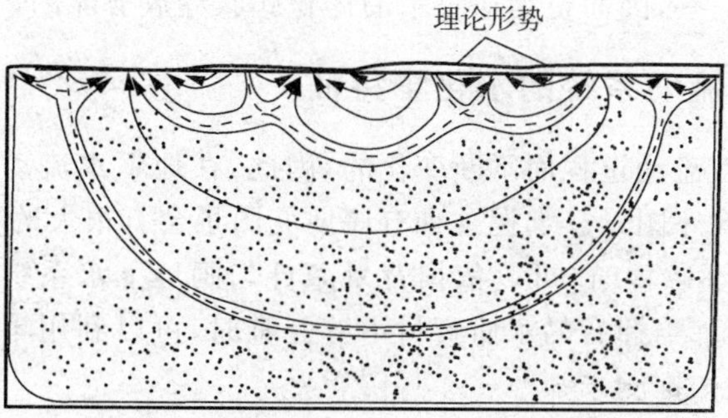

图 8－5　均质各向同性潜水盆地的理论流动系统

（据 Toth，1963）

1—不同级别流动系统的分界；2—同一级别流动下游的分界；3—流线；
4—局部流动系统；5—中间流动系统；6—区域流动系统

在静止的水体中，各处的水头相等。在流动的水体中则不然。势源处流线下降，沿着流线方向，愈来愈多的机械能消耗于黏滞性摩擦，因此在垂直断面上自上而下水头愈来愈低，任一点的水头均大于静水压力（图 8－6）。反之，在势汇处，流线上升，垂直向上水头自下而上由高而低，任一点的水头均大于净水压力，在中间地带，流线呈水平延伸，垂直断面各点水头均相等，并正好等于静水压力。

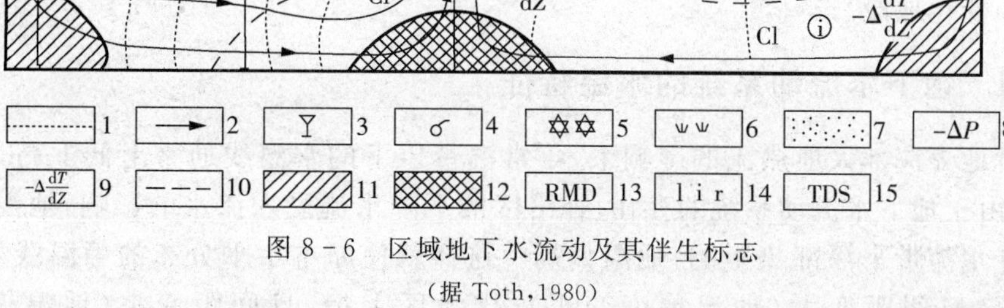

图 8－6　区域地下水流动及其伴生标志

（据 Toth，1980）

1—等水位线；2—流线；3—底部进水的井及其终孔水位；4—泉；5—耐旱植物；6—喜水植物；
7—渗透性良好的部位；8—负值为动水低于静水压力，正值为动水压力大于静水压力；
9—负值为地温梯度偏低，正值偏高；10—水化学相界限；11—准滞流带；12—水力捕集；
13—补给区、中间区及排泄区；14—局部的、中间的及区域的地下水流动系统；15—溶解固形物总量

以往人们之所以不接受地下水垂直向运动的想法，原因之一是不理解何以在非“承压”条件下，地下水可以由低处流向高处。对此，英格伦作了很好的解释(Engelen，1986)。势能包括位能与变形能(压能)两部分。地下水在向下流动时，除了释放能以克服黏滞性摩擦外，还将一部分势能以压能形式(通过压缩水的体积)储存起来。而在作上升运动时，则又通过水的体积膨胀，将以压能形式储存的势能释放出来以做功。在作水平流动时，由于上游的水头高度总要比下游高一些，因而也是通过水的体积膨胀释放势能的。

8.3.2 地下水流动系统的水化学特征

地下水水质是随着流动过程而不断变化的，因此，在地下水流动系统中，呈现着地下水化学成分时空演变的有序图景。掌握这种有序演变图景会有很大的帮助。当缺乏水质资料但已了解地质自然地理条件时，可以依据背景条件勾画地下水系统的轮廓，对水质进行预测，有目的地取样分析。当拥有的水质资料不够完整时，可以利用零星的水化学资料，根据地下水流动系统，由已知推测未知。

水量与地下水流动的信息转瞬即逝，本身是无法保持的，但是这两者都间接地体现在地下水化学上。所以，根据地下水的水化学场，可以回溯历史上的地下水流动系统。

在地下水流动系统中，任一点的水质取决于下列因素：①输入水质；②流程；③流速；④流程上遇到的物质及其可迁移性；⑤流程上经受的各种水化学作用。

地下水化学成分主要来自流动过程中对流经岩土的溶滤。其他条件相同时，地下水在岩石中滞留的时间愈长，从周围岩土溶滤获得的组分便愈多。局部流动系统的水，流程短，流速快，地下水化学成分相应的比较简单，矿化度较低。区域流动的系统的水，流程长，流速慢，接触的岩层多，成分复杂，矿化度也高。但其补给区由于流程短，矿化度并不高，而排泄区的矿化度最高。

地下水流动系统的不同部位，由于流速与流程对水质的控制作用，显示出很好的水化学分带。在地形复杂，同时出现局部、中间、区域流动系统时，以垂直分带为主。地形变化简单，只出现区域流动系统时，则主要呈水平分带(图 8-6)。在地下水流动系统的不同部位，发生的主要化学作用也不同(图 8-7)。除了溶滤作用存在于整个流程以外，局部流动系统及中间与区域流动系统的浅部属氧化环境，中间系统及系统的深部属还原环境(这里容易发生脱硫酸作用)。上升水流处因减压将产生脱碳酸作用。在干旱气候条件下，排泄区还将发生浓缩作用。排泄区，尤其是区域地下水流动系统的排泄区，是地下水水质处于多种作用影响下的复杂变化地段。

8.3.3 地下水流动系统的水温特征

在来自地壳深部大地热流的影响下，年常温带以下的常温线通常上低下高，呈水平分布。但是，由于地下水流动系统的存在，补给区的下降水流受入渗水的影响，地温偏低。排泄区因上升水流带来深部热影响，地温偏高。这样就使原本水平分布的等温线发生变化。补给区下降，且间距变大(地温梯度变小)；排泄区上抬，且间距变小(地温梯度变大)(图 8-8)。

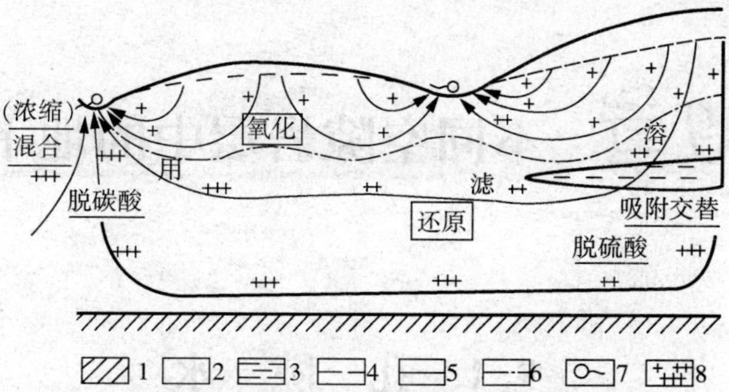

图 8-7 地下水流动系统中的水质演变

(据王大纯等 1995)

1—隔水层;2—透水层;3—黏土层;4—地下水位;5—流线;6—氧化、还原带界线;7—泉;8—矿化度，1个"+"代表低矿化度,2个"+"代表中等矿化度,3个"+"代表高矿化度(注意:这只是一个概念性示意图，应用时应考虑具体条件。例如,当有机质含量十分丰富时,甚至在浅部即已进入还原环境)

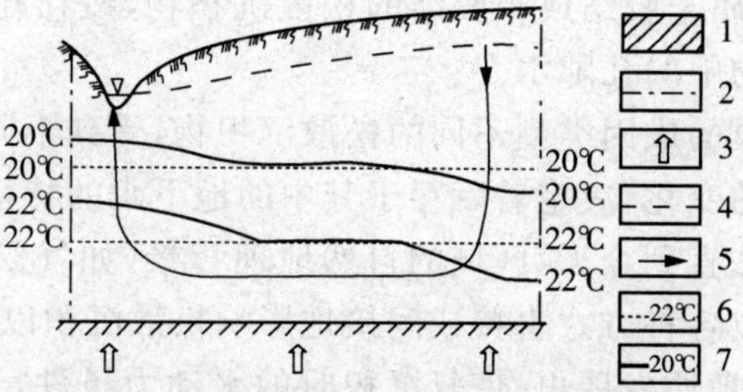

图 8-8 等温线与地下水流动系统的关系

(据王大纯等,1995)

1—隔水底板;2—水力零通量面;3—大地热流;4—地下水位;5—流线；6—理想等温线;7—在地下水流动系统影响下改变后的等温线

复习思考题

1. 什么叫地下水含水系统、地下水流动系统？两者有何异同点？
2. 地下水流动系统可以出现几个级次？对地下水化学特征有何影响？
3. 如何才能正确地圈划含水系统？
4. 叙述地下水流动系统的水化学特征。

第9章 不同空隙岩层中的地下水

9.1 孔 隙 水

主要赋存在松散沉积物颗粒间孔隙中的地下水，在堆积平原和山间盆地内的第四纪地层中分布广泛，是工农业和生活用水的重要供水水源。孔隙水的分布、补给、径流和排泄决定于沉积物的类型、地质构造和地貌等。不同成因的沉积物中，存在着不同的孔隙水。在我国，第四系与部分第三系属未胶结或半胶结的松散沉积物，赋存孔隙地下水。在此，我们主要讨论第四系松散沉积物中的孔隙水。

特定沉积环境中形成的成因类型不同的松散沉积物，受到不同的水动力条件控制，从而呈现岩性与地貌有规律的变化，决定着赋存于其中的地下水的特征。

从沉积物堆积时起一直到今天，区域的自然地理背景（如气候、地貌）和地质背景（如基底构造、现代构造运动）以各种方式直接或间接地影响松散沉积以及赋存于其中的地下水的特征。因此，回溯近时期地质发展史，恢复沉积时的水动力条件，乃是掌握松散沉积物沉积规律并借以认识孔隙水形成与分布规律的关键所在。

9.1.1 孔隙水的基本特征

孔隙水的基本特征是相对于裂隙水和岩溶水而言的，是由孔隙含水介质的基本特征决定的。

孔隙水分布比较均匀连续，且常呈层状，含水层的内水力联系密切、具有统一的地下水面或测压面，因为孔隙在岩层中的分布密集而较均匀，且相互连通性好，主要存在于沉积岩中，所以孔隙含水层多呈层状展布，形成水力联系密切，具有统一水位的含水层，同个含水层的形成条件大致是一致的，所以其孔隙度的大小是比较均匀的，其透水性、给水性的变化较裂隙和岩溶含水层小，在同一层中很少见到突然性的变化。

孔隙含水层中所储存的水量与可以取出来的水量可以是不一致的，而裂隙和岩溶含水层则往往差别不大。因为孔隙含水层中可以含有各种不同性质的水，如结合水、重力水等，特别是细粒岩石所组成的半含水层，结合水的含量相当大，孔隙度也大，则岩层中所含的水量是大的，然而在一个大气压力下受重力作用能够给出的水量是有限的，只是总水量的一部分。

松散孔含水层的透水性、给水性及分布埋藏条件，主要受第四纪沉积物的成因类型和地貌条件的控制，虽然孔隙含水层是比较均匀的，但这只是相对的，其本身各部位的变化是较大的，且与成因类型关系密切，如冲积成因的岩层相对比较均匀，而洪积成因，特别是冰积物就不均匀了；河床相和冲积扇顶部岩石的透水性、给水性较好，而漫滩相和冲洪积扇边缘则较差。在不同地貌单元中，地下水的分布埋藏条件以及富水性等均不相同，这将在后面详细讨论。

孔隙水的运动形态大多属层流运动，绝大部分遵从达西直线渗透定律。

坚硬岩石中的孔隙水以砂岩为主，火山熔岩中常有许多气孔和其他构造孔隙，也可以形成隙水，如火山渣、气孔状玄武岩和安山岩中的孔隙，侵入边缘部分也可以出现气型的含水层，其特征介于松散层孔隙水和基岩裂隙水之间。

在成岩过程中，由于砂粒之间被某种胶结物质（泥质、钙质等）充填胶结而成岩石，故砂岩的孔隙比同粒组的砂的孔隙要小，所以砂岩中孔隙水的富水性取决于胶结物的种类和胶结程度，而且其孔隙度不是一成不变的，在地下水的作用下可以变小，也可以变大。如果地下水的循环交替条件不良，在不断矿化作用下，水中溶解盐类达过饱和状态，则会逐渐沉淀部分盐类，使孔隙变小，甚至完全被次生胶结物充填。反之，如果地下水循环交替条件良好，则在地下水运动过程中不断溶滤原来胶结物中的可溶成分，可以增大孔隙，甚至被溶蚀成一些洞穴，成为透水和富水的岩层。

根据控制松散层孔隙水的主要因素——地貌条件和岩石成因类型，并结合气候水文条件，可将松散层空隙水分为如下几类分别进行叙述：①洪积物中的地下水；②冲积物中的地下水；③湖积物中的地下水；④滨海三角洲沉积物中的地下水；⑤黄土中的地下水；⑥沙漠中的地下水；⑦其他物质中的地下水。

9.1.2　洪积物中的地下水

由洪水堆积的物质，简称洪积物(proluvial deposits)，它是组成洪积扇的堆积物。洪积物是山区溪沟间歇性洪水挟带的碎屑物质，一般堆积在山前沟口。属快速流水搬运，因此一般颗粒较粗，除砂、砾外，还有巨大的块石，分选性也差，大小混杂。因为洪流搬运距离不长，碎屑滚圆度不好，多呈次棱角状。层理面不清，斜层理和交错层理发育。分布于山脉与平原交接部位，或山间盆地的周缘。洪积物在地貌上呈现以山口为顶点的扇形或锥形；这种扇、锥愈近山口坡度愈陡，向外渐趋平缓而没入平原之中，因此称为冲出锥或洪积扇。有时，绵延的山岭与平原交接地带，每个山口都堆积有或大或小的洪积扇，扇与扇间形成洼地，远看波状起伏，连为一带，称为洪积裙。

洪积物的地貌特征反映了它的沉积特征。被狭窄而陡急的河床所束缚的山区河流，一出山口，洪水散流，流速顿缓，并由山口向外递次变慢，水中所携的石块砂泥，就随流速及地势的变化而依次沉积，沉积物的颗粒组成及结构也随之改变。接近山口扇的上部，大多是砾石、卵石、漂砾等粗大物质；沉积物不显示层理，或仅在其间所夹的细粒沉积物中显示层理。向外，细颗粒逐渐增多，由卵砾石过渡为以砂砾石或砂为主，黏性土夹层开始出现，层理也较为明显了。没入平原的部分，颗粒更细，大多为各种粒径的砂与黏性土的互层。流速的陡变决定了洪积物分选程度很差，即使在卵砾石等粗粒为主的上部，往往也出现砂和黏性土的夹层或团快，甚至出现黏性土与砾石混杂堆积；向下，颗粒分选变好，成层结构逐渐明显（图9-1）。

洪积扇上部，颗粒粗大，给水度大，卵砾石或直接出露地表，或仅覆盖薄土层，渗透性能良好，十分有利于吸收降水及由山区汇来的地表水，是洪积物潜水的主要补给区，水量最为丰富。此带岩层透水性好，地形坡度大，地下径流强烈，地势高，故潜水埋藏深度大（可达十余米甚至数十米）。蒸发不强，溶滤强烈，水的矿化度低（一般小于1g/L，甚至只有数十毫克/升)。此带称为潜水深埋带或盐分溶滤带。向下,地形变缓,颗粒变细,透水性变差,径流受阻,往往形成壅水,潜水面接近地表,以泉或沼泽的形式溢涌于地表。由于径流途径加大,蒸发加长,水的矿化度增高,这就是潜水溢出带,或称盐分过滤带。现代洪积扇的前缘一般即位于此处,向下即没入平原。再向下,由于河流、湖泊对潜水的排泄作用,或由于蒸发,潜水埋深重又变大。由于岩性更加交细,地势更低,蒸发往往成为主要排泄方式,地下水矿化度显著增大,土壤也发生盐渍化。此带称为潜水下沉带或盐分堆积带。

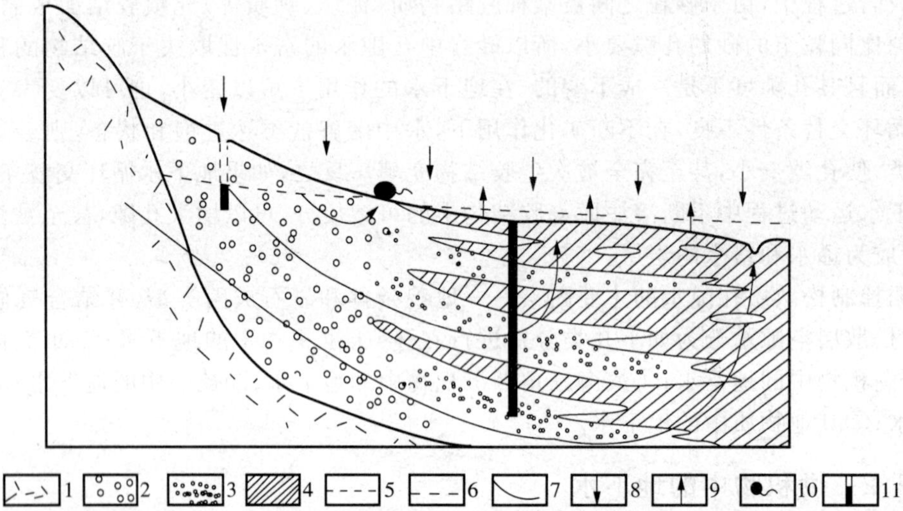

图 9-1 洪积扇水文地质示意剖面

1—基岩;2—砾石;3—砂;4—黏性土;5—潜水位;6—深层承压水测压水位;
7—地下水及地表水流向;8—降水补给;9—蒸发排泄;10—下降泉;11—井,有水部分涂黑

洪积扇中潜水的分带性,在我国西北干旱的山间盆地表现最为典型。尤其是矿化度和矿化类型的变化,更是如此。在半干旱的华北,则往往溢出带不够典型,下沉带表现也不那么明显,但潜水矿化度及矿化类型仍有显著变化。至于南方,则连矿化度的变化也不那么明显了。

洪积物厚度较大时,大致从溢出带向下,不同岩性的分层比较明显,隔水层与含水层相间成层。隔水层以下的各个含水层,都具有压力,赋存承压水。在地形适宜处,含水层中的水可从井孔喷出地表。这里的承压水主要来源于洪积扇上部的主要补给区;天然条件下,一方面向水头较低的上部含水层排泄,最终泄入潜水;另一方面顺着含水层(在一定距离以外可能已属于别的成因类型,如冲积或湖积),流向盆地中心或平原下游,最终泄入河、湖或海洋。掩埋的古洪积扇,同样可以赋存承压水,这时通过山前砾石带,从现代洪积扇的补给区或山区基岩地下水获得补给。由于承压含水层排泄条件差,所以,水从补给区进入到排泄区排出这一过程,远比潜水含水层为缓慢。

集水面积不大的洪水形成的洪积扇,规模一般不大。并且,由于来水不经常,补给来源不多,因此难以构成好的供水源地。大的洪积扇多分布于常年性河流的出口处,能获得大量而经常的地表水补给,常是良好的供水源地。此时,扇上沉积物的形成,不仅与洪水沉积,也与常年性河流的堆积有关,故可称为冲洪积扇及冲洪积物。向平原内部,洪积物或冲积物转变为河流冲积物,但两者属同一沉积过程不同环境下的产物。含水层中的水,两者是相互联系的，在一定范围内成为不可分割的一个整体；随着远离山前，含水层水力坡度变缓，透水性较差，径流迟滞，联系渐趋微弱。

我国北方干旱半干旱地区，有一些大型的洪积扇和冲积扇，常成为大中城市及工矿企业的重要洪水源地。

上面所说的乃是洪积扇中地下水的一般规律，在特定的自然地理、地质背景下，洪积扇中的地下水有其独特性。

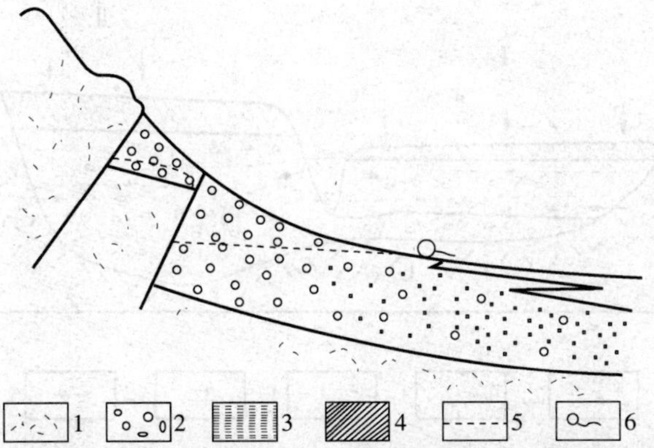

图 9-2　因新构造运动引起的洪积扇地下水位异常

1—隔水基岩；2—砾石；3—砂；4—黏性土；5—潜水位；6—泉

例如，洪积扇顶部通常潜水埋藏深度大，不利于取用地下水，因此，城镇大多分布于溢出带以上最利于取用地下水的地带，这在我国华北很普遍。但是在我国西北的某些山前地区，洪积扇上带的潜水埋藏深度往往反而比中带浅得多。这是因为新构造运动使隔水基底呈现差异断块活动，近山处基底上升而远山处下落，故使两侧地下水位形成跌水（图 9-2）。

洪积扇的水化学分带在不同气候条件下很不相同。干旱气候的祁连山山前倾斜平原，年降水量只有 50mm～170mm，降水入渗补给地下水微乎其微，蒸发强烈，显示良好的水化学分带。洪积扇顶部为矿化度小于 1g/L 的重碳酸盐水，中间过渡带为 1g/L～3g/L 的重碳酸盐—硫酸盐水和硫酸盐-氯化物水，溢出带以下为矿化度大于 10g/L 的氯化物水。湿润气候的川西山前倾斜平原，年降水量高达 1000mm 以上，由洪积扇顶部直到溢出带以下，均为矿化度小于 0.5g/L 的重碳酸盐水，水化学分带很不明显（沈照理 等，1985）。

9.1.3　冲积物中的地下水

冲积物（alluvial deposits）是河流沉积作用形成的堆积物，它是组成冲积平原的堆积物。冲积物具有良好的分选性，随着搬运能力的减弱，总是粗的、比重大的先沉积，细的、比重小的后沉积。因此，在河谷内随着水流的变化，冲积物呈有规律的分布。如在河流的纵向分布上，冲积物粒径从上游到下游逐渐减小。沿河流横向分布，冲积物粒径从河床中部到岸边逐渐变细。冲积物的颗粒具有良好的磨圆度，一般都有比较清晰的层理。河流沉积物的特点，随着河流的地段不同而不同，并且表现在不同的地貌形态上。如河床沉积、河漫滩沉积和河口区沉积等。现代河流沉积中的地下水与河水有密切联系；远离现代河流的埋藏河谷或古河道中的地下水，与河水一般没有直接联系。

河流的中、上、下游沉积特征不同。在丘陵山区，河流的上中游，卵砾石或砂砾石等粗粒物质组成阶地，其中赋存潜水。由于山区河流侵蚀能力强，河床切割阶地含水层。平水期河水位低于潜水位，河水面是潜水的排泄基准（图 9－3）。雨季出现洪水，河水位一般高于潜水位，补给潜水。即使在洪水季节河水仍不高于潜水位，由于河水位上升，排泄基准抬高，潜水位也会因迴水而抬高。实际上，潜水位还由于基岩地下水、大气降水及阶地上方地表径流的补给而抬高。雨季过后，河水位下落，潜水加强排泄。枯水期的河水流量，实际上为潜水排泄所形成。

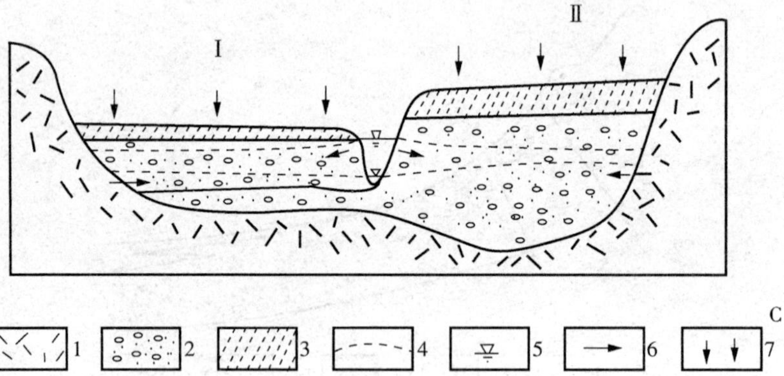

图 9－3　河流中上游阶地中的潜水

1—基岩；2—砂砾石；3—亚砂土；4—潜水位；5—地表水水位；6—地下水流向；7—降水补给；I—低阶地；II—高阶地

河流下游，主要是大平原中，河床带占据地形上的高位。因为进入平原后，河流坡度变缓，流速变小，携带泥砂的能力下降，不断将沉积物淤积于河床中，使河床变浅。洪水泛滥，溢出河床，水流分散，流速变慢，将河床两侧淤高，形成“自然堤”。河床不断淤浅，自然堤不断升高，久之，河床形成地形上高出周围的垅状条带，这就是所谓“地上河”。我国的黄河便是典型例子，进入平原后，黄河不但不汇集两侧的降水及地表径流，反而构成了“分水岭”（图 9－4）。进入平原后流速小，河床以沉积细粒的砂为主。河床以外，地势逐渐变低，洪水泛滥时依次沉积亚砂土、亚黏土、黏土等。

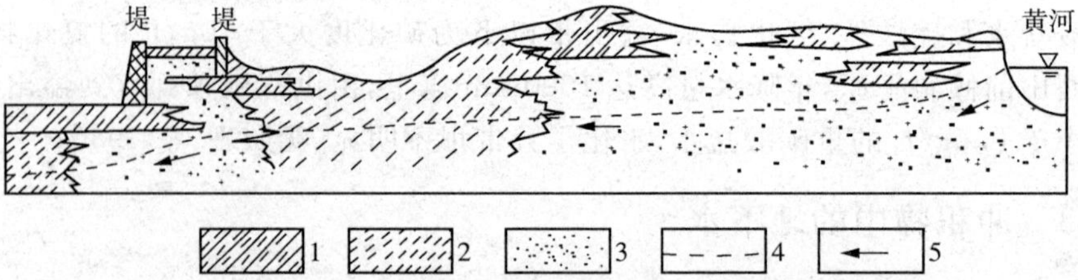

图 9－4　黄河下游岸边水文地质剖面

1—亚黏土；2—粉砂；3—细砂；4—潜水位；5—地下水流向

河床的砂层透水条件较好，不仅接受较多的降水入渗，更能经常获得河水的大量补给，水量较为丰富。由于河床潜水位埋藏较深，蒸发微弱，主要进行溶滤作用，水质良好，因此，河床沉积是平原中比较理想的供水含水层。河床向外，潜水埋藏逐渐变浅，岩性变细，径流变弱。在干旱半干旱气候下，蒸发强烈，潜水浓缩盐化，土壤也发生盐渍化。

总起来说，河流附近的潜水含水层，除了降水，均以河水为其经常性补给来源。在开发利用时，抽水使地下水位下降，加大了潜水位与河水位的高差，使含水层从河水获得更多的补给，这是有利之处；但是，另一方面，开发地区下游可利用的地表水量将因此减少。对于水源缺乏的干旱地区，确定供水方案时，必须全面衡量这两方面的利弊。

远离现代河流的古河道沉积，在山区与平原也不相同。平原河流，随着自然堤与河床的不断加高，一次较大的洪水会将自然堤冲决，河流弃去原道，改行新道。新的河道又重复着淤浅、形成自然堤、冲决改道的过程。如此继续不断，在平原中就形成了许多暴露于地表及掩埋的古河道带。除了改道点附近古河道仍能接受地表水的补给外，其余地区均以降水补给为主。古河道水量较丰，水质良好，是仅次于现代河床堆积的重要含水层。古河道之间，是砂和黏土互层的泛滥沉积物及牛轭湖沉积。后一类沉积物中砂层的厚度不大，分布范围较小，颗粒也较河床沉积细小，不能构成良好含水层。古河道与现代河道之间，形成河间洼地，潜水位很浅，雨季容易发生沼泽化，旱季强烈蒸发，常使土壤盐渍化(图 9－5)。

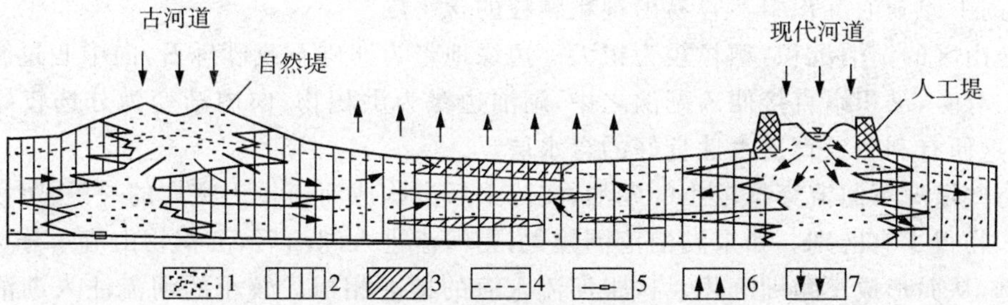

图 9－5　黄河冲积平原水文地质示意剖面

1—砂土为主；2—亚砂土及亚黏土为主；3—黏土为主；4—潜水位；5—地下水流向；6—降水补给(主要部分)；7—蒸发排泄。5～7 箭头愈长，分别代表补给、排泄、径流强度愈大

丘陵山区河流上中游，由于河流袭夺等原因发生大的改道。原有河道遗留下来，成为沿谷分布的条带状含水层。这类含水层颗粒粗大，透水性良好，是山区理想的供水水源。它汇集改道后分水岭此侧流域范围内的降水，沿着古河道流向平原，或在中途溢出地表。

在丘陵山地，冲积物中赋存承压水的可能性不大。平原及山间盆地深部，冲积的砂砾层被掩埋后，便构成承压含水层。冲积物中的含水部分，实际上是舌状的条带，顺水流方向延伸很远，垂直水流方向上范围不大，厚度一般不大，在剖面上多呈延伸不远的透镜体。某一时期冲积物中，河流多次往复摆动形成的古河道，在黏性土中形成一系列舌状条带，实际上并不成层；但是，平原冲积物岩性变化纷繁，各个舌状砂带可以通过隔水性能差的部位保持千丝万缕的水力联系，从这个意义上讲，可以看做是含水层。平原冲积物中的承压水，补给来自山前洪积扇砾石带的潜水，最终排入潜水或地势最低的河、湖或海。

9.1.4　湖积物中的地下水

湖积物(lacustrine deposits)一般在湖滨浅水地带以颗粒较粗的砂砾沉积为主，常见斜层理和波痕，厚度较小；在湖心深水地带以细粒的粉砂、黏土沉积为主，具水平层理，厚度较大，一般达数十米至数百米。湖积物和其他陆相沉积物比较，一般颗粒较细，颗粒的分选性、砂砾的磨圆度，砾石的扁平度较好，可出现石灰岩、泥灰岩、硅藻土、沼铁矿、有机质腐泥、石膏、岩盐等化学和生物化学沉积。湖积物以水平层理为主，层理比较清晰、规则、稳定，有时可见微薄水平层理，具对称型波痕；有的具韵律构造，厚度比较稳定，原始产状自湖岸向湖心微微倾斜。湖积物含湖泊水生生物化石，有时也含陆生动物与植物化石。湖积物按水体性质又分为淡水湖沉积物、咸水湖沉积物，湖积物中常含有各种沉积矿床。

湖积物属于静水沉积，然后再其特征是：颗粒分选良好，层理细密；岸边沉积物颗粒较粗，向中心逐渐过渡为细粒物质；能够构成含水层的粗粒物质，一般延展较远，在剖面中多呈较稳定的层状。随着地形、气候、湖的规模以及其他有关条件不同，沉积物的结构及粒度均有变化。

潮湿气候下的平原湖泊，当没有河流穿越湖泊时，波浪力成为唯一的分选营力。波浪来回摆动，将粗粒物质推向岸边，把细粒物质沉积于湖心。由于距山较远，只要组成湖岸的物质中没有粗粒成分，往往从湖岸一开始就是粉细砂沉积，然后再向中心过渡为黏土。有时甚至在岸边一开始就是泥炭沼泽，完全缺乏粗粒物质。干旱气候下的平原湖泊，由于强烈蒸发，可能在湖滨地带形成泥灰岩，然后向中心过渡为石灰岩、石膏、岩盐等化学沉积。总的说来，远山的平原湖泊沉积中不容易出现粗颗粒的含水层。

丘陵山区的湖泊沉积，颗粒较为粗大。边缘地带为卵砾石或砂砾石，向中心过渡为砂及黏性土。有时，洪积扇直接伸入湖泊之中，湖泊边缘为洪积物，向内渐变为分选较好的粗粒湖积物，这便有利于发育透水性良好的含水层。

在有些情况下河流穿越较小的湖泊，实际上后者构成河道较为宽广的一段，沉积物的特征与冲积物很少有区别。如果湖泊范围较大，则河流进入湖泊后，沉积物由流水分选转变为静水分选，从而形成三角洲沉积。这跟河流入海的情况相似。较小的河流注入湖泊并以湖泊为终点时，形成的三角洲与河流入海所形成的无异。有些大河，湖泊位于中上游，所形成的三角洲沉积粒径比较粗大，可形成透水性良好的含水层。

由此可知，湖积物的滨湖部分通常可构成含水层；但是，是否出现含水层，以及含水层的粒度成分如何，完全取决于沉积当时的环境条件。所以，只有对沉积环境进行较为符合实际的分析，才有可能对含水层的性质与分布范围作出比较正确的判断。

湖积物含水层的补给主要有两种情况。第一种情况是在现在湖泊周围与湖水有水力联系。这时，从含水层中取水使其水位降落低于湖水位时，湖水即成为含水层固定的补给源。这和傍河取水的情况相似。此时，无论有无其他补给来源，湖水量是含水层可利用水量的最终保证。但要注意几点：(1)前提是含水层与湖水有水力联系。(2)湖水对含水层的补给取决于两者水位差、发生联系的范围以及此范围内透水性的好坏。这是有一定限度的，取水量不能无限加大。(3)湖水本身的补给量也是有限度的，对含水层的补给增多，湖水总量即相应减少。因此，对湖水及湖积物中地下水的使用，应统一筹划管理，以保证长期使用而不致匮乏。

第二种情况是湖泊已经消失，仅遗留下湖泊沉积，这跟遗留古河道的情况相似。此时，湖积物以其所控制流域范围内的大气降水作为主要补给源。当然，附近有河流通过且条件具备时，也可能接受河水补给。

浅部的湖积物，接近湖心部分出现黏性土与砂互层，构成承压含水层；此外，早期的湖积物被后期沉积物掩埋时，也可赋存承压水。此时，范围比较广大的含水层，主要通过少数注入古湖泊的古河道获得补给。因此，一般说来，湖积承压含水层的补给条件不如冲积承压含水层。除了干旱地区咸水湖泊的沉积，一般湖积物承压含水层水质良好。

9.1.5 滨海三角洲沉积物中的地下水

河流注入海洋时，水流分散，流速顿减，河水所携带的泥砂在入海口附近沉积下来，就是三角洲沉积。三角洲这一名称来源于尼罗河河口沉积，因其形状呈三角形。实际上三角洲沉积未必都呈三角形分布，但具有共同的岩性结构特征。

河流入海后，河水脱离河道的束缚而向前方及左右流散，流速随着远离河口而降低，相应地，沉积物的粒度随着远离河口而变细。开始时，河水携来的泥砂停积于河口直达水面，随后的水流冲开原来堆积物，将泥砂堆积在更向外的位置上（这种冲开的水下通道，其两侧构成自然堤），堆到一定高度时，又在其中冲出通道继续向前堆积。如此，水下通道不断向海中延伸，三角洲不断增长。

三角洲的形态结构可划分为三个部分。河口附近主要是砂，堆积物直达水面，坡度平级，算作三角洲平台。向外渐变为斜度较大的三角洲斜坡，它由粉细砂组成。再向前倾斜下去是原始三角洲区，其上淤积黏土。通过三角洲顶部作一剖面，可以看到，一方面，自下而上粒径逐渐变粗；另一方面，从原始三角洲的底向三角洲平台，粒径也逐渐变粗（图9-6）。

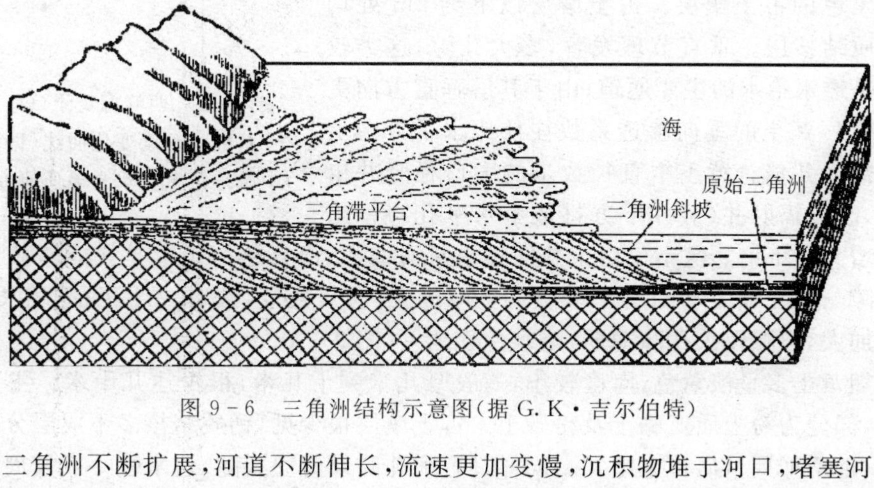

图9-6 三角洲结构示意图（据G.K·吉尔伯特）

随着三角洲不断扩展，河道不断伸长，流速更加变慢，沉积物堆于河口，堵塞河道。水流寻找自然堤上薄弱的处所冲决而出，形成新的河道，原来的河道即被细粒物质堵塞，沉积物逐渐固结压缩而变薄，没入水中，其上便再沉积黏土、泥炭等。较大的河流，常作大范围的左右迴荡，形成连续多期的三角洲沉积。当河流入海口距山区很近时，三角洲沉积粗粒部分便以砾石为主要成分。实际上这是山前洪积扇延伸入海，故砾石的分选较差。

滨海三角洲沉积一般都属半咸水沉积，在海潮涨落幅度较小的地区，其影响范围更大。三角洲中虽然包含透水性良好的含水层，但是，如不经过一定时期淡水的淋洗、替换，水质过咸，不能用于供水。在滨海地区，淡水淋洗替换的深度受海水位的控制。除非三角洲沉积高出地表达到一定高度，含水层淡化部分的厚度与范围一般都是有限的，含水层下往往保留着咸水。在开发利用此类含水层时，必须预防因水位降低而导致海水入侵。

9.1.6 黄土中的地下水

黄土（loess）是在干旱气候条件下形成的特种土，一般为浅黄、灰黄或黄褐色，具有目视可见的大孔和垂直节理。在中国，黄土主要分布在北纬30°～48°间自西而东的条形地带上，面积约64万km^2。其中山西、陕西、甘肃等省是典型的黄土分布区，分布面积广，厚度大，各个地质时期形成的黄土地层俱全。黄土的厚度各地不一，从数米至数十米，甚至一二百米。

中国黄土的分布面积，比世界上其他任何一个国家都大，而且黄土地形在中国发育得最为完善，规模也最为宏大。中国西北的黄土高原是世界上规模最大的黄土高原；华北的黄土平原也是世界上规模最大的黄土平原。中国黄土总面积达 63.1 万 km^2，占全国土地面积的 6%。

我国西北及华北地区广泛分布的黄土，是一种性质特殊的沉积物。关于它的成因，长期以来争论不休。现在看来，它既有风成的，也有洪积、冲积及湖积等水成的。

我国黄土主要是中更新世（Q_{11}）周口店黄土及上更新世（Q_{111}）马兰黄土。两者的岩性、结构及透水性均有差别。周口店期的黄土，颜色较深，一般多呈暗黄或棕黄色，有的地区微显红色。厚度较大，一般为数十米，最厚可达约 200m。多为粉土质亚黏土，其中常夹十余层深棕至棕黑色的古土壤层。古土壤层以下约 2m 处均分布有钙质结核层。垂直节理发育，多大孔隙，这类较大的空隙是透水给水的主要通道；由于其沿垂直方向更为发育，所以，黄土的垂向渗透系数往往比水平方向上的渗透系数大几倍。黄土中直径数米的大口径竖井出水量很小，改成辐射井（竖井下方打数个水平孔）后，出水量往往增大数十倍。这不仅由于井的过水断面增大，而且还由于水平孔能够截获更多顺着垂直裂隙与大孔隙流动的水。本层黄土厚度大，时代较老，故有一定压密，土质较坚实。随着埋深加大，裂隙及大孔隙减弱，透水性逐渐差（图 9－7）。

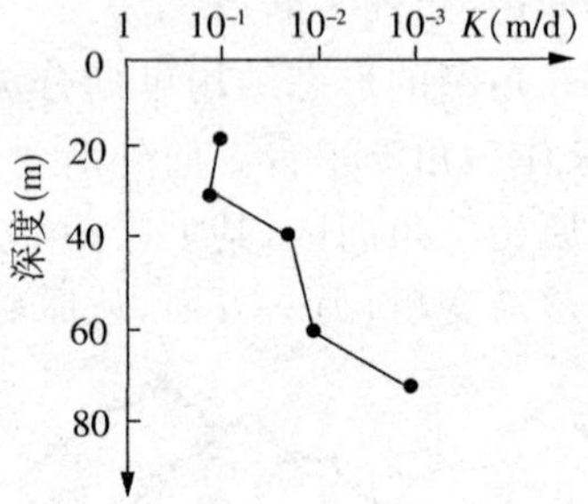

图 9－7　西峰塬黄土（Q_{11}）渗透系数随深度变化曲线（据黄河中游地区黄土水文地质研究小组）

马兰期黄土多呈淡黄色，厚度较小，一般厚几米到十几米，很少达几十米。主要为粉土质亚砂土，部分为粉土质亚黏土及粉砂土。古土壤层很少见，钙质结核多不成层分布。结构比较疏松，远不如周口店黄土坚实。同样具有大孔隙及直立裂隙，透水性一般较周口店黄土为好，垂直方向的透水性也比水平方向强。垂向渗透系数为每昼夜零点几米到几米。

黄土地区总的比较缺水，这是气候、岩性、地貌条件综合影响的结果。黄土厚度大，结构疏松；在新构造运动作用下，地壳上升，侵蚀强烈，纵横的沟谷，将黄土高原切割成无数块段。范围较大的高平地称为黄土塬，长条状的垅岗称为黄土梁，浑圆形的土丘称为黄土峁。黄土中一般缺乏隔水层，沟谷深切，使潜水埋深变大，往往可达数十米，个别甚至达一二百米。黄土高原降水量较小，除东南部达 500mm～700mm 以外，中部为 400mm～500m，北部小于 400mm，且降水多以集中暴雨出现。由于降雨中相当大一部分消耗于厚度很大的包气带，补给潜水的部分大为减少。以上条件使黄土高原的地下水源条件比较困难。

黄土塬表面较为宽阔平坦，较利于降水入渗及保存，降水入渗系数平均为 5%～10%。含水层中的水向塬的四周散流，以泉的形式排泄于边缘的沟谷中。塬的中心地下水位较浅，通常为 20m～30m，塬边水位可深达 60m～70m（图 9－8）。在各类黄土地貌单元中，黄土塬地下水补给与赋存条件较好，井的出水量较大。

黄土厚度大，结构疏松，受新构造运动影响近期地壳上升，在流水侵蚀下，纵横的沟谷把黄土高原切割成由松散沉积物构成的丘陵。

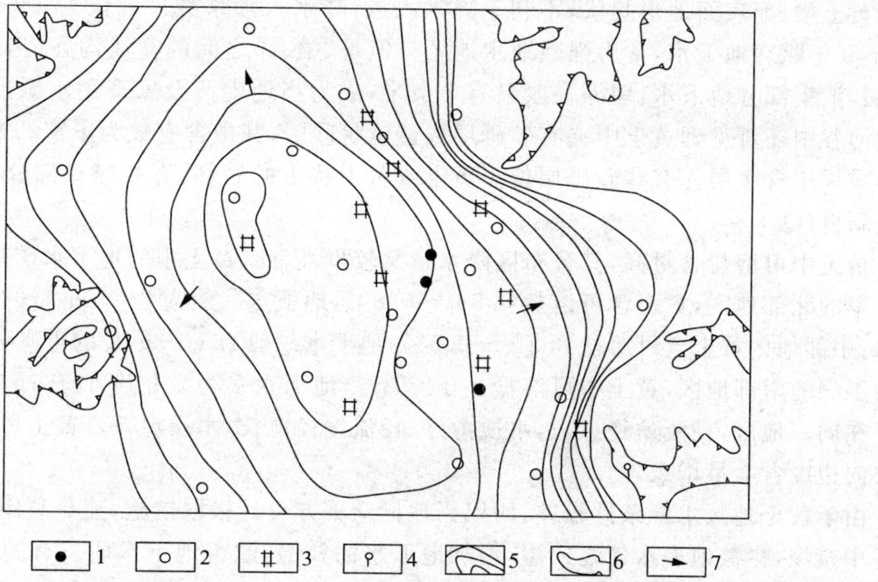

图 9-8　黄土塬潜水等水位线示意图(据黄河中游地区黄土水文地质研究小组)

1—长期开采孔；2—季节性开采孔；3—民井；4—下降泉；5—潜水等水位线(米)；6—黄土冲沟；7—地下水流向

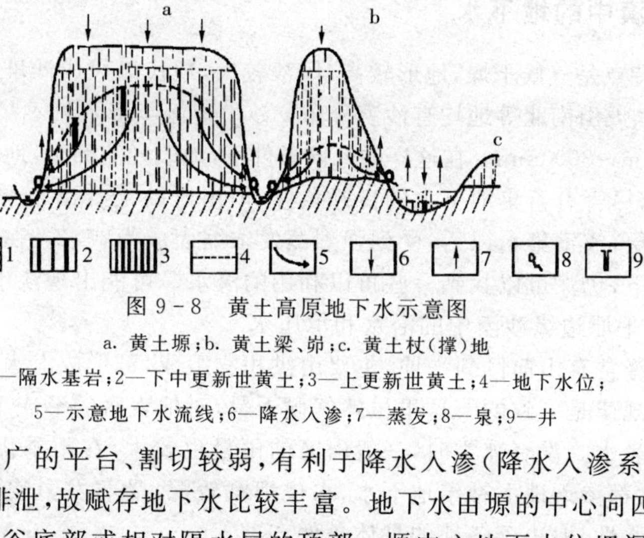

图 9-8　黄土高原地下水示意图

a. 黄土塬；b. 黄土梁、峁；c. 黄土杖(撑)地

1—隔水基岩；2—下中更新世黄土；3—上更新世黄土；4—地下水位；

5—示意地下水流线；6—降水入渗；7—蒸发；8—泉；9—井

黄土塬有较为宽广的平台、割切较弱，有利于降水入渗(降水入渗系数平均为 5%～10%)而不利于迅速排泄，故赋存地下水比较丰富。地下水由塬的中心向四周辐射状散流，以泉的形式排泄于沟谷底部或相对隔水层的顶部。塬中心地下水位埋深较浅(一般埋深 20m～40m；塬面愈宽广，则塬中心水位埋深愈浅)，而塬边埋深大(60m～100m)。矿化度也由塬中心向四周增大。

黄土梁、峁切割强烈，不利于降水入渗(入渗系数可以小到 1%)与地下水赋存。梁、峁间宽浅谷地(当地根据其形状称为杖地与掌地)赋存有水量较小、水质较差而水位较浅(10m～30m)的地下水，可供少量居民用水或畜牧用水(图 9-8)。

黄土高原降水量不大。除东南部可达 500mm～700mm 外，中部为 400mm～500mm，北部小于 400mm。降水稀少，故黄土中可溶盐含量高，从而地下水矿化度也较高。相对湿润的南部，黄土可溶盐少于 0.3%，地下水矿化度一般为小于 1g/L 的重碳酸盐水。干旱的北部，黄土含盐量 0.5%～0.8%，地下水通常为矿化度 3～10g/L 的硫酸盐-氯化物水。

黄土梁、峁表面地形起伏，不利于降水入渗，降水入渗系数一般仅为1%左右。切割强烈，不利于赋存地下水，常为强烈缺水地区。但是，梁、峁之间的宽浅沟谷(当地称为掌地及杖地)，汇集部分地下水，埋深一般只有十余米，成为当地生活及家畜用水源。除此以外，在大的河谷中还可见到黄土中夹有砂砾层或透镜状砂层，其中含有较为丰富的地下水，深埋时则构成承压含水层。有些砂砾层位于黄土或黄土状土的底部，有相当一部分在时代上属于下更新世(Q_1)。

黄土中可溶盐含量高，其分布区降水量又较少，因此，黄土中的地下水矿化度普遍较高。最干旱的北部地区，黄土含可溶盐0.5%～0.8%，地下水一般为3～10g/L的硫酸盐—氯化物水；中部地区黄土含可溶盐0.3%～0.5%，地下水一般为1～3g/L的重碳酸—硫酸盐水；较为湿润的南部地区，黄土中可溶盐小于0.3%，地下水多为矿化度小于1g/L的重碳酸盐水。在同一地区，径流途径愈短，水质愈好；径流途径愈长，水质愈差。黄土塬的地下水就由中心向边缘含盐量增大。

由于黄土地区水源条件较差，所以当地群众千方百计采取措施，充分利用水源。例如在沟谷中筑坝，拦截地表水使之入渗，增加地下水的补给，改善地下水质。有的地方采取各种保护措施，尽量保存并利用土壤水以供作物生长之用。但根本上改善黄土地区的水源条件，还有待于今后继续努力。

9.1.7 沙漠中的地下水

沙漠地区的特点是气候干燥，地形较高，风沙较大，现代以风成沙堆积为主。如我国内蒙古高原、青藏高原、天山南北等地均有沙漠分布。沙漠地区年降水量不足100mm，而年蒸发度却很大，达2000mm～3000mm。在这样的气候条件下，地表径流稀少，地下水资源匮乏。

在这种地区，尽管有蓄集地下水的良好条件，但由于缺乏补给来源，而仅成为可以透水却不含水的干岩层，或蓄集水以后，受到强烈蒸发浓缩而成为咸水。在这种对地下水的形成普遍不利的条件下，仍然可以找到一些可以利用的淡水。可能出现淡水的条件分析如下：

1. 山前倾斜平原边缘沙漠中的潜水和承压水

沙漠地带边缘常有山前倾斜平原，主要由洪积物组成，可形成潜水和承压水。这与前述山前倾斜平原的规律是一致的。这里虽然气候干旱，对地表水的形成不利，但在高山上有冰雪融化可补给地表水。没有冰雪时，一般山区的雨量也较大，在雨季仍可形成洪流，山区河流流出山口后，大都渗入地下补给地下水，水位埋藏较深，受蒸发影响不大，常可找到淡水，其埋藏深度和富水性，取决于各地的具体条件。

山前倾斜平面的潜水溢出带上覆近代砂丘，地下水埋藏浅，土层温度高，有利于牧草生长，所以常常是沙漠中的绿洲，山前倾斜平原的承压水含水层可以延伸很远，深入沙漠腹地，在沙漠中打钻可以打到淡的承压水。例如贺兰山的山前倾斜平原十分发育，向西北一直延展到吉兰太盐湖附近。这里的钻孔可打出水头高出地面4m的自流水，钻孔单位出水量为0.1L/s·m，水的矿化度为0.7g/L。又如腾格里沙漠的长岭山山前，也有冲洪积扇分布，松散层厚80m～50m，由砂砾石逐渐过渡为砂夹亚黏土透镜体，潜水位埋深5m～30m，矿化度为0.6g/L至1～3g/L，水井出水量一般是15m～150m^3/d。

2. 古河道中的地下水

沙漠地带，在沙丘之下有时埋藏有古河道，这些地方地势较低，有利于降水的汇集，而且古河道中岩性较粗，并向湖泊洼地伸延，径流交替条件较好，所以常有较丰富的淡水。例如内蒙古白音他拉附近的古河道，在地表还留有阶地陡坎和槽形洼地，带状分布的小型湖泊和沼泽，古河道带生长有喜水植物，地下水埋藏浅，水质好(图 9－9)，成为该区主要供水水源地，因而村落沿地带分布。

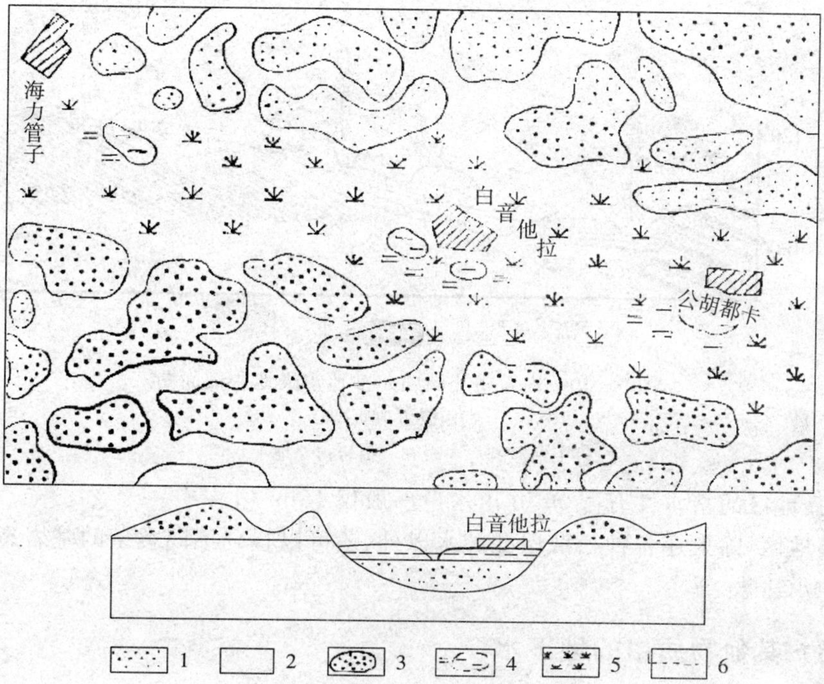

图 9－9　内蒙古白音他拉古河道示意图

(据“水文工程地质”月刊，1960.3)

1—砂；2—黏性土；3—沙丘；4—沼泽与湖泊；5—水草地；6—地下水位

3. 大沙漠腹地的沙丘地下水

沙丘地下水是沙漠地区特有的地下水。干旱地区的风成沙区，透水性很强，如果下伏有不透水或弱透水地层，则渗入的降水可以在沙丘中蓄集起来，成为沙丘潜水。此外，沙漠地区由于日温差大，在温暖季节，空气中温度稍大时，对于凝结水的开采极为有利，因此，沙丘潜水还可以落得部分凝结补给，沙丘潜水向丘间洼地呈泉的形式排泄，或在丘间洼地受蒸发排泄。后一种方式排泄时，则使潜水矿化度增高，总的排泄趋势是向附近湖沼低地排泄。沙丘潜水的水量一般不大，水质各地段不同。下面以内蒙古锡林郭勒盟的小腾格尔沙漠为例，来说明沙丘水的规律。

该沙丘堆积在第三系和白垩系红色岩层之上，地势由南向北逐渐降低。沙地在一些高 20m～50m 的沙丘和沙垅之间，有一些湖沼和湿地分布(图 9－10)。

内蒙古小腾格尔沙地地下水的规律如下：

(1)水量和水质受大气降水的控制：沙地东部降水量较大，地表沼泽、河流较多，地下水较丰富，地下水矿化度为 0.6～0.8g/L；沙地西部降水量较小，地表水也较少，地下水贫乏，地下水的矿化度为 1.0～1.5g/L。

(2)地下水与地貌关系密切：在沙丘、沙垅分布的地区，地下水位埋深在 10m 以下，水质良好，而沙丘间的洼地，水位埋深 1m～2m，矿化度为 1～3g/L 或更高。

(3)沙丘间洼地基底岩性对地下水有重要影响：基底由砂岩或风积沙组成时，则沙丘洼地潜水丰富，矿化度为 1～3g/L；基底由泥岩组成时，洼地的潜水贫乏，矿化度可达 10～20g/L。

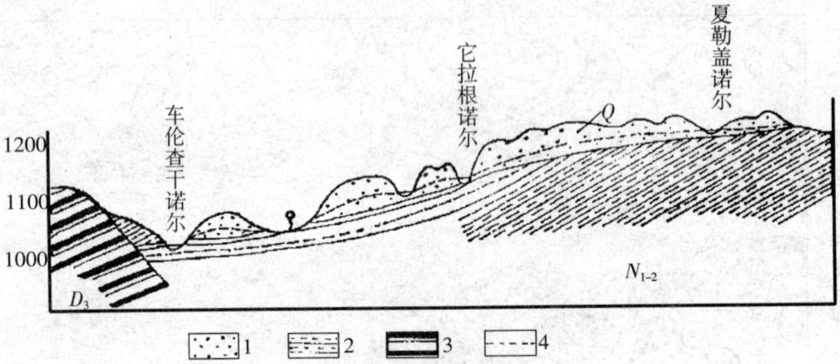

图 9-10　内蒙古小腾格尔沙地水文地质剖面图

(据内蒙古地质局)

1—中细沙；2—泥岩；3—板岩；4—地下水位

(4)沙丘地区的富水性有限，单井出水量一般仅 $15m^3/d$ 左右。

在沙漠地区，除上述各种松散层孔隙水以外，还可以找到不同类型的基岩裂隙潜水和深部基岩裂隙承压水。

9.1.8　其他物质中的地下水

除上述各种常见的沉积物之外，有时也会遇到和冰川有关系的含水层。一般说来，冰碛是指冰川推进过程中所堆积的物质。其特征是大小混杂，分选极差，粗大物质棱角分明。大的组成直径可达几米、几十米，小的则为黏土颗粒，一般以冰川移动过程中崩解及挖掘的粗大物质为主。崩解下来的大小石块，埋于冰中，随冰川移动，一方面成为冰川向两侧及底部基岩挖掘的工具，使冰川中岩块增加；另一方面又是磨蚀的工具，冰碛物中的大量黏土便是磨蚀的产物(图 9-11)。

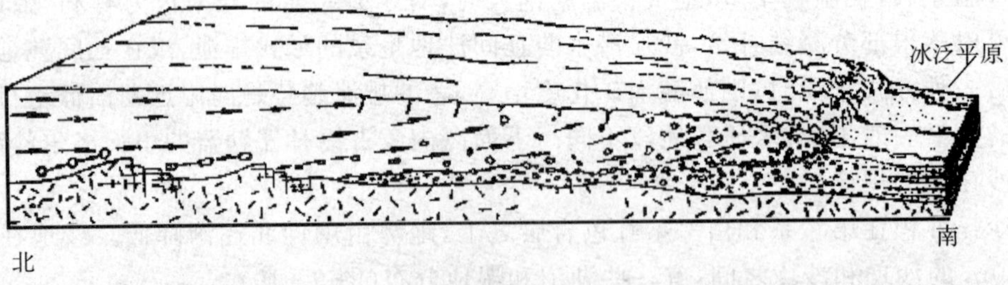

图 9-11　冰川的磨蚀、搬运及沉积作用示意图(据 A. N. 斯特拉勒)

冰碛物分选不良，含有大量黏土，很难形成较大的孔隙，一般不构成含水层；局部经冰川内部融水分选，可形成范围不大的导水通道。

冰水沉积实际上是流水或静水的沉积，不过水是由冰川融化而成。融冰水以各种方式将冰碛物重新搬运分选，形成冰水沉积。冰水可以汇成洪水、河流或湖泊，相应地，便有洪积物、冲积物及湖积物。冰水沉积物的岩性结构与一般沉积物相似，所不同的是物质成分可能带有冰碛物的痕迹：黏粒含量多，易风化成分（如长石）多等。所以，冰水沉积很难从其自身的岩性结构上和其他类型的沉积相区分。只有在确切证明冰川在其上游地区曾经存在的前提之下，才可以推断其为冰水沉积。冰水沉积物中的含水层，补给、径流、排泄等方面与一般的流水与静水沉积相似，所以不单独讨论。

9.1.9　松散沉积物中承压水的某些特点

1. 承压含水系统成因类型的确定

松散沉积物中的含水层，根据其在地层剖面中所处的位置不同，可以分别属于潜水或承压水。前面所说的各种成因类型的沉积物中，都可以赋存潜水或承压水。

潜水含水层位于地表附近，根据地貌、沉积物所处部位及岩性结构，不难确定其成因类型。但是，要想确定承压含水层的成因类型则比较困难。当承压水及其上的潜水赋存于连续沉积的同一成因类型沉积物中，还可以根据岩性结构的对比加以判断。如果承压含水层埋藏较深，且其成因类型与上部潜水含水层不同时，就必须依靠深部勘探资料进行识别。为此往往要投入较大的工作量，付出相当的投资，而在判断方法上也有许多困难。然而，弄清沉积物的成因类型以后，就可以大致确定沉积物的系统，从而有助于确定其中赋存的地下水的补给、径流、排泄条件，确定地下水含水系统；这对于承压水资源的正确估价以及合理开发管理都有重大意义。因此，在工作中应努力解决这个问题。

在具有一定厚度的松散沉积物中，才有可能赋存承压水；深部的承压水，更是无例外地都与近代构造沉降带相伴生（图 9－12）。因此，在探寻承压水含水系统时，首先应从构造上确定沉降盆地与沉降平原的范围；然后，再根据区域地貌的演化，并配合地球物理勘探，初步推断承压含水层的可能分布范围及深度；最后，通过钻探加以确定。

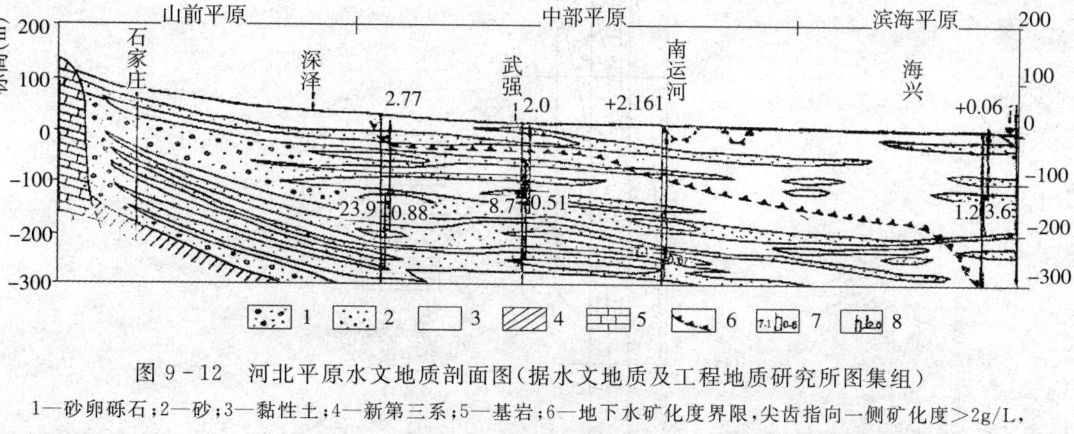

图 9－12　河北平原水文地质剖面图（据水文地质及工程地质研究所图集组）

1—砂卵砾石；2—砂；3—黏性土；4—新第三系；5—基岩；6—地下水矿化度界限，尖齿指向一侧矿化度＞2g/L，背侧矿化度＜2g/L；7—钻孔抽水段，左侧为单位涌水量（吨/时），右侧为矿化度（g/L）；8—地下水埋藏深度（米）；

注：1～3 为第四纪松散沉积

2. 沉积、成岩过程中承压含水系统骨架的变化

盆地及平原不断沉降，沉积物不断堆积的过程中，同时发生着沉积物由松散趋于固结的成岩作用。这一作用过程，随着沉积物掩埋深度变大以及时间延续而加强。

沉降盆地或平原的松散沉积物中，颗粒细小的组分构成隔水层，颗粒比较粗大的部分成

为含水层，两者共同构成承压含水系统。成岩过程中，颗粒的粒度并不改变，但是，颗粒之间的相互关系，颗粒之间的孔隙，继续发生缓慢地变化。

构成隔水层(实际上是半隔水-半含水层)的黏性土，在成岩过程中，孔隙度变化相当显著。黏粒的表面存在着结合牢固的结合水，当压力不大时，颗粒之间并不直接接触，其间夹有水层(水化膜)；另一方面，黏粒往往形成颗粒集合体，在集合体之间形成比粒间孔隙大得多的结构孔隙。由于以上两个原因，未经压缩时黏土的孔隙度可以超过颗粒最疏松排列时最大理论孔隙度，一般大于50%，有时可达80%以上。沉积物形成以后，黏性土失去一部分颗粒之间的水，孔隙度降低，这是固结作用的第一步。随着沉积作用的进行，上覆沉积物厚度加大，压力增加，达到一定负荷后，结构孔隙不断破坏，并释放其中的水。黏性土在掩埋深度不很大时，结构孔隙破坏，孔隙度急剧减少；此外，充填胶结作用也会使孔隙度降低。继续沉降，上覆沉积物重量不断增大，孔隙度降低便愈来愈不明显了。据认为，在掩埋深度继续加大时，对孔隙度减少起主要作用的不是压密，而是黏土矿物成分的变化。帕威斯(Powers，1967年)证明，在深部蒙脱石将变为伊利石并释水，使黏性土孔隙压力增大。总起来说，黏性土在被掩埋的早期，主要由于压密而减少孔隙度；大约从2000m左右的深度开始，孔隙度随深度增加而减少就很缓慢了，此时，孔隙度的降低主要是化学作用与重结晶作用的结果(图9-13)。

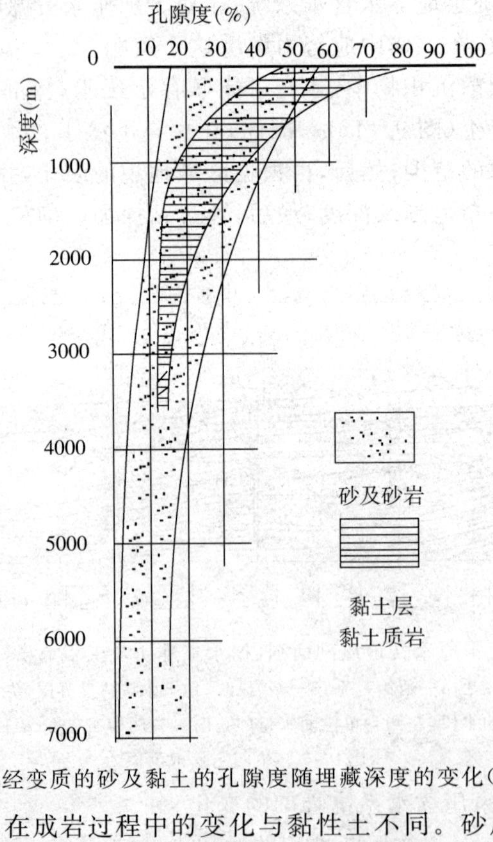

图9-13　未经变质的砂及黏土的孔隙度随埋藏深度的变化(据R.C.赛莱)

构成含水层的砂层，在成岩过程中的变化与黏性土不同。砂层中只存在粒间孔隙。在上覆岩层压力下，原来排列比较疏松的砂粒将变得比较紧密而减少孔隙度。但是，与黏性土不同，压密对降低砂层孔隙度的作用很有限(当砂层中含黏粒时，孔隙可以减少较多)；砂层孔隙度的减少，看来主要是胶结充填造成的。从图 9 - 13 可见，被掩埋的初始阶段，砂层孔隙度降低得不多，而且到很深的深度上仍能保持相当大的孔隙度。例如，美国得克萨斯州中新世的砂层，当埋藏在 6000m 以下时，仍能保持 20%的孔隙度。

尽管变化的原因与性质不同，无论砂层还是黏性土，其孔隙度都随着埋藏深度加大及时间延续而降低。

3. 沉积、成岩过程中承压含水系统中水的变化

在沉积盆地沉降的过程中，含水系统所含的水也发生相应变化。开始沉积时，组成含水层的粗颗粒相互间以比较松散的方式接触。后来，受到上覆岩层的压力以后，其最终的反应致使颗粒间的接触面积加大，以及原来未发生接触的颗粒相互接触，从而减少孔隙度。因此孔隙中的水也承受相应的压力。但是，根据巴斯噶定律，对一装满水的密闭容器加压，只要水量不损失，增加的压力完全由水所承受。承压含水层是一个相对封闭的空间(其封闭性随着远离山前补给区及埋藏深度加大而加强)，因此，在未损失水量之前，压力将由其中的水所承受，表现为含水层压力水头升高；而含水层颗粒排列不发生变化，仍然保持原有的孔隙度。只有当水量损失时，压力才会转移到颗粒上，使含水层骨架压密。

盆地或平原的沉降速度一般每年以毫米计量。也就是说，每年增加的沉积物厚度，即重量，是很小的，所以，含水层中的水有足够的时间来反应，使其压力水头调整到与上覆岩层的压力相适应(在封闭性较好时)，或者将水排泄到含水层以外去(当封闭性较差，有可能进行排泄时)。

4. 沉降盆地与平原中松散沉积物含水系统

承压含水层的封闭程度，与其埋藏深度成正比。深度愈小，封闭性愈差；深度愈大，封闭性愈好。这是因为，无论何种成因类型的沉积物，都很少可能在含水层之间形成完整连续的隔水层，隔水层的某些部位，往往存在所谓“天窗”。所以，一般情况下，某一孔隙含水层与其相邻含水层之间存在着水力联系。实际上，对松散沉积物中的含水层来说，即使黏性土隔水层是连续的，只要相邻含水层之间有足够的水头差，仍能通过隔水层发生水力联系。显然，愈是深部的承压水含水层，由于水流渗透途径愈长，需要穿越的隔水层愈多，向外界排泄或从外界获得补给愈是困难，封闭性也就显得愈好。同样，愈接近山前主要补给区，隔水层愈少，径流途径愈短，承压含水层的封闭性愈差，从外界获得补给或向外界排泄愈容易；愈是远离补给区，封闭性愈好，从外界获得补给或向外界排泄愈困难。

由此可见，在不断沉降加压的过程中，深部承压水的压力水头将不断上升。前已述及，作为隔水层的黏性土，也在沉降加压过程中压缩、释放一部分水，这部分水最终进入相邻的含水层，也使承压水压力水头抬高。

在同一沉降盆地或平原中，愈是深部的承压含水层，压力水头愈高，但是其孔隙度(及相应的给水度)却愈小，补给条件也愈差。因此，认为测压水位高的承压含水层便是好的含水层，这是很片面的。在具有充足的补给来源的前提下，具备良好导水性能以及较大给水度的含水层，才是有较大供水价值的良好含水层。

综上所述，可以认为，含水层及其有关的限制层(隔水层)构成一个整体，共同对上覆岩层压力作出反应，并在其间发生水的转换。不仅如此，含水层之间也通过天窗及黏性土构成的限制层相互发生一定的水力联系。因此，由同一水流体系堆积的同一沉积系统，大体上可以看做是一个含水单元，构成一个统一的水动力系统，有其较为统一的补给、储存、径流与排

泄的区域(这并不排除其中个别部分的补给、储存、径流与排泄有其特殊性)。显然,此中属于同一成因类型沉积物中的水,相互联系更为密切些。

再进一步,从更广的角度看问题,我们可以认为,沉降盆地或平原松散沉积物中所包含的全部地下水——无论是最上部的潜水,还是深部的承压水;无论是含水层中的水,还是隔水层(实质上是半隔水-半含水层)中的水——相互之间存在着程度不同的联系,可以看做一个统一的含水系统和水动力系统。

9.1.10 孔隙含水系统案例分析

上面分别讨论了不同成因类型沉积物中的孔隙水,实际上,同一时期同一水流系统,随着沉积环境递变,可在不同部位形成不同成因类型的沉积物,而其中组成含水层的粗粒物质,连续分布,赋存其中的水具有密切联系,构成统一的孔隙含水系统。下面以河西走廊为例加以说明。

甘肃河西走廊石羊河流域属内陆流域,上游河流来自南部祁连山的北麓,其中较大者为古浪、黄羊等8条,向北流出山口,大部分河水渗入洪积扇中,此时已进入武威盆地的范围。在武威以北为扇群边缘,在扇群的溢出带出现了一系列泉群,就是这些泉汇集成为石羊河,向北流至现在的红崖山水库中。再北流,又进入民勤一湖水盆地。山前也是洪积扇堆积,河水复渗入扇中,但是由于水量较武威盆地小,在扇缘仅形成不多的泉水,大部分水以地下水的形式,从洪积物中进入冲积物向北运移,到达以北的湖泊沼泽地带;一部分水以泉的形式进入湖泊中,绝大部分消耗于蒸发。石羊河全长达100余km,流域面积约3000km^2(图9-14,图9-15)。

石羊河流域的沉积物是由两个系列沉积组成。第一个系列是武威盆地中的沉积,南部为单层厚度巨大的卵砾石,最厚者可达400m,为洪积物。这一地段,地表不存在常年性河流,只在洪水季节地表出现暂时性水流。溢出带的泉群在地表汇流成为石羊河。但是其真正的源头是来自祁连山的河流,只是经过渗入洪积扇变为地下水,再以泉的形式出露汇集成为地表水流的复杂过程而已,在这一转化过程中,有相当一部分水流在地下由洪积物进入冲积物。这就是武威盆地其他地段地下水的来源。第四纪以来,河道切穿红崖山丘陵的部位而通过,所以冲积物的分布也大体和石羊河一致,只有部分冲积物伸入腾格里沙漠。此外,在盆地的低洼部位也出现湖泊沉积,河道切穿红崖山之后,进入民勤盆地。沉积物成因类型的变化仍然和武威盆地一样,先是洪积,再为冲积,最后为湖泊沼泽沉积,只是其规模较小,这是水量较小的结果。总之,影响沉积物成因类型不同的直接原因是地形和地表水流速及流量的变化。一般地说,除山地之外,无论是平原还是山间盆地,地形和水流的变化,都属渐变,所以不同成因类型的沉积物也是连续的和渐变的。认识沉积物的连续性对认识地下水的补给和运动大有裨益,武威和民勤盆地提供了很好的例子。

两个盆地中第四纪堆积厚达100m~400m,是地下水主要贮存场所。盆地的年降水量约160mm,大部集中于5~9月,此期间蒸发强烈,所以盆地中降水对地下水补给作用微弱。南部祁连山顶部平均海拔4000m以上,终年积雪,冰川发育。向北高度降低,山地年降水量平均700mm~800mm,至北麓地带减小到300mm左右,水文网切割强烈,在出山前即汇集了山区绝大部分的地表和地下水,石羊河流域出山的8条河流,多年平均总流量为14.4×10^{8}m^3/a,这就是从祁连山进入武威盆地的总水量。通过山前的洪积扇群带时,渗入地下的

水量约 $6.5\times10^8\,m^3/a$，占河水总流量的45%。到盆地中部，从扇群中部开始，地下水沿浅切的河槽大量溢出，泉水总流量为 $3.2\times10^8\,m^3/a$，最后汇流成石羊河。据香家湾流量站对1965年和1978年径流的分析，石羊河中下游径流组成中，地下水分别占94.5%和95.7%，洪水仅占5.5%和2.37%。这些水进入民勤盆地后，主要由引水渠进入田间，最后排入北部的湖泊沼泽中，消耗于蒸发。

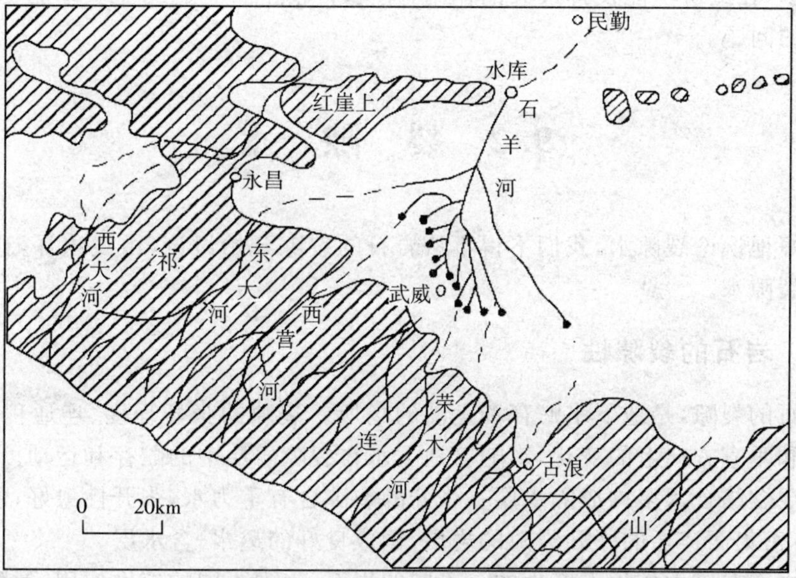

图 9-14 武威盆地水系图

（据侯锡海，略加修改）

1—山地；2—河流；3—泉

图 9-15 祁连山—武威盆地地表—地下水转化示意剖面

（据侯锡海，略加修改）

1—基岩；2—断层；3—砂粒石及黏性土夹层；4—地表水位及流向；6—泉

从上述情况，可以得到如下几点认识：(1)含孔隙水的沉积物成因类型的变化是地形和水流状态改变的结果。其中的水是连续的，不同成因类型沉积物的变化也是连续的。(2)石羊河流域包括两个盆地，全长达100km以上，处于干旱地区，南部祁连山的地表水流为其主要补给来源。在流动过程中，地表和地下水之间不断相互转化，地表引用的水量多，则地下水的补给量减少。说明两者是一个统一的整体，两个盆地，是上下游关系，水的来源只有一个，上游盆地的取水量会影响到下游的应用。可以看出，这种条件下的地表水和地下水、上游和下游的水，同属一个系统，用水时会相互影响，上游对下游的影响尤其大。因此，如何使一定数量的水，在经济上能发挥最大的作用，并使环境能有所改善，至少不能变坏，是开发利用中最重要的问题。

9.2 裂 隙 水

为了更好地谈论裂隙水，我们不得不从岩石的裂隙开始讨论，由浅入深，让大家更好地认识与理解裂隙水。

9.2.1 岩石的裂隙性

坚硬岩石的裂隙，是地下水贮存和运动的场所。裂隙的张开程度、连通程度、密集程度及其在水平和垂直方向上的变化，影响着地下水在裂隙岩层中的贮存和运动。例如，具有闭合裂隙的岩层含结合水多构成隔水层。张开的裂隙含有重力水，张开性愈好，便愈有利于水的运动；具有密集而连通的张开裂隙的岩层，构成良好的透水-含水层。

裂隙是岩石在应力作用下产生的。不同的岩石，受到不同的应力作用，裂隙发育规律也不一样。在岩石形成过程中，可以产生成岩裂隙；经历构造变动，会形成构造裂隙；分布在地壳浅部的岩石，长期经受风化作用，又可发育成风化裂隙。

裂隙的多少，以裂隙率定量表示。裂隙率是裂隙体积与包括裂隙在内的岩石体积之比，通常以百分数表示，有时也可用面积比表示。

1. 成岩裂隙

成岩裂隙是岩石在成岩过程中受内部应力作用而产生的原生裂隙。

沉积岩的成岩裂隙是在固结过程中脱水干缩形成的，一般裂隙比较细小，含水意义不大。

岩浆岩在冷凝过程中形成的成岩裂隙意义较大。其中陆地喷发的玄武岩成岩裂隙最为发育。岩浆冷凝收缩时，由于内部的张力而产生垂直于冷凝面（层面）的六方柱状节理。裂隙张开，发育均匀，连通性好，利于地下水的贮存与运动。

由于岩浆喷发的不连续性及岩浆成分的变化，厚层的玄武岩中常可看到不同层次的交互沉积。如我国内蒙古一带的玄武岩，常见气孔发育的层次与柱状节理发育的层次相间分布。气孔发育的层次一般透水性很差。

海底喷发的玄武岩，往往比较致密，形成比较稀疏的枕状节理，一般不能构成良好含水层。

侵入岩的成岩裂隙，是在强大压力及冷凝收缩下形成的。裂隙的分布与岩体的产状关系密切。例如，在花岗岩的岩基或岩株中，常发育三组节理（图 9-16）。Q节理横切岩体轴向，垂直于岩体与围岩的接触面；S节理也与接触面垂直，但平行岩体轴向；L节理则与接触面平行。三组节理互相连通成系统，由于成岩环境的限制，一般张开性不好。

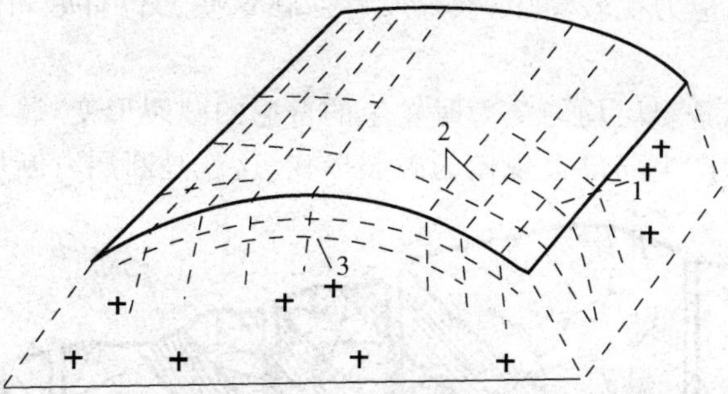

图 9-16　花岗岩的成岩裂隙

1—Q 式裂隙；2—S 式裂隙；3—L 式裂隙

侵入岩成岩裂隙的发育程度，受岩相的影响较大。岩脉以及大的岩体接触带的部位，冷凝收缩较为强烈，加上岩浆侵入时又受力，裂隙率常较大，具一定张开性，故布置在这种地方的井，出水量往往比较大。

2. 构造裂隙

构造裂隙是岩石在构造运动过程中受力产生的。它的发育既取决于岩石本身的性质，也取决于应力状况。

自然界的岩石，矿物组成、结构构造不同，在外力作用下，表现出不同的力学特性。从这个角度出发，可将岩石分为柔性及脆性两类。前者受力时主要发生塑性形变，而后者塑性变形阶段短暂，迅速产生脆性形变。

柔性岩石以各种页岩、片岩、千枚岩等为代表，这类岩层受力后常发生小的褶曲并伴随以隐蔽闭合的裂隙。认为这些岩层构造裂隙很少，那是不正确的。事实上它们的裂隙相当密集，但是微细且切穿性较差。确切地说，柔性岩层缺少张开性、切穿性良好的、对地下水贮存和运动有意义的"有效"裂隙，因而，多构成隔水层。但是在特殊条件下，如由于地形切割或开挖坑道等的影响，某些隐蔽裂隙可能扩张而改变其透水条件。

块状致密的石灰岩可以作为脆性岩石的代表。这类岩石构造裂隙发育较为稀疏，不很均匀，但张开性及切穿性较好，因此，常具有较好的进水性。

对于砂岩来说，胶结物性质对其裂隙发育特征影响很大。钙质胶结的砂岩，接近于脆性岩层的力学特征，泥质胶结的则接近于柔性。

石英岩虽然看起来是脆性的，但是其构造裂隙发育特征却接近于柔性岩石，张裂隙一般少见。

应力对裂隙性质有控制作用。与主要构造线方向一致的纵节理，以及垂直主要构造线的横节理，一般张开性好，是导水裂隙。扭节理一般节理面比较平整而闭合，多半是不导水的。扭张节理往往有一定的张开性。当然，在多次受力的情况下，前期的扭节理也可能因后期受力而张开。

分析构造裂隙的发育规律时，应紧紧抓住岩层中应力分布状况。例如，当柔性岩层中夹有厚度不大的脆性岩层时，则在此薄层脆性岩层中，构造裂隙常常远较同类岩性的厚层中发育(图 9-17)。原因是，柔性岩层因塑性变形而延展，而脆性岩层塑变很弱，层间产生应变差异，应力集中作用于厚度不大的脆性岩层，使其产生密集均匀的脆性拉断张裂隙。夹于柔性岩层中的薄层脆性岩石常是山区找水布井的理想层位。再如，褶皱的轴部及倾没端岩层产状急剧改变的部位，应力比较集中，裂隙发育。在这些部位打井，往往可以得到比较满意的结果。

上述的构造裂隙，是岩层均匀受力时发生的普遍的破裂形变，属于区域性构造裂隙。在应力集中释放的部位，产生局部大规模的破裂形变，这就是断层。断层是局部性构造裂隙。

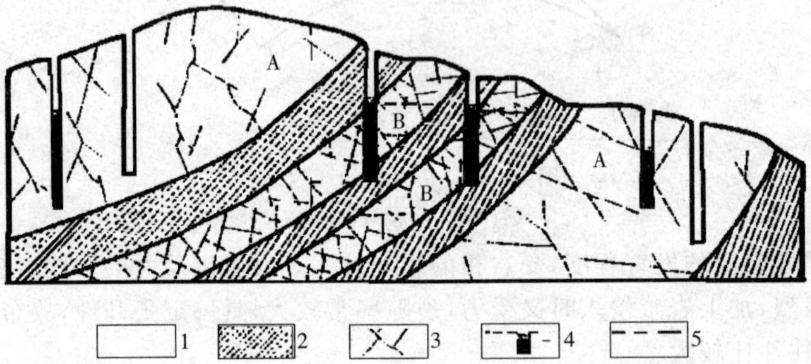

图 9－17　夹于柔性岩层中的薄层脆性岩层裂隙较为发育

1—脆性岩层；2—柔性岩层；3—张开裂隙；4—有水的井；5—干井；A—脉状裂隙水；B—层状裂隙水

断层的规模大小悬殊。大的断层延伸数百公里或更远，断层带的宽度可达数百米或更大，深达数公里，并且常常穿切不同时代的岩层。因此，断层带本身已构成一个特殊的水文地质体。

断层破碎带的性质取决于断层的力学性质及两盘岩性。张性断裂由张应力产生，多为正断层。断层带以疏松的角砾岩为主，透水性好，但断层带旁侧的裂隙则并不特别发育。扭性断层延伸远，随两盘岩性及应力强度的不同，断层破碎带分布角砾岩、糜棱岩等，断层旁侧裂隙发育，或有分支断层。压性断层由于强大的压力，常使岩层极度破碎压密，甚至产生片岩化。因此，破碎带本身，往往是隔水的，但破碎带两侧裂隙较发育，尤其是断层上盘的岩石，其透水性往往比破碎带中心部分为好。

同一力学性质的断层，由于两盘岩性不同，破碎带的透水性可以很不相同。例如同一条张性断裂，在脆性岩层中可能形成透水良好的角砾岩带，而在柔性岩层中可能以断层泥为主，透水性相当差。

此外，后期充填与胶结，往往会降低断层的导水性。有时，已经胶结的断层也可能由于后期溶解，重又恢复其良好的进水性。因此，判断断层的导水性时必须进行仔细的工作。

无论区域性构造裂隙，还是局部构造裂隙，随着深度加大而周围压力加大，逐渐趋于闭合，所以裂隙率总的随深度加大而逐渐降低。一般认为，到地下十余公里的深度上，岩层处于可塑状态，就不存在空隙了。

3. 风化裂隙

各种成因的岩石，脱离原有成岩环境，暴露于地表，在温度变化和水、空气、生物等各种风化营力作用下，遭到破坏，形成风化裂隙。风化裂隙常在成岩裂隙和构造裂隙的基础上，经由物理的、化学的和生物的风化作用而形成。由于风化营力在地表最为活跃，故风化作用随深度加大而减弱，风化岩石向下逐渐转为新鲜的母岩，而无明显的下界。一般在数米到数十米深度内，形成均匀、密集、相互连通的网状风化裂隙带，犹如壳状包裹地面。仅在局部，沿着构造断裂带，即可以深入地下相当深处。

风化裂隙的发育，受岩性、气候、地形等因素的影响。组成均一，以稳定矿物为主的岩层（如石英岩），很难发生风化。粗粒的结晶岩石，如花岗岩、片麻岩等，风化裂隙最为发育。泥质岩石，如页岩、泥岩等虽易风化，但很难形成导水的风化裂隙，因为泥质的风化产物往往充填裂隙。

干燥而昼夜温差大的气候条件下，由于交替的膨胀收缩及冻胀等，物理风化强烈，利于岩石形成开阔而导水的风化裂隙。湿热的气候条件下，以化学风化为主，次生矿物及化学沉淀物充填裂隙，使裂隙率降低。如长石经极度风化可形成高岭土而充填裂隙。因此，在化学风化为主的地带，上部强烈风化带的透水性，反而不如下部的半风化带来得好。

地形低缓，剥蚀作用微弱的地带，有利于风化壳的保存，风化裂隙发育深度大。反之剥蚀强烈的陡峻山地，风化带一经形成就被剥蚀，有时甚至看不到风化的痕迹。在地质历史上，原有的风化壳可能被后期的沉积物所掩埋而保存下来，这就是所谓古风化壳。

在地形以及人工开挖的影响下，可以产生所谓减压裂隙（卸荷裂隙）。这时，岩体上部及侧向的压力大大减轻，原有的裂隙便开阔起来，使裂隙率大为增加。在沟谷两侧常可见到与岸边方向一致的减压裂隙，有时甚至宽达十余厘米。

4. 应力释放裂隙

应力释放裂隙包括卸荷裂隙、塌陷裂隙及滑坡裂隙。它们都是地壳岩石由于部分地接触应力，失去平衡而产生的。

(1)卸荷裂隙：地壳中的岩石，在其上覆岩层的重力作用下处于强烈压缩状态。由于剥蚀等原因，使地壳深部的岩石暴露于地面。因失去上覆岩体的重力平衡，使岩石向地表方向膨胀，于是在一定深度范围内岩石产生一系列平行于地面的裂隙。在地下工程施工时，由于采空而失去了压力，使岩石向自由空间涨裂，造成坑道底板鼓起，并产生裂隙。这种裂隙都属于卸荷裂隙，或称减压裂隙。卸荷裂隙在地表附近多与风化裂隙复合。卸荷裂隙一般呈张开或闭合状态，具有一定的导水能力和含水意义。

(2)塌陷裂隙：由于掘进地下坑道或天然溶洞发展扩大，使其上面的岩体失去重力平衡而产生顶板塌陷，尚未塌落的顶板岩石在一定的范围内产生塌陷裂隙。因为塌陷裂隙是张应力作用形成的，所以一般都是开口裂隙。其裂缝宽度有时很大，有的可以达到30cm或更大。裂隙方位取决于地下采空区或天然洞穴的轮廓。裂隙曲折，分支多，延伸长短不一。一般塌陷裂隙是导水裂隙。因为它通常只形成在局部塌陷的地方，所以分布不广。它对于采矿和修建地下洞室工程却有很大的影响。因为地表水或坑道上部的地下水可以通过塌陷裂隙涌入坑道或洞室，给生产和施工带来困难。

(3)滑坡裂隙：滑坡体在滑动过程中各部位受力性质和移动速度不同，受力不均而产生力学属性不同的裂隙系统。一般可分为拉裂隙、剪切裂隙、羽状裂隙、鼓张裂隙和扇形张裂隙等。拉张裂隙主要出现在滑坡体后缘，受拉而形成，延伸方向与滑动方向垂直，往往呈弧形分布。剪切裂隙分布在滑坡体中下部两侧，因滑坡体与其外的不动体之间产生相对位移，在分界处形成剪力区并出现剪切裂隙，它与滑动方向斜交，其两边常伴有羽状裂隙。鼓张裂隙又称隆张裂隙，常分布在滑体前缘，受张力而形成，其延伸方向垂直于滑动方向。扇形裂隙也分布在滑坡体的前缘，尤以舌部为多，是因土石体扩散而形成的，做放射状分布呈扇形。

9.2.2 裂隙水的一般特征

裂隙水是指贮存和运移于坚硬岩石裂隙中的水。它往往是山区生活及工农业用水的主要水源，也是采矿的主要障碍。

贮存并运移于裂隙基岩中的裂隙水，往往具有一系列与孔隙水不同的特点。某些情况下，打在同一岩层中相距很近的钻孔，水量悬殊，甚至一孔有水而邻孔无水；有时在相距很近的井孔测得的地下水位差别很大，水质与动态也有明显不同；在裂隙岩层中开挖矿井，通常涌水量不大的岩层中局部可能大量涌水；在裂隙岩层中抽取地下水往往发生这种情况：某一方向上离抽水井很远的观测孔水位已明显下降，而在另一方向上离抽水井很近的观测孔水位却无变化。所有上述现象说明，与孔隙水相比，裂隙水表现出更强烈的不均匀性和各向异性。松散岩层中，空隙分布连续均匀，构成具有统一水力联系、水量分布均匀的层状含水系统。但裂隙岩层只有在一些特殊的条件下才能形成水量分布比较均匀的层状含水系统。例如，夹于厚层塑性岩层中的薄层脆性岩层、规模比较大的风化裂隙岩层等。这些岩层中裂隙往往密集均匀，使整个含水层具有统一的水力联系，在其中布井几乎处处可取到水。

基岩的裂隙率比较低(通常比松散岩石的孔隙率低一到两个数量级)，裂隙在岩层中所能占有的赋存空间很有限；这一有限的赋存空间在岩层中分布很不均匀；裂隙通道在空间上的展布具有明显的方向性。因此，裂隙岩层一般并不形成具有统一水力联系、水量分布均匀的含水层，而通常由部分裂隙在岩层中某些局部范围内连通构成若干带状或脉状裂隙含水系统(图 9-18)。岩层中各裂隙含水系统内部具有统一的水力联系，水位受该系统最低出露点控制。各个系统与系统之间没有或仅有微弱的水力联系，各有自己的补给范围、排泄点及动态特征，其水量的大小取决于自身的规模。规模大的系统贮容能力大，补给范围广，水量丰富，动态比较稳定。规模小的系统贮存和补给有限，水量小而动态不稳定。带状或脉状裂隙含水系统一般是由一条或几条大的导水通道(如断层、大裂隙、侵入岩与围岩接触带等)为骨干汇同周围的中小裂隙而形成的。这些大的导水通道在空间上的分布往往表现出随机性，而且在不同方向上的延展长度存在很大差别，这就使得裂隙水表现出强烈的不均匀性、各向异性。

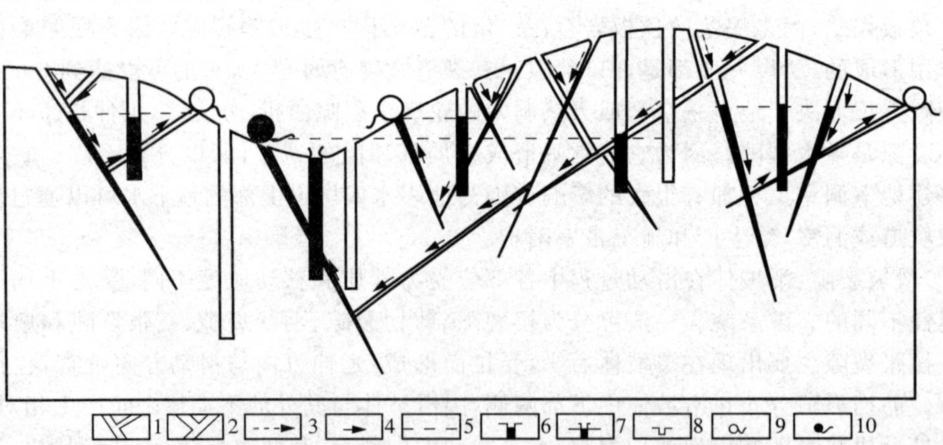

图 9-18 脉状裂隙水示意图

1—不含水张开裂隙；2—饱水张开裂隙；3—包气带水流向；4—饱水带水流向；5—地下水位；6—水井；7—自喷井；8—干井；9—季节性泉；10—常年性泉

层状裂隙水可以是潜水,也可以是承压水。透水裂隙岩层直接出露于地表便形成潜水。上覆有隔水层时,则构成承压水。

9.2.3 裂隙水的类型

裂隙水的埋藏情形比较复杂。裂隙含水层的形态是多种多样的。裂隙水并不都是层状的,有很多是似层状、带状、脉状等复杂形态。它的埋藏不只受底层岩性控制,而且还受地质构造控制,在很多情形下地质构造因素起着主导作用。例如,一个含水的断裂带可以穿越不同层位的底层或岩体;在同一个底层或岩体里,裂隙发育的地方含水多,裂隙不发育的地方含水少,没有裂隙的地方不含水。所以裂隙水的埋藏情形并不都像孔隙水那样严格受底层或岩体边界的限制。

埋藏于基岩裂隙中的地下水称裂隙水。裂隙水按其介质中空隙的成因和裂隙水的水力联系程度可分为成岩裂隙水、风化裂隙水、构造裂隙水、层间裂隙水和脉状裂隙水。由于其各自所赋存介质的不同,其空间分布、规模及水流特性存在一定的差异。

1. 成岩裂隙水

赋存于成岩裂隙中的水为成岩裂隙水。成岩裂隙是岩石在成岩过程中,由于冷藏、固结、脱水等作用而产生的原生裂隙。成岩裂隙发育均匀,呈层状分布,多形成潜水。当成岩裂隙岩层上覆不透水层时,可形成承压水。如玄武岩成岩裂隙常以柱状节理形式发育,裂隙宽,连通性好,是地下水赋存的良好空间,水量丰富,水质好,是很好的供水水源。

具有成岩裂隙的岩层出露地表时,常赋存成岩裂隙潜水。岩浆岩中成岩裂隙水较为发育。深层岩成岩裂隙张开性差,密度小,后期构造裂隙在此基础上进一步发育时,才能构成较好的含水层,往往具有脉状裂隙水的特征。玄武岩经常发育柱状节理及层面节理,裂隙均匀密集,张开性好,贯穿连通,常形成贮水丰富、导水畅通的潜水含水层。多为具有统一水力联系的层状裂隙水。一般其分布范围较广。补给条件较好时,水量丰富,可作为中型甚至大型供水水源。

具有成岩裂隙的岩体为后期地层覆盖时,也可构成承压含水层。在一定条件下可以具有很大的承压性。如我国云南阿直盆地二叠纪玄武岩,在向斜构造中形成承压含水层,测压水位高出地表17m;羊场盆地则达33m。美国夏威夷群岛中有些岛屿的玄武岩在滨海地带被第四纪黏土覆盖,形成自流斜地。檀香山城即利用其中的水,钻孔深度152m～185m时,平均涌水量达25L/s,总涌水量达7.5m^3/s之多。

岩脉及侵入岩体接触带,成岩裂隙特别发育(同时往往受后期构造作用,发育构造裂隙),其产状大多近于直立或急倾斜的,在周围相对隔水的岩层中,常构成成岩裂隙承压水。一般规模比较有限,水量不大。如安徽马鞍山铁矿坑道掘进遇到铁矿脉与闪长岩接触带,坑道涌水量由200t/d增加到1400t/d,穿过此带,涌水量又恢复到原有大小。在缺水山区,岩脉及接触带往往是小型供水的找水对象。

2. 风化裂隙水

赋存在风化裂隙中的水为风化裂隙水。分化裂隙是由岩石的风化作用形成的,其特点是广泛分布于出露基岩的表面,延伸短,无一定方向,发育密集而均匀,构成彼此连通的裂隙体系,一般发育深度为几十米,少数也可深达百米以上。风化裂隙水绝大部分为潜水,具有统一的水面,多分布于出露基岩的表层,其下新鲜的基岩为含水层的下限。水平方向透水性均匀，垂直方向随深度而减弱。风化裂隙水的补给来源主要为大气降水，其补给量的大小受气候及地形因素的影响很大，气候潮湿多雨和地形平缓地区，风化裂隙水较发育，常以泉的形式排泄于河流中。

风化裂隙一般发育比较密集均匀，有一定张开性，赋存于其中的水通常相互沟通具有统一水位，为层状裂隙水。由于风化裂隙随深度加大而减弱，弱风化带及未风化基岩构成隔水底板，故风化裂隙中通常赋存潜水，被后期沉积物覆盖的古风化壳可赋存承压水（图 9－19）。

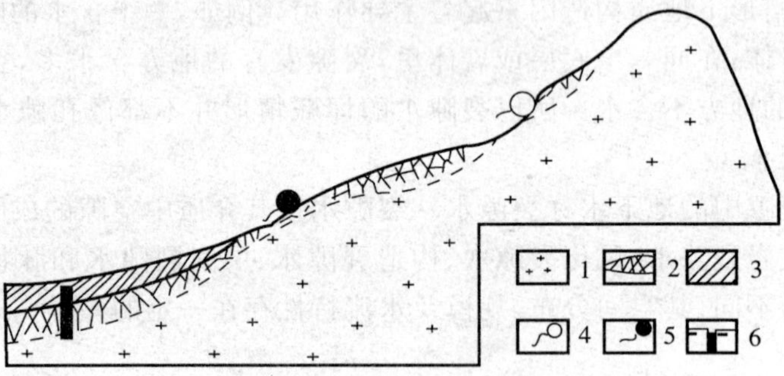

图 9－19　风化裂隙示意图

1—新鲜基岩；2—风化带；3—黏土；4—暂时性泉；5—常年性泉；6—水井

风化裂隙的发育受岩性、气候及地形的控制。单一稳定的矿物组成的岩层（如石英岩）风化裂隙很难发育。泥质岩石虽易风化，但裂隙易被土状风化物充填而不导水。由多种矿物组成的粗粒结晶岩（花岗岩、片麻岩等），不同矿物热胀冷缩不一，风化裂隙发育，风化裂隙水主要发育于此类岩石中。

气候干燥而温差大的地区，岩石热胀冷缩及水的冻胀等物理风化作用强烈，有利于形成导水的风化裂隙。湿热气候区以化学风化为主，泥质次生矿物及化学沉淀常充填裂隙而降低其导水性。这类地区上部强风化带的导水性有时反而不如下部半风化带。如福建漳州花岗岩中一个钻孔资料，地面以下 25m 内强风化带的涌水量仅为 0.0125L/s，而 25m～45m 半风化带涌水量增到 0.45L/s。

地形比较平缓，剥蚀及堆积作用微弱的地区，有利于风化壳的发育与保存；如果地形条件也利于汇集降水，则可能形成规模稍大，常年能提供一定水量的风化裂隙含水层。通常情况下，风化壳规模相当有限；风化裂隙含水层水量不大，就地补给、就地排泄，旱季泉流量变小或干涸。

在水流切割或人工开挖的影响下，岩体侧向压力减小，原有闭合及隐蔽的成岩裂隙与构造裂隙因减压而扩张，形成所谓减压（卸荷）裂隙。在沟谷两侧常可见到与边岸平行的减压裂隙，有时可宽达数厘米至数十厘米。剥蚀作用使原来处于深部的岩层卸去上覆地层的荷载，因而浅部的裂隙扩张，张开性及裂隙率均较深部大，透水性也比深部好。

3. 构造裂隙水

构造裂隙的发育，受到岩石性质、边界条件及构造应力分布等因素综合控制，表现得相当不均匀。因而，构造裂隙水分布与运动规律格外复杂。裂隙水的一系列特点——分布上不均匀、水力联系上不统一、渗流的各向异性等——在构造裂隙水中表现得最为典型。

构造裂隙是在地壳运动过程中岩石在构造应力作用下产生的，它是所有裂隙成因类型中最常见、分布范围最广、与各种水文地质工程地质问题关系最密切的类型，是裂隙水研究的主要对象。通常我们说裂隙水区别于孔隙水，具有强烈的非均匀性、各向异性、随机性等特点也主要是针对构造裂隙水而言的。

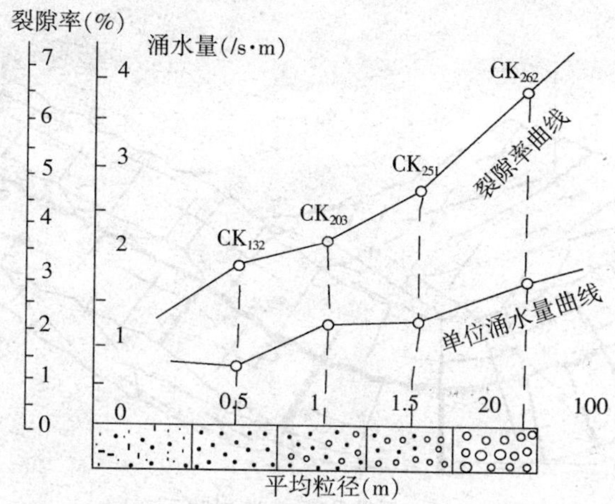

图 9－20　裂隙岩层岩相变化与岩层裂隙率的关系
(据云南永仁地质队)

构造裂隙的张开宽度、延伸长度、密度以及导水性等在很大程度上受岩层性质(如岩性、单层厚度、相邻岩层的组合情况)的影响。在塑性岩石如页岩、泥岩、凝灰岩、千枚岩等之中常形成闭合乃至隐蔽的裂隙。这类岩石的构造裂隙往往密度很大，但张开性差，延伸不远，缺少对地下水贮存特别是传导有意义的"有效裂隙"，多构成相对隔水层；只有在暴露于地表之后经过卸荷及风化才具有一定的贮水及导水能力。脆性岩石如致密石灰岩、岩浆岩、钙质胶结砂岩等，其构造裂隙一般比较稀疏，但张开性好、延伸远，具有较好的导水性。沉岩的裂隙发育情况与其胶结物成分及颗粒的粒度有一定的关系。钙质胶结者显示脆性岩石性，泥质及硅质胶结的与塑性岩石相近。粗颗粒的砂砾岩裂隙张开性优于细粒的粉砂岩。如云南永仁三叠纪煤系地层，自南向北由砾岩、粗砂岩渐变为细砂岩，裂隙率、裂隙宽度及钻孔涌水量相应由大变小(图 9－20)。

构造裂隙的特点是具有明显而又比较稳定的方向性，这种方向性主要由构造应力场控制，不同岩层在同一构造应力场下形成的裂隙通常具有相同或相近的方向。一般在一个地区岩层中的主要裂隙可划分为 3～5 组(图 9－21)。按其与地层走向(或褶皱轴线)的关系可分为纵裂隙、横裂隙、斜裂隙，层状岩石中还包括层面裂隙与顺层裂隙。纵裂隙与构造线(岩层走向)大体平行，野外一般表现为延伸较长，在褶皱翼部为压剪性，在褶皱核部为张性，特别是在背斜核部常形成延伸几十米至上百米、张开宽度达 1mm 以上的大裂隙密集带。纵裂隙的走向与岩层层面一致。因此在层面裂隙的共同作用下，纵裂隙的延伸方向往往就是岩层导水能力最大的方向；横裂隙一般是张性的，张开宽度最大，但一般延伸不远，呈两端尖灭的透镜体状；斜裂隙是剪应力形成的，延伸长度及张开性都相对差一些；斜裂隙实际上包括两组共轭剪节理，但野外往往一组发育，另一组不发育。多数条件下层面裂隙构成沉积岩的主要裂隙组，其他组裂隙一般不切穿上下层面(少数大裂隙除外)，垂直层面方向的延伸受到层面裂隙的控制。层面裂隙的疏密对其他裂隙的长短、疏密和均匀程度有较大影响。这是由于层面是岩层中的软弱面，构造应力作用下岩层首先沿此面破坏移动，构造应力进行释放和传递。层面裂隙比较密集的岩层中的应力分布比较均匀，当层面裂隙比较稀疏时，岩层中应力往往集中释放。而层面裂隙的多少取决于岩层的单层厚度，单层越薄，层面裂隙越密集。因此薄层沉积岩中的裂隙往往密集而均匀，而巨厚或块状岩层中的裂隙一般稀疏而不均匀(图 9－17)。

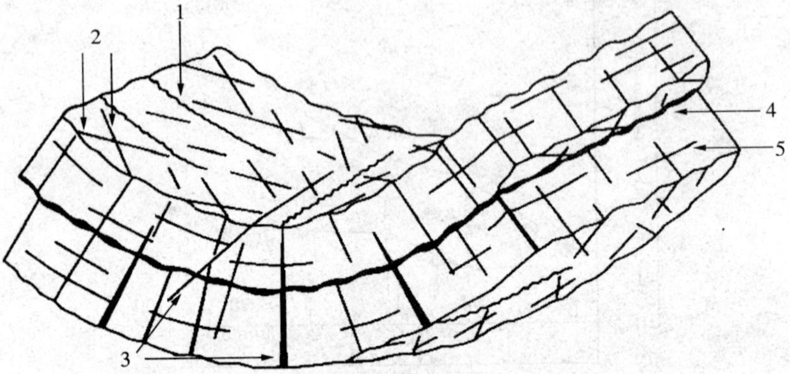

图 9－21　层状岩石构造裂隙示意图

1—横裂隙；2—斜裂隙；3—纵裂隙；4—层面裂隙；5—顺层裂隙

应力集中的部位，裂隙常较发育，岩层透水性也好。同一裂隙含水层中，背斜轴部常较两翼富水，倾斜岩层较平缓岩层富水，断层带附近往往格外富水。

夹于塑性岩层中的薄层脆性岩层，往往发育密集而均匀的张开裂隙。褶皱时，塑性岩层沿层面方向流展，对夹于其间的脆性岩层施加一个顺层的拉张力，脆性岩层被拉断而形成张裂隙。脆性岩层夹层越薄，抗拉能力越小，张开裂隙就越密集(图 9－22)。这样的夹层常是山区找水的理想布井层位。

随着深度加大，围压增加，地温上升，岩石的塑性加强，裂隙张开性变差。因此裂隙岩层的透水性通常随深度增大而减弱。

4. 层间裂隙水

层间裂隙水埋藏在层状岩石的成岩裂隙和区域构造裂隙中，含水层裂隙以网状组合为主，裂隙之间有较好的水力联系，其分布边界主要受不同性质岩层界面的控制，形成较典型的层状含水层。因此，含水层的分布总是与一定层位的裂隙发育的岩层一致，而且常与裂隙不发育的相对隔水层成互层。地下水属于裂隙型的或孔隙—裂隙型的或溶蚀裂隙的承压水，少数为无压水。

层间裂隙水的埋藏和分布受地层岩性控制，其富水性则取决于含水层的厚度和裂隙发育程度以及地形条件等。在沉积岩地区，层间裂隙水主要埋藏在性质较为脆硬的砾岩层、砂岩层以及稍具有可溶性的硅质灰岩层中；性质较为软塑的页岩、泥岩等岩层一般构成相对隔水层。在火山岩地区，层间裂隙水主要埋藏在粗粒火山碎屑岩层及成层性较好的火山熔岩层中；柔软的凝灰岩、凝灰质页岩等岩层常为相对隔水层。变质岩地区，层间裂隙水主要埋藏在成层性较好的大理岩层及石英层中；其他性质较软塑的非可溶性变质岩常构成相对隔水层。

层间裂隙水的埋藏和分布虽然主要受地层岩性控制，与一定层位的岩层相一致，但其含水层的富水性也并非均匀一致；在不同的构造部位及不同的深度上含水层的富水性往往有很大的差异。例如，褶曲轴部的张力带富水性较褶曲翼部强；埋藏较浅的含水层较相同岩性埋藏深的含水层富水性强。

层间裂隙水的水质，主要受含水层埋藏深度控制。浅部的含水层，地下水处于水积极交替带中，水质为重碳酸盐型；向下水交替作用渐弱，水质逐渐过渡为硫酸盐型；到深部为氯化物型水，总矿化度随着深度增加而增高，例如四川盆地的侏罗系砂岩裂隙水，浅部为淡水，到深部形成高矿化的氯化钠型卤水，有的矿化度高达 140g/L。

5. 脉状裂隙水

脉状裂隙水埋藏在局部的构造断裂带中，含水层的形态不受岩层界面的限制，为脉状或带状分布的含水带，可以穿越不同层位和不同性质的岩层或岩体，而且有的与相对隔水岩石之间是逐渐过渡的，没有截然的分界面。地下水为裂隙型的承压水或无压水。

脉状裂隙水的埋藏和分布主要受地质构造控制，一般分布在断导破碎带、褶曲轴部张裂带、侵入岩体与围岩的接触带，以及岩脉裂隙带等局部构造断裂破坏部位。含水带由大小相差悬殊的构造裂隙组成，裂隙之间的组合形式一般呈脉状或网脉状，分布很不均匀。

巨大的主干裂隙主要起导水作用，微小的各级分支裂隙主要起储水和释水作用。脉状裂隙水除了其自身成为一个水力系统外，还与作为相对隔水围岩层中的地下水有不可忽视的水力联系。

脉状裂隙含水带的富水性非常不均匀，主要表现在含水带各部位给水能力的差异上。例如断裂带通过弹脆性岩层时，裂隙较发育，张开度较大，含水性及导水性较强；断裂带通过黏塑性泥质岩层时，裂隙发育程度弱，且多被泥质充塞，含水性及导水性较弱，甚至起隔水作用，即使是在同一岩层里，脉状含水带的各个部位的富水性也是很不相同的。

脉状含水带的给补能力，由于其中主干裂隙的导水作用而增强，所以脉状裂隙含水带的出水量常常较大，一般可成为良好的供水水源。当水井揭露主干裂隙时，井的出水量显著增加。

断裂含水带是地下良好的导水通道，对矿床开采及其他工程常造成巨大威胁，常沿断裂带产生突然涌水事故。

有此构造断裂含水带向地下延伸的深度很大，使地下热水沿着这个导水通道上升至地表，形成温泉。脉状裂隙水的交替循环深度较大时，地下水的水量、水位、水温、水质等动态就比较稳定，气候及地形对它的影响不大。

9.2.4　裂隙介质及其渗流

1. 裂隙及裂隙网络

一个独立的裂隙可以看做是两壁之间的一个窄缝(图 9－22(a))，在自身所在平面的两个方向上延伸较长，而在第三个方向上延伸很短。一个独立的裂隙水流通道，在三维空间上可以被看做为一个有限大小、形状不规则的板状几何体，或者看成一个椭圆形薄饼。单个裂隙在其自身所在的平面上的延伸是有限的，单个裂隙或同一方向上的若干平行裂隙并不能构成连续的导水空间，只有不同方向的裂隙相互交切构成一个导水网络时(图 9－22(b))，才能在一定范围内具有传输地下水的功能。

不同规模、不同方向的裂隙通道相互连通为导水裂隙网络形成裂隙含水系统。由于岩性变化和构造应力分布不均匀，通常很难在整个岩层中形成分布均匀、相互连通的张开裂隙网络。夹于塑性岩层中的薄层脆性岩石，由于变形时应力分布均匀，整个岩层中形成密集均匀的张裂隙。岩石暴露地表之后，在风化和卸荷作用下，各种裂隙普遍张开，形成整个风化层内普遍连通的裂隙网络。某些地区的玄武岩在冷凝过程中形成密集均匀而有规律的裂隙网络。这些岩层中的裂隙密集均匀，构成整个岩层内具有统一水力联系的层状裂隙含水系统。多数情况下，构造裂隙含水系统在空间上成脉状展布，其所赋存的裂隙网络是在岩层中某些应力集中或岩性有利的部位，由一条（或若干条）大的导水通道汇同周围中小裂隙形成的具有树状（或脉状）结构的网络。组成这一网络的裂隙按其规模可划分为三个级别：

（1）微小裂隙（有时也包括原生孔隙）：在岩石中非常密集，延伸和张开性都很差，在新鲜完整的岩石上用肉眼不易发现，只有在岩石风化后或经锤击破裂时才易看到。这些裂隙导水能力很差，但由于数量众多，具有一定的贮水意义。

（2）中裂隙：岩层中数米一条至 1 米数条，长度延伸几米至十几米，是野外肉眼观察所能见到的最普遍的裂隙。

（3）大裂隙（包括断层）：在岩层中数量很少，但张开宽度大，延伸远，在裂隙网络传输地下水的功能上起主要控制作用。

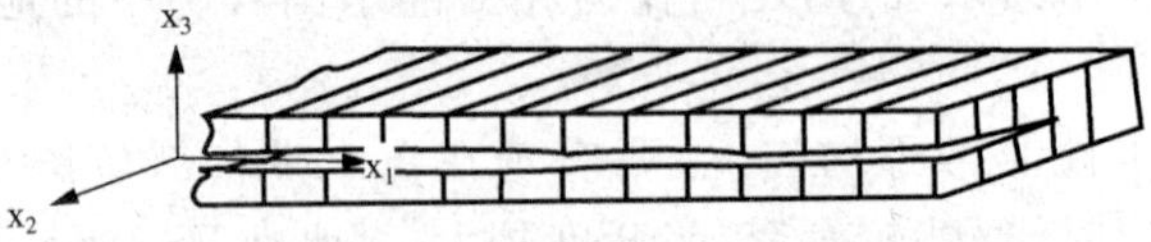

(a)裂隙介质及其水流

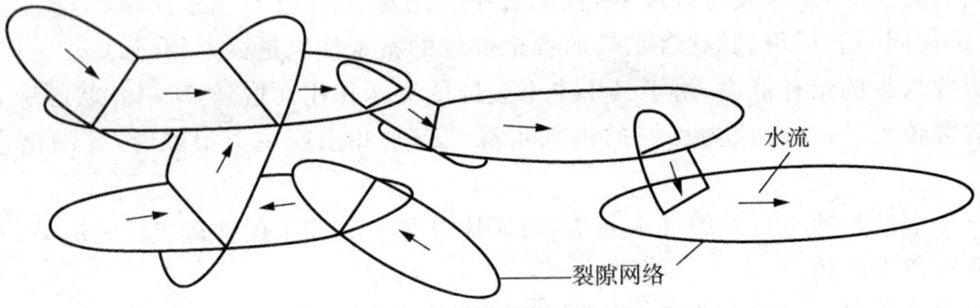

(b)裂隙网络

图 9－22　裂隙及裂隙网络

2. 裂隙水流的基本特征

裂隙含水系统通常具有树状或脉状结构，一些大的导水通道作用突出，使裂隙水表现出明显的不均匀性，有时表现出突变性。钻孔或坑道如未揭露系统中的主干裂隙，由于次一级裂隙的集水能力有限，水量不大，只揭露微小裂隙时便基本无水。但一旦钻孔或坑道揭露含水裂隙网的主干裂隙，就如在干渠中取水一般，广大范围内裂隙网络中的水便逐级汇于主干通道，出现相当大的水量。在同一裂隙岩层中打井或开挖坑道时，水量之所以相差悬殊，正是由于一个裂隙含水系统是不同级次裂隙的集合体，而同一岩层中又可能包含着若干个规模不同互不联系的裂隙含水系统的缘故。

北京西山侏罗纪变玄武岩是门头沟煤系的底板。多年来在该层中掘进时仅出现少量涌水，一直被看做相对隔水层或弱含水层。1978 年 5 月，城子煤矿开拓－250m 水平南石门时，揭露了 8 条不大的破碎带，涌水量出人意料地高达 0.64m^3/s。经地面及井下调查确定，涌水点位于本区次一级倒转向斜轴部。此处应力集中，裂隙普遍扩容；坑道揭露的破碎带依次贯通层面裂隙、其他组裂隙及细小的成岩裂隙，广大范围内裂隙含水系统中的水逐级汇流，故而造成水量相当大的坑道涌水。

在整个岩体中，裂隙通道所占的空间的比例很低，一般为千分之几至千分之十几。裂隙水流只发生在组成导水网络的各裂隙通道内，通道以外没有水流，裂隙水的流场实际上是不连续的，渗流场的势除了裂隙中的若干点外都是虚拟的（图 9－23(a)、(b)）；水流被限制在迂回曲折的网络中运动，其局部流向与整体流向往往不一致，有时甚至与整体流向正好相反（图 9－23b）。理解上述两个特征在实际中具有很大意义，例如，在裂隙岩层中打两个相距很近的钻孔用来确定地下水的水力梯度、流向、流速等是非常不可靠的。

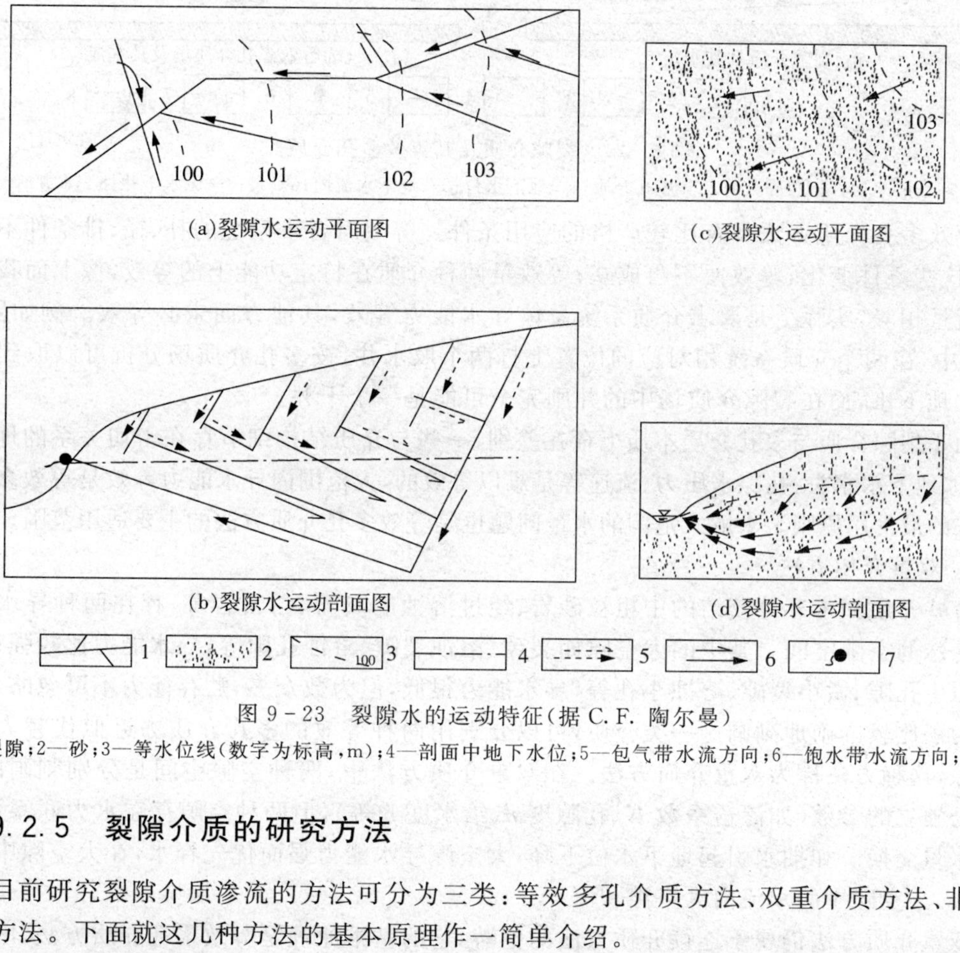

图 9－23　裂隙水的运动特征（据 C. F. 陶尔曼）

1—裂隙；2—砂；3—等水位线（数字为标高，m）；4—剖面中地下水位；5—包气带水流方向；6—饱水带水流方向；7—泉

9.2.5　裂隙介质的研究方法

目前研究裂隙介质渗流的方法可分为三类：等效多孔介质方法、双重介质方法、非连续介质方法。下面就这几种方法的基本原理作一简单介绍。

1. 等效多孔介质方法

简单地说，等效多孔介质方法就是用连续的多孔介质的理论来研究非连续裂隙介质中的问题。

图 9－24(a)为一非连续的裂隙含水系统。裂隙水流运移于迂回曲折的裂隙网络之中，研究起来困难很大。我们可以虚拟一个等效的多孔介质场（图 9－24(b)）来近似代替复杂的裂隙介质场。真实的裂隙介质场与虚拟的孔隙介质场所控制下的两个地下水流场在整体上明显不同，如水头分布、地下水流向、流速、孔隙水压力等均存在明显的差别。但仍可用这虚拟的介质来近似代替真实的裂隙介质，不要求两个水动力场完全相似，只要求某些方面相

近。例如，可通过调整多孔介质的渗透系数 K，使两个系统的泉流量相等。这时称这个孔隙介质为裂隙介质的等效多孔介质。

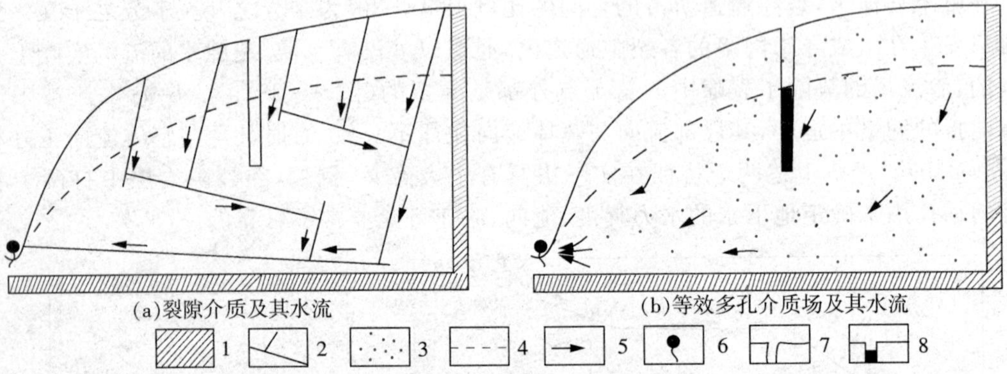

图 9－24　裂隙介质及其等效多孔介质

1—隔水层；2—裂隙介质；3—多孔介质；4—地下水位；5—地下水流向；6—泉；7—无水干井；8—水井

等效多孔介质方法具有比较严格的应用条件。等效时含水系统的补、径、排条件不能改变，如这些条件变化，等效便不再成立；等效是两种介质在特定功能上的等效，像上面我们要求泉流量相等，实际上是要求介质系统总体导水能力等效，其他方面未必等效。例如图 9－24a、b 中，在两个介质系统相对应的位置上打两个取水井，按多孔介质场分析可以取到一定数量的地下水，而在裂隙介质场中的井则完全可能是一个干井。

由于裂隙介质与多孔介质本质上存在差别，一些与介质结构细节存在密切关系的地下水参数，如地下水水头、孔隙水压力、流速等是难以等效的，大范围内导水能力等效是等效多孔介质方法的最常用原则。求解大范围的水量问题也是等效多孔介质方法的主要适用范围。

2. 双重介质方法

有些介质如未充分胶结的中粗粒砂岩、经过溶蚀的灰岩、白云岩等，存在两种导水能力相差悬殊的空隙空间。其中的大空隙如裂隙、溶蚀裂隙、溶蚀孔隙等，导水能力比较强；小空隙如原生孔隙、微小裂隙、溶蚀小孔等，导水能力很低，但为数众多，贮存能力不可忽略。

为了比较准确地刻画这一类介质，可以分别用两种等效的多孔介质去近似代替大小两种空隙，这种方法称为双重介质方法。在双重介质方法中，两种空隙空间是分别刻画的，各有自己独立的参数(如渗透系数 K、孔隙度 n、给水度 μ 等)，但两种空隙存在水力联系，可以进行水量交换。如抽水引起地下水位下降，大空隙导水能力强而优先释水，在大空隙中形成低水头，小空隙中的水流向大空隙。

双重介质方法仍属于连续介质方法的范畴，它的基本原理是等效多孔介质方法，区别仅在于对大小空隙进行了分别的描述。

3. 非连续介质方法

等效多孔介质方法和双重介质方法都是宏观地、粗略地处理裂隙介质的方法，没有详细刻画裂隙介质的内部结构，而有些水文地质参数如地下水水头、孔隙水压力、流速等与介质的结构细节存在密切关系。为了准确地计算这些参数，需要详细地刻画裂隙通道及其构成的网络，只有非连续介质方法才能够满足这一要求。它对裂隙网络中每条具有实际导水意义的裂隙进行精确地描述，包括每条裂隙的张开宽度、延伸长度、产状、中点坐标，要求做出实测的裂隙网络图。

非连续介质方法可以准确计算出裂隙网络内任意一点的水头、孔隙水压力、渗透速度、流量等，是研究裂隙渗流的一种比较理想的方法。但其缺点是对实际资料的要求很高，计算复杂，要求用电网络模拟或计算机模拟。目前常用于针对裂隙渗流本质的理论研究，实际工作中主要用于需要确定孔隙水压力与流速的情况。适用于研究区域比较小、工作程度比较高的水文地质工程地质问题（如岩体高边坡稳定性、地下硐室围岩稳定性等）。

在实际工作中使用哪种方法视具体研究内容而定。大范围的流量问题可采用等效多孔介质方法。若介质中存在两种导水能力相差悬殊的空隙，可采用双重介质方法。小范围的以求解孔隙水压力、流速为主的问题可采用非连续介质方法。

9.2.6　断层带的水文地质意义

断层带是应力集中释放造成的破裂形变，大的断层延伸数十至数百公里，断层带宽达数百米，穿切若干岩层，构成具有特殊意义的水文地质体。断层破碎带及其旁侧裂隙强烈发育部分，构成一个统一的储水空间，可以看做是急倾斜的层状含水体；导水断层带中赋存的水，从局部看，性质与层状裂隙水相近；但从整体上看，分布较为局限，与脉状裂隙水又有相似之处；断层带常穿越岩性与时代不同的各个岩层；因此，可把它看做是一种独立类型的裂隙水——带状裂隙水。

导水断层往往能提供较大的水量，因而是找水的重要目标。而在采矿时，水会突然增大，甚至引起淹矿。

导水断层带不仅是贮水空间，往往同时还是集水廊道与导水通道。

断层带作为贮水空间是容易理解的。断裂破碎带及其附近的岩层空隙率相当大，能够贮容相当的水量。某些岩层本身透水性很弱，而破碎带疏松容水（如石英岩）。此时，断层带主要起贮水空间的作用。钻孔或坑道揭露此类断层带时，初期涌水量可能相当大，以后水量不断降低以至干涸。

在断层带起集水廊道及导水通道的作用时，其所能提供的水量，常远远超过其贮水能力。当围岩具有一定透水性时，断层带就像是一条集水廊道，断层带的水位一下降，便汇集两侧围岩大量微细裂隙中的水，大大增加给水的能力。北京城子煤矿在向永定河方向延伸巷道时，遇到一条断层，涌水量突然大增，随后水量逐渐减少并保持稳定。曾经怀疑，涌水突增是断层将永定河水引入坑道的结果。但是，后来查明，断层并没有通达永定河河谷，涌水量增大完全由子断层带汇集围岩裂隙水而引起。

导水断层与含水层或地表水体连通时，断层带起导水通道的作用。这种情况下，钻孔或坑道揭露断层时，水量格外巨大。例如，山东淄博盆地的石炭二叠纪煤系，其下伏有强岩溶化奥陶纪灰岩。1935 年 3 月，开采石炭纪煤层的巷道遇到一个大断层，奥陶纪灰岩中丰富的岩溶水沿着断层喷涌，迅速掩没全矿，在 20km 以外的大泉因补给水源转入矿坑而一时断流。此时，断层兼具贮水空间，集水廊道与导水通道的作用，而以导水通道的作用为主；初期水量极大，随着贮水消耗，水量有所减少，但始终维持一个相当大的稳定流量。

压性断层，特别当其发育于柔性岩层中时，通常不透水或透水性极弱，成为阻水断层，将原来统一的含水层切割分离，形成互不连通的块段。这种情况下，常使地下水径流受阻，水位抬高，利于地下水的汇聚，在地下水位深埋以至出现缺水景象的山区，阻水断层常使地下水滞流汇水，有利于找水（图 9－25）。

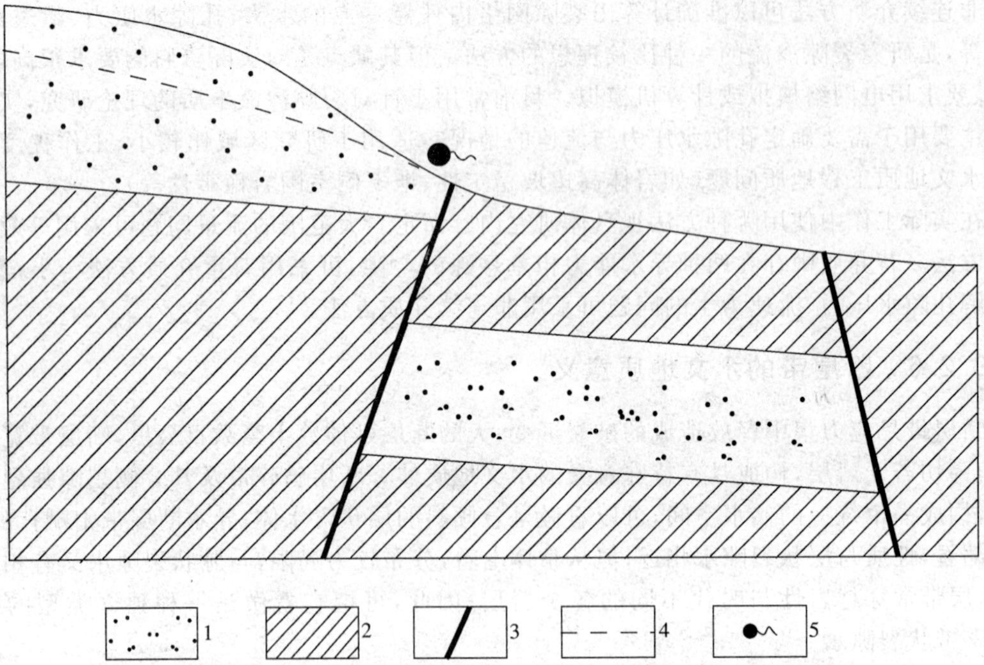

图 9-25 阻水断层的汇水作用

1—隔水层；2—透水层；3—含水部分；4—地下水位；5—阻水断层；6—井（涂黑部分表示水）

9.3 岩 溶 水

9.3.1 岩溶水概述

水对可溶岩石进行化学溶解，并伴随以冲蚀作用及重力崩坍，在地下形成大小不等的空洞，在地表造成各种独特的地貌现象以及特殊的水文现象，上述作用及由此产生的各种现象称为岩溶（喀斯特）。岩溶可以划分为地表岩溶和地下岩溶，此处主要讨论与岩溶水密切相关的地下岩溶。

赋存并运移于岩溶化岩层中的水称为岩溶水（喀斯特水）。由于介质的可溶性以及水对介质的差异性溶蚀，岩溶水在流动过程中不断扩展介质的空隙，改变其形状，改造着自己的赋存与运动的环境，从而改造着自身的补给、径流、排泄与动态特征。岩溶水系统是一个能够通过水与介质相互作用不断自我演化的动力系统。

处于不同演化阶段的岩溶水具有不同特征，处于演化初期的岩溶水系统往往与裂隙水系统没有很大的不同。处于演化后期的岩溶水系统，管道系统发育，大范围内的水汇成一个完整的地下河系，某种程度上带有地表水的特征：空间分布极不均一，时间上变化强烈，流动迅速，排泄集中。

岩溶作用不仅包括化学的溶解及随之产生的机械破坏作用，而且还包括化学沉淀和机械沉积作用。典型的岩溶地貌景观，在地表有石林、孤峰、落水洞、波立谷等，在地下则形成济孔、溶洞、暗河等。

岩溶水是赋存和运移于岩溶化地层中的地下水。它不仅是一种具有独特性质的地下水，而且还在其运动过程中不断地改造着自身的赋存环境，所以又是一种活跃的地质营力。

水在可溶岩中运动，进行差异性溶蚀，使岩层中原有孔隙和裂隙扩展，发生"管道化"，并在最终形成地下河系。岩溶水的分布比裂隙水更不均匀，更为集中，流动更为迅速。它虽然是地下水，但在某些方面与地表水相近，如：空间分布上比较集中，时间分布上不均匀，变化迅速，水质淡，易污染等等。

岩溶化地层的管道化及岩溶水的水系化，决定了岩溶水分布的极不均匀性，并使其运动具有一系列特点。

岩溶含水层水量往往比较丰富，常可作为大型供水水源。我国有不少大中城市即依靠巨大的岩溶泉作为供水水源。岩溶水水量丰富，分布又很不均匀，往往成为采矿的巨大威胁。我国岩溶发育的山区，有不少地方地表水缺乏，地下水埋藏很深且分布规律不易掌握，造成严重缺水现象。在岩溶地区进行水利工程建设时，不仔细研究岩溶发育规律，就会产生大量漏水，使工程失败。利用地下河可以建立地下水库，工程量不大，且不占地。岩溶及岩溶水的研究具有很大的意义，是世界上多岩溶国家的重要研究课题。我国可溶岩分布约占全国面积的三分之一，岩溶及岩溶水的研究，具有很大的实际意义。

目前在国内外对岩溶研究主要有以下几个方面：

(1)研究区域性的发育规律；

(2)研究溶蚀理论，促使研究岩溶发育规律更加深化，并逐步预测发育特征、发育速度、发育强度等方面的定性和定量评价；

(3)研究水文地质条件，探索岩溶水的形成、运移、富集、分布规律和岩溶水的形成、运动理论；

(4)研究工程地质条件，评价稳定性和渗漏性，以及它对工程建筑物的影响；

(5)研究各种建筑以及人类活动对环境地质的影响；

(6)研究探索岩溶的新技术与新方法；

(7)研究评价岩溶水资源的方法。

研究范围非常广泛。现在总的趋势是从宏观和微观两个方面来探索岩溶和岩溶水的新理论，研究测试新技术和新方法，由定性描述向定量评价的方向发展。

我国的岩溶研究工作，在第二届全国岩溶学术会议总结报告中提出今后研究工作应从以下几个方面进行：

(1)加强岩溶理论研究。在现有工作的基础上总结出地区性规律，编制出区域性图件；对岩溶的溶蚀形成机理要从多学科进行综合研究；选择典型地段，进行模拟试验，反复研究，不断完善。

(2)提高洞穴调查水平。由目前的形态描述和定性分析逐步过渡到取得各种参数的精确数据和定量评价。

(3)继续深入岩溶水文地质学的研究。要对岩溶水分布的不均匀性、水动力条件、渗流理论等进行深入研究，建立数学模型和水量评价方法。

(4)开展岩溶地基稳定性的研究。研究不稳定的机理和定量评价的方法。

(5)重视岩溶矿产及其充水条件的研究。

(6)大力发展岩溶探测技术。

9.3.2 岩溶发育机理

1. 岩溶发育的基本特点

(1)地貌景观的特殊性

在岩溶地区如溶沟、石芽、漏斗、落水洞、竖井、溶蚀洼地、坡立谷、干谷、盲谷、石林、峰丛、峰林、孤峰、残丘、溶洞、地下大厅、暗河、伏流、地下水池、地下湖泊、悬挂泉、多潮泉、河底泉、海底泉和流量特大的泉等,这些现象在一般地区是很少见的,而且洞穴的规模变化也是很大的。小的很小,大的可以修建地下厂房,如广西桂林的芦笛岩和七星岩等。美国肯塔基州的猛犸洞和弗林特(Flint)山脊的洞已测得的总长度超过100多公里,是目前世界上已知最长的溶洞。在法国比利牛斯山的圣皮累马丁深坑(GouffreSt. Pierre Win),深度达1311m。在新墨西哥的卡尔斯巴德(Carlsbad)洞穴,最大处长为400m,宽为230m,高为100m。

(2)地表水缺乏

在岩溶地区大气降水通过漏斗和落水洞等几乎全部或大部分转入地下补给地下水。非岩溶区的河流进入岩溶区之后发生漏失,使河水部分消失或全部消失变成干谷。在干谷中往往密布漏斗和塌陷坑。干谷的位置高出主要河道越高,则它保留从前河床特征就越少;反之,保留的特征就越多。在有些地段仍然有明流存在,这些明流一般都是该区的主要排水道。一般,河谷多呈峡谷,并且两岸的支流很少,它主要依靠河床本身的无数泉水或暗河水来补给,实质上这些泉水或暗河水代替了河流的支流。

(3)地下水丰富

在岩溶地区,虽然地表水缺乏,但地下水是很丰富的。泉水的流量和地下水的埋藏深度在不同的地区也有所不同。在分水岭地区埋藏很深(如云南丘北六郎洞地区最深可达400m),而在岩溶平原区又接近地表。有些大泉的流量比较稳定,如六郎洞泉最大流量为47m^3/s,最小为11m^3/s,一年中经常保持在30m^3/s以上的占四个月;山西娘子关泉是我国北方最大的岩溶泉,由11个主要泉点组成,总流量为10～16m^3/s,流量比较稳定(据山西省地质局资料)。有些大泉的水位和流量变化都很大,例如南斯拉夫的欧姆勃拉(Ombla)泉,泉的流量最小从来没有低于4m^3/s,而最大可达150m^3/s。该处地下水位的波动很大,最大范围大约是200m,水位的上升速率每小时可以达到3.7m,每天达到89m。岩溶泉不但在地表出露,而且还在很深的水下出露,例如在达尔马齐亚沿海一带的海底泉出现在700m的深处(凯尔加克,1914)。在斯拉诺(亚得里亚海岸)附近,海湾流出的泉,当波波沃坡立谷被洪水浸淹以后,自海湾底部涌出巨大的泥柱,以致不熟悉当地条件的海员不得不改变航向,唯恐触礁。

2. 岩溶发育的基本条件

岩溶的发育首先要有可溶性的岩石和具有侵蚀性的水,这是它的必备条件。发育的程度和速度是与可溶岩的透水性和水的流动性密切相关的,这是它的充分条件。因此,岩石的可溶性和透水性,水的侵蚀性和流动性是岩溶发育的基本条件。

(1)岩石的可溶性

可溶岩石及具侵蚀性的水流是岩溶发育的基本条件,只要具备这一基本条件,任何时期任何环境下,必将发育岩溶。

可溶岩层的存在是发育岩溶的先决条件。可溶岩层包括卤化物类岩石(食盐、钾盐、镁盐等),硫酸盐类岩石(石膏等)及碳酸盐类岩石(石灰岩、白云岩、大理岩等)。其中以卤化物类溶解度最大,而碳酸盐类溶解度最小。但是,碳酸盐类岩石的分布最为广泛,绝大部分岩溶均发育于此类岩石中。因此,通常所说的岩溶主要是指发育于碳酸盐类岩石中的岩溶作用与现象。

岩石的可溶性,既表现于其溶解度上,又表现在易溶成分的溶解速度上,而后者的作用更大。方解石和白云石相比较,前者的溶解度较小,但溶解速度比后者大三四倍;因此,在水流畅通的情况下,以方解石为主要成分的白云岩,岩溶更为发育。还有各种难溶成分的可溶岩,如硅质灰岩、泥灰岩等,岩溶作用减弱,甚至根本不发生。但是,我国某些地区以泥质为主含有一定量碳酸钙的红层,却往往发育有溶孔及不大的溶洞,甚至构成较好的含水层;这也许是因为钙质分布不均匀并发育一定裂隙的缘故。可见,对于具体的情况必须进行具体分析,这样才不易出错。此外,可溶岩岩性成分的某些特点,如结构、原生孔隙和一些特殊成分(如硫化物)的存在,均在不同程度上影响岩溶的发育。

(2)岩石的透水性

可溶岩如果不透水或透水性很差,水与岩层的接触面很小,仍然不能产生岩溶。因此,裂隙的存在是发育岩溶的另一个必要条件。构造裂隙常对岩溶发育起控制作用,因为其分布广泛,分布深度大,是水进入可溶岩内部的通路。裂隙的密度和方向往往直接影响溶蚀通道的方向和发育程度。例如,云南丘北六郎洞地区有三条规模巨大的暗河流向六郎洞泉,这三条暗河都是沿大断层发育的。

岩石的透水性是与裂隙的发育和分布相关的。裂隙的发育和分布又受到岩性和构造的影响。因此岩溶发育和分布的基本格局是受岩性和构造控制的,所以岩溶总是沿着岩性变化带、构造断裂带、节理裂隙发育带、褶皱剧烈变化带的方向分布的。

(3)水的侵蚀性

可溶的透水岩层是矛盾的一方面,矛盾的另一方面则是具有侵蚀性的水,对碳酸盐类岩石来说,这便是含有侵蚀性 CO_2 的水。

碳酸盐在纯水中溶解度很低,水中溶有 CO_2 时,其溶解度才显著增大。方解石在纯水中溶解度仅为 11.5mg/L,当水中含有 1mg/L 的游离 CO_2 时,其溶解度即骤增至 50~60mg/L。在 CO_2 的参与下,水对碳酸盐的溶解作用反应如下:

$$CaCO_3 + H_2O + CO_2 \rightleftharpoons Ca^{2+} + 2HCO_3^-$$

$Ca(HCO_3)_2$ 的溶解度相当大,故 Ca^{2+} 和 HCO_3^- 均以离子状态存在于水中。此反应是可逆的,当反应进行到一定程度,水中的 CO_2 与离子状态的 Ca^{2+} 和 HCO_3^- 达到平衡,溶解作用便不再进行。如果条件发生变化(如压力降低、温度升高),水中 CO_2 逸出,则反应向左进行,重新沉淀出 $CaCO_3$。只有当地下水处于不断流动的状态时,被溶解的 $CaCO_3$ 以 Ca^{2+} 和 HCO_3^- 离子状态随水不断流走,而被消耗的 CO_2 则随着水交替从空气中不断获得补充,反应才能继续不断地向右侧进行,溶蚀作用才得以继续。

水呈酸性时,水中的 H^+ 和 CO_3^{2-} 结合易于生成 HCO_3^-,促使更多的 $CaCO_3$ 溶解。因此含有机酸较多的水,溶蚀能力较强。同理,当水流经含有黄铁矿的岩层时,由于黄铁矿氧化生成 H_2SO_4,水中 H^+ 浓度加大,溶蚀能力也加强。

富含CO_2的水，在溶解$CaCO_3$的过程中，CO_2逐渐消耗减少，侵蚀性减弱以至完全消失。另一方面，水在流动过程中，由于温度压力等条件发生变化，CO_2也可能重新从水中逸出，而沉淀出$CaCO_3$。逸出的CO_2一般在地下不易散失，最终仍将流入水中，使水的侵蚀性部分恢复，正是由于后一作用，地下水经过相当长的流程以后，仍可具有一定溶蚀能力。

(4)水的流动性

岩溶发育的最后一个绝对必要条件是水的流动。具侵蚀性的水与可溶岩石发生了接触，如果水的流动很缓慢，甚至处于停滞状态，那么，水中的侵蚀性CO_2将不断消耗，最终便完全丧失侵蚀能力，溶蚀作用就不能继续进行。反之，当水不断运动时，富含CO_2的大气降水及地表水不断进入地下，更新原有的地下水，可使水经常保持其强侵蚀性，溶蚀作用就进行得格外迅速。因此，水交替条件是岩溶发育过程中最为活跃的因素。不同地区，具有不同的岩性、构造、地壳运动条件及补给条件，故水交替条件各不相同；同一地区，在不同的时期，水交替作用也有变化；水交替条件在时间和空间上的变化正是岩溶发育在时间和空间上不均一的主要原因，而分析水交替条件则是研究岩溶形成与发育的关键。

水流溶解$CaCO_3$并将其携去，在可溶岩层中形成了新的空间——溶洞。累计流过的水流总量愈大，溶解并携去的$CaCO_3$总量便愈大，在易溶岩层中造成的空洞的总体积也愈大。从这个意义上说，溶洞是水流的“印模”，记录着过去的水流的强度与方向。换句话说，如果根据有关条件，仔细地分析了易溶岩体中的水流状况，我们就能够比较有把握地预测不同地段岩溶的发育程度以至溶蚀通道的大致方向。

3. 岩溶发育过程

岩溶的发育过程是水与岩石相互斗争的过程。水要溶解可溶岩，扩大溶隙空间，而可溶岩又要消耗水的溶蚀能力，使水失去侵蚀性。这一对矛盾共存于可溶岩体中，各以它的对立面为自己存在的前提条件，相互进行斗争，贯穿于整个发育过程的始终，直到岩溶消亡时为止。

(1)岩溶发育过程与一般侵蚀过程的异同

在讨论岩溶发育过程之前，首先谈一下它和一般侵蚀作用的异同。

岩溶作用和一般侵蚀作用的相同之处在于它们都能导致地表破坏，向准平原化方向发展。它们都同样受到地壳升降运动的影响，后者控制着它们的侵蚀速度。它们也同样受到当地侵蚀基准面的制约，使侵蚀作用向分水岭移动，以争夺更大的汇水面积。

岩溶作用和一般侵蚀作用的不同之处是在于岩溶发育过程主要是由地下向地表进行(由内向外进行，地表作用是次要的)，而一般的侵蚀过程则是由地表向地下进行(由外向内进行，地下作用甚微)。因此，在岩溶地区形成溶洞、漏斗、落水洞、干谷以及地表塌陷等现象。而在非可溶岩地区一般则侵蚀成冲沟、峡谷和河谷等现象。所以岩溶发育过程的主要动力是地下径流，而不是地表径流；一般地区则是地表径流，而不是地下径流。在向分水岭移动的过程中，岩溶区主要是通过地下的作用，而不是地表的作用，所以在岩溶区地下分水岭和地表分水岭往往是不一致的。实质上这是地下水分水岭的移动。不像一般侵蚀地区是地形分水岭的移动。在侵蚀地区，一个流域对相邻流域的袭夺主要是通过地表水文网进行的。在岩溶区也有袭夺现象，但它的袭夺主要通过地下的岩溶系统来完成。

(2)岩溶发育的分异作用

大气降水和地表水沿可溶岩的节理和裂隙进行溶蚀和冲蚀。由于可溶岩的节理和裂隙分布不均匀，水的侵蚀能力各处不一样，水与可溶岩的作用也就产生了差异。在一些地方侵蚀能力强，在另一些地方侵蚀能力就弱。随着时间的延长，这种差别就越来越大。原来一些裂隙或孔隙本来是有水的，由于发展速度慢而被发展快的袭夺了，这就使快的更快，慢的更慢，直到消亡，岩溶发育就产生了分异。随着时间的推移，这种分异作用将会越来越大，这就造成岩溶发育和分布的不均一性。

分异作用并不是一成不变的，它到某些时候又会发生转化。因为在岩溶发育过程中，一些易溶的物质随流水而去，一些难溶的物质就沉淀下来，将某些孔隙或裂隙通道堵塞。在被堵塞的地方发展速度减弱或者消失，在未堵塞的地方发展速度就相对增快，使孔隙和裂隙扩大。当扩大到一定程度的时候，洞顶发生崩落或垮塌，直到地表塌陷，形成竖井或落水洞。在一些大的溶蚀通道中，汇积的水量越来越多，甚至在一些地方地表水流带着大量的泥砂或碎石也流入通道，这不但增强了溶蚀能力，而且由水带来的砂砾物质以及洞里的崩塌碎块，在水力推动下的磨蚀作用以及水流本身的冲蚀作用比溶蚀作用显得更重要。尤其是山区，在多雨季节，大量短暂的并且又是集中式的地表水流通过落水洞、竖井或暗河转入地下，不但带有大量泥沙，甚至连碎石也带入地下，这种冲蚀能力和磨蚀能力应该说比溶蚀能力大若干倍。

总的来说，岩溶发育的分异作用，是水在岩石和构造的基本骨架之上进行的一种雕刻和修饰作用，不管它反映出来的形态多么离奇，但它始终都是受到基本骨架的控制。

(3)岩溶基准与岩溶侵蚀基准面

岩溶发育过程，总的趋势是使可溶岩体破坏，使可溶岩体中的空隙增大，使可溶岩体中的水汇成一个统一的相对稳定的地下水面，使该地区变成广阔的岩溶化的准平原。

这就给我们提出了两个问题：岩溶作用到什么时候为止；岩溶化准平原是否是岩溶发育的最终结局。这就牵涉到两个概念：岩溶基准和岩溶侵蚀基准面。

岩溶基准，是指岩溶作用能够达到的极限深度。它不取决于当地的岩溶侵蚀基准面(当地的地表河或地下河的侵蚀基准面)，而它的最终极限是可溶岩的底板。它可以高于或低于当地的侵蚀基准面。如岩溶作用全部到达可溶岩的底板隔水层时，这就标志着岩溶作用的结束。

岩溶侵蚀基准面，是指目前岩溶发育的基准面，它不代表岩溶发育的最终结局(目前已经发展到可溶岩的底板，而下面又无可溶岩存在的除外)，当其地壳上升或下降时，岩溶侵蚀基准面又要发生变化，去适应新的环境，所以它是相对暂时性的。

岩溶侵蚀基准面有主要的和次要的(或局部的)。主要基准面在内陆地区一般是边界地段的河流；在海滨地区则是海平面。次要的基准面或局部的基准面可以是地表的小河，也可以是地下的暗河。所有的侵蚀基准面不论是地表的或是地下的都控制着一定的流域面积，在这个流域面积内岩溶的发育要受到它的制约。但是局部的又要受到主要的制约，而主要的比局部的控制面积大得多，有时是控制数个局部侵蚀基准面。

在地壳处于相对稳定的时期，主要进行旁侧侵蚀，形成很多水平溶洞。如果相对稳定的时间越长，这些水平溶洞就逐渐扩大和延长，结果使垂直循环带遭到破坏。假如地壳上升，侵蚀基准面就下降。岩溶水为了适应新的基准面，旁侧侵蚀作用减弱或停止，垂直循环带的作用就相应地增强。在相对稳定时期已经形成的水平溶洞，这时离开地下水面，变成干溶洞。如果间歇性上升的次数越多，这种成层的干溶洞也可能越多。这些水平溶洞大多数代

表一个相对稳定时期的产物，但有些水平溶洞由于受到岩性和构造的控制也可在间歇性上升的过程中形成。同时还要指出一点，就是在同一相对稳定的时期内所形成的水平溶洞也不完全在同一高度上，是分散在相当大的范围内的，特别是山区就更为明显。因为山区河流特别是横穿岩层走向的河流受到岩性变化的影响，河床断面变化很大。在两床狭窄处上游、枯洪水位的变化是相当大的。如长江三峡可达50余米，乌江渡可达30m以上，红水河在合山煤矿附近也在27m左右。此时河谷两岸的地下水位也相应提高，使无水的干溶洞也被充水，进行溶蚀，这样年复一年的水文影响也可形成一些水平溶洞(或破坏原有的水平溶洞)。1975年，A. N. 帕尔默(Palmer)在“迷宫型溶洞的起源”一文中谈道：由于洪水的补给，洞穴区地下水在流量和水头方面发生很大的变化，在活动的溪流通道中，当洪峰期，在洞径缩窄段的后面发生壅水，结果就引起育隙和导致迷宫溶洞的迅速发展。他对洪水的作用作了充分的论述，由此也启发我们对水文影响的注意。在河床狭窄处的下游，河谷宽缓，枯洪水位的波动幅度很小，两岸地下水位的变动也相应很小。因此在同一时期内，在上下游很近的地方，没有发生差异运动的情况下，溶洞的发育过程就有很大的差异。除此之外，不管上游或下游，水平溶洞还可在河床以下的饱水带中发育。所以在分析时不能只凭几个水平溶洞就断定地壳的升降，一定要根据具体情况作具体分析，否则会得出错误的结论。

岩溶水在适应侵蚀基准面的过程中，必然要扩大自己的汇水面积(补给面积)以维持逸流量来适应侵蚀基准面的需要，这势必造成主要侵蚀基准面和次要侵蚀基准面或局部侵蚀基准面之间为争夺汇水面积的斗争，结果使某些位置高的河流变成干谷，或变成暂时流水的河谷；使某些暗河变成干洞，或由于下伏局部隔水层限制而变成悬挂泉或季节性的悬挂泉。同时还使地下水分水岭移动，由基准面低的流域向基准面较高的相邻流域移动。在移动过程中发生主要侵蚀基准面对次要侵蚀基准面的袭夺，把局部侵蚀基准面形成的局部地下分水岭消灭掉。

最后还谈一下岩溶发育的深度。一般来说在地下水面以上的垂直渗透带和接近地下水面附近的水平流动带岩溶最发育。在深饱水带中，由于水的侵蚀性和水的流动性随着深度的增加而减弱，岩溶发育也减弱。深部水的运动也可以用承压的深部岩溶水循环来解释。但是目前发现在很深的地方还有较大的溶洞。例如广西红水河在海面下658m的地方，还发现有洞高3.92m的溶洞(广西合山煤矿资料)。在国外如达尔马齐亚沿海一带的海底泉，出现在海面以下700m的深处，有的甚至在海面以下千余米的深度。

4. 影响岩溶发育的因素

各种因素，如气候、地形、水文、岩性、构造等，往往是通过岩溶发育过程中最活跃的因素——水交替起作用的。

气候因素主要是通过补给而影响水流条件从而影响岩溶的发育。我国南方降水丰沛，年降水量普遍在1000mm以上，北方地区一般均小于700mm。降水愈多，水交替条件愈好，水的侵蚀性愈强，作为溶蚀营力的水量也愈多，岩溶就愈发育。正是因此，我国多雨的南方岩溶普遍比北方发育。此外，南方气温高，有利于溶解作用的进行，并促使植被发育的土壤中有机质易于分解，为入渗降水及地表水提供大量的CO_2和较高的氢离子浓度。

地形条件利于汇集降水的地方，岩溶往往也比较发育。地形往往决定着补给区与排泄区的分布，这也就决定了水流趋向，从而控制岩溶管道以至地下河系的主要发育方向。

可溶岩与非可熔岩相间分布时，在接近下伏非可溶岩的界面上，可溶岩中岩溶格外发育

(图 9－26)。原因是,这种情况下,下渗水流便阻隔于界面上,水流在此集中,溶蚀作用特别强烈。

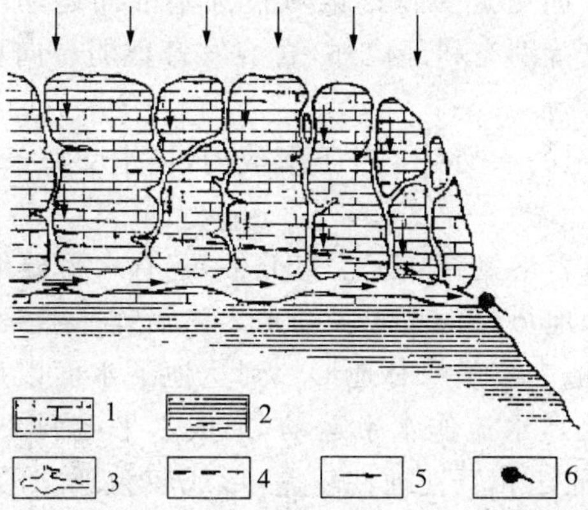

图 9－26　不同岩性交界面上岩溶发育情况

1—石灰岩;2—砂页岩;3—溶洞;4—地下水位;5—水流方向;6—泉

岩溶发育受构造的控制也很明显。断裂带、褶皱轴部等裂隙发育的部位,岩溶常较发育。断层带岩体破碎,有利于地下水汇流,常成为骨干地下河的前身。上述六郎洞暗河即是如此。而地苏暗河系的支流均与背斜轴垂直,显然是沿着横节理发育的(图 9－32)。

5. 岩溶发育及岩溶水的分带性

可溶岩分布地区,在有关因素的控制下,不同部位的水交替与水流状况不同,岩溶发育及岩溶水的动力条件均显示分带性。

在厚层裸露石灰岩分布区,局部的侵蚀基准面控制着地下水的流动状况,大体可分为以下四个带(图 9－27)。

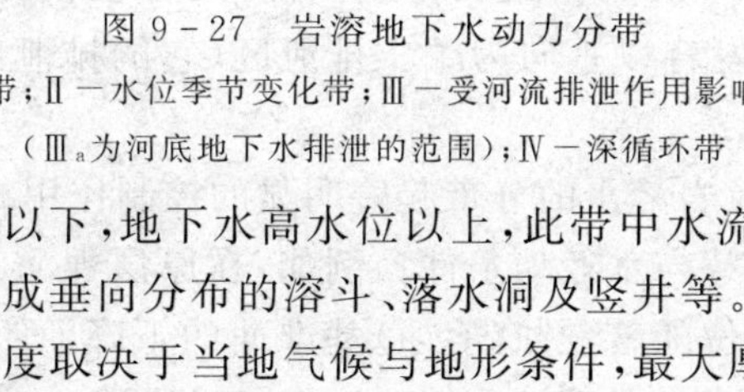

图 9－27　岩溶地下水动力分带

Ⅰ—包气带;Ⅱ—水位季节变化带;Ⅲ—受河流排泄作用影响的饱水带

(Ⅲ$_a$为河底地下水排泄的范围);Ⅳ—深循环带

包气带(Ⅰ):位于地表以下,地下水高水位以上,此带中水流不是经常性的。大气降水沿裂隙垂直向下渗流,常形成垂向分布的溶斗、落水洞及竖井等。溶蚀通道之间相互连通性差,多呈孤立状态。本带厚度取决于当地气候与地形条件,最大厚度可达数百米。

地下水位季节变动带(Ⅱ):位于高水位与低水位之间。低水位期本带地下水主要作垂直运动,高水位期基本呈水平运动。因此,本带既有水平方向的,也有垂直方向的溶洞。本带厚度取决于地区的潜水位变化幅度,由几米到几十米。

饱水带(Ⅲ):位于最低水位以下,经常处于饱水状态,常年有水向局部侵蚀基准面排泄,多发育互相连通的水平方向的溶蚀通道。河谷附近的岩溶通道往往指向河谷,表现出局部承压现象。

深循环带(Ⅳ):位于局部侵蚀基准面以下一定深度,地下水运动不受当地河流的影响,在地质构造条件的控制下,向更远更低的区域侵蚀基准面运动。此带位置较深,水交替迟缓,除局部构造断裂等径流特别有利部位外,岩溶发育很弱。向更深部则径流停滞,无溶蚀现象。

上述分带现象是在一定的水交替条件下形成的,当水交替条件发生变化时,分带现象即被破坏。

厚层裸露灰岩分布区,岩溶发育除了垂直分带,还有水平分带(图 9-28)。河流中上游及远离河谷的分水岭地区,地势较为高峻。降水入渗后作垂直运动,多发育垂直岩溶,如漏斗、落水洞、溶蚀竖井等。地表多呈峰林地形。到达地下水面以后(这些地方的地下水位一般很深,因此常呈缺水景象),水流作水平运动,形成水平溶洞。由于水流分散且不经常存在,故岩溶发育较弱,溶蚀通道相互连通性较差,形成较为孤立的水流常缺乏统一的地下水面,但地下水面总的倾向于河谷及下游。接近河流下游及河谷地带,以发育水平岩溶为主,水流集中而经常,溶蚀作用强烈,由于洞穴扩大导致坍塌,多出现溶蚀洼地、孤峰等。地下多形成暗河,有统一地下水面,水位线,岩溶泉在此集中排泄。

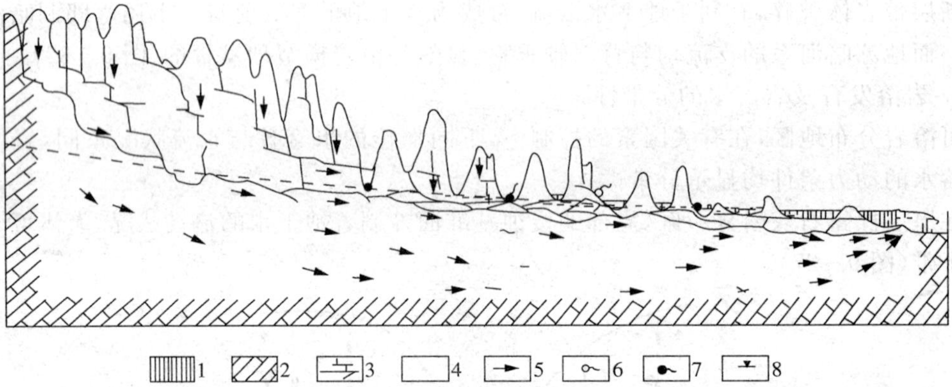

图 9-28 厚层裸露灰岩地区岩溶水形成条件示意图

1—第四纪沉积;2—石灰岩;3—溶洞;4—地下水位;5—地下水流向;6—常年性泉;7—季节性泉;8—地表水

在构造盆地,当灰岩被不过水层覆盖时,则形成岩溶承压水。出于补给及排泄受到限制,成层灰岩的水交替条件一般比裸露灰岩差,岩溶发育也较弱。补给区以垂向入渗水为主,水的侵蚀能力强,岩溶发育以垂向为主。排泄区(它的排泄区常常是导水断层)水流集中,岩溶也较发育。

地壳升降运动对岩溶及岩溶水的分带起着明显的控制作用。地壳运动直接影响溶蚀基准面的位置,从而改变水交替与水运动条件。例如,在厚层裸露灰岩分布地区,如果地壳处于不断上升之中,则地下水位随着侵蚀(溶蚀)基准面的下降而不断下降。同一部位的水流状况经常改变,就不可能出现上述垂直分带。地壳相对稳定一个时期,便可形成完备的垂直分带。当地壳运动表现为上升与稳定多次相同,则每一地壳稳定时期都可在当时的饱水带中形成一层相应的水平溶洞。

在侵蚀(溶蚀)基准面以下,水交替减弱,因此岩溶作用通常随深度加大而减弱以至消失。但是,有时也可发现,在地下很深的地方仍然存在规模相当大的溶洞。如河北仟正在地下三四千米深处仍有溶洞。如果考虑现在的水交换条件，在这样深处产生岩溶是不可能的。这种岩溶是在地质历史时期，当灰岩岩块处于侵蚀基准面以上时发育的，以后由于地壳沉降而埋藏于地下深处。这种在地质历史时期形成的岩溶，一般通称为古岩溶或埋藏岩溶。

研究古岩溶对于防止矿坑充水、开发油田以及寻找沉积矿床等都有重大意义。分析古岩溶发育规律的关键，是回溯地质历史时期的水文地质条件，尤其是水交替条件及水流条件。

9.3.3 岩溶水的特征

1. 岩溶水的基本特征

岩溶水的基本特点是：水量丰富而分布不均一，在不均一之中又有一些相对均一的地段；含水层内具有统一的自由水面，同时也存在着相对隔离的孤立水源，反映出各个方向的水力联系有很大的差异性；动态变化很大，在不同地区的变化幅度显著不同；岩溶水既是储存于洞穴中的水，又是改造赋存环境的动力。

2. 岩溶含水介质的特征

岩溶含水介质具有很大的不均一性，既有规模巨大、延伸长达数10km的管道溶洞，也有十分细小的裂隙甚至孔隙（包括洞穴沉积物中的孔隙）。由于大泉往往从溶洞流出，而钻孔与坑道也是在揭露溶洞时才出现可观的水量。所以，有一个时期，人们曾错误地认为岩溶水如同地表水在河道中流动一般只是在若干个孤立的管道系统中流动。近年来，人们对岩溶泉动态进行了深入研究，终于发现，供给泉的水量只有百分之几到百分之十几来自溶洞管道，绝大多数水是由裂隙与孔隙释出，经由溶洞流出的。现在人们已经认识到，初始的岩溶含水介质包含为数众多的各种尺度的裂隙以及孔隙，这些初始的空隙在溶蚀过程中不同程度地溶蚀扩展，有的发育成为尺寸很大的溶洞管道，有的仍然保持为细小的空隙。因此岩溶含水介质实际上是尺寸不等的空隙构成的多级次空隙系统（图9-29）。

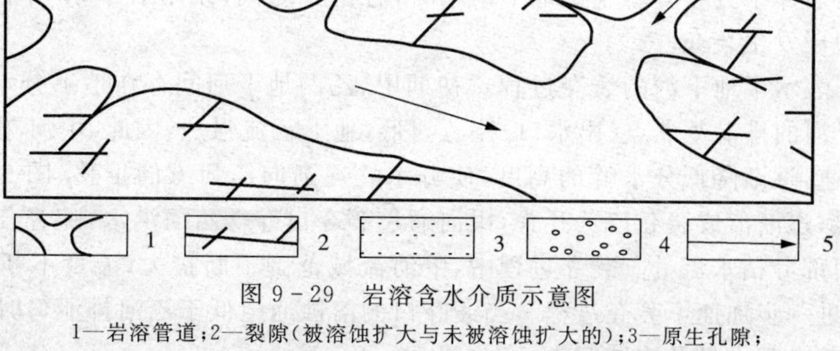

图9-29 岩溶含水介质示意图

1—岩溶管道；2—裂隙（被溶蚀扩大与未被溶蚀扩大的）；3—原生孔隙；
4—洞穴堆积物中的孔隙；5—水流方向（箭头长度代表水流大小）

上述尺度不等的空隙彼此之间存在着不同程度的水力联系，构成宏观上具有统一水力联系的岩溶含水介质。广泛分布的细小孔隙与裂隙，导水性差而总的容积大，是主要的贮水空间。大的岩溶管道与开阔的溶蚀裂隙构成主要导水通道。规模介于两者之间的裂隙网络兼具贮水空间与导水通道的作用。当钻孔或坑道揭露主要导水通道时，广大贮水空间中的水通过贮水-导水网络逐级汇集到溶蚀管道，水量极大。只揭露少数规模不大的裂隙时，汇集水量有限。钻孔或坑道只揭露到导水通道与裂隙网络之外的含水介质时，由于细小孔隙与裂隙的导水性很差，往往干涸无水。岩溶水水量分布极不均匀，宏观上统一的水力联系与局部性水力联系不好，是由岩溶含水介质的多级次性与不均质性决定的。

3. 岩溶水的分布特征

裂隙含水岩体中，水的储存和运移受裂隙系统的控制，水的分布与运动具有明显的不均匀性和各向异性。岩溶发育初期，可溶岩体与一般裂隙含水岩体并无不同，随着水流作用，沿隙壁发生溶蚀。细小裂隙阻力大，水流缓慢，通过水量有限，溶蚀作用也较缓慢。宽大的汇水裂隙，水流畅通，通过水量大，溶蚀速度远较细小裂隙中迅速。这样，由于原有裂隙的差异而产生差异性溶蚀作用。较宽大的裂隙扩展愈快，通过水量愈大，水流愈迅速，又进一步加强了溶蚀作用。结果宽大的汇水裂隙经溶蚀扩展形成地下管道，而细小裂隙改变不大，空隙的分布就更加不均匀了。在差异溶蚀过程中，水流愈来愈集中于较大的管道。经过长期作用，可溶岩原有的裂隙系统被水流改造，最终形成地下暗河系统（图 9－30）。

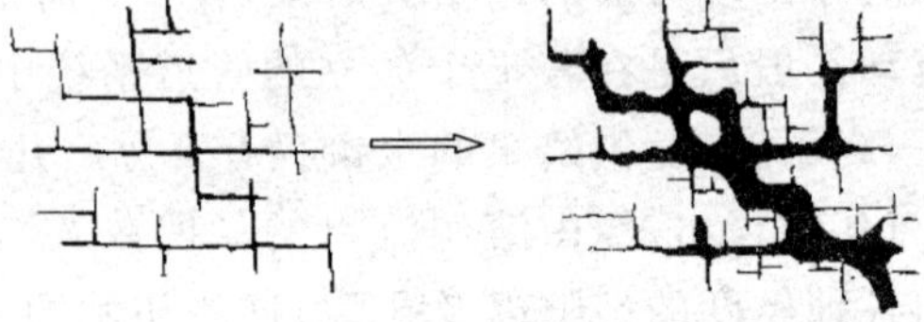

图 9－30　可溶岩中的裂隙系统经溶蚀作用改造示意图

广西都安地苏地下河系（图 9－31）由一条主流，11 条支流组成。支流呈不对称的树枝状分布，河系汇水面积达 1000km^2。总出水口在红水河边，枯水期最小流量为 4m^3/s，洪水期最大流量为 390m^3/s。

地下水系具有地表水系的某些特点。如地苏地下河系，除主流、支流外，还占有一定的流域，河系之间存在分水岭，水流迅速，变化较大。所不同的是，地下河系中水流为管流，故有时为承压水流。

厚层可溶岩体中分布有若干个地下河系时，各河系之间，跟地表水系一样，常在相邻河系的中上游地段发生袭夺。

图 9－32 表示了地下河的袭夺过程。初期甲、乙两地下河间存在地下分水岭（图 9－32(a)）。由于甲河的排泄基准点（出水口）比乙河低，地下径流强烈，因此，甲河溯源溶蚀（包括侵蚀）较为迅速，逐渐降低分水岭的高度，使分水岭逐渐向乙河方向推移（图 9－32(b)），终于切穿分水岭，逐渐形成袭夺口。开头，甲河通过袭夺口夺得乙河洪水，随着袭夺口加深，甲河便夺得乙河部分枯水流量。袭夺过程中，甲河流域范围不断扩大，流量不断增加，溶蚀能力不断加强，进一步加速了袭夺过程。当袭夺口的溶蚀通道低于乙河排泄口时，甲河便全部并吞乙河，将其全部水量及流域归为已有（图 9－32(c)）。

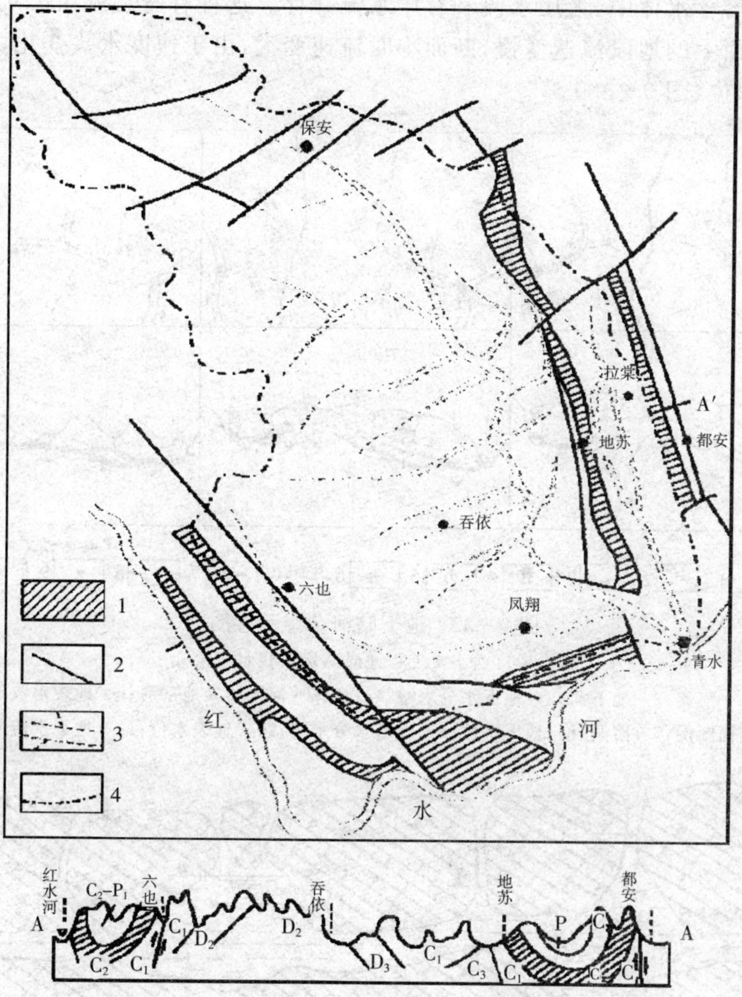

图 9-31 广西都安地苏地下河系略图

（据广西水文地质工程地质队）

1—相对隔水层；2—断层；3—地下暗河；4—地下河系分水岭界线

注：平面图中地下河系分水岭界线内，除标出的相对隔水层外，均为石灰岩及白云岩；

剖面图中，除 C_2 外，均为石灰岩及白云岩。

岩溶发育过程中，易溶岩体中的空隙系统不断趋于不均匀，水流不断趋于集中。最终发育形成地下水系。其总的趋向是将尽可能大范围内的地下水汇集到一处，集中排泄。“水流的集中”贯穿于岩溶发育过程的始终，并由此导致岩溶及岩溶水空间分布的不均匀性，决定了岩溶水补给、排泄、径流和动态特征。

4. 岩溶水的运动特征

差异溶蚀造成可溶岩体中大小的通道、洞穴与裂隙网并存的局面，这种大小不均的“水道”使岩溶水的运动条件格外复杂。

对岩溶水来说，即使在裸露灰岩含水体中，由于溶蚀管道断面变化很大，在大的洞穴中则呈现无压水流，有时甚至形成地下湖泊，而在尺寸较小的管路与裂隙中，则形成有压水流。

因此，在同一岩溶含水体中，无压水流和有压水流并存。这种有压水流在尺寸变化的同一管路中流动时，断面大的地段流速变慢，断面小时流速变大，由于速度水头变化，从而同一水体呈现出不同的水位（图 9-33）。

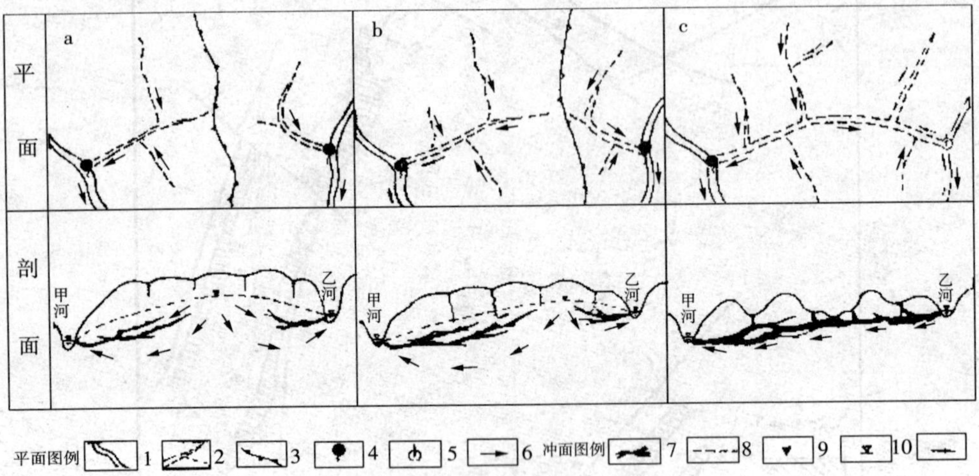

图 9-32　地下暗河袭夺示意图

（参考广西水文工程地质队贵西找水组绘）

平面图例：1—河流；2—地下河；3—地下水分水岭；4—泉；5—河水转入地下河；6—地表水及地下水流向

剖面图例：7—溶洞；8—地下水位；9—地下水分水岭；10—地表水位；11—地下水流向

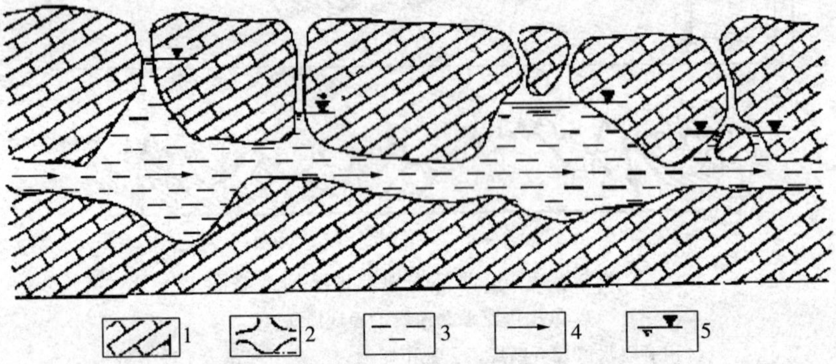

图 9-33　断面变化的溶蚀管路中由于流速变化而水位呈现高低不一

1—灰岩；2—溶洞；3—充水部分；4—地下水流向，前头长短代表流速大小；5—地下水位

由于岩溶通道的规模变化大，其中的地下水流有时呈层流运动，有时呈紊流运动。巨大的主流通道中，水量大，当流速超过临界流速时，则呈现紊流运动。在细管路及裂隙中渗流阻力大，流速小，一般均为层流。由于溶蚀差异及沉淀、充填，同一管道断面变化，也可呈现层流与紊流交替。

实际上，大的管道水流阻力虽小，一般情况下水力坡度也小，流速很少超过临界速度。所以，总的说来，岩溶水的紊流运动仍属局部现象，而且一般出现于流量骤增的洪水季节。

5. 岩溶水对赋存环境的改造作用

储存于溶洞与裂隙中的水经常对其周围环境进行着改造。它的发展总趋势，是使可溶岩体的透水性变大，使无数的细微裂隙网逐渐变成大大小小的管道，使具有层流运动的裂隙流逐渐转变为具有紊流运动的明渠流，使地下水面逐渐下降，使水力坡度逐渐平缓。如果地下水没有新的补充，这些作用就会停止。但是一年四季的雨水又在不断地补给，这种作用只有到了可溶岩的底界才会结束。它在垂直循环带和季节变动带内反应最强烈，随着深度的增加反应越来越弱。

对可溶岩的破坏作用不只是一种溶蚀。特别是在季节变动带里，在有些地方在不同时期由无压流转变为有压流，或由有压流又转变为无压流，在这过程中产生的加压、减压作用对管道周围的破坏是相当大的。例如在岩溶区常常可以看到，沿着暗河的方向有很多落水洞或竖井直通暗河。这些落水洞和竖井有时成为地表水流进入暗河的入口（低水位时期），有时又成为暗河排泄的出口（高水位时期）。这些落水洞和竖井的形成，除与溶蚀塌陷有关之外，可能与水位变动的加压、减压作用分不开。因为在管道中，低水位时一些管道变为无压流，并在水面之上充满空气。当水位上升时，有些管道又变为有压流，并将空气压缩。随着水位不断上升，这种水气混合的压力就越来越大。在一些管道顶板承受压力较薄弱的地段，当水位上升压力过大时可将顶板击穿，变成天然的调压井。在这些地区水库工程中产生的一些现象就可以说明这个问题。例如在湖南邵东县的九江岩、新化县的白岩、凤凰县的锡皮水库、慈利县的余湖水库等地，修建水库时将落水洞或暗河堵塞，以防水库渗漏。但在雨水季节地下水位上升，将堵塞处或其他薄弱地带击穿，混合的水、气冒出地表高达 3m～5m，并伴随有爆炸声或汽笛声（根据湖南省地质局水文工程地质队和湖南省水利电力勘测设计院勘测总队的资料）。这只是水位上升压力增大造成水气冲击力使岩体发生破坏的一面。但在水位下降时，因空洞来不及补充空气，形成局部的负压区，将某些裂隙中的充填物吸出，使透水性增强，或形成新的渗透途径，甚至也会引起塌陷使岩体破坏。因此不同季节的降水引起水位升降，对岩石的破坏和改造作用是不可忽视的。

9.3.4　岩溶水的补给、径流与排泄

岩溶水的补给、径流与排泄构成岩溶水循环交替的全过程。控制着岩溶水的水动力特征，影响着水化学特征。

1. 岩溶水的补给

岩溶水的补给水源主要为大气降水、地表水和地下水。除此之外，还有人为的如工业废水、灌溉渗漏、渠道渗漏以及人工补给等水源。但是岩溶水得到的补给量一般都比非岩溶水得到的补给量高得多，主要原因在于接受补给的条件较为有利。

首先，在岩溶地区地表存在着很多封闭的地形。如坡立谷、洼地、落水洞、漏斗和竖井等，这些地形对汇集雨水是非常有利的。

其次，是渗入的途径。岩溶地区地表有无数的开型裂隙和洞穴。它是吸收补给水量的主要通道。

以上是一般的情况，但在不同的地区补给条件又不一样。

（1）裸露区

裸露区又分两种情况：一种是片状裸露区；一种是带状裸露区。

片状裸露区，一般是厚层缓倾斜地区，如广西、贵州和云南的一些岩溶地区。在这些地区内主要是靠降水的直接补给。由分水岭到河谷区，都应看成是补给区。接受的补给量由分水岭到河谷区是逐渐增加的。地表水和地下水的补给是次要的。

带状裸露区，一般都是可溶岩与非可溶岩互层的褶皱地区，如四川、湖北等省分布的石灰岩。在这些地区仍然是降水的直接补给，但在有些地方裸露区直接接受的降水补给量又小于非可溶岩区流来的间接补给量。特别是沿着可溶岩与非可溶岩交界线暗河很发育的地区，这种补给现象很明显。

不管是片状裸露区或是带状裸露区，由于它们主要是靠降水的直接补给，补给的通道又多为漏斗、落水洞等洞穴，所以这种补给的补给量是随季节变化而变化，补给的方式是不稳定的而且又是集中的。

(2)覆盖区

覆盖区系指松散堆积物直接覆盖在石灰岩之上的地区。例如可溶岩的平原区，或一些小型盆地。在这些地区降水或地表水首先补给松散层，然后再从松散层中补给岩溶水，实质上它是间接的补给。由于松散堆积物起到了对降水和地表水储存和调剂的作用，所以这种补给方式一般是均匀稳定的。

(3)埋藏区

埋藏区系指石灰岩被胶结坚硬的非可溶岩覆盖的地区。这些非可溶岩有的裂隙发育，它储存的地下水可以通过裂隙下渗补给岩溶水。有些无裂隙的黏土岩，就成为不透水的盖层，如一些自流盆地。在这种情况下，岩溶水只有在盆地边缘露头出露处才能得到补给。

2. 岩溶水的径流

岩溶水的径流条件一般都是良好的。但随着深度的增加，岩溶水的径流条件又会逐渐变差。根据索科洛夫的意见，可按垂直分带性分为四个循环带(图 9-28)：(1)包气带(地下水垂直循环带)；(2)地下水位季节变动带；(3)位于水文网排泄作用范围内的全饱和带；(4)不受附近水文网直接影响的深部循环带。需要指出一点，索科洛夫的水动力分带，只适用于厚层缓倾斜的地区。若以水动力条件来讲，他的分类也可适用于裂隙水，岩溶水除了具有垂直的水动力分带性之外，在水平方向上也有明显的分带性。在谷地附近水动力条件良好，有利于岩溶发育。而向分水岭地区，水面逐渐加深，水动力条件逐渐变差，所以各岩溶发育也受到影响。

在不同的埋藏条件下，岩溶水的径流条件不一样。例如裸露区，特别是片状裸露区(一般都是厚层缓倾斜的地区)、垂直循环带、季节变动带、全饱水带、深部循环带都可能存在。在覆盖区垂直循环带基本上没有了。在埋藏区一般都是全饱水带或深部循环带，径流条件较差，循环交替缓慢，所以岩溶发育也减弱。除此之外，还要考虑构造特点。如向斜谷地区、背斜谷地区、自流盆地区、构造断裂区等地区，它们的水动力特点和水化学特点都可能有差别。

岩溶水的水动力性质是时常发生变化的，特别是季节变动带最明显。在高水位时期，水流作水平运动，并使管道中某些部位变成有压流；在低水位时期，该带上部与包气带合并，水流作垂直运动，该带下部与饱和带合并，管道中的水流又变成无压流。在水位上升时，管道中的水流向裂隙渗透，由管流变成渗流；水位下降时，裂隙中的水流又流入管道，由渗流变为管流。由于管道的直径或裂隙的宽度时常变化，引起水力坡度和水流速度也时常变化，因此层流紊流也时常变换。岩溶水的流动状态可以用雷诺数(N_R)来表示(图 9-34)。根据福特(T·D·Ford)的资料，N_R小于 500 时属于层流，500～1000 属于混合流，大于 1000 则变为紊流。由上述可知，岩溶水的径流特点是水平垂直运动，有压流、无压流、渗流管流、层流紊流都同时存在，又时常变换。特别是在季节变动带最明显，往下乃逐渐减弱。

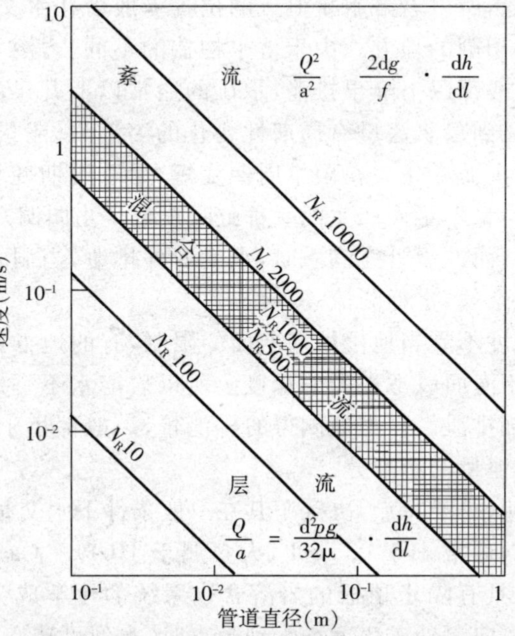

图 9－34　不同管径和不同流速与不同流态范围的雷诺数(据福特)

3. 岩溶水的排泄

岩溶水排泄的最大特点是排泄集中，排泄量大。降落在可溶岩分布区的雨水很快就转入地下，有些地区地表水也转入地下。这些水又向主要径流带或主要管道汇集流向排泄区，所以地下水露头是很少见的。但在局部地区的垂直循环带中也有临时性的悬挂泉出露。这是由于补给的水流，沿着垂直裂隙向下运动的过程中，遇到局部的近似水平的隔水层或水平通道的阻隔，使水流作水平运动，在谷坡上形成悬挂泉。这反映在包气带局部地段也可有泉水出露。除此之外，在有些山坡的低洼处，堆积了一些松散物。在松散堆积物之下可能由于可溶岩的裂隙不太发育，或者裂隙被松散物如黏土之类的物质充填，起着阻水作用，使雨水补给松散物之后不能继续下渗补给岩溶水，这也会形成临时性的流量很小的泉水，但雨后不久，水便干枯了。这样的泉水严格说来不应该看成是岩溶水。

这些泉水流出不远又转入地水补给岩溶水。除悬挂泉和一些临时性泉水之外，在岩溶地区也有一些小的泉水，虽然流量不大，但延续时间较长，在干旱季节仍维持细小水流。这样的泉水可能代表一个小的泉域排泄。有的仍然是流出不远又转入地下。所以在岩溶地区内没有真正排向该地下水域之外的排泄，不应该看成是真正的排泄，这就像在一条暗河管道的途中出现了天窗或水潭一样，只能看成是岩溶水在流动过程中的暂时出露。否则就会增大一个地下水域真实天然排泄量。在测量一个地下水域天然排泄总量时要特别注意这个问题。一些小的局部的排泄与大的排泄相比是次要的，它代表地下水的汇水面积也是小的。一个大的排泄点，代表一个大的地下水域在当地排泄基准面之上的总排泄量(深部排泄除外)，它包括该范围内未流出区外而又很快转入地下的小排泄点的排泄量。

岩溶水一般是以泉的形式或暗河的形式进行排泄。有的排向地表然后流入河流，有的直接排入河流、湖泊或海洋，有的在地下排入其他含水层。但岩溶水的水量一般都是很丰富的，其他含水层容纳不了这样多的水量，因此在一些岩性变化的地带，往往引起地下水位迥水上升,又转向地表排泄,所以岩溶水排泄点的位置一般多在水文地质边界上,如岩性变化带,断裂带,河流或沟谷切割的地方。由于蓄水构造的不同,岩溶水有无压的和承压的。无压的被地形切割之后一般都以下降泉排泄,承压的通常以上升泉的形式排泄。除了上升泉和下降泉之外,还可以见到泉水流量有周期性变化的多潮泉,流量时大时小,时断时流。周期的长短随补给量的多少而变化。在雨季周期变短,旱季周期变长。这种泉的形成主要是由于岩溶管道复杂、补给量不足而产生的一种虹吸现象。当向洞穴充水时空气会被排走,至水面超过虹吸管最高点,而虹吸管充满水时,水就向外排泄,当洞穴内水位低于虹吸管中的水位时虹吸管中又进入空气,水即断流。

由于岩溶的发育深度不受当地侵蚀基准面的限制,有的地方可以低于当地侵蚀基准面以下很深,甚至可以低于海面以下很大的深度。所以岩溶水不一定完全在当地排泄。除了当地排泄之外,还有深部排泄。在当地测得的排泄量,一般都小于真实的排泄量,甚至在某些地区可能只占真实排泄量的小部分。

岩溶水的补给、径流、排泄特点,决定了其在一般条件下水交替条件很好。因此,岩溶水一般具有极低的矿化度,通常小于 0.5g/L,大多属于 HCO_3-Ca 型;有白云岩地区则多为 $HCO_3-Ca-Mg$型水。具有隔水顶板的岩溶含水系统的化学成分,则随水交替条件而异。一般补给区矿化度较低,向深处矿化度增大到数克时,水型可转变为 HCO_3-SO_4型或 SO_4-HCO_3型。发育有古岩溶且封闭良好的含水层中,也可以出现矿化度很高的氯化物型卤水。

由于岩溶水的特殊补给方式,降水及地表水很少受到过滤,甚至未经过滤便进入含水体中,有时,地下暗河中及泉口甚至可以见到活的鱼虾。因此,岩溶水很易受污染,在利用岩溶水作为供水水源时,必须格外注意研究其污染条件。

9.3.5 我国南北岩溶水的差异

以秦岭淮河为界,我国南方与北方的岩溶与岩溶水的发育都存在一系列差别。

我国南方的岩溶区,降水入渗量常达降水量的80%以上;而北方岩溶地区,降水入渗量一般为降水量的 40%～50%,个别也可达 80%以上。如晋南龙子祠泉附近,下过每小时 50mm 的暴雨后,长达三公里的灰岩沟谷,不见水流出沟。

总的来讲,我国南方的岩溶发育比较充分,岩溶现象比较典型。地表可有峰丛、峰林、溶蚀洼地、溶斗、落水洞、竖井等,地下多发育较为完整的地下河系。而在北方地表除可见流水造成的溶沟外,少有坍塌造成的溶斗、落水洞等,地表多呈现常态的山形,而不呈峰林状。至今在我国北方尚未发现形态完整的地下河系。

在岩溶含水介质方面,南方的岩溶含水介质常是高度管道化与强烈不均质的。相距很近的两个钻孔,一个可能水量很大,另一个可能干涸无水。相比之下,北方岩溶含水介质要均匀得多(溶蚀裂隙为主以及局部的岩溶管道)。以我国北方分布最广泛的奥陶系碳酸盐岩而言,打水井的成功率相当高,很少因为含水介质的不均匀性而成为干井,我国南北方岩溶泉的动态有明显区别。南方的岩溶泉对降水的响应十分灵敏,流量季节变化很大。最大流量比最小流量大百倍以上(图 9-35)。

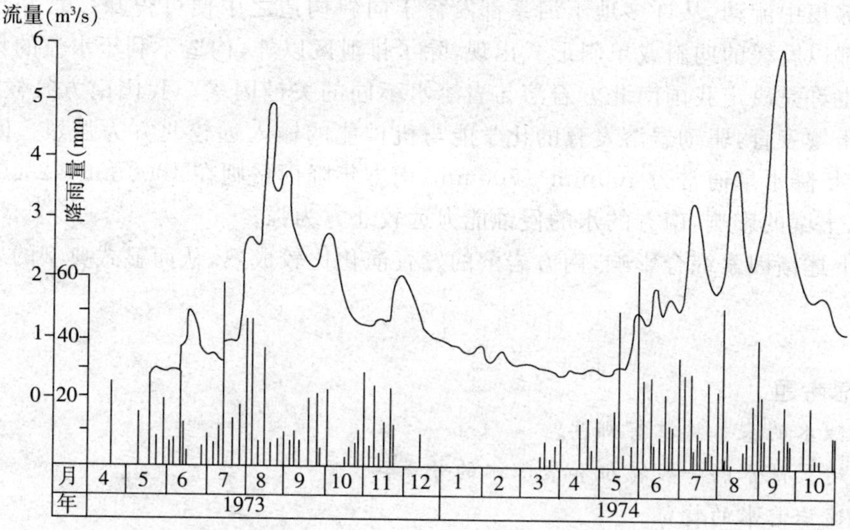

图 9-35　云南喷水洞暗河流量动态曲线

（据云南第六地质队）

我国北方的岩溶大泉，汇水范围往往可达数千平方公里，流量达数立方米/秒，但其流量动态相当稳定。例如，山西洪洞广胜寺岩溶泉流量始终恒定在 4～5m^3/s 之间（图 9-36）。

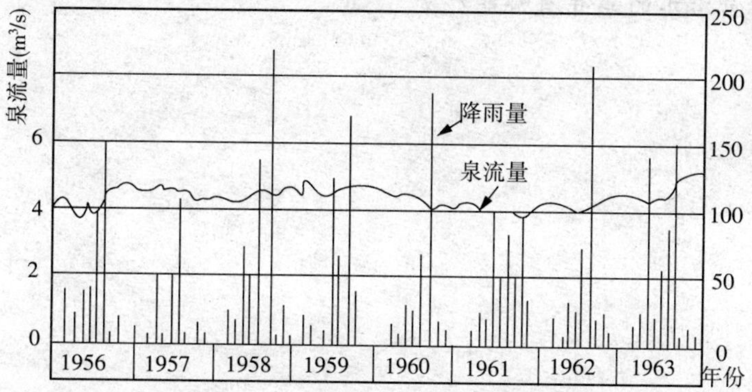

图 9-36　山西洪洞广胜寺泉流量动态曲线

（据唐炽昌）

关于我国南北方岩溶与岩溶水差异的根本原因目前还没有一致的看法。我们相信，这是一系列因素（地层岩性、构造、气候）的综合作用而导致两者含水介质不同所致。

南方岩溶发育区多分布大套巨厚到块状的纯净碳酸盐岩，这类地层中多发育裸露型岩溶。介质可溶性强，受到构造应力时易形成稀疏但宽大的裂隙，这是南方岩溶发育程度以及不均质性大于北方的内在原因。北方岩溶区的碳酸盐岩一般成层较薄，常夹泥质与硅质夹层，多与非可溶岩互层，因此多发育覆盖型岩溶。介质可溶性差，受到构造应力后容易形成密集、均匀而短小的裂隙。

南方岩溶含水系统在地质构造上多属较紧密的褶皱，尤其是向斜构造有利于水流汇集于向斜核部集中流动，从许多地下河系都发育于向斜构造之中便可得知。北方的岩溶含水系统几乎都以宽缓的向斜或单斜形式出现，除了排泄区以外，构造不利于水流的集中分布。

气候也许是决定我国南北方岩溶与岩溶水不同的关键因素。我国南方气候湿热，雨量大，植被、土壤发育，驱动岩溶发育的化学能与机械能的输入远较北方为强烈。即使以雨量而言，北方年降水量通常为400mm～700mm，南方年降雨量则在1000mm～2000mm之间，加以植被、土壤的影响，南方的水的侵蚀能力远较北方为强。

由于上述诸因素综合影响，南方岩溶的发育演化比较成熟，从而显式典型的岩溶水系统的特色。

复习思考题

1. 孔隙水的基本特征有哪些？
2. 叙述裂隙水的一般特征和裂隙水的分类。
3. 叙述岩溶水的特征。
4. 试论述山前冲洪积扇水文地质特征(2002中国地质大学免试推荐研究生试题)。
5. 松散沉积物中承压水的特点有哪些？
6. 叙述岩石的裂隙性。
7. 叙述裂隙介质的研究方法。
8. 断层带的水文地质意义是什么？
9. 论述岩溶的发育机理(从岩溶发育的基本特点、基本条件、过程、影响因素等方面论述)。
10. 简要叙述岩溶水的补给、径流与排泄。
11. 我国南北岩溶水的差异有哪些？

第10章 特殊类型地下水

10.1 地下热水

地球像一个庞大的热库，蕴藏着巨大的热能，地球内部的热能称为地热。地下热能在岩石中的传递方式主要是热传导和热对流，热传导是指直接接触的岩石各部分之间热能传递的过程；而热对流则是指热量同载热的流体（水及蒸汽）一起运动引起热量传递的过程，其最终也是将热能传递于岩石，所以对岩石圈来说，传导是热能传递的主要形式。

地热的主要来源除地幔热外，还有地壳岩石中放射性元素蜕变产生的热，其中尤以铀、钍、钾及其蜕变产物给出的热量最大，且半衰期最长，因而能长期起作用（表 10－1）。这些放射性元素多集中于上地幔顶部，在大陆地壳上部酸性花岗岩最丰富，其产生的热量约占总热量的 70%。基性、超基性岩、橄榄岩等含量较低。某些热量相对集中的地区，除放射性提供热量外，还有来自地幔热流，特别是大洋底，那里地壳厚度只有 5km 的玄武岩，而玄武岩所含放射性元素比酸性岩要少得多，故其大部分热量来自地幔。

表 10－1 长寿命放射性元素及其产物所产生的热量

放射性元素	半衰期(10^9a)	同位素丰度(%)	产生热量(J/g·a)
U^{238}	4.50	99.27	2.93
U^{235}	0.71	0.72	0.13
Th^{232}	13.90	100.0	0.84
K^{60}	1.31	0.012	1.13×10^{-4}

地壳温度随深度的增加而增加，一般用地热梯度来表示，地壳平均地热梯度每 100m 为 3.3℃。但是，由于不同地层的热传导率变化或近期火山喷发、岩浆活动，以及随地下水流改变地热状态分配等原因，都可出现地热变化的异常。

地下水活动对地热有异常重要的影响。由于地下水具有较大的热容量和较好的对流传热性能，是地壳中理想的载热流体。

与地下水有关的地热异常主要有以热水为主的热水型和以蒸汽为主的蒸汽型。近年来经同位素研究，已证实大部分热水和蒸汽是降水循环于地壳深部岩石而形成的。当然，也可能有小部分来自岩浆，约占总水量的 5%～10%。

10.1.1 热水系的定义

这里所说的热水系为 hydrothermal system 之译语，如果按埃尔德（Elder，1966）的定义，是指利用地下水（不管是气态还是液态）的移动输送热的机构。作为与热水系相似的词有所谓 hot water system 一语。这是用以说明地下含有部分温水的意思。特别是当水的温度高的时候，则称之为 high-temp. hot water system（高温热水系统）。还有当水以蒸汽状态存在时，也有人称为 vapour dominated hydrothermal system（高压蒸汽热水系统）。也有人把它总称为 geothermal system（地热系）。

hydrothermal system（热水系）相对之语，有所谓 lithothermal systm（热岩系）一语。这是依据固体（岩石）或熔岩的移动而输送热的机构。对于热岩系来说，由于温度对溶解沉淀的过程和黏性系数的变化影响很大，所以比热水系统的物理过程要复杂。

热水系的热是由热岩系补给的，热岩系的热是由上地幔层供给的。

10.1.2 热水系的存在

与一般地区不同，从地热温泉地区向地表运出很大的热量。像这么大的热量运输，用岩石的热传导为主来说明它是很困难的。例如在新西兰的怀腊开（Wairakei）地区，热的输出量比正常区高达 40 倍，从钻孔的观测来预断，在陶波（Taupo）盆地的基底 5km 深的地方约为 400℃，在盆地的外侧同样深的地方约为 200℃。因此，比根据纯传导的热流量大两倍。假使基底温度为 1000℃，它就是正常区的 5 倍。所以，热量是在岩石的热传导以外依靠流体的流动而运输的。这就是说，热水系肯定是存在的。

在日本别府，其放热量估计为 3.2×10^{7} cal/s，若面积为 25km^2，则大约相当于一般地区的 80 倍的热流量。因此，如此大热量的输送，是不可能仅仅仍然以岩石的热传导来说明得了的。

10.1.3 热水系的产生条件

产生热水系的必要条件，可以考虑以下几个方面：

(1)在地下相当深的地方（数公里），全部或部分的是可渗透的岩石，而这些岩层是被水所饱和的。

不论是多孔的介质（传导体）或是破碎带都可成为岩浆源透水层，而且该层可以与地表相通（开放系统），也可以与地表不相通（封闭系统）。

(2)由于透水层下面的温度不同，或者由于透水层下面热的供给不均而使透水层加热不同。因而透水层流体的流动的力主要是温度差发生密度差异而引起的。

(3)在同样加热的场合，由于下面加热很厉害而完全打破了透水层内部流体流动的稳定性。

(4)同样的加热，并且不必满足条件(3)那样厉害时，系统内需要存在流体静力学的压力坡度。一般认为，由于这种压力坡度而产生的超动力，通常比由于(2)之密度差而产生的要小。

将上述条件以图表示，如图 10－1。在图 10－1 之(a)地区内，用抽水机依靠人工造成静水压力分布，可以形成热水系。在(b)地区内，同样，如果钻探称为自流井，或者用抽水机抽水，就能形成人工热水系。地区(c)、(d)为没有水但热流大的地区。图之右边的一列，表示为普通的冷地下水。

系统类型＼热源类型			热源：均匀的：弱的	热源：均匀的：强的	热源：非均匀的	无热源
含水区	开放系统	有静水压力坡度				承压或无承压水
		无静水压力坡度	(a)			无压潜水
	封闭系统		(b)			承压潜水
干涸区				(c)	(d)	

图 10－1　热水系的产生条件(斜线部分产生热水系)。

10.1.4　热水系的构成

热水系的主体是在深度数百米到数公里范围内的透水层中含有温度高的流体的那部分。我们可以把它看成是一种热的储水层(贮水槽)。它下面(有时在其中间)具有将热的储水层加热的体系，再往下就与真正的热源相连接。从储热层上升的流体和较浅的循环水二次地、三次地……相混合而形成温度较低的储水层。于是在地表形成温泉、沸腾泉、间歇泉、喷气孔及其他各种各样(形形色色)的地热现象。高次储水层的深度，可以认为距地表仅数百米。因而能够成为温泉开发的对象。大部分高次储水层就是热水含水层，即温泉含水层。温泉含水层到地表之间的那一层，称之为表面带。若从剖面上来看，热水系便成为从地表依次地为地面带——储热层——热系——热源的顺序所构成(见图 10－2)。

若透水层是与地表联系的，并由地表排出流体时，这时就必须有补给。由于这些补给水大部分是大气降水，所以，作为它的补给途径，总得有再补充的系统，即：如果从水平方面来看热水系，则成为由再补给系、热系和排泄系所构成。

在封闭系的场合下，仅在储水层内部有热。

10.1.5　热水系的分类

1. 热水系发生的条件分类

与 10.1.3 中(1)，(2)，(3)，(4)等条件相对应可分为几种类型。

2. 按有无热水系的构成要素分类

(1)几乎没有表面带的；

(2)实质上没有热储水层，直接加热表面带的；

(3)无排泄系统的。

3. 按透水层的种类分类

(1)流水的通路在地质构造上已决定的情况下，即再补给系和排泄系已经确定，简单地说，这时近似管状流动。在这种场合，再进一步可细分为：

① 排泄中有对流；

② 排泄系中无对流；

(2)流体在均匀的多孔介质内的运动；

① 多孔的堆积层；

② 岩石中裂缝发育，其整体似乎可以看做是多孔介质。

4. 按流入排出系的流体性质分类

(1)潮湿系：被加热的地热流体仅仅是液体；

(2)干涸系：被加热的地热流体为气体或者气液混合流体。

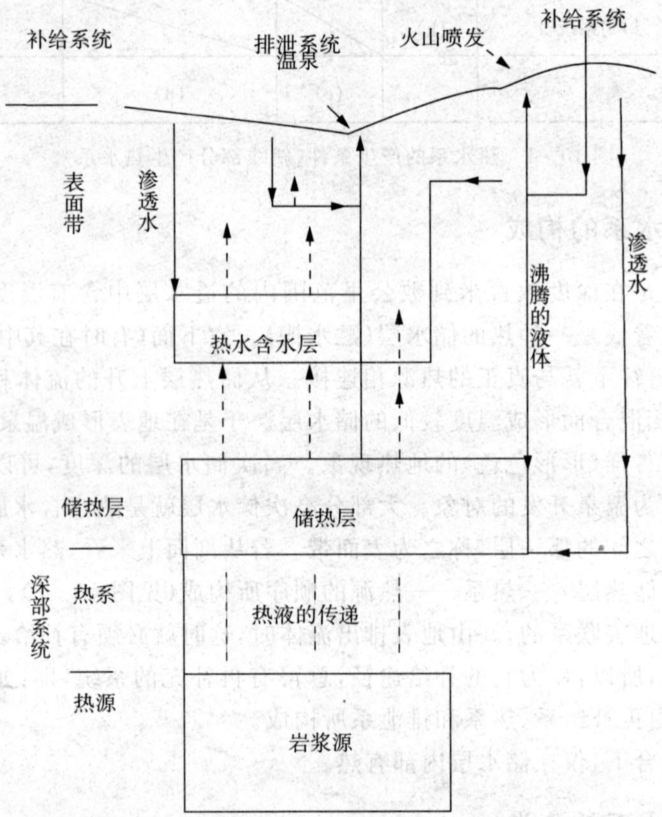

图 10－2　热水系的构成

10.2　矿　　水

地下水中含有某些特殊组分或某些气体成分，或者具有一定温度，对人体有医疗作用时，这种水便称作矿水。

根据多年来的医疗实践，规定了矿水特殊组分与气体成分含量下限(见表 10－2)。例如，水中含硅酸达 25mg/L 时即属矿水，而在达到 75mg/L 时，才称作硅水。水的温度也是医疗要素之一，只要地下水的温度接近或高于人体温度，即可利用其天然温热性进行医疗，并列为矿水。

从成因上讲，矿水与一般地下水并不是截然相同的。它与一般地下水的关系，就像矿床与岩石的关系相似。岩石中包含有各种化学元素，在一定地球化学环境下，某种或某几种元素富集，形成具有工业开采价值的矿床。同样，在一定的水文地球化学环境与地热环境中，地下水便形成矿水。

表 10-2　矿水化学成分和气体成分的界限(据 A. M. 奥弗琴尼科夫)

成　分	矿水含量下限 (g/L)	以该成分命名时含量下限 (g/L)	矿水名称
游离碳酸(CO_2)	0.250	0.750	碳酸水
总硫化氢 ($H_2S+HS^-+S_2O_3+SO_3^{2-}+S^{2-}$)	0.001	0.010	硫化氢水(硫氢化物水)
氡(Ru)	3.5 马海单位	10 马海单位	氡水
锂(Li)	0.001	0.005	锂水
氟(F)	0.001	0.005	氟水
铁(Fe^{2+} Fe^{3+})	0.001	0.010	铁质水
砷($HAsSO_3{}^{2-}$)	0.0001	0.001	砷水
溴(Br)	0.005	0.025	溴水
碘(r)	0.001	0.010	碘水
偏硼酸(HBO_2)	0.005	0.050	硼水
硅酸(H_2SiO_3)	0.025	0.075	硅水

矿水的积聚地称作矿水床，它是占据一定范围，具有一定质量指标(气体成分含量、特殊组分含量、温度)的地下水矿床。岩石是风化壳、自流盆地、自流斜地、断裂带、侵入岩及岩脉的接触带等等，都可以成为矿水床的发育场所。矿水一般都属于深循环的自流水。

医疗价值最高、形成条件最为复杂的是富含气体的矿水：碳酸水、硫化氢水、放射性水。在我国，温热矿水的分布与利用都较广泛。

我们所熟悉的汽水，就是人工仿制的碳酸水。地下水中大量的 CO_2 主要来自岩石高温变质。因此，碳酸水多分布于近期岩浆活动发育的地区。碳酸水矿水床的形成不仅要具备有利于产生 CO_2 的条件，还要具备有利于 CO_2 保存与积聚的条件。碳酸水一般是冷的，大多为低矿化的重碳酸水。

硫化氢水是在存在有机物的封闭地质构造中形成的。一般是矿化度比较高的温热水。

矿泉疗养中常用的放射性水是氡水，氡是镭蜕变而来的。当岩石中含镭较多，岩石破坏较强烈，地下水与这类岩石接触较长，则可形成放射性较高的地下水。放射性水一般形成于酸性岩浆的风化壳，通常是冷的。

温热水可以是现代火山作用的产物，也可以是地下水沿着断裂循环于地下深处的结果。在我国，温热水多属后者。一般其矿化度不高，含有一定数量特别组分，氮气及硅酸含量往往较高。

10.3 卤　水

含盐量大于 50g/L 的地下水称作卤水。当卤水中含有大量盐类(如氯化钠)，或富集有碘、溴、硼、铷、铯等稀散元素时,可具有工业开采价值。

高矿化的卤水,可以是滨海洼地、泻湖中的海水,经过蒸发浓缩,然后在后期沉积物孔隙中保存下来的。此时盐分主要来自海水,卤水具有海相埋藏水的特点。卤水也可以是干旱气候条件下,陆相盐湖的产物。来自周围山区的融雪水、冰川水、河水、地下水,将岩石中的组分淋滤搬运到湖中,蒸发浓缩后期沉积物掩埋盐湖时,便成为高矿化卤水。盐矿的溶滤,同样可以形成卤水。上述情况下形成的卤水,矿化度都比较高,最高可达 300g/L 以上,而稀散元素的含量往往也比较高,卤水常与固相盐矿相伴而生。另外,干旱半干旱地区的潜水,在适宜地形条件下,经受长期的大陆盐化作用(古盐渍化作用),也可形成卤水,但一般其矿化度不很高,稀散元素富集程度也不高。

10.4 肥　　水

某些地下水中含有较多的硝态氮,可作为天然液体肥料,灌溉农田能获得显著增产效果,这种水叫做肥水。陕西兴平、咸阳等地的肥水,每立方米水中含氮 15g～400g。亩次灌水 40 方,相当于施用硫酸铵 6 斤～160 斤,用它灌溉小麦后,比一般地下水灌溉的每亩增产 100 斤～200 斤。

肥水中硝态氮主要来源于人畜排泄物。因此,古代城镇等人类活动频繁的地方往往有肥水分布。一般分布于深度不超过 30m 的浅部潜水及半承压含水层中。地势低平,径流滞缓,补给排泄条件较差,具有一定封闭性的岩性结构条件,方有利于肥水的积聚与保存。肥水的矿化度一般为 1g/L～3g/L,个别的较高。

另外,也有与人类活动无关的肥水,它分布于陆相或海相的第四纪松散沉积物中。如珠江三角洲第四纪海-陆相沉积物中即有肥水。它是在缺氧条件下,由生物经硝化细菌作用分解生成。这类肥水的矿化度一般较高,为 8g/L～15g/L。

10.5 多年冻土区的地下水

10.5.1 冻土的分布

世界上冻土的总面积约为了 3500 万 km^2,占地球全部大陆面积的 25%,北半球冻土分布面积较大,俄罗斯和加拿大是冻土分布最广的国家。

我国多年冻土分布在东北北部地区、西北高山区以及青藏高原地区。冻土面积约 215 万 km^2,占全国总面积的 22.3%。

10.5.2 冻土的结构

多年冻土区的冻土可分为上下两层。上层是夏融冬冻或是昼夜融冻的活动层,又叫交替层;下层是多年冻结不融的永冻层。

活动层的厚度随纬度和高度的增大而减小,它的冻融深度与每年冬夏季节的温度有关。

一般来说，活动层冬季冻结时可与下部的永冻层连接起来。如果冬季气温较暖，活动层冻结时的深度达不到永冻层的顶部，这时在活动层与永冻层之间就出现一层未冻结的融区。如果来年夏季较凉，活动层的融化深度较小，结果便在活动层下部留下隔年冻结层。隔年冻结层较薄，只有 10cm 左右厚度，它可保存一年到数年，当某一年夏季较暖，活动层融化较深，隔年层即消失。因此，多年冻土层中常出现隔年冻结层和融区的多层的结构特征。

10.5.3　多年冻土区地下水分类

多年冻土区地下水不仅以液态的形式存在，而且还以地下冰的多种形式赋存，有充填在土壤颗粒孔隙中的小冰针，也有充填在裂隙中的冰脉和冰楔，还有泥质核心的巨大冰透镜体等形式。它们和冻土区的地下水分布在冻土层的上部、中间和下部。在多年冻土层中，冻土、地下冰和地下水三者之间互相影响，通过热量交换互为消长。

在此我们根据地下水的埋藏条件，及冻土层的结构进行划分多年冻土区地下水类型（表 10－3）。

表 10－3　冻土地区地下水类型的划分

<table>
<tr><th colspan="3">地下水类型</th><th>埋藏条件</th></tr>
<tr><td rowspan="2">冻结层上水</td><td colspan="2">季节融化层水</td><td>埋藏在多年冻土的季节融化层中，主要受大气降水补给</td></tr>
<tr><td colspan="2">河、湖融区水</td><td>埋藏在河床或湖（塘）周围的融区内，主要受河、湖水和大气降水补给，当为贯通融区时，则还受冻结层下水补给</td></tr>
<tr><td rowspan="3">冻结层冰水</td><td colspan="2">层状水</td><td>埋藏在多年冻土层中的石膏层、石灰岩或白云岩的裂缝和溶隙（洞）内，受冻结层下水或地表水补给</td></tr>
<tr><td colspan="2">裂隙、岩溶水</td><td>埋藏在与构造断裂有关的裂缝和断层中，受深部冻结层下水补给</td></tr>
<tr><td colspan="2">裂隙、脉状水</td><td>埋藏在与构造断裂有关的裂缝和断层中，受深部冻结层下水补给</td></tr>
<tr><td rowspan="5">冻结层下水</td><td colspan="2">第四系松散岩类冻结层下水——孔隙层状水</td><td>埋藏在第四系堆积较厚或多年冻土层厚度较薄的河谷阶地和冰水堆积平原中</td></tr>
<tr><td rowspan="4">基岩冻结层下水</td><td>裂隙层状水（或裂隙－孔隙层状水）</td><td>埋藏于自流盆地的中部或褶皱构造带的某些储水部位的砂砾质沉积岩的裂隙、孔隙内</td></tr>
<tr><td>风化裂隙水</td><td>埋藏于基岩风化壳内，只有当多年冻土厚度较薄时才能存在</td></tr>
<tr><td>裂隙、脉状水</td><td>埋藏于与构造作用有关的构造裂隙和断裂带内</td></tr>
<tr><td>裂隙、岩溶水</td><td>埋藏于多年冻土层以下的石灰质岩或石膏层的裂隙岩溶内</td></tr>
</table>

复习思考题

1. 热水系的涵义是什么？热水系如何构成？
2. 有关矿水、肥水、卤水的概念是什么？
3. 叙述冻土地区地下水的划分。

第11章 地下水资源分析评价与开发管理

水是人类赖以生存的不可缺少的宝贵资源。作为水资源重要组成部分的地下水资源，由于其水质较好、分布较广泛、动态变化较稳定以及便于就地开发利用等优点，成为理想的供水水源。尤其是在地表水资源短缺的国家和地区，地下水的资源功能发挥得更加突出，地下水往往是主要的，甚至是唯一的生活和生产的供水水源。

地下水又是自然生态系统及环境的重要组成部分，如何合理地开发、利用、管理和保护地下水资源，发挥其生态服务功能，使地下水资源得到可持续利用，以支持经济社会的可持续发展，已成为摆在人们面前的一个时代问题。因此，对地下水资源进行准确评价与科学管理是人类对地下水资源进行有效开发利用的前提和基础。

11.1 地下水资源的特点及分类

11.1.1 地下水资源的特点

地下水资源相对于地表水资源，既有相同点，又有其自身的特点。

1. 地下水资源与地表水资源的相同点

(1)可恢复性

地下水资源是一种可恢复的自然资源。地下水资源因受到各种自然因素(地质、地貌、土壤、植被、水文地质、气象等)和人为因素(兴修水利设施、开挖灌排渠系、灌溉及开采地下水等)的影响，其水质、水量都在随时随地发生变化，其补给与消耗形成动态平衡状态。从年内看，旱季主要为开采季节，消耗地下水，雨季地下水得到补给；从年际看，干旱年份地下水消耗往往大于补给，而丰水年份降水入渗对地下水的补给不仅可以满足丰水年本身消耗的需要，而且尚可弥补干旱年的亏缺水量。

地下水资源周期性的恢复其原有水量的特征称为可恢复性。因此，只要合理开采，开采之后被消耗的部分地下水资源可以得到补充，不会造成资源枯竭。但是，过量开采，又得不到相应的补偿，势必会出现亏空。因此，合理开发利用地下水资源的基本原则是保持地下水资源的采补平衡。

(2)时空变化性

地下水在时间和空间上具有变异性。首先，从时间上看，同一水文年内地下水的补给量不同，丰水季节得到的多一些，而枯水季节得到的相应少一些。不同水平年又可分为丰水年、平水年和枯水年，不同水平年得到的补给量也有差别。其次，地下水资源的空间变异性也很明显，这与降水的空间分布特征有关。从区域来看，分布在长江以北的中国北方地区地下水资源量约占全国的32%，而在长江以南的南方地区地下水资源量约占全国的68%。我国流域分区多年平均地下水资源量见表 11 - 1。

表 11 - 1　中国流域分区多年平均地下水资源量(据吴季松等,2004)

流域分区	计算积(km^2)		山丘区			平原区				山丘区与平原区重复计算量(亿 m^3/a)	分区地下水资源量(亿 m^3/a)
	总面积	其中平原区面积	河川基流量(亿 m^3/a)	其他排泄量(亿 m^3/a)	资源量(亿 m^3/a)	降雨入渗量(亿 m^3/a)	地表水体渗漏补给量(亿 m^3/a)	其他补给量(亿 m^3/a)	资源量(亿 m^3/a)		
松江流域	1231458	407881	286.55	37.23	323.78	284.54	57.56	13.69	355.79	42.93	636.64
海滦河流域	277796	106424	79.21	37.10	116.31	116.56	33.03	32.76	182.35	25.24	273.42
黄河流域	775364	167007	244.50	43.46	287.96	84.96	78.92	7.64	171.52	36.29	423.19
淮河流域	297861	169938	93.97	3.15	97.12	264.56	38.51	6.35	309.42	8.80	397.74
内陆河流域	2762874	948648	473.37	108.83	582.20	57.50	390.23	91.57	539.30	242.02	879.48
北方五片合计	5345353	1799898	1177.60	229.77	1407.37	808.12	598.25	152.01	1558.38	355.28	2610.47
长江流域	1758169	132876	2197.66	20.18	2217.84	157.68	101.26	2.12	261.06	20.17	2458.73
珠江流域	580581	30468	1003.94	16.79	1020.73	66.58	31.26	0	97.84	5.23	1113.34
东南诸河流域	203218	8377	458.13	0	458.13	14.99	1.88	0	16.87	0.93	474.07
西南诸河流域	851406	0	1529.59	0.23	1529.82	0	0	0	0	0	1529.82
南方四片合计	3393374	171681	5189.32	37.20	5226.52	239.25	134.40	2.12	375.77	26.33	5575.96
合计	8738727	1971579	6366.92	266.97	6633.89	1047.37	732.65	154.13	1934.15	381.61	8186.43

(3)有限性

相对于逐年增长的地下水开采量,我国的地下水资源是十分有限的。目前,我国北方地下淡水可开采资源量为 1536 亿 m^3/a,南方为 1991 亿 m^3/a,均不到 2000 亿 m^3/a。地下资源并非“取之不尽,用之不竭”,只有在合理的开采量范围内,地下水才能保持一个良性循环,并被可持续地开发利用。盲目开采地下水,将会给生态环境带来负面影响。

(4)相互转换性

水资源是一个统一的自然系统，地表水、地下水是水资源的两种表现形式。两者是彼此紧密联系的，在一定条件下可以相互转化，是不可分割的统一体。河川径流中包括一部分地下水的排泄量，地下水补给量中有一部分来自地表水的下渗。两者在长期循环中已形成一种动态平衡，开发利用水资源将打破这种平衡，建立起新的平衡。如果对水资源开发利用缺乏统筹规划和有效管理，将使流域上下游水资源分配不合理，造成矛盾的日趋激化。由于上游大量引水，造成下游河流断流，地下水位持续下降，工农业和城市用水紧张，生态环境严重恶化，这在我国北方地区屡见不鲜。认识地表水和地下水之间的转化规律，正确计算当地的水资源量，避免重复，并根据当地自然地理条件、用水需求及工程技术条件，选择合理的开发方式与规模，以求合理利用水资源。

(5)不可取代性

我国地下水资源约占水资源总量的1/3，地下水已成为生产、生活和生态用水的重要供水水源。在北方干旱、半干旱地区，地下水资源在供水中占有主导地位。据统计，1985年我国地下水实际开采利用量约760亿 m^3，1999年增至1028亿 m^3，占全国水资源总利用量的19%，占地下水资源可开采量的35.4%。2006年全国总供水量为5795亿 m^3，地下水供水量为1065.5亿 m^3，占全国总供水量的18.4%。农业用水3664.4亿 m^3(其中农田灌溉占90.2%)，占总用水量的63.2%。北方地下水实际开采量占北方总用水量的30.4%，表明了地下水在水资源利用中占有重要的地位。据不完全统计，在全国181个大中城市中，有61个城市用水以开采地下水为主，地表水与地下水联合供水有40个城市。南方一些城市和城镇，由于地表水污染日趋严重，也开始开采地下水作为供水水源。全国已有1/3的人口饮用地下水。我国可更新地下水资源量8700亿 m^3，占水资源总量的31%，其中可开采量为2900亿 m^3。可见，地下水资源在供水中占有重要地位。随着科学技术的发展，人类可以用人造金刚石来代替天然金刚石，可以用核原料代替煤来发电，但却无法制造替代品或利用其他自然物质来代替水。

2. 地下水资源特有的优点

地下水资源除了具有上述特点外，还具有其特有的优点，主要表现为：

(1)广泛性

地下水分布广泛，适于就地分散开采。地下水的开采相比地表水的开发投资小、见效快、运行费用低，可以节省许多输水和供水工程，特别是在缺乏地表水资源的地区，地下水更是重要的供水水源。如我国的黄淮海流域，人口占全国的30%，耕地面积接近40%，而径流量仅占全国的5%～6%，在用水高峰期，常就地开采地下水以满足需水要求。

(2)系统性和整体性

降水落到地面，汇入细小的支流，逐级汇入较大的支流，最终汇入干流，形成一个水系。一个水系占有某一流域。地表水系统可以直接观测，所以地表水的系统性很容易被人们所理解。地表水资源总是按水系进行计算，并按水系进行规划利用的。

实际上，地下水资源也具有系统性，地下水资源按系统形成与分布，形成一个整体含水系统。地下水资源赋存在复杂的含水地质体(水文地质实体中)受各种天然因素和人为因素控制。依据地下水赋存的地质环境及地下水循环径流特征，可划分出含水系统和流动系统，也可称之为地下水系统。地下水系统拥有不同级次的单元，这些单元相互联系、相互影响。

地下水系统与外界环境相互作用、相互制约，进行能量、数量、质量和热量的交换；系统中各级次的单元既各自独立，又相互联系，即各个单元既拥有自己的组成特征及各自的行为方式，又彼此联系、相互作用。如由若干个含水层组成的含水系统，每个含水层可视为一个独立单元，有各自的结构特征及补给、径流、排泄方式。当一个含水层受到外界影响（如降雨补给、人工抽水等）时，会引起其他含水层水量、水质、能量的变化，从而引起整个含水系统储存、释放、传导、调节等功能的改变。因此，必须以含水系统整体目的性为准则，研究各单元之间的联系。当开发利用地下水资源时，必须从含水系统整体上考虑取水方案，寻求整体开发利用地下水资源的最优方案。

(3)调蓄性

地下水资源与地表水资源相比，它具有一定的调蓄性。如果在流域内没有湖泊、水库，则地表水资源很难进行调蓄，反而会出现暴雨时洪水泛滥、久旱则河床断流的情况。地下含水层类似于一个巨大的地下水库，它对地下水有一定的调节作用，即在丰水年份或丰水季节可以把多余的水储存在含水层中，而在枯水年份或枯水季节动用储存量。

因此，在地下水资源的开发利用中必须遵循"丰储枯用、以丰补歉"，"有采有补、采补平衡"的原则。

(4)质优性

地表可能存在的污染物，在进入饱水带前，都将经过包气带，而污染物在包气带可能会发生物理的、化学的或生物化学的反应，使一部分污染物的浓度降低。正是包气带的保护作用，使地下水不易被污染，其水质一般较好，人们将其作为饮用水源的首选。有些对水质要求很严格的工业用水（如制药厂和食品厂的生产用水），地表水往往无法满足其水质要求，就必须用地下水作为供水水源。对于一些突发性的污染事件，地下水对污染的抵抗能力要远远高于地表水。所以，一些以地表水为主要供水水源的城市，也开始着手开发地下水水源地，作为备用水源地或应急水源地。

11.1.2　我国的地下水资源分类

地下水资源的划分是地下水研究中一个非常重要而又十分复杂的理论问题，至今我国尚无统一的地下水资源分类方法。

1983 年出版的《供水水文地质手册》将地下水资源划分为补给量、储存量、消耗量。

中华人民共和国建设部于 2001 年颁布的国家标准 GB 50027－2001《供水水文地质勘察规范》，将地下水资源划分为补给量、储存量和允许开采量三大类。

1. 补给量

补给量指单位时间进入含水层的水量。补给量根据其形成阶段的不同，又可分为天然补给量、开采补给量和人工补给量。

天然补给量是指在天然条件下进入含水层的水量。一般包括大气降水入渗补给量、地表水入渗补给量、越流补给量和径流补给量等(图 11－1)。

开采补给量是指在开采条件下，除天然补给量外，由于地下水开采条件和循环条件的改变所增加的补给量。常见的开采补给量由下列来源组成(图 11－2)。

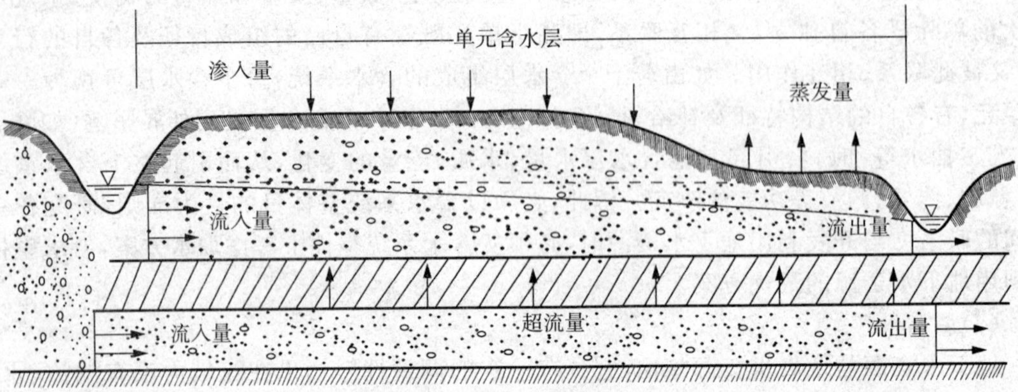

图 11－1 天然补给量示意图

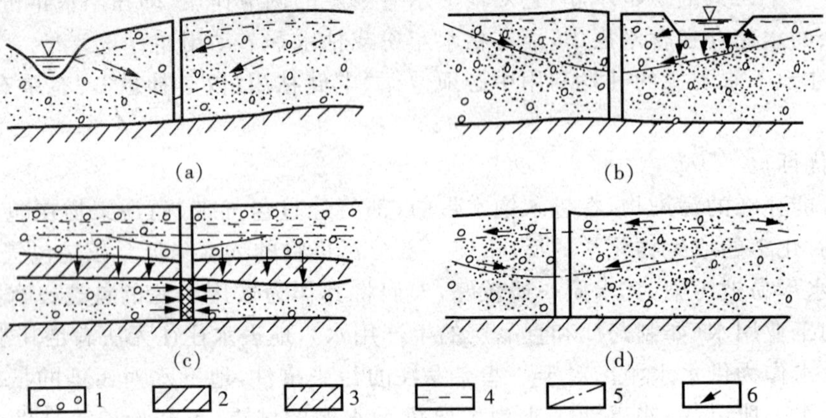

图 11－2 开采补给增量来源示意图

1—含水层；2—隔水层；3—弱头水层；4—静水位；5—动水位；6—地下水流向

(1)来自地表水的补给增量

当取水工程靠近地表水时，由于开采地下水，使水位降落漏斗扩展到地表水体，可使原来补给地下水的地表水补给量增大或使原来不补给地下水，甚至排泄地下水的地表水体变为补给地下水。

(2)来自降水入渗的补给增量

由于开采地下水形成降落漏斗，除漏斗疏干体积增加部分降水渗入外，还使漏斗范围内原来不能接受降水渗入补给的地区(例如沼泽、湿地等)，腾出可以接受补给的储水空间，因而增加了降水入渗补给量。此外，由于地下水分水岭向外扩展，增加了降水渗入补给面积，使原来属于相邻均衡地段(或水文地质单元)的一部分降水渗入补给量，变为本漏斗区的补给量。

(3)来自相邻含水层越流的补给增量

由于开采含水层的水位降低，与相邻含水层的水位差增大，可使越流量增加或使相邻含水层原来从开采含水层获得越流补给，变为补给开采层。

(4)来自相邻地段含水层的侧向补给增量

由于降落漏斗的扩展，可夺取属于另一均衡地段(或含水系统)地下水的侧向流入补给量，或某些侧向排泄量因漏斗水位降低而变为补给增量。

从上述补给增量的来源可以看出，它无非是夺取了本计算含水层或含水系统以外的水量。从整个地下水资源的观点来看，这里的补给量增加了，邻区、邻层的地下水资源就会减少，影响其开发利用。再从“三水”转化的总水资源的观点考虑，如果大量夺取河水的补给增量，就会减少地表水资源，影响河水的规划开发利用。因此，开采时的补给增量不能盲目无限制的扩大。

人工补给量是指采用人工回灌、引渗等方式进入含水层的水量。包括专门的人工补给地下水以及各种人工用水的回渗量增加而获得的补给量，如人工回灌补给和灌溉水渗漏补给等。

2. 储存量

储存量指储存在含水层中的重力水体积。按其埋藏条件可分为容积储存量和弹性储存量。容积储存量是指含水层空隙中所容纳的重力水体积，亦即含水层疏干时能得到的重力水体积。潜水含水层的储存量主要是容积储存量。而弹性储存量是指将承压含水层的水头降至隔水底板时，由于含水层的弹性压缩和水的弹性膨胀所释放出的水量。

由于地下水位受补给条件和排泄条件的制约，所以地下水储存量与其补给量和消耗量是密切相关的。若地下水的补给量大于消耗量，则多余的水量便在含水层中储存起来。相反，补给量小于消耗量，则动用储存量来满足地下水的消耗。所以，地下水资源的调蓄性是通过储存量来体现的。

3. 允许开采量

允许开采量是指通过技术经济合理的取水建筑物，在整个开采期内地下水水质、水量的变化保持在允许范围内，在不影响已建水源地的开采、不发生危害性的工程地质现象的前提下，单位时间从水文地质单元（或取水地段）中能够取出的水量，也称为可开采量。

允许开采量与开采量的概念是不同的。允许开采量代表在一定范围平衡单元内含水层中，单位时间内以最优取水方案可以取出的最大水量，而且这个允许开采量在技术经济上既要合理又要可行，同时也不会引起其他的一些不良后果。而开采量是指目前实际正在开采的水量或预计开采的水量，它仅代表取水工程的产水能力。开采量应小于允许开采量，否则会引起一些不良后果。

允许开采量的确定是地下水资源评价的核心问题。一般来说，允许开采量的大小是由地下水的补给量和储存量大小决定的，同时还要受到技术经济条件的限制。由于地下水的排泄量或多或少总是存在的，所以，允许开采量要比补给量小。如果开采后产生较大的开采补给量时，允许开采量有可能大于天然补给量。

4. 补给量、存储量、允许开采量之间的相互关系

(1)补给量与允许开采量的关系

单位含水层的允许开采量的大小主要取决于补给量。天然补给量在一般情况下，在开采前后是不变的，它取决于天然状态下的水文地质条件而与取水构筑物无关。

开采补给量是在水源地投产后才引起的。因此，水源地允许开采量中的部分水量与开采补给量有非常密切的关系。允许开采量的增加将促进开采补给量的增加，没有开采也就不存在开采补给量。因此，对一定的单元含水层，只有当开采补给量有可能增加时，才有可能增加开采量。否则，要扩大开采是不可能的。

从理论上说，允许开采量可以等于补给量（包括天然补给量和开采补给量），但实际上是不可能的，因为排泄量或多或少总是存在着的，同时考虑到水源地开采的可靠性，勘察的阶段性、水文地质计算不够严密等因素，允许开采量通常总是小于补给量。

地下水补给量往往是随季节发生变化的，丰水期大，枯水期小。因此，允许开采量在丰水期可大些，在枯水期则小些。

（2）补给量与储存量的关系

开采所抽取的天然补给量和开采补给量都是通过储存量来实现的，它们的关系是储存来源于补给，补给又寓于储存，没有补给是无源之水，没有储存也就没有地下水。

在枯水期当开采量大于补给量时，根据动态平衡意味着必须取出一部分储存量来弥补补给量的不足，即起到调节补偿的作用。另外，像干旱地区，由于储存量动用较多，而且补给期较短，此时应考虑储存量恢复的时间，恢复时间一般应小于一个补给期，不然开采单元的动平衡是维持不住的。

11.2 地下水资源的应用

对地下水资源进行分类，主要是为了对开发利用的水源作出评价，以确定一个含水系统能够长期而稳定地提供的最大水量，原则上便是它从外界所获得的补给量，亦即其补给资源，而不应动用储存资源。理由很简单，只有这种经常得到补充的水量，才能长期有保证地用下去。当然，无论降水，地表水还是其他的补给来源，每年都是变动的。因此，补给资源相当于多年平均的每年补给量。换句话说，即多年平均可以保证提供的最大水量。当然，这是指在天然状态下的情况。

在开采条件下，补给量往往可能有所增加。一种情况是含水系统与地表水体有水力联系，由于开采引起地下水位下降，加大了地表水与地下水之间的水头差，含水系统便吸收更多的地表水量，作为其增补的资源，也就是将一部分储存资源转化为补给资源。当然，这在实质上是地表水资源转化为地下水资源，地下水资源增加的同时地表水资源便减少。在开采条件下，由于地下水位下降而使含水系统获得增补资源，实际是将一部分储存资源转化成了补给资源，因而增加了含水系统可以利用的水资源。

储存资源是在历史或地质历史时期累积形成的，是天然条件下不可恢复的资源。因此，这部分水量开采后不可能及时获得补充，只有当它可以转化为补给资源时才可能得到补充，故一般不宜作为供水水源加以动用。但是，储存资源可以起到有益的调节作用。含水系统的补给量是变化的，特别干旱年份，补给量远远小于多年平均区而作为一个供水水源要求经常提供大致稳定的水量。这种情况下，可以暂时动用储存资源，而在补给超过多年平均值的多雨年份予以偿还。可以设想，一个只具有补给资源而没有或很少储存资源的含水系统，像暗河式的岩溶系统那样，不但在干旱年份无法保持一定的供水水量，即使在平常年份，降雨过后不久便无水可用；这当然不可能作为有保证的供水水源。其原因就是含水系统缺少调节能力。而储存资源的数量在一定程度上表现了含水系统的调节能力。在特定条件下，也可以开发利用储存资源。例如当水源不足，一时无法解决，可以在若干年内动用储存资源供水，作为应急措施。要注意，这只能作为应急措施而不能作为长期措施，必须在动用期间积极寻求其他开源节流的措施，并在若干年后停止开发储存资源，偿还被消耗的部分。从实质上讲，这仍然是在借用储存资源，利用它的调节作用。不认识储存资源的特点，无计划地开发储存资源，甚至把开发储存资源当做长期措施，这种缺乏远见的行动是要碰壁的。储存资源用一点便少一点，水位不断下降，开采条件不断恶化，而且总有一天使资源消耗到无法利用的程度，从而使赖以供水的生产活动与生活无以为继。

孔隙承压含水系统中的地下水资源可利用程度如何，这是一个值得研究和需要慎重对待的问题。例如，河北平原小孔隙承压含水系统，一般具有巨厚的含水层，含水层的透水性也相当好，单井出水量往往也比较大。因此，常被看做是良好的大型供水水源。实际上，这是一种错误的估计。这类含水系统的补给资源相当有限，而目前的开发，实际上主要是在消耗其不可恢复的储存资源。

前已述及，孔隙承压含水系统中真正的补给资源是来自山前的侧向流入量，以及某些越流补给量。来自山前的侧向流入量，是随着远离山前而减少的，这部分水量有的在高山前补给区很远的地方，甚至是微不足道的。在开采条件下，越流的补给可以达到相当的比例，但是，在大多数情况下，这种越流主要来自浅部已开发的含水层，不应该把它列入承压水的补给资源。

采水过程中，构成开采水量的，除了侧向流入和越流外，其余的都是储存资源，其中半透水层因压缩而释放的水量，可以占到很大的比重。我们可以作一番粗略的估算。假定黏土的孔隙度为 30%，则换算为孔隙比，相当于 0.43；假定黏性土受压缩后，孔隙度减小到 22%，孔隙比为 0.282，则其体积缩减比值（也就是释放的水占含水层体积的比值）为 $0.3-0.7\times0.282=0.3-0.209\approx0.1$，假定半透水层长度是 10km，宽度是 1km，厚度是 10m，则其总体积为：$10\ 000\times1\ 000\times10=100\ 000\ 000\text{m}^3$，总释水量即为 $100\ 000\ 000\times0.1=10\ 000\ 000\text{m}^3$。根据上述假定条件计算，总释水量为 14 万吨。如每天用水 27 400m^3 或每秒钟用水 0.32m^3，则此水量可以供应一年。由此可见，黏性土的释水量是相当大的。

前面讲到过，储存资源可在一定条件下动用，并在某一期限内加以偿还。但是，对孔隙承压含水系统补偿储存资源，尚有其特殊的困难。由砂粒组成的含水层的压缩属于弹性变形。因此，在压力水头恢复以后，含水层的体积可以恢复原状。由于水本身减压膨胀和含水层因压缩而产生的那两部分水量仍可储入原含水层中。但是，承压含水层必须通过井孔灌注才能回补，在技术上比较费事，成本也较高。至于半透水的黏性土层，变压时发生的是塑性变形，压力消除后，不能再恢复原状，换句话说，即使通过加压回灌，也不能将释出的水重新储入地层。过量开采地下水造成地面沉降以后，通过井孔回灌，只能使含水层回弹，而半透水层压缩引起的那部分沉降量，再也无法使其回弹了，原因即在此。

综上所述，松散沉积物中的深层承压水，补给资源有限，大量的是漫长地质历史时期累积形成的储存资源，而且其储存资源一旦动用，补偿比较费事，相当大一部分是不能补偿的，并将造成永久性的地面沉降。因此，对这一部分深层承压水资源的利用，必须十分慎重，需要格外加以珍惜，非不得已，不应大胆开发利用。

总之，为供水目的进行地下水资源评价，首先必须圈定含水系统，对该含水层系统的资源正确加以划分，分别确定补给资源与储存资源，并估计开采条件下储存资源可以转化为补给资源的可能增量。原则上说，应根据补给资源确定可供开采的最大水量，而不应动用储存资源。在特定条件下，为了应急，在一定时限内可借用储存资源，但必须偿补。松散沉积物中的深层承压水，在利用时应格外慎重，因为其中主要是储存资源，而且动用以后，不易偿补，有一部分甚至是无法补偿的，在使用中不应将这部分水与其他地下水等同起来对待。

11.3　地下水资源评价的任务、原则和内容

11.3.1　地下水资源评价的任务

11.3.1.1　地下水水量评价

根据评价区的水文地质条件（含水层特征、边界条件及补给排泄状况）、开采要求（工业供水、农田灌溉用水、生活供水等要求的年内或多年的开采量），从长期运用的角度进行地下水资源数量的分析与计算。一方面是在现有开采能力下了解地下水位降落变动情况；另一方面是确定控制到一定地下水位深度时，所能开采的地下水量，也就是确定地下水的允许开采量，并要分析、评价在长期开发地下水后是否会引起一些不良后果，并提出相应的技术措施。

11.3.1.2　地下水水质评价

根据需水对象对水质的要求，分析评价区的水质，判别地下水的可用性，预测在开采期限内水质是否将发生变化，并提出水质检测与防护措施。

11.3.2　地下水资源评价的原则

11.3.2.1　可持续发展利用原则

地下水资源评价应在可持续发展的前提下进行，这是评价水资源开发利用的重要内容。

可持续发展理论的实质是强调资源利用、经济增长、环境保护和社会发展协调一致，既能满足当代人的需求，又不损坏后代人满足其需求的能力。地下水资源的可持续利用，就是在保证生态良性循环的前提下，地下水系统能永久持续的提供一定量的水资源，以满足经济增长、社会发展的需要。在进行区域地下水资源评价时，应在不发生不良生态环境效应的前提下，提供当今时代和未来时代均可以持续利用的水量。

当前由于水资源供需矛盾尖锐，超采地下水的情况非常严重，已经到了破坏自然环境和生态平衡的地步，超过了水资源的承载能力，诱发了诸如大面积的地下水降落漏斗、地面沉降、地裂、泉水枯竭、地下水污染等问题，损失十分严重。因此，在对区域水资源进行评价时，要合理计算可利用的地下水资源量，确定经济合理的可供水量，以达到可持续发展利用的目的。

11.3.2.2　水质水量统一的原则

地下水作为资源，必须符合一定的水质标准及水量要求。若水质不符合要求，即使水量再多也没有使用价值。相反，若水质符合要求，但水量却很少，同样也没有开采价值。因此，在地下水资源评价中必须水质、水量同时考虑。

11.3.2.3　"三水"综合考虑，统一评价原则

大气降水、地表水与地下水（土壤水）之间相互联系、相互转化，构成水资源循环转化系统（图 11-3）。

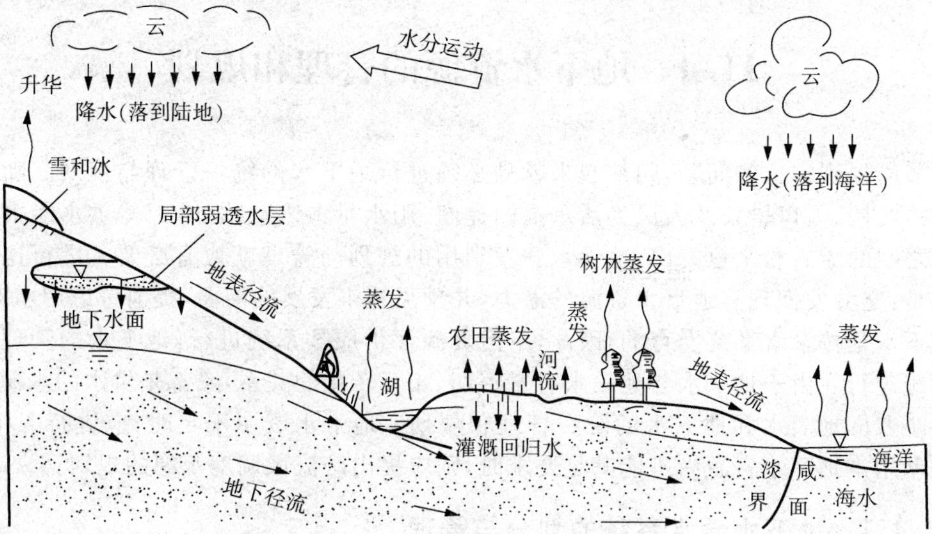

图 11-3　“三水”转化循环图

地表水和地下水均接受大气降水补给并通过蒸发作用将水分排放到大气中去,而地表水和地下水也在不断地相互转化,进行水量的交换。地下水人工开采以后,这种转化关系明显加强。如地下水的人工开采改变了大气降水的入渗条件,开采使埋深增加,相应地增加了大气降水入渗量,使大气降水更多地转化为地下水,减少了地表径流。因此,进行地下水资源评价时,必须三水综合考虑。三水统一规划、统一管理对地下水资源的持续开发利用显得尤为重要。

11.3.2.4　以丰补歉,调节平衡的原则

地下水,尤其是浅层地下水的补给主要来自降水入渗,因此,地下水的补给量不仅有季节性变化,而且还有年际变化。在地下水资源评价中必须选择恰当的补给量来评价可开采量。在实践中,常选用年或多年平均补给量作为评价标准。要充分利用地下水的调蓄作用,允许在枯水年份借用储存量,以满足用水部门对地下水的需求,同时腾出储水空间待丰水年得以补给恢复,从而达到多年平衡,即“以丰补歉,调节平衡”。这一原则对于以间歇开采为特征的农业灌溉用水来说更具有重要性。

11.3.3　地下水资源评价的内容

地下水资源的评价内容主要包括:

(1)地下水水量评价。根据地下水资源形成的特征和需水量的要求,确定开采利用地下水的方案及允许开采量,论证地下水资源的补给保证程度。

(2)地下水水质评价。按照不同用水户的水质要求,进行物理性质和化学成分的评价,论证当地下水开采利用之后地下水水质的变化趋势。

(3)开采技术条件评价。计算在整个开采利用地下水资源的过程中,地下水位的最大下降值是否满足开采区内各点最大的水位下降允许值。

(4)环境影响评价。阐明在开采利用地下水资源之后,由于地下水下降而引起的环境地质问题。

11.4 地下水资源的管理和规划

前节所提到的这些问题，归结起来就是必须进行地下水的统一管理与规划。随着工农业生产的发展，人口增长及人民生活水准的提高，用水量愈来愈增加，天然供水能力与对水的需求之间的矛盾愈来愈突出，地下水开发利用的规划与管理就愈有必要。进行这项工作的目的是：充分发挥现有地下水资源的潜力，并预见将来发展的需要，提前考虑用水对策。

地下水是按含水系统发育的，因此，不但资源评价应按系统进行，地下水的管理工作也应按系统进行。由于地下水与地表水有着密切、相互转化的关系，又都是供水的水源，所以，应进一步考虑地表水和地下水的统一管理和规划。地下水资源不足时，应进行人工补充。当充分利用本地区水资源尚不能满足要求时，则应提出跨流域调度水源的规划。

11.4.1 地下水含水系统的划分与管理

前已提及，凡是具有较大供水能力的含水层，无论是孔隙水、裂隙水、还是岩溶水，都构成一个大的地下含水系统。通过查明其分布范围与补给范围，计算其补给量即补给资源，及储存量即储存资源以后，对一个含水系统的资源状况就可有一个通盘了解，进行通盘管理。

供水能力不大的小而薄的含水层，实际上也分别属于不同的含水系统，总体来看也可以提供相当的水量，对于解决分散的生活用水及农业灌溉用水，可起到相当大的作用。华北平原有不少地方就是如此。由于它们小而分散，不能大规模地投入勘查工作，因此，可以通过初步调查，将一个地区这种小的含水系统划分为若干个类型，选定典型地段进行勘探、试验与长期观测工作，以确定其补给资源与储存资源。

作为一个地区，不但应对具有较大供水能力的重要地下含水系统进行管理，而且要对分散的、小的含水系统作为一个整体进行地下水管理。在掌握资源底数的基础上，根据人民生活、工农业生产发展的轻重缓急，合理规划用水，正确处理各方面的矛盾。例如，有的地段和部门可以利用地表水，有的可以利用深层水，有的可以利用浅层水；工业和生活废水，在不污染水源的前提下，凡可供农业灌溉之用者，应尽量加以利用；有些情况则应在处理后再应用；而有的工业部门可以利用不宜于灌溉的咸水。对每个重要的含水系统，必须统一规划供水工程，采水井要合理布局，避免干扰和超量开采；随时掌握耗用的水量，以及地下水资源的变化，及时进行调整。资源底数清楚，则在预计需水量超过现有资源时，可以提前规划开源节流的各种措施，提出解决办法，保证生活与生产顺利进行。

在有矿坑排水的地方，应将这项工作也包括在一个地区的地下水管理范围之内。这样，为矿山排水与供水而进行的水文地质勘探工作可以结合起来，减少不必要的重复工作量，并可将矿坑排出的地下水纳入地区性统一供水计划之中，达到兴利除害，综合利用的目的。这样，对国民经济的发展将是十分有益的。

11.4.2 地表水和地下水资源的综合管理与规划

对一个地区的地下水进行统一管理和规划，可以避免地下水开发中的混乱，合理有效地利用地下水资源。然而，地表水与地下水关系密切，两者相互转化不统一管理规划，很多问题解决不了。岩溶地区往往有这样的现象:一条河流进入落水洞,转入地下,而在远处的下游,又重新流出地表,成为河流。在这种情况下,地表水和地下水属于同一密不可分的系统,不论用地表水,还是用地下水,都取自共同的来源,允许取用的最大水量只有一个。一条河流通过透水性良好的地层,高水位期河水补给地下水,而低水位期,地下水供给河流以水量。在开采地下水的情况下,可能变成河流常年补给地下水。由于这些情况,地表水与地下水分别估算资源与规划管理,都比较困难。在资源评价时,把地表水进入地下,地下水流出地表等,都一一计算,往往把同一个水量重复计算了多次。由于目前地表水与地下水的调查与管理分属不同的机构,这种人为地夸大水资源的情况是相当普通的。而在统一计算时,只要知道地下水除河流以外的补给量及河流的流量,就可以确定全区的水资源了。另一方面,统一规划管理水资源可以合理调配利用不同水源,人为调节水资源的转化关系,使之使用最方便,最大限度地发挥水资源的潜力,并做到既兴利又防害。当然,除了地区性统一管理规划外,还应按次一级的流域分区管理规划。

前面提到的蓄水与排水的矛盾,只有将地表水与地下水统一管理,才能处理得当。

引地表水进行灌溉,实质上是人为地促进地表水补给地下水,必然引起水均衡条件的改变。常常可以看到这样的调查报告:某灌区引地表水若干,灌溉土地若干亩,农作物增产若干;结论是“这是很成功的经验”。报告完全属实,只是结论欠妥。因为灌区外围引起地下水位大面积上升,甚至造成土地次生沼泽化与盐渍化,导致大面积减产。调查者只调查灌区,灌区之外不属考察的范围,外围的情况在报告上当然也就没有了。缺乏统一的地表水与地下水的规划管理,缺乏兴利除害的统一考虑,没有针对地区特点的统一用水方针就会出现这一类各自为政、兴利同时也“兴害”的怪现象。实际上,统一规划管理水资源,完全可以做到合理调节水均衡,将地下水位在不同时期控制在不同深度上。

水作为一个整体,在自然界中不断循环,地表水和地下水都是这个整体的一部分,它们几乎都是源自大气降水并在一定条件下相互转化。所以,无论从自然规律还是从利用的角度,统一研究、统一规划、统一管理是完全必要的。目前不少地区存在着的多头管水,多头治水的现象应当改变。

11.4.3 人工补给地下水

对一个含水系统作出资源评价以后,在开采过程中仍需进行长期观测工作,以验证地下水资源的数量,掌握开采条件下的地下水均衡。在开采量超过补给资源时,则应及时采取人工补给地下水的措施。当然,最好是根据地下水资源数量以及预计所需的供水量,对其缺额部分,从开采一开始就有计划地加以人工补充。

除了补充地下水资源,改善地下水位强烈下降区的开采条件以外,地下水人工补给还用于以下目的:储存冷源用于空气调节与冷却;储存热源用于锅炉用水;控制地面沉降;防止海水倒灌等。

地下水人工补给的水源有大气降水、地表水,以及生活废水、工业废水、灌渠退水等,其中主要是地表水,特别是汛期的洪水。

我国北方地区,水资源不足,但由于地表径流在时间上分布过分集中,汛期水常被迫弃走。将这部分水蓄存起来以备缺水季节使用,是充分利用水资源的重要方面。另外,跨流域调度水源时也需要对水量进行调蓄。

调蓄水量有地表蓄水及地下蓄水两种办法，平原中进行地表蓄水，库容有限，占用土地，而且容易引起周边地区地下水位上升造成危害。而地下蓄水库容大，不占土地，蒸发损失小，副作用也轻易避免，而困难在于选定适当的补给地区及方法。随着对地下水需求的增长，人工补给地下水愈来愈占重要地位。天然的含水层，也愈来愈多地发挥其人工调节资源的地下水库功能。

对于浅层地下水可以采用地面引渗、河渠引入、坑塘引渗以及井孔灌注等人工补给方式。深层承压水则采用井灌，或在其补给区进行引渗。以美国加利福尼亚地区为例，采用不同方式人工补给地下水的水量分别为：格田入渗占 59.4%，河渠入渗 34.9%，坑塘入渗 1.3%，井的灌注 1%。

国外常用的格田法，是在地面修建格状围堤，然后引水渗补地水。这种面渗方法渗透面积大，补给均匀。表土透水性愈好，地下水位较浅，田面水层厚，则单位面积单位时间的补给水量就大。此法多用于沙林荒地、休耕地。对于土地利用率高的我国，应用有一定限制。面渗的另一种方式是，适当加大灌溉定额，结合灌溉补充地下水。

河渠引渗与耕作矛盾不大，但由于是线状入渗，故补给不均匀。土层透水性愈好，河渠密度愈大，河渠水位与地下水位高差愈大，则补给效率愈高。采用此方式时应注意解决蓄水引渗与防洪防涝的矛盾。

利用坑塘蓄水并渗补地下是一种方便的人工补给方式。坑塘的渗补能力与其底土透水性周边长度、贮水深度成正比。

以井灌注补给地下水的效率最高，但技术较复杂，成本较高。向井中灌水时，井的吸水能力随时间延续而逐渐降低，这是由于井壁及含水层发生淤堵的缘故。产生淤堵有以下几种情况：灌水中的悬浮物在井壁及周围含水层中沉积；灌水中所含微细空气气泡聚集于井壁附近堵塞孔隙；由于井水与含水层的水产生化学反应，或由于温度改变，产生化学沉淀堵塞；潜水带入的微生物在井壁或含水层中繁殖造成堵塞；出于灌注破坏井壁反滤层，降低了井壁透水能力。

因此，对于潜入的水必须进行化学分析，必要时应进行处理，受到污染的水不应灌入井内。但是，在所有导致淤填的因素中，最经常且影响最大的是悬浮物及气泡的堵塞。除了对灌水事先沉砂过滤外，还必须定期回扬，以清除悬浮物与气泡。

对于深层承压水必须用井灌注，而灌水处理又很费事。因此，有的地方采用连通井的办法，使浅层地下水自动注入深层，然后再对浅层水利用其他方式补充。经过地层的天然过滤，井灌注的效率便大为提高。在已查清承压水的补给区，而补给条件又比较有利时，可在补给区进行人工补充。例如，在山前补给带修建“漏水库”，便是一种办法。

进行人工补给时，应进行相应的观测，以了解补给效果及发现问题。对于承压水的井灌，还应在相邻的含水层及半隔水层中打部分观测孔。

11.4.4　跨流域调配水资源问题

当一个地区的水资源经过充分调配利用仍不能满足生活和生产的需要时，则应考虑从水资源有剩余的地区调入地表水。跨流域调水是否必要首先要看包括地下水管理调度是否得当，是否充分发挥了本地区水资源的潜力。一个地区的降水量是一定的，但是，如果所有的降水都尽可能地滞蓄于地表或地下，就会使可利用的水资源大大增加。如果本区的水资源尚未充分利用，甚至还有不少水白白流走，同时，又提出调入水源，那是不合适的。

跨流域调水，常需兴建大量的工程，需要一定的时间，可能会遇到各种事先预想不到的问题，而在兴建以前又要进行一系列的勘查和研究工作。因此，应根据本区水资源状况及需水量的增长及早规划，提前勘察研究，以便能及时调入所需的水量，即所调“宁未雨而绸缪，勿临渴而掘井”。

除了引水量、引水线路等，还必须研究解决水蓄存的问题。从我国来说，大规模的调水必然是从多水的南方将水北调，调水路程较远，而南北方降水季节比较接近，必须在沿途及用水地区设有一定容量的调节蓄纳库容，才能保证干旱缺水季节的水量供应以及输水渠道正常运营。因此，不仅要计算全年需水量，而且应计算逐月的需水量，并据此确定调蓄库容的容量及调蓄的方式。调蓄方式应根据各地条件选择，地下调蓄或地表调蓄，或两者的结合。

向某一个流域调入新的水源，将使其原有的水均衡发生变化，气候以至生态都会改变。所以，应事先预测可能的变化，采取控制浅层地下水位，防止次生盐渍化与沼泽化。如果不是很仔细地估计到水文地质条件的变化，对此掉以轻心，则很可能水利未得，反酿水害。当然，无论如何，预测不可能完全符合实际，因此，在引水过程中应布置地下水动态与均衡的观测，及时发现问题，早采取改进措施。

11.5　地下水水质评价

地下水水质评价是地下水资源评价的一个组成部分，它是研究和认识地下水开发引起的地下水水质变化规律的基础，也是保护地下水资源、控制地下水污染及制定合理开发利用地下水规划方案的基础。

11.5.1　概述

1. 地下水水质评价的原则

(1)地下水水质评价主要对开采地下水的地区，当前研究比较多的是城市或工业区。不开采利用地下水的城市只需要进行环境地质条件的评价。

(2)地下水水质评价必须在已有的城市地质工作的基础上进行。没有开展过水文地质工程地质工作的城市，应同时开展第一环境的水文地质工程地质研究工作。

(3)开展地下水水质评价，必须在具有地下水监测资料的基础上进行。在缺乏水质监测资料的地区首要开展水化学的普查工作。

(4)地下水水质评价必须结合区域的环境水文地质条件类型，以地下水资源的质量变化和地址环境的变化为重点。

2. 城市环境水文地质条件类型及其要求

考虑到城市区域地质、水文地质条件、地下水开采程度、污染状况及其因素等不同，可将城市环境的水文地质条件进行分类，并给出与要素相应的评价工作要求和水质监测控制点数(表 11－2)。

表 11-2 城市地区环境水文地质条件类型分类

类别	水文地质条件	地下水开采状况	地下水污染程度	评价工作要求	水质监测控制点数
复杂类型	山前冲积扇、洪积扇中上部岩溶发育的半山区河谷和小型盆地的潜水地表地质结构破坏严重	地下水已全面开发利用，形成大型降落漏斗，改变了地下水的径流状况	主要地下水和供水水源已受污染	进行全面的环境水文地质工作：① 环境水文地质调查；② 监测；③ 勘探试验；④ 污染机制和污染规律的研究	监测点、平均 1 个点/km^2；严重污染地区平均 1～2 个点/km^2
中等类型	冲积扇、洪积扇的中下部，冲积平原，河谷，阶地，表层地质结构破坏较轻，地下水只作部分供水水源	地下水尚未全面开发利用、污染源与地下水源比较远的局部地区形成降落漏斗	地下水受中等程度的污染	主要进行详细的环境水文地质调查、监测和勘探试验工作	监测点为 0.5～1 个点/km^2
简单类型	以冲积平原、河谷、阶地的承压地下水分区。含水层为多层结构，地表地质结构破坏轻	地下水只进行了局部的开发利用	局部地下水受到轻微污染	只进行一般环境水文地质调查和监测工作	监测点为 0.25～0.5 个/km^2

3. 评价因子的选择

在一般情况下，地下水污染因子可分为下述几类：

第一类：构成地下水水化学类型和反应地下水性质的常规水化学的一般理化指标。它们有：K^+、Na^+、Ca^{2+}、SO_4^{2-}、Cl^-、HCO_3^-、NH_4^+、NO_2^-、NO_3^-、pH、矿化度、总硬度、溶解氧、耗氧量等。

第二类：常见的有金属和非金属物质：Hg、Cr、Pb、As、F 等。

第三类：有机有害物质，如酚、有机氯、有机磷以及其他工业排放的有机物质。

第四类：细菌、病菌、病毒等。

进行地下水水质评价时，一般第一类中的理化指标是必测的，而第二、三、四类中的各因子则要根据各地区污染源的情况调查和污染的特点来选择。需说明的是，因为地下水呈埋藏状态，无疑地下水质将随着地面上的污染源、地层的地质结构、地貌特征、植被、水文地质条件以及地下水开采情况的变化而变化。因此，常常把这些因素作为研究的选择对象，这是由地下水赋存运动的特殊条件决定的。

11.5.2 地下水水质评价方法

目前，地下水水质评价方法很多，概括起来主要有两大类：一类为给定临界数据的判定法。它是根据指定的水质标准，将监测值直接与之进行比较分析或以指数或分值形式来表示污染程度及水质等级。这类方法比较多，如数理统计法、综合评分法、内梅罗污染指数法、环境水文地质制图法、水质模型法等方法，目前有较多的应用。另一类是函数法，此类方法通过函数关系把环境指标的监测值转换为反映环境质量优劣的质量值。由于地下水水质分级标准具有模糊性与灰色性，模糊数学与灰色系统理论方法在地下水水质评价中得到了较为广泛的应用。

11.5.3 主要用水水质评价

1. 生活饮用水水质评价

生活饮用水应符合下列基本要求：(1)水的感官性状良好；(2)水中所含化学物质及放射性物质不得危害人体健康；(3)水中不得含有病原微生物。

因此，评价生活饮用水时应包括地下水的感官指标、一般化学指标、毒理学指标、细菌学指标和放射性指标。

随着经济的发展，人口的增加，不少地区水源短缺，有的城市饮用水水源污染严重，居民生活饮用水安全受到威胁。1985 年发布的《生活饮用水卫生标准》(GB5749－1985)已不能满足保障人民群众健康的需要。为此，卫生部和国家标准化管理委员会对原有标准进行了修订，联合发布新的强制性国家《生活饮用水卫生标准》(GB5749－2006)(表 11－3)。新标准于 2007 年 7 月 1 日起实施。

新标准具有以下三个特点：一是加强了对水质有机物、微生物和水质消毒等方面的要求。新标准中的饮用水水质指标由原标准的 35 项增至 106 项，增加了 71 项。其中，微生物指标由 2 项增至 6 项；饮用水消毒剂指标由 1 项增至 4 项；毒理指标中无机化合物由 10 项增至 21 项；毒理指标中有机化合物由 5 项增至 53 项；感官性状和一般理化指标由 15 项增至 20 项；放射性指标仍为 2 项。二是统一了城镇和农村饮用水卫生标准。三是实现饮用水标准与国际接轨。新标准水质项目和指标值的选择，充分考虑了我国实际情况，并参考了世界卫生组织的《饮用水水质准则》，参考了欧盟、美国、俄罗斯和日本等国饮用水标准。

目前，全世界具有国际权威性、代表性的饮用水水质标准有三部：美国环保局的《国家饮用水水质标准》、世界卫生组织的《饮用水水质标准》(部分指标见表 11－4，表 11－5)、欧盟的《饮用水水质指令》。

表 11－3 生活饮用水水质卫生规范

项目	标准限值	项目	标准限值
感官性状和一般化学指标		毒理学指标	
色度	不超过 15 度	砷	0.05 mg/L
浊度	不超过 1 度(NTU)，特殊情况下，不超过 5 度(NTU)	镉	0.005 mg/L
嗅和味	不得有异嗅、异味	铬(六价)	0.05 mg/L
肉眼可见物	不得含有	氰化物	0.05 mg/L
pH	6.5～8.5	氟化物	1.0 mg/L
总硬度(以 $CaCO_3$ 计)	450mg/L	铅	0.01 mg/L
铝	0.2 mg/L	汞	0.001 mg/L

（续表）

项目	标准限值	项目	标准限值
铁	0.3 mg/L	硝酸盐(以N计)	20 mg/L
锰	0.1 mg/L	硒	0.01 mg/L
铜	1.0 mg/L	四氯化碳	0.002 mg/L
锌	1.0 mg/L	氯仿	0.06 mg/L
挥发酚类(以苯酚计)	0.002 mg/L	细菌学指标	
阴离子合成洗涤剂	0.3 mg/L	细菌总数	100(CFU/mL)
硫酸盐	250 mg/L	总大肠菌群	每100 mL水样中不得检出
氯化物	250 mg/L	粪大肠菌群	每100 mL水样中不得检出
溶解性总固体	1000 mg/L	游离余氯	在与水接触30min后应不低于0.3 mg/L,管网末梢水不应低于0.05 mg/L(适用于加氯消毒)
耗氧量(以O_2计)	3 mg/L,特殊情况下不超过5 mg/L		

表 11-4　美国环保局饮用水标准

化学成分	砷	钡	镉	铬	铅	汞	硝酸盐氮	硒	银
浓度(mg/L)	0.05	1.00	0.01	0.05	0.05	0.002	10.00	0.01	0.05

表 11-5　世界卫生组织饮用水标准

序号	项目	单位	标准	序号	项目	单位	标准
1	大肠菌群		最大可能数10以下	11	氟	ppm	1.0(1.5)
2	pH值		7.0～8.5	12	铅	ppm	0.1
3	总硬度	ppm	100～500②	13	砷	ppm	0.2
4	高锰酸钾消耗量	ppm	10	14	硒	ppm	0.05
5	氯离子	ppm	200(400)	15	六价铬	ppm	0.05
6	硫酸离子	ppm	200(4000	16	铜	ppm	1.0
7	氨氮	ppm	0.5	17	锌	ppm	5.0(15.0)
8	硝酸氮	ppm	40(80)	18	酚类	ppm	0.001(0.002)
9	铁	ppm	0.3(1.0)	19	氰	ppm	0.01
10	锰	ppm	0.1(0.5)	20	放射能	微居里/L	$\alpha:10^{-9}\beta:10^{-8}$

注:① 括号内为不得超过的值;
② 以$CaCO_3$计

2. 矿泉水水质评价

泉水中的某些特殊矿物盐类、微量元素或某些气体含量达到某一标准或具一定温度，使泉水具有特殊的用途时，称其为矿泉水。按矿泉水的用途，可分为三大类，即工业矿水、医疗矿水和饮用矿泉水。近年，我国在许多地方发现了许多矿泉水，特别是饮用矿泉水，在国内外均有很好的销售市场。为了确保人民的身体健康和利益，为了使矿泉水的勘探和开发有所遵循，必须研究和制定国家统一的评价标准。下述主要介绍饮用天然矿泉水的水质评价标准。

(1)饮用矿泉水水质评价标准

饮用矿泉水，系指可以作为瓶装饮料的天然矿泉水。它必须是深处地下水的天然露头或人工开发的深层地下水源；水中必须含有有益于人体健康的一种或几种化学成分，如游离二氧化碳、偏硅酸、锂、锶等。根据《饮用天然矿泉水标准》(GB 8537－1995)规定，饮用矿泉水的特殊化学组分的界限指标见表 11－6。

凡符合上表中各项指标之一者，可称为饮用天然矿泉水。但锶含量在 0.2～0.4mg/L 范围和偏硅酸含量在 25～30 mg/L 范围，各自都必须具有水温 25℃以上或水的同位素测定年龄在 10 年以上的附加条件，方可称为饮用天然矿泉水。

表 11－6　饮用天然矿泉水特殊化学组分的界限指标

项　目	指标(mg/L)	项　目	指标(mg/L)
锂	≥0.2	偏硅酸	≥25
锶	≥0.2	硒	≥0.01
锌	≥0.2	游离二氧化碳	≥250
溴化物	≥0.1	溶解性总固体	≥1000
碘化物	≥0.2		

具有上述特殊成分的水虽对人体健康有益，但是水中的其他成分和物理性质均不能对人体有害。因此，做水质评价时还要结合饮用水的卫生标准进行。国家标准中有以下几方面的规定：

① 对感官性状，要求与 GB 5749－2006 中的要求相同，并允许有极少量的天然矿物盐类沉淀。微生物限量指标，也同上述 GB 5749－2006 中的规定。

② 某些元素和组分的限量指标，见表 11－7。由表可见，本标准大都是饮用水标准规定的限量，仅个别几项的允许含量超过了饮用水标准。饮用水的这些标准都是根据动物实验制定的，有的是根据对人群地方病的观测统计资料制定的。然而，人体本身所含的化学成分，特别是微量元素和当地的地质背景、水质及食物来源呈正相关。若当地缺失或含有过量的某种化学成分时，就很可能导致地方病的发生。因此在考虑这一因素及人体健康的前提下，饮用矿泉水的化学成分及其限值是不完全同于生活饮用水水质标准的。例如氟的含量，我国饮用水标准中定为小于 1mg/L，世界卫生组织定为小于 1.5mg/L。适量的氟对人体是有益的，高氟区和低氟区都有地方病发生。在某些情况下，氟可作为判识矿泉水的标志元素。法国维希矿泉水的氟超过 3mg/L，意大利出售的饮料矿泉水中氟有高达 2～2.4mg/L。

因此，本标准规定氟的限量为小于 2.0mg/L。含氟量高的矿泉水，低氟地区的人饮用是很有好处的；高氟地区的人就不宜购买这种矿泉水。

表 11－7　某些元素和组分的限量指标（GB 8537—1995）

组　分	指标（mg/L）	组　分	指标（mg/L）
锂	＜5	汞	＜0.001
锶	＜5	银	＜0.05
碘化物	＜0.5	硼（以 H_3BO_3）	＜30
锌	＜5	硒	＜0.05
铜	＜0.1	砷	＜0.05
钡	＜0.7	氟化物（以 F^- 计）	＜2.0
镉	＜0.01	耗氧量（以 O_2 计）	＜3.0
铬（Ⅵ）	＜0.05	硝酸盐（以 NO_3^- 计）	＜45
铅	＜0.01	镭$^{-226}$	＜1.1（B_q/L）

③ 污染物指标不得超过表 11－8 所规定的标准，比一般饮用水标准要求更严格，因为它直接用于饮用。

表 11－8　污染物限量指标

项　目	指标（mg/L）	项　目	指标（mg/L）
挥发性酚（以苯酚计）	＜0.002	亚硝酸盐（以 NO_2^- 计）	＜0.005
氰化物（以 CN^- 计）	＜0.01	总 β 放射性	＜1.5（B_q/L）

（2）饮用矿泉水水质评价原则

为了确保饮用矿泉水的质量和产量，在进行水质评价时，必须以国家规定的标准为依据。标准中没有规定的某些成分，则应参照一般饮用水标准评价。当两者规定有矛盾时，则以引用矿泉水的标准为准。在评价过程中，还要结合饮用矿泉水产地的地质、水文地质条件和动态观测资料进行论证。例如 TDS，一般饮用水标准规定小于 1000 mg/L，而大于 1000 mg/L 的正是矿泉水的重要标志之一，其上限又未作规定。只要其他有害成分均未超标，则其上限以人们可口为宜。氯化物的含量，饮用水标准中为小于 250 mg/L，矿泉水标准中未作规定。国外有些矿泉水中其含量可以较高，如维希矿泉水含量 350 mg/L，美国萨洛塔矿泉水含量高达 760 mg/L。氯化物对水的味道有影响，对配水系统管道有腐蚀作用。只要人们能接受，适当超过一般饮用水标准也是允许的。铁的含量，在饮用水标准中规定为 0.3 mg/L，主要考虑的是影响感官。但铁的存在，可表明形成矿泉水的地质、水文地质条件，是鉴别矿泉水的重要标志之一。因此，铁含量高于饮用水标准是可以的，国外有的矿泉水含量高达 4.5 mg/L。原地质矿产部的标准中，铁的限值为 5～10 mg/L。在铁质矿泉水中，铁含量可大于 10 mg/L，而且在装瓶时还可做除铁处理，除铁后的水仍属天然矿泉水。硫酸盐的含量，在饮用水标准中为 250 mg/L，它对配水系统具有腐蚀作用，和镁结合还会引起腹泻。但国外有些矿泉水中硫酸盐的含量很高，有的达 1000 mg/L。原地质矿产部的标准认为，当矿泉水中镁含量小于 80 mg/L 时，硫酸盐含量可大于 400 mg/L。

(3)饮用矿泉水水质分类及命名

按水的 pH 值，可将矿泉水分为三类：即酸性水(pH 值＜6)，中性水 pH 值为 6～7.5)，碱性水(pH 值＞7.5)

按矿化度可分为两类，即盐矿泉水(矿化度＞1000 mg/L)和淡矿泉水(矿化度≤1000 mg/L)。

按主要阴离子成分，可分为三大类；再按主要阳离子成分，分为若干亚类。命名时，其主要阴阳离子含量的毫克当量百分比大于 25 时才可参与命名。如：氯化钠矿泉水；硫酸钙、钠矿泉水；重碳酸、硫酸钙、钠矿泉水等。

也可按特殊化学成分分类命名，如碳酸矿泉水(游离 CO_2＞1000 mg/L)，硅酸矿泉水(偏硅酸含量＞50 mg/L)等。

复习思考题

1. 叙述地下水资源的特点。
2. 我国地下水资源的分类是什么？
3. 总结地下水资源的应用。
4. 简述地下水资源评价的任务、原则和内容。
5. 简述地下水资源的管理和规划。
6. 饮用水水质评价主要包括哪几项内容？
7. 新的《生活饮用水卫生标准》有哪些特点？
8. 简述矿泉水水质评价。

第12章 地下水与环境保护

12.1 概 述

地下水是一种宝贵的自然资源，又是环境的基本要素。当今世界所面临的"人口，资源，环境"三大问题，都直接或间接地与地下水资源有关。对此，人们早就预测，即将出现的全球性危机将是水资源危机。水资源问题将成为21世纪世界经济发展最突出的重大问题。

地下水是自然环境和生态环境的重要组成要素，特别是泉水和潜水的作用更为直观。地下水水位过浅是沼泽化和盐碱化地区的重要特征，过量引地表水灌溉会加重土壤盐碱化，而发展井灌井排、合理控制地下水位可以改良盐碱地。干旱地区绿洲的存在主要依赖于潜水和泉水，在河流出山口处修建水库减少地下水的补给源，或在山前平原上游地区过量开采地下水，都会导致流往下游地区的地表水和地下水水量减少，使绿洲前缘耕地被沙漠吞食。一些出露在城市附近的岩溶大泉是著名的旅游景点，因为附近开采井过量抽水导致了泉水流量减少，如山西太原市的晋祠泉、昆明市翠湖公园的九龙池等，使良好的自然景观受到破坏。地下水过量开采还会导致海水入侵、地面沉降、地面坍塌等现象。此外，各种污染源对地下水资源的破坏也减少了可利用的地下水资源量，而且这种危险还在增长。这是环境保护工作面临的一项重大课题。

国外对地下水保护十分重视。1995年在美国创刊的《国际地下水技术》月刊，每期的四个主题分别是探测、监测、补救和处理。国外有几个大出版社均正在出版水质管理系列丛书。在环境保护领域，水文地质工作者应积极参与水污染治理和水质管理。

12.2 与地下水有关的环境生态问题及防治

地下水是全球水循环的重要组成部分，其形成与演变受不同尺度的自然与人为因素的共同影响。地下水的形成与演变遵循自然的水循环规律，但是由于人类活动的影响，导致自然水循环条件发生显著改变，引发一系列环境生态问题。

12.2.1 土壤盐渍化

土壤环境是由岩土、水溶液和气体组成的体系，它是地理环境的重要组成部分。在地理环境中，岩土在诸因素的综合作用下，逐渐形成了具有独特内在性质和结构特征的土壤。水的存在和运移是土壤形成演变过程不可缺少的因素和动力，因此，可以把土-水系统作为一个复杂的巨系统来研究，土境环境是这样一个复杂巨系统的实体背景。在天然条件下，土-水系统可以维持动态的生态平衡，正常地发挥其功能。由于人为活动的影响，使土-水系统发生新的变化，破坏了天然的生态平衡，当这些变化向着不利于人类及其他生物生存的方向发展时，便产生了一系列的土壤-水环境问题，包括土壤盐渍化、土壤沙化及水土流失。

土壤盐渍化也叫土壤盐碱化（或土地盐碱化），是指地下水中盐分不断向上运移到土壤表层聚集形成盐渍土的过程。一般将土壤层 0.2m 厚度内易溶盐含量大于 0.1% 的土壤称为盐渍土。盐渍土可以是在自然土壤环境中形成，也可以在人为活动影响下产生，后者也称为次生盐渍化。当土壤表层中的中性盐含量超过 0.2% 时，称为盐化土（或盐土）。中性盐主要指氯化物和硫酸盐类。含硫酸盐为主的盐土具胀缩性，也称松盐土。以碳酸盐为主的盐渍土，具碱性反应，通常称为碱化土（或碱土）。

土壤盐渍化参见图 12-1 所示。

图 12-1　辽宁锦州市小凌河东土壤盐渍化图

12.2.1.1　土壤盐渍化的形成与发展

1. 土壤盐化

由于蒸发作用使包气带水和潜水水分蒸发，“水去盐存”，各种易溶性盐类在土壤表层积聚的过程称为土壤盐化。影响土壤盐化强弱的因素是多方面的，主要有：

(1)气候条件：包括降雨、气温、风速等。我国北方属干旱和半干旱气候，蒸发作用强烈，降雨量小，最易导致土壤盐化。

(2)土壤质地：黏质土毛细孔隙很小，在蒸发失水过程中，毛细水上升速度小；砂质土毛细孔隙大，尽管毛细水上升中受到阻力小，但毛细上升高度受到限制；粉砂质土介于两者之间，在蒸发过程中，可以通过毛细孔隙网络源源不断地把水分（含盐分）送到地表。因此，粉砂质土最易导致土壤盐化。

(3)地势和水势：一般地下水势的分布受地势的控制，低洼地带常是地下水流的排泄区，即地下水流动系统的“汇”分布区。地下水从“源”（补给区）向“汇”运移过程中，水岩相互作用，地下水溶质浓度增大，越接近低洼地带（排泄区），地下水矿化度越高，地下水化学成分也由重碳酸型向氯化物型过渡。当排泄区地下水位埋深较小时，蒸发浓缩作用的结果就会使地下水通过毛细水带源源不断地把盐分带到地表，“水去盐存”，形成土壤盐化。地下水位埋深越小，土壤盐化程度越高。如我国黄淮海平原盐碱土分布区的地下水位一般小于 3m，重盐碱地地区地下水位埋深大都在 1.0m 左右。

人为活动的影响可以改变地下水水势场的分布，例如，不合理引水灌溉、非防渗渠道输水、水库蓄水抬高了地下水排泄点或反向补给地下水等，均可造成地下水位抬高，增大土壤次生盐化趋势。

此外，靠近沿海的地区，一般地下水埋深均较小，同时由于海水入侵及涨潮产生的海水倒灌，使靠近沿海的地下淡水不断获得来自海水的盐分。在蒸发强烈的地区，也会产生土壤盐化。

2. 土壤碱化

土壤碱化是盐化土壤发生碱化作用的过程。碱化过程往往与脱盐过程相伴生。如果盐化土中含有大量 Na_2CO_3（苏打）弱酸强碱的盐，Na_2CO_3 水解即可形成碱土，即

$$2Na_2CO_3 + 4H_2O = 4NaOH + 2H_2CO_3 \qquad (12-1)$$

当盐土中以中性盐（NaCl、Na_2SO_4）为主要盐类时，由于淋溶作用（脱盐）的不断进行，使 Na^+ 浓度增大，当 $Na^+/(Ca^{2+}+Mg^{2+})\geqslant 4$ 时。原来被土壤胶体吸附的 Ca^{2+}、Mg^{2+} 离子逐渐被 Na^+ 取代，使土壤碱化。用 Z 表示土壤颗粒，这一过程可以用式（12－2）表示：

$$Z_{Mg^{2+}}^{Ca^{2+}} + 4Na^+ \rightarrow Z_{3Na^+}^{2Na^+} + Ca^{2+} + Mg^{2+} \qquad (12-2)$$

显然，如果土壤中含有大量 $CaCO_3$、$CaSO_4$ 时，式（12－2）所表示的过程则不易发生，土壤碱化会受到抑制。

如上所述，土壤碱化是在土壤盐化基础上发展的。因此，影响土壤盐化的因素也必然影响土壤碱化的发生。

12.2.1.2 土壤盐渍化的防治

土壤盐渍化是土-水系统中的盐分随水的上移蒸发不断在土壤表层积聚的过程。由于土-水系统是一个复杂的开放系统，该系统与环境的物质、能量、信息的交换可以在自然条件下进行，也可在人为活动影响下进行。所谓土壤盐渍化的防治实际上就是要讨论怎样的人为活动才能使土-水系统与环境的能量、物质、信息的交换过程朝有利于阻止或改良土壤盐渍化的方向进行。

1. 土壤盐渍化的防治措施

土壤盐渍化的防治可从以下几个方面进行：

（1）对一切有可能造成土壤盐碱化的人为活动采取必要的限制对策，使其控制在最低限度，例如，在地下水位埋深小的地区，尽可能改进灌溉技术，控制地下水位在某一最佳深度。

（2）对已发生土壤盐渍化的地区，在查清土壤盐渍化形成因素的前提下，抓住主导因素，采取综合治理。通常是从降低地下水位、改进土壤质地、淋洗土壤表层积盐等方面进行综合治理。治理措施可归纳为水利工程措施、农业技术措施、生物工程措施和化学治理措施等四个方面。不同的方面可以根据实际情况采用相应的方法（表 12－1）或采用多种方法配合实施，以取得盐渍土治理的最佳效果。

表 12-1 盐渍土治理措施一览表

类别	主要方法	目标及原理	适用条件
水利工程措施	压盐	淋溶表层积盐到底土层	地下水位埋深较深，土壤透水性好，有淡水源
	排水洗盐；井排、沟排、排灌结合	降低、控制地下水位，土壤脱盐并防止返盐；咸水、淡水、地下水、地表水联合调配，合理利用水资源	土壤透水性较好，有淡水源、咸水有排泄出路（多余的咸水）
农业技术措施	深耕，增施有机肥	改良土壤质地，增大降雨入渗，减少水分蒸发	滨海轻壤质盐土，下层含盐高于上层时，不宜深耕
	放淤，引洪	改良土壤质地，提高土壤肥力	地表水含沙量高，水量大
	压沙，中耕松土	减少毛细水蒸发	
	种稻洗盐	灌水洗盐	有较好排、灌系统配合
	选育抗盐作物品种	培育新品种，提高经济收入	
	改进耕作技术	提高农作物产量	
生物工程措施	植树造林、农田防护林网	降低地下水位（叶面蒸发），减少土面蒸发，改良土壤质地	选用不影响农作物生长的树种
	种植绿肥（如紫花苜蓿）	减少土面蒸发，改良土壤质地，增强土壤肥力	
化学治理措施	施加石膏、磷石膏	$2Na^{+}+CaSO_4 \rightleftharpoons Ca^{2+}+Na_2SO_4$ $Na_2CO_3+CaSO_4 \rightleftharpoons CaCO_3+Na_2SO_4$	苏打盐土、碱化土和碱土
	硫酸亚铝、工业废酸	中和土壤碱性	
	风化煤粉等	增加土壤中腐殖质	

（据沈继方，高云福改）

12.2.2 土壤荒漠化

土壤荒漠化（也称土地沙漠化）是指在干旱、半干旱地带，由于人为活动对土壤环境的影响，使疏松沙质地表的绿色土地出现以风沙活动、沙丘起伏为主要标志的类似沙漠景观的环境退化过程。人类对水土资源的不合理开放利用，导致水资源紧缺、河水断流、地下水位下降、植被衰败、土地沙漠化发展。土地沙漠化是土-水系统演化过程中出现的一类环境问题，也是当前一个世界性的环境问题。

目前，全世界沙漠化和受沙漠化影响的面积达 3.8×10^{7} km^2，受沙漠化的土地以 6×10^{4} km^2/a 的速率扩大。联合国第十二届环境理事会议指出（1984 年）：沙漠化的继续蔓延，使全球每年丧失2100万公顷的土地，每年损失的粮食的价值近260亿美元，受其影响地区的人口占全球人口的20%以上。我国土地沙漠化也较严重。在我国北方干旱、半干旱地带和部分半湿润地带，由于过度利用土地、水、草、森林等自然资源和土地管理不合理等人为因素的作用，使生态系统遭受破坏，环境退化，沙漠化土地在不断扩大。

12.2.2.1 土地沙漠化的形成与发展

影响土壤沙漠化的自然因素包括：气候条件、土壤质地、植被发育程度等，疏松沙质土地表植被覆盖率低，更利于土地沙漠化。

人为活动是影响土地沙漠化的重要因素。人为活动对土-水系统施加的影响造成土地沙漠化主要表现在以下几个方面：

1. 土壤盐渍化的继续发展

在干旱、半干旱地区，由于大量的引水灌溉使地下水位抬升，蒸发浓缩作用强烈，导致土壤盐渍化，因而被迫弃耕，使之成为不毛之地，极易遭受干旱大风气候的侵袭。久而久之，使土地沙漠化。大量考古资料表明，我国西北的塔里木、河西走廊"古丝道"上许多废弃了的著名的古绿洲就是土壤盐渍化继续发展为土地沙漠化的结果。

2. 地表水系的变化

由于河系上游筑坝拦水或大量引水致使河流中、下游地表径流减少甚至断流，进而引起下游原先存在的湖泊萎缩、干涸，地下水补给量减少，水位下降，其结果是因土壤水分不能满足植被生长需求而干枯，地表裸露，风沙活跃。

3. 过度利用土地、旱地耕作

随着人口的增长，人们向自然索取的水资源也就越多。对于干旱地区，由于降雨量稀少，地下水位埋深大，水资源贫乏，人们在垦荒种田中，只能是旱地耕作。旱地耕作使土质疏松分散，在风蚀条件下，极易引起土地沙漠化。这是人类活动造成土地沙漠化最迅速、最严重的一方面。

12.2.2.2 中国土地沙漠化概况

中国荒漠化形势十分严峻，根据1998年国家林业局防治荒漠化办公室等政府部门发表的材料指出，中国是世界上荒漠化严重的国家之一。根据全国沙漠、戈壁和沙化土地普查及荒漠化调研结果表明，中国荒漠化土地面积为262.2万km^2，占国土面积的27.4%，近4亿人口受到荒漠化的影响。据中、美、加国际合作项目研究，中国因荒漠化造成的直接经济损失约为541亿人民币。中国荒漠化土地中，以大风造成的风蚀荒漠化面积最大，占了160.7万km^2。据统计，20世纪70年代以来，仅土地沙化面积扩大每年就有2460km^2。土地的沙化给大风起沙制造了物质源泉。因此中国北方地区沙尘暴(强沙尘暴俗称"黑风"，因为进入沙尘暴之中常伸手不见五指)发生越来越频繁，且强度大，范围广。1993年5月5日，新疆、甘肃、宁夏先后发生强沙尘暴，造成116人死亡或失踪，264人受伤，损失牲畜几万头，农作物受灾面积达33.7万公顷，直接经济损失5.4亿元。1998年4月15日～21日，自西向东发生了一场席卷中国干旱、半干旱和亚湿润地区的强沙尘暴，途经新疆、甘肃、宁夏、陕西、内蒙古、河北和山西西部。4月16日，飘浮在高空的尘土在京津和长江下游以北地区沉降，形成大面积浮尘天气。其中，北京、济南等地因浮尘与降雨云系相遇，"泥雨"从天而降。宁夏银川因连续下沙子，飞机停飞，人们连呼吸都觉得困难。中国西北地区从公元前3世纪到1949年间，共发生有记载的强沙尘暴70次，平均31年发生一次。而新中国成立以来近50

年中已发生71次。虽然历史记载与现今气象观测在标准上差异较大，但证明沙尘暴现在比过去多得多是没有问题的。根据对中国17个典型沙区同一地点不同时期的陆地卫星影像资料进行分析，也证明了中国荒漠化发展形势十分严峻。毛乌素沙地地处内蒙古、陕西、宁夏交界，面积约4万km^2，40年间流沙面积增加了47%，林地面积减少了76.4%，草地面积减少了17%。浑善达克沙地南部由于过度放牧和砍柴，短短9年间流沙面积增加了98.3%，草地面积减少了28.6%。此外，甘肃民勤绿洲的萎缩，新疆塔里木河下游胡杨林和红柳林的消亡，甘肃阿拉善地区草场退化、梭林消失等一系列事实都说明，我国土地沙漠化的形势非常严峻。

西北地区土地荒漠化各种人为因素所占比例见图12-2。

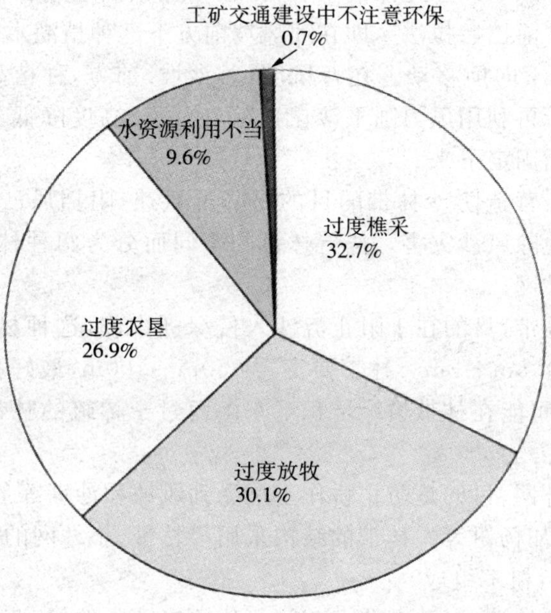

图12-2　西北地区土地荒漠化的人为因素(以风力作用为例)

12.2.2.3　土地沙漠化的防治

防治沙漠化，主要是要控制沙质地面的风蚀，削弱风速，固定沙丘。一般采用工程防治、化学固沙和植物治沙等三种措施。

1. 工程防治措施

它是利用各种材料覆盖在流沙表面或在沙面上设置沙障。如利用柴草、枝条、砾石或黏土块等铺于沙面，以隔离风对松散沙面的吹蚀；利用麦秆、稻草、芦苇等设置草方格沙障，不仅可以控制沙丘表面的风沙流，而且还能载留雨水，保护栽种植物免受沙埋；采用高秆植物如灌木枝条、玉米秆、高粱秆等，设置高立式沙障(防沙栅栏)，可切断沙源，抑制沙丘前移和防止沙埋等危害。它一般用于来沙丰富的地区及草方格沙障带的外缘，以阻挡风沙流将草方格沙障掩埋，起到屏障作用。

2. 化学固沙措施

它是在流沙表面喷洒化学胶结物质，使沙粒结成一层有一定强度的防护壳，隔离风对松散沙层的直接作用，以起到固沙的目的。化学固沙收效快，但成本高，一般多用于重要的工矿区、机场、交通线及军事设施等地。使用的化学材料要求固沙效果好,不污染环境,成本低,使用方便和对植物的发芽、生长没有影响。目前使用的有:沥青乳液、高树脂石油、橡胶乳液、油-橡胶乳液的混合物等。

化学固沙只能维持3～5年,所以使用化学固沙必须和植物固沙相结合,作为植物固沙的辅助手段。

3. 植物治沙措施

植物治沙是固定流沙的一种根本措施,它不仅能固沙防沙,改善沙漠的生态环境,而且还能产生较大的经济效益以及解决当地的用材、燃料和饲料等问题。具体做法是:

(1)营造固沙林:根据沙漠地区自然条件差的弱点,造林时先在丘间低地造林,先把沙丘包围,经过一段时间,等风把沙丘逐渐削平后,再在沙丘顶面上栽种植物,这种方法称为“先湾后丘”法。也可采用“前挡后拉法”,即在迎风坡前方下部种植灌木和半灌木植物(如沙柳、沙篙),拉住沙丘,使其不向前移动。在背风坡(落沙坡)前方,种植高秆植物(如旱柳、小叶杨),以挡住沙丘前移。再利用风力削平沙丘顶部,使沙丘高度降低。最后在拉平的地段栽种乔、灌木,使沙丘全面固定下来。

(2)营造防沙林带:营造防沙林带的目的是降低风速,阻挡风沙流移动,从而可保护农田、交通线及居民点,免除风沙灾害。按造林目的不同而分为两种林带:沙漠边缘的防沙林带及绿洲内部的护田林网。

沙漠边缘的防沙林带,目的在于阻止流沙入侵绿洲内部,这种林带应以紧密林带为宜,株距一般为1m,行距1.5m～2m。林带要宽,约50m～100m,最好乔、灌木混交,以尽量减少“通风道”,使沙子尽可能在林带边缘堆积下来。而过于稀疏的林带,流沙容易通过“通风道”进入绿洲内部。

绿洲内部的护田林网,目的是防止耕作土壤受到风蚀和沙埋等危害。按防风原理,最好种植高大的乔木树种,如杨树等。林带的结构采用窄林带、小林网的结构方式。林带宽一般6m～12m,它由4～6行树木组成。

(3)封沙育草,保护植被:封沙育草、育林,可使原来生长的树、草得以保存,能自然更新,扩大覆盖面积,把沙丘、沙地逐渐固定下来。

12.2.3 地面沉降

地面沉降又称为地面下沉或地陷。它是在人类工程经济活动影响下,由于地下松散地层固结压缩,导致地壳表面标高降低的一种局部的下降运动(或工程地质现象)。

我国出现的地面沉降的城市较多。按发生地面沉降的地质环境可分为三种模式:

(1)现代冲积平原模式,如我国的几大平原。

(2)三角洲平原模式,尤其是在现代冲积三角洲平原地区,如长江三角洲就属于这种类型。常州、无锡、苏州、嘉兴、肖山的地面沉降均发生在这种地质环境中。

(3)断陷盆地模式,它又可分为近海式和内陆式两类。近海式指滨海平原,如宁波;而内陆式则为湖冲积平原,如西安市、大同市的地面沉降可作为代表。

不同地质环境模式的地面沉降具有不同的规律和特点,在研究方法和预测模型方面也应有所不同。

另外,根据地面沉降发生的原因还可分为:抽汲地下水引起的地面沉降;采掘固体矿产引起的地面沉降；开采石油、天然气引起的地面沉降；抽汲卤水引起的地面沉降。

以开采地下水为例，当一个含水层的水被采出后，这个层位及相邻的弱透水层位就会像被挤干的毛巾，发生萎缩，这体现在地表就是沉降。地下水是流动的，人们在一个地方抽水，流出来的却是一片同层位的水，所以，由此引起的沉降也是连片的。

在过度开采地下水方面，长江三角洲最为典型。1970 年以前，这个地区纺织业发达，但能源紧缺，所以需要集中开采地下水用于纺织厂的空调降温。1980 年以来，随着城市周边地区乡镇企业的兴起，地下水又被大量开采，而且地表河道不断被污染，这使得地表水质量普遍下降，地下水开采规模日趋扩大。而在华北地区，因为缺水，地下水的开采量增加，地下水位下降，形成了漏斗，破坏了地层岩土力学平衡，很多地方都出现了沉降。

在江苏的苏州、无锡、常熟等地，地面沉降也相当严重。资料显示，该地区沉降面积已达 5700km^2，约占这一地区平原面积的一半，沉降中心最大沉降量达 2.8m。在这一地区，有一座花费数千万元新建的高楼，因为地面沉降，出现了裂缝，不得不拆掉。

地面沉降现象在国外也时有发生。1891 年，墨西哥城最先记录了这一现象。之后，全球有 50 多个国家和地区发生了地面沉降。相对而言，地面沉降在日本和美国更加突出。1981 年，日本有 59 个地区沉降明显。1995 年，美国在其 50 个州都发现有地面沉降。加州萨克拉门托流域从 1925 年到现在，下沉了 9m 多。

地面沉降导致出现地裂缝。地裂缝主要危害是造成房屋开裂、破坏地面设施、城市地下管道等生命线工程，也造成农田漏水（图 12－3）。

图 12－3　地面沉降引起的地裂缝

12.2.3.1　地面沉降的防治

虽然地质原因造成的地面沉降很难控制，但人为因素所导致的沉降是可以应对的。地面沉降一旦形成规模，以人类现在的能力和技术，治理和恢复起来比较困难。如果我们杜绝或者减少沉降的人为因素，可以减缓或者终止地面沉降。对于已经形成的地下漏斗，人工回灌地下含水层的方法可以将其填满。

地面沉降在经济发达地区可能导致严重的财产和基础下部建筑的损失。最具有代表性的地面沉降是由人为造成的，由于人为抽取地下水而导致含水层系统受压缩而产生地面沉降。针对这种情况必须采取措施减少地下水的使用量，增加地面水补给。因此，随时正确监测地面和地下水位沉降，并提供标准的数据对于预测和预报地面沉降工作至关重要。根据地面沉降的特点以及实际情况，对其采用以下几种方法来减缓地面沉降的速度，以及修复地面沉降，把损失降到最低。

1. 含水层存储和修复技术

为了满足供水和改善水质的要求，含水层存储和修复技术在美国各州得以广泛应用。在圣克拉拉山谷，目前需水量仍然很大，但由于地表水的引入，回灌得以实施，使得地下水抽汲量减少，从而防止了地下水位继续下降。另外，该区水资源管理局在当地的河流上建立了5个蓄水坝以收集雨水，这样增加了河水对流经区的地下水的补给。这个地区是美国第一个被发现也是第一个采取有效措施并在1969年前后终止了沉降的地区。同样的情况还有亚利桑那州的中南部，通过引入科罗拉多河的河水，减少了地下水的需求强度，从而缓解了地面沉降。

2. 改变土地使用类型

为了防止地面沉降，将土地使用由农业用地型向城市用地型转变，以降低需水强度，防止地下水位的进一步下降。佛罗里达州的泥沼区使用这种方法可以防止有机土的进一步分解，减缓有机质氧化的速度，使地面发生沉降的速度降低，地基更加稳定。

3. 节水

利用含水层组贮藏和运输地下水，要优于造价高昂的地表蓄水和输水系统。美国的研究人员采用先进和合理的地下水运输方法，作出地下水使用的远景规划。节水是制止沉降的一项重要措施。例如在圣琼斯地区，目前人均用水量只有1920年的1/5，远低于过去作为农业用地时的用水量。因此即便是在1976年～1977年和1987年～1991年期间，这两个州的主要旱期里，水位还是保持在历史最低水位以上。

4. 加固堤防

对沿海城市进行海岸加固，建造堤防防止洪水泛滥和海水入侵。例如在加利福尼亚州境内三角洲地区，大面积的人工堤坝及人工岛有效地保护了这个三角洲，使之免遭海水的入侵，同时维持了有利的淡水坡度，保护了淡水源。

5. 立法保护地下水

美国对地下水的使用进行立法，使水资源有一个合理的使用环境。如在圣拉拉山谷成立一个专门的水资源管理机构来管理该区的用水，使地表水和地下水得到了长期有效的综合利用。美国许多地区甚至采取法制措施来防治地面沉降。例如1980年通过了《亚利桑那地下水管理法案》，其基本目标是加强对已衰竭含水层组的管理，把有限的地下水资源进行最合理的分配，开发新的水资源供应来增加亚利桑那的地下水资源。

12.2.4 岩溶地面塌陷

在某些地区，常因天然或人为因素的作用，地面表层覆盖物出现下沉、开裂，以致突然向下陷落，形成各种规模和形态的坑、槽，这种现象称为地面塌陷。

现代大量和大规模的地面塌陷主要由人为因素所引起，发生在岩溶环境区和地下开采矿区的地表，两者成因不同，因而可把地面塌陷分为两大类：

1. 矿区开采塌陷

矿区开采塌陷出现在地下开采矿区的采空区上方及其边缘地带，范围相对比较局限。采空区上方一定范围内的顶板岩层，由于悬空失去平衡而不稳定，从而引起变形、移动，以致破坏而向采空区垮落，当这种破坏向上发展，波及地表时，就表现为地面塌陷，其研究属于矿山水文工程地质、岩体力学的内容，本书不进行专题讨论。

2. 岩溶地面塌陷

岩溶地面塌陷在碳酸盐岩分布区。由于地下存在大量岩溶形态——洞穴和管道，特别是浅埋藏，直接为第四系松散沉积物覆盖的开放型岩溶形态发育时，则使其上覆盖层不稳定，从而产生向下陷落的现象。这是碳酸盐岩区广为出现的一类地质灾害，往往具有突发性质。发展迅速，有时规模巨大，危害严重，因而为国内外岩溶科技工作者所关注。我国碳酸盐岩分布广泛，也是世界上岩溶塌陷最发育的国家之一，从南到北，各个省区都有所见，尤其是南方，塌陷问题十分突出，已严重影响各项经济建设和人民的生命安全。岩溶地面塌陷的研究，是对岩溶环境区进行国土规划、资源开发、城乡发展、交通建设的基础，成为其环境综合评价的主要方面。

12.2.4.1　*岩溶地面塌陷的类型*

岩溶地面塌陷，一方面是岩溶作用的自然结果（水、气与岩土相互作用的结果）；另一方面又是人类活动对岩溶环境平衡状态干扰和破坏的表现。根据我国岩溶环境区丰富的地方所提供的资料，结合近代多方面有关的调查研究报告，可以看出岩溶地面塌陷发展的总趋势是：现代塌陷的出现频率和规模都比历史时期大。其原因是人类活动的干扰和破坏增加，近代大量塌陷是由于人为活动诱发的。

岩溶地面塌陷按其成因可分为两种类型：

1. 自然塌陷

自然塌陷是指在自然因素作用下（多与气候变化有关）所产生的岩溶塌陷，历史时期形成的多属此类。广西桂林是我国岩溶塌陷较发育的地区，其中自然塌陷也分布广泛，早在明朝弘治时期就有记载。1981年1月4日，广西玉林分界圩还产生过大面积自然塌陷，一夜之间形成大小场坑400余个，分布在长1.7km，宽0.7km，面积约1.20km^{2}的范围内，最大的6号塌点长178m，宽33m。这次塌陷是由久旱不雨、地下水位下降、土层失水、隐伏土洞扩大引起的。

2. 人为塌陷

人为塌陷是指由于人类工程、经济活动，改变了溶蚀空间和上覆岩土体的自然稳定过程，导致短期内快速产生的大量塌陷。这种塌陷在岩溶矿区和城区最为突出，因而给矿山和城市的生产、建设带来巨大影响。

岩溶矿区矿井突水和疏干排水所引起的地面塌陷，波及的范围最广，危害性极大，它可使河水断流，井、泉及地表水干涸，农田和道路被毁，各种地面建筑物开裂倒塌，并使大量地表水灌入地下巷道，威胁矿井的安全。如广东凡口矿区，根据1977年2月的统计，共出现塌洞1400个，致使地面各种生活和生产设施遭到不同程度的破坏，约1000亩农田受损，4km长的铁路和1.5km长的公路被毁，而且地表水通过塌陷大量灌入井下，威胁矿坑安全，大大增加了排水费用。

湖南水口山铅锌矿的地面塌陷也很典型。表12-2是该矿疏干放水试验期，地面塌陷随放水时间的延续而发展的情况。

表 12-2 疏干放水与地面塌陷(水口山)

时 间	塌陷及地面情况
降压放水期	老塌洞复活，大塌洞出现，地表裂缝大量产生
疏干放水第 25 天	距放水中心 500m 产生一个大塌洞
疏干放水第 47 天	塌洞发展到 2km 以下
疏干放水第 60 天	塌洞为 24 个
疏干放水第 70 天	开始发现地下震响
疏干放水第 86 天	震响烈度达到 5 度，塌洞数达 27 个
疏干放水第 104 天	塌洞数达 36 个
疏干放水第 162 天	塌洞数达 61 个
疏干放水第 181 天	塌洞数达 101 个

(据沈继方，高云福改)

12.2.4.2 岩溶地面塌陷的形成条件

岩溶地面塌陷是在碳酸盐岩分布区，由于地层中岩溶空间的存在，上覆岩土体在一定条件下，受水、气作用，向下部岩溶空间迁移的现象和过程，而人类活动对自然条件的改变，是近期大规模塌陷产生的主要诱导和触发因素，因此岩溶塌陷的形成，受到环境和人类活动双重因素的影响。

1. 产生岩溶地面塌陷的环境

(1)碳酸盐岩的岩溶发育特征

碳酸盐岩中存在的地下洞隙是容纳上覆盖层塌陷体的场所，也是水流迁移岩、土物质的通道，因而是岩溶塌陷产生的基础，起着基本的支配作用。调查资料表明，地表塌陷的发生强度与下伏碳酸盐岩的岩溶发育程度相对应，塌坑往往在岩溶强烈发育的地带或岩溶地层集中分布的地方出现，其出现数量与钻孔见洞率或线岩溶率的大小常具有一定的相关关系(表 12-3)。

表 12-3 凡口矿区岩溶率与塌陷关系

岩溶发育程度	岩溶率(%)	水位降低值(m)	排水量(m^3/h)	塌坑数(个)
强烈	19.08	13.48	5900	24
中等	4.01	36.35	4800	5
微弱	1.96	28.39	3700	仅开裂下沉

(据沈继方，高云福改)

(2)上覆盖层的特征

塌陷主要表现在负地形的覆盖土层中，因而受到土层厚度和岩性结构的控制。塌坑数量、规模都与土层厚度成负相关，据对我国南方岩溶地面塌陷的统计，大多数产生在土层厚度小于 10m 的地段；土层厚度 10m～30m 地段的塌陷数量较少；土层厚度大于 30m 的地段仅个别零星出现。土层岩性结构的影响表现为：砂性土易塌，夹砂砾石层的层状非均质土次之，均一黏性土的抗塌性能相对较好。这是因为不同的颗粒级别、物理性质、水理性质和力学性质决定了水流对其迁移的难易、土洞的形成速度及稳定性方面的差异。

(3)地下水的特征——水动力条件

地下水的流动及其水动力条件的改变是岩溶塌陷形成的最重要动力因素。塌陷的产生和分布明显受控制于地下水的活动，地下水径流集中和强烈的地带最易产生塌陷。这些地带有：① 岩溶地下水的主径流带；②岩溶地下水的排泄带（特别是集中排泄带）；③地下水位埋藏浅、变幅大的地段；④地下水位在基岩面上下频繁波动的地段；⑤双层含水介质（上为孔隙介质，下为岩溶介质）分布的地段，或地下水位急剧变化的地段；⑥地下水与地表水转移密切的地段。

地下水位急剧变化带是塌陷产生的敏感区，已为不少实际资料证实。水动力条件的改变，是产生塌陷的主要触发因素。关于这一点下面还要进行讨论和分析。

4. 地貌条件

地貌条件控制着地下水、地表水、第四系覆盖层和岩溶的发育，因此也是塌陷产生的环境因素之一。

岩溶地貌形态是岩溶发育的阶段性产物，负地形往往代表地下岩溶发育的地带，易具备大规模塌陷的形成条件，所以塌陷多分布在岩溶区的负地形内。

岩溶丘陵山区与平原接壤的过渡地带、溶蚀堆积平原和丘陵地区的洼地和槽谷等处易导致第四系覆盖物的厚度相对较薄，地下岩溶通道发育，地下水交替循环强烈，这些都岩溶地面塌陷的发生。另外，这种负地形地区有些就是原先的溶蚀漏斗、落水洞等早期的塌陷地段，或是与地下岩溶通道相连通的部位。

地表沟谷处往往是地下水排泄和活跃的地带，所以岩溶发育，比其他地段易于塌陷。如湖南恩口煤矿，在几十平方公里的塌陷影响区内，塌洞大多分布于地形低洼的冲沟和河谷地段，有的密集成群，山口冲一带，在仅约 0.1km^2范围内，就有大小塌洞 500 个左右；大星河床中的塌洞，又成为河水下灌通道，改变和恶化了矿区水文地质条件。

2. 产生岩溶地面塌陷的诱发因素

在上述环境因素控制下，一定的诱发因素是造成迅速大规模塌陷的重要条件。

(1)人为诱发因素

岩溶地面塌陷常是突然出现的，但实际上，在出现前已经有很长的孕育时间。人类工程、经济活动，可以改变自然环境，加速物质的迁移过程，破坏其原有的平衡状态，使塌陷迅速大量产生。这种改变自然环境的人类活动，主要有抽水、排水、修建水利工程、机械振动和地面加载等。人类活动是造成现代岩溶地面塌陷主要的诱发因素。

抽、排岩溶水是地面塌陷最突出的诱发因素，特别是矿坑排水，由于大幅度地降低地下水位，可以剧烈地改变原有的水动力条件，从而产生塌陷的规模、强度、速度以及危害性均较大，并与矿井排水强度（或突水峰值流量）密切相关，塌陷范围随疏干降位漏斗（或突水影响范围）的增大而不断向外扩展，或使塌陷发生的高峰期与大型突水点的出现相对应。

在岩溶山区修建水利工程，由于水库的蓄水和渗漏，导致塌陷的事例屡见不鲜。库区塌陷可有以下几种形式：

① 渗漏塌陷。当库水向下漏失时，对覆盖层发生潜蚀作用，使其渗漏通道被逐渐扩大，直至在可溶岩的开口洞隙处形成集中渗透水流，并使盖层产生突然的破坏，形成旋涡和塌坑。岩溶地区的输水工程（如引水渠、排水沟等）因渗漏导致塌陷的也时有发生。

② 压穿塌陷。由于水库水位升高，库水压力向下压穿盖层而塌陷，常与渗漏塌陷相伴

随,不易区分,但在形式上表现为突然性,并与库水的迅速蓄高有较明显的联系。某些压穿塌陷还可以是库水的正压与岩溶空腔负压吸蚀的叠加作用所形成,负压产生的原因或是由于地下水位的急剧下降,或是岩溶腔内水体流速突变。

③ 冲(气)爆塌陷。为下伏岩溶管道内的水体压力或被压缩的气体向上顶托盖层,超过其临界强度时而被冲破产生的塌陷。在开发利用山区的地下暗河时,常常采用封堵办法,抬高地下水位,但由于河道水流堵塞后,水流迁移、排泄不畅,上游河道水流具有的高势能可以冲破岩溶管道系统顶部的薄弱部位,使地面产生塌陷。此外,岩溶山区采用封堵落水洞的办法,利用溶蚀洼地修建小型水库,但堵体常被气、水压力顶穿而使水库失效,也是冲爆塌陷所致。

地面振动和加载是诱发地面塌陷的一种局部因素。由于爆破、机械车辆等振动形成的振动波,能给岩土体施加一种"动"的振动力,引起破坏效应,导致地面塌陷。附加在洞穴顶部土体上的荷载则是一种"静"的重力作用。荷载产生的附加力与荷载物体重量有关,通过应力传递,压穿溶洞、土洞顶板引起塌陷。前述水库蓄水引起的压穿塌陷,也是库水作为一种较大的荷载作用于库盘而产生的。荷载造成的塌陷多与现代工程活动有关,如柳州纺织印染总厂沉渣车间,建于土洞发育的黏土层上。其中两根 8m 高的混凝土立柱压穿土洞,引起塌陷,使立柱倾倒,工程停建。

(2)自然诱发因素

主要的自然诱发因素有降雨、干旱、洪水、地震等。因为它们可使地下水动力条件发生改变,而地震本身,还可破坏岩土体原有的结构及稳定性。

降雨是地下水的主要补给来源,是引起地下水变化和活动的重要因素。它可以湿润、饱和岩土,增加其容重,改变其状态,降低其强度,促进渗透变形作用的产生、发展,使地下水位上升,形成岩溶空间的正压力,从而诱发塌陷。不少地方都有塌陷多出现于雨季的规律,尤其是久旱逢雨后,更易产生塌陷。如广西河池某厂,在刚刚推平的亚砂土地基上,一场大雨后,突然发生 7 个塌坑。前面提到的,1981 年广西玉林分界圩发生的大面积自然塌陷,也是由于久旱不雨、地下水位下降所致。

山区地下暗河流经地段,由暴雨诱发的地面塌陷比其他地段要多。因为暴雨能使地下暗河水位发生剧烈变化,水位的剧烈升降(有的变幅可达 100m 左右)导致岩溶管道内产生正气、负气、水压力,从而破坏其上部薄弱部位而出现塌陷。如鄂西清江流域碳酸盐岩分布区,地下岩溶管道发育,在 20 世纪 70 年代,长阳都镇湾、资丘、龙潭坪等地,都曾因暴雨导致大规模地下岩溶塌陷,有的一直发展到地表,同时并发地震。

地震也是一种自然诱发因素。因为,地震还可使土体液化,从而产生地面塌陷。唐山及辽宁海城地震时,都曾产生多处地面塌陷。

从成因机制分析,无论是人为因素或自然因素诱发的塌陷,其作用效应及致塌陷方式基本上是相同的。

12.2.4.3　*岩溶地面塌陷的防治*

预测的目的是为了做到有效的防治。岩溶地面塌陷的防治,从广义上来讲,应当包含两个涵义:一是预防,二是治理。前者是防患于未然,尽量使地面不塌或少塌;后者是在塌陷已发生的背景下,如何控制塌陷区不向远处扩展和不向纵深发展,消除其危害。

1. 岩溶塌陷的预防措施

要预防岩溶塌陷，就要从根本上解决人类活动和资源、环境可持续发展的关系，处理好人与自然和谐相处的关系。具体预防措施可以总结为以下几点。

(1)搬迁避让

在城市地区，以岩溶塌陷危险性评价结果为基础，通过城市规划，对潜在高危险区的土地利用类型迅行调整，以低敏感性地类(如公共绿化带用地、广场用地等)代替高敏感性地类(如商业用地、居住用地等)。而对于公路、铁路等交通工程，则采取绕避的办法，避开塌陷地区。此外，整体搬迁也是小城镇防治岩溶塌陷的途径，如广西泗顶矿所在地的泗顶镇即采用搬迁的办法避开岩溶塌陷区。

(2)合理开采与利用地下水

地下水资源的不合理利用是导致岩溶塌陷产生的最根本原因，北方的岩溶塌陷多数都是从20世纪70年代后期大批水源地投入使用大量开采地下水开始出现的。过量开采地下水导致的地下水环境恶化，导致岩溶洞穴—盖层土体—地下水动力三者之间的动态系统的稳定性破坏，岩溶塌陷随之陆续产生。随着地下水环境的进一步恶化，加上其他外在因素的影响，至80年代中后期岩溶塌陷达到高峰，大量的岩溶塌陷产生。

解决合理、科学利用地下水的问题是一项长期的系统工程，由于工农业生产的高速发展，水的问题越来越严重，合理开采和利用地下水成为亟须研究解决的一项重要课题。针对岩溶塌陷区岩溶塌陷产生的原因和岩溶水开采利用现状，可以采取以下措施：

① 首先要减少农业用水对地下水开采的过分依赖。水资源的来源除了地下水资源外，还有地表水资源，为加强对地下水资源的科学合理利用，工农业用水应从利用地下水为主向利用地表水为主进行转变，减少地下水资源的开采量。

② 节约用水，减少对水资源的浪费，加强水资源的再利用，提高水资源的利用率。水资源日益匮乏是全球面临的共同问题，在我国尤为突出，而且由于人们节水意识缺乏，水资源的浪费现象十分严重。因此应加强对节约用水的宣传，增强全社会的节约用水意识，发动所有人共同保护水资源。另外，应加强对水资源的再利用，加大已用水的处理力度，提高中水的利用率。

③ 加强对地下水资源的开发监管，节约对地下水资源的利用:地下水资源是人类的共同财产，政府应加大对地下水资源的管理和统筹，制定相应的法律法规和开采利用及保护计划方案，用法律规范保护地下水资源。

④ 分时段采水，设定休水期。划分地下水资源的开采时段，在地下水充足时可以按计划方案适量开采地下水；而在旱季和雨季初期地下水位较低时，关闭部分地下水井，减少甚至完全停止开采地下水，防止地下水位过度或快速下降，使地下水得以休息恢复。在休水期内，一方面应加强降雨对地下水的自然补给力度；另一方面可以采取措施加大人工对地下水的回灌补给力度，将蓄洪设施积蓄的地表水通过回灌井高压灌入地下水含水层中，使地下水能够得以恢复。

(3)综合防控与治理地表水

地表水体的渗漏或降雨雨水的渗漏是诱发岩溶塌陷产生的重要原因。因此，避免在岩溶塌陷多发区进行大水量的农田浇灌，加强对雨水的疏排工作，防治雨水在地势低洼处的过量积聚是防治岩溶塌陷产生的重要措施，可以修建防洪和蓄洪等小型水利设施，加强对雨水的人工积蓄，一方面可以防治雨水对地下水的快速补给导致地下水位的急速上升；另一方面积蓄的地表水也是工农业用水的重要水源。

地表水体的防控主要是防止地表水体对地下水的渗漏补给，特别是点状、条带状集中短时大补给量渗漏。如沿河床出露的岩溶孔洞灌注渗漏、沿已有地面塌陷坑的灌注补给等。主要措施诸如清理疏通河道，加速泄流，减少渗漏，对漏水的河、库、塘铺底防漏或人工改道，对于严重漏水的洞穴用黏土、水泥灌注填实。

另外，应加强对工业及生活用水的排放管理，防治管道水体的渗漏。工业及生活用水的胡乱排放不但容易造成地表水及地下水等水源污染，而且这些水源及管道水体的渗漏也是造成岩溶塌陷的重要诱因之一，因此政府应加大管理力度。

(4)避免在岩溶塌陷多发区堆加荷载

荷载致塌是岩溶塌陷的重要原因之一，因此在岩溶塌陷多发区，由于岩溶孔洞和土洞的存在，盖层土体变得疏松，强度也大大降低。如果在该区建设大型的建筑物或堆积大载荷的堆积物，容易导致盖层土体的破坏恶化，导致内部塌陷阶段的进一步发展和地表塌陷阶段的产生，特别是在曾经发生塌陷已经过治理的地点，荷载更容易造成再次塌陷。如果必须在这类地区建设建筑物或堆载，就应加强隐伏土洞、溶洞的勘测和地基处理工作，增强盖层土体的强度。

(5)加强塌陷的地质灾害调查和监测工作，建立科学完善的灾害预警网络

对塌陷多发区进行定期调查，调查新塌陷点的塌陷时间、塌陷地点、塌陷时降雨、地下水环境等资料，同时更要加强对老塌陷点治理后复塌情况的调查。加强隐伏土洞、岩溶孔洞和岩溶裂隙的地质勘探工作，可以配以钻探、物探等手段结合塌陷实际情况划定岩溶塌陷易发区。

根据对岩溶塌陷区的调查和勘测，建立岩溶塌陷预警网络是预防岩溶塌陷产生和减少灾害措施最有效的方法。在岩溶塌陷区从市至县区、乡镇、村庄和社区建立各级监测站、监测点，由专人负责监测和报告灾害情况，及时反映灾害区的地质、水文、气象等情况和塌陷发生的最新情况，为预防和治理岩溶塌陷提供最及时、有效的信息。

(6)加大减灾防灾的宣传力度，增强岩溶塌陷区居民的防范意识

由于岩溶塌陷地质灾害的突发性和发生前的不易觉察性，使得岩溶塌陷的预防难度很大，因此只有做到全民预防和全民减灾才能使岩溶塌陷的预防和治理变得更加高效和实际。对灾区居民进行岩溶塌陷有关科学知识和减灾防灾措施等的宣传，增强居民对岩溶塌陷产生、发展和危害性的认识，可以有效地降低塌陷产生时造成的损失。

(7)政府应加大岩溶塌陷预防和研究资金的投入

政府是岩溶塌陷灾害防治工作的主要承担者，为了使岩溶塌陷的防治工作更加科学、有效，首先应加强岩溶塌陷的基础研究和应用研究，包括岩溶塌陷致塌原因、致塌机制、防治措施、治理技术等的科学研究，并加大由科学技术向实际应用的转化力度和转化时间，使新的技术方法更快更有效地应用到实际灾害的预防和治理工作中。政府作为灾害防治工作的主要承担者，应加大科学研究的资金投入和重视程度，为岩溶塌陷地质灾害的科技攻关提供强有力的资金支持和政策保障。

12.2.4.4 岩溶塌陷的治理方法

岩溶塌陷应采取预防和治理相结合的防治措施。预防措施是在查明塌陷成因、影响因素和致塌效应的基础上，为了清除或消减塌陷发生发展主导因素的作用而采取的工程措施。

如设置场地完善的排水系统，进行地表河流的疏导或改道，填补河床漏水点或落水洞，调整抽水井孔布局和井距，控制抽水井的降深和抽水量，限制开采井的抽水井段，重要建筑物基底下隐伏洞隙的预注浆封闭处理等。

对岩溶塌陷坑及塌陷点周围的地基都需要进行处理，未经处理不能作为天然地基。对塌陷后建筑物的沉陷及破坏更需要进行治理，其治理措施如下：

1. 清除填堵法

首先清除塌陷坑中的松土，然后填入块石、碎石，做成反滤层，后上覆黏土分层夯实。对于重要建筑物，一般需要将坑底或洞底与基岩面的通道堵塞，可开挖回填混凝土或灌浆处理。该方法常用于塌坑较浅或浅埋的土洞，对于田间地头或沟谷河床等地段产生的塌陷由于不影响地表建筑物的安全，也常采用该种治理方法，清除填堵法也是最常使用的一种塌陷坑处理方法。

2. 跨越法

这是一种用于塌陷坑或隐伏土洞较深较大、开挖回填有困难的处理方法。该种方法是以结构物跨越塌陷坑洞，两端支撑在可靠的岩、土体上。常用的跨越结构物有桥梁跨越、网络梁跨越、地基板跨越、钢轨梁跨越、框架梁跨越、渡槽跨越和扣轨梁跨越等。

3. 强夯法

强夯法是一种常用的地基处理方法。该方法即是把 10 t～20t 的夯锤起吊到一定高度(10m～40m)，让其自由下落，通过重锤下落时形成的强烈冲击波对土体进行夯实加固。该方法同样适用于岩溶塌陷坑洞的处理，一方面是夯实塌陷后松软的土层和塌陷坑或土洞内的回填土，以提高土体强度；另一方面可消除隐伏土洞和软弱带，是一种处理结合预防的措施。

4. 灌浆法

把灌注材料通过压浆设备经钻孔或岩溶洞口进行注浆，使浆液深入到土层内部，其目的是强化土层或洞穴充填物、充填岩溶洞隙、隔断地下水流通道、加固建筑物地基。灌注材料主要是水泥、碎料(砂、矿渣等)和速凝剂(水玻璃、氧化钨)，水泥标号应大于450号。灌浆方式可采用低压灌注式和高压灌注式。高压灌注的浆液能更好地深入到土层或回填土内部，起到很好的胶结加固作用。

5. 深基础法

对于一些深度较大，跨越结构无能为力的土洞、塌陷，通常采用桩基础法，用灌注桩、钢桩或预应力钢混桩等穿越塌陷坑和岩溶洞穴，将荷载传递到基岩上。

6. 高压旋喷加固法

高压旋喷加固法是用高压脉冲泵通过钻杆底部的喷嘴向周围土体中喷射化学浆液，高压射流使土体结构破坏并与化学浆液混合、胶结硬化从而起到加固作用的一种地基处理方法。通过高压旋喷法在浅部用旋喷桩形成一“硬壳层”，在其上再设置筏板基础，可以有效地治理岩溶塌陷造成的地基松散和已有建筑物的地基加固。“硬壳层”厚度根据具体地质条件和建筑物的设计要求而定，一般可达 10m～20m。

7. 地表水的疏、排、围、改治理

由于地表水向地下水的补给所造成的渗压致塌综合效应，使地表水入渗成为岩溶塌陷产生的重要诱因。因此在土洞、塌陷地基的治理阶段，对地表水的治理不能忽视或放松，应在预防措施的基础上进一步完善。

8. 平衡地下水、气压力法

随着水位的升降，岩溶空腔中的水气压力产生变化，常在岩溶水库库区出现气爆或冲爆塌陷，使库水大量漏失甚至失效。因此，在查明地下岩溶通道的情况下，设置各种岩溶管道通气的装置，平衡其水、气压力，以消除其作用。

9. 复合地基加固法

对于没有形成塌陷坑但已造成建筑物地基沉陷或已形成深度很小的浅碟状塌陷的地区，无法采用填充法或灌注法，可以对建筑物地基进行复合地基加固处理，以保护建筑物的安全。

其方法首先采用树根桩或静压桩对建筑物沉降部分进行顶托处理，使沉陷造成的不均匀沉降变得均匀，然后再采用复合地基加固处理沉陷区的地基。复合地基可采用水泥土桩、搅拌桩等方法，使由于沉陷面疏松的地基土体得以加固，增大其承载力。

12.2.5　海水入侵

海水入侵是指海水通过透水层(包括弱透水层)渗入水位较低的陆地淡含水层。一般情况下，陆地淡含水层的水位比海水水位高，但经过长期大量抽取陆地淡含水层，会使其地下水位低于海水水位，导致海水(咸水)通过透水层渗入陆地淡含水层中，从而破坏地下水资源。秦皇岛市由于大量抽取地下淡水，致使海水沿砂层大规模入侵，不少地区地下水已咸化；荷兰滨海城市阿姆斯特丹，多年来依靠取用滨海砂丘中的淡水，致使下伏咸水不断上升。海水入侵示意图参见图 12－4。

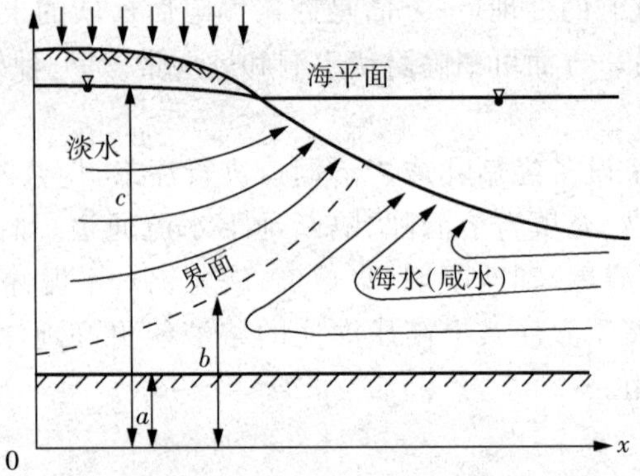

图 12－4　海水入侵示意图

12.2.5.1　海水入侵的成因及危害

海水入侵的影响因素包括地质、构造、岩性、含水层渗透性、含水层补给条件、含水层在海底方向上的延伸状况和大气降水等。这些因素对海水入侵的方式、途径、地点和速度起一定的控制作用。

形成海水入侵的基本条件有两个：一是水动力条件，二是水文地质条件。当这两个条件同时具备了，就必然发生海水入侵。

1. 水文地质条件

形成海水入侵，必须具备联系海水与地下淡水的“通道”。该“通道”是指具备一定透水性能的第四系松散层、基岩断裂破碎带或岩溶溶隙、溶洞等。这些“通道”都受水文地质条件控制。在泥质海岸带，透水性很差的泥质地层，阻塞了海水与地下淡水之间的联系“通道”，不具备海水入侵的水文地质条件，因此就不可能发生海水入侵。

2. 水动力条件

受重力作用，水总是由较高水位向较低水位流动。在天然条件下，地下淡水位高于海水水位，地下淡水向海水方向流动，不会发生海水入侵现象。在开采地下淡水的条件下，尤其当开采量超过允许开采量时，地下淡水位就会持续下降，改变了原来的地下淡水与海水的平衡状态，从而具备了海水向淡水流动的动力条件，导致海水入侵发生。

海水侵入造成的危害是多方面的：在农业方面，海水入侵后，地下水被咸化，土壤产生了轻重不同的盐渍化，机井报废，作物因缺水而大量减产，农业收入下降；在工业方面，使用被侵染的地下水，将加速工业管道、设备的腐蚀和老化，缩短设备的使用年限，提高企业运营成本；在城镇生活方面，地下水被海水侵染后，原地下水源地将被迫废弃。从外地引水加大了投资，如果继续使用已被侵染的地下水，对身体产生危害，影响健康。

12.2.5.2 海水入侵防治措施

中国治理海水入侵所能采取的有效办法是以防为主。在海水入侵地带周围及尚未侵入的地区加以预防，控制入侵区的继续扩展。已经发生海水入侵的地区，应积极采取有效的措施加以治理，缓解入侵的危害，将损失降到最低。海水入侵的防治措施主要有以下几点：

1. 严格控制地下水开采

打井取水必须按有关规定履行有关审批手续。地下水集中开采区要控制开采量，将地下水水位稳定在一定水平上。在海水入侵发展较快地区和主要城镇附近，划出一定区域，实行限制措施：如井群区取水限制水位一般不低于海平面；已形成的地下水位负值区内不再新增开采井；地下水位低于海平面的地区，要采取封闭部分水井、禁止开采等措施，以防止地下水位负值区继续扩展。地下水开采方式也应因地制宜加以调整，丰水期地下水高时多采，枯水期地下水低时少采，按季节调整。

2. 建造拦蓄工程和地下水库

为充分利用滨海城市淡水资源，在有条件地区，建造拦蓄地下径流和地表径流入海水利工程，乃至地下水库（岩溶地下水库或河谷型地下水库）。

3. 设置屏障

在海水源与抽水井之间安置某些类型的隔水屏障，如开挖一条槽然后回填卵石黏土或者打一排紧靠着的井以灌入隔水泥浆。

4. 加强对海水入侵的监测

在能够引水补源的地区开辟试验区，进一步研究和探讨治理海水入侵的综合措施，并加强地下水水位、水质动态监测，以便随时掌握地下水水位、水质变化情况。

12.3 地下水污染与修复

12.3.1 地下水环境污染概述

地下水是水环境系统的一个重要组成部分，是人类赖以生存的物质基础条件之一。地下水污染是指由于人类活动致使某些污染物质（包括微生物或热能）以各种形式通过各种途径进入地下水体,部分或全部限制了地下水的正常利用。地下水污染有两个主要特点:一是隐蔽性,地下水污染不易被人们察觉;二是复原困难,地下水一旦遭受污染,短期内难以恢复。造成水污染的因素,主要包括工业污染、农业污染和城市生活污染等。

判断地下水是否污染及其污染程度,往往比较复杂。首先需要有一个判断标准,这个标准最好是地区背景值(或本底值)。但现今人类活动的影响遍及全球,未受污染的区域环境难以找到,该值很难获得,因此,背景值只是一个相对概念。实践中常用历史水质数据或无明显污染来源的水质对照值来判断地下水是否受到污染。

引起地下水污染的物质称为污染物——地下水中的污染物质。地下水受人类活动影响较大,其污染物质种类繁多,主要包括:合成有机化合物、碳氢化合物、无机阴阳离子、病原体、热量以及放射性物质等。这些物质中,大部分溶解于水,具有不同的溶解度。但是有些有机化合物溶解度较小,介于溶与不溶之间,随地下水流动而迁移。

地下水中的污染物含量多少可以通过取样分析检测出来。当浓度较低时,大部分污染物质无色、无味、无嗅。许多污染物质潜在于地下水中,由于没有相对应的检测技术,因此,仍有一些污染物质尚未被发现。

水质分析的价格十分昂贵。水质分析价格随着分析目标含量下限的降低而增加。目前地下水中污染物浓度的检测下限在十亿分之几的水平,如果仔细检测,有些污染物能够被量化到万亿分之几的水平。为了便于理解这一数量大小,我们可以借助于合乎透视原理的例子:地球至月球距离的万亿分之一约为 0.4mm。

地下水污染类型的划分,一般根据物质成分及其对人体的影响划分为地下水细菌污染与地下水化学污染两大类。随着社会经济的发展以及人类对核能的开发利用程度加大,地下水的热污染以及地下水的放射性污染日益严重,并成为地下水污染的另外两种不同类型。比较而言,细菌污染、热污染以及放射性污染的时间和范围均有限;而化学污染则常常具有区域性分布特点,时间上长期稳定,难以消除。

1. 地下水的细菌污染

地下水的细菌污染对人体健康构成严重威胁。世界上曾由于地下水细菌污染而多次爆发严重的传染病流行事件。这种污染是指水体中出现了病原体。判断水是否遭到细菌污染的主要方法是大肠杆菌总数或细菌指数方法。按现行的卫生部标准,1L 水中大肠杆菌的数量(菌度)不超过 3 个或者一个大肠杆菌所占有的毫升水量(菌值)大于 333 时即为净水。细菌总数是指水样在相当于人体温度(37℃)下经 24 小时培养后,每毫升水中所含各种细菌簇的总个数。饮用水规定,细菌总数在 1ml 水中不超过 100 个,游离性余氯在接触 30 分钟后不低于 0.3mg/L(对于集中式供水,管网末端水的游离性余氯还应不低于 0.05mg/L)的水也成为净水。

鉴于病原体在地下水中的生存时间有限,可知细菌污染扩散面积不大,而且属于暂时性污染。在大多数情况下,受细菌污染的含水层部位很浅,常常只是潜水受污染。平原地下水埋藏浅,受到污染的可能性很大。

2. 地下水的化学污染

平原地下水的化学污染是指地下水中出现了新的污染组分或已有的活性组分含量增大而构成污染。在地下水化学污染情况下对人体健康的影响程度可能是直接的(水中化学物质导致人体中毒或疾病)或间接的(水因污染而使气味、味道、颜色等变坏,不利于饮用)。判断水体是否遭到化学污染是采用化学分析手段测定水中化学组分含量。当这些污染物质在含水层内的运移过程中不能自净时，就会长期存在于地下水中。平原地下水的化学污染给人们带来的危害是很大的。

3. 地下水的热污染

平原地下水热污染是指平原区工业企业或热电站的冷却循环热水进入地下水而引起的污染。国外对热污染的研究，从 20 世纪 60 年代始，做了许多工作。一般认为热水进入含水层后会形成固定的增温带，也破坏了原有的水热动力平衡状态。在增温带，对地表水体有较多的研究资料。水温升高到 27℃～30℃，会使绿苔丛生，水生植物迅速增长，水由于热污染而过分加热时，则会造成水生生物的灾难——水中缺氧使水生生物全部死亡。与地表水的热污染相比，地下水的热污染却从未被看做是个大问题，然而，由于水资源的世界性危机，地下水库的调节作用被越来越看重，因此，地下水的热污染机理、热污染后果等将会越来越受到人们的高度重视。

4. 地下水的放射性污染

地下含水层的放射性污染根据放射性核素来源不同可以分为两种不同的形式，一种是自然的形式，其放射性核素是天然来源的，如放射性矿床；另一种是人为的形式，其放射性核素是人为的，如核电厂、核武器试验的散落物以及实验室和医院等部门使用的放射性同位素。特别是近年来世界各国对核废料地质处置的关注，因此，放射性污染物进入地下含水层的几率日益增大。一般来说，放射性核废料的地质处置场地往往选在山区，但山区是平原区地下水的补给区，因此，地下水放射性污染将成为地下水污染的主要形式之一。

需要说明的是，上述四种污染类型有时会相伴发生。例如，由工业"三废"所造成的地下水化学污染，有时与城镇居民点、牲畜圈的生活污水导致的地下水细菌污染结合，成为两种类型污染并存的形式。此外，生活污水也可以造成持久的地下水化学污染。因为它们含有大量的在日常生活中广泛应用的表面活性物质。在工业企业地区，由于公开储存的废水废渣与大气降水渗滤溶解或存在水管泄流，固体废物以及某些原料和废水可以渗入含水层并直接污染含水层。

地下水污染，一方面受人类社会经济活动影响较大；另一方面，它的污染对生态环境，尤其是生态安全包括人类生命安全产生严重威胁。因此，加强地下水污染研究意义重大。

12.3.2 地下水污染源及污染途径

1. 地下水污染源分析

引起地下水污染的物质称为污染物，其来源称为污染源。按照污染源的成因，基本上可以分为天然污染源和人为污染源。而根据美国国会技术评估办公室（OTA）和 Fetter (1992)等分类，总共可分为下面六类。

(1)设计用以排放废物的源

这类污染源包括化粪池、注水深井以及土地利用：

化粪池用来排放生活污水。来自于盥洗室、洗澡、洗碗以及洗衣服的水等进入化粪池，经过沉淀和一些厌氧分解，通过排放系统排放到土壤中。这一过程不仅带来了大量的有机和无机污染物，同时含有如三氯乙烯、苯等合成有机化合物的化粪池清洁物也被排放到地下，从而构成地下水的污染来源。

注水深井用来将液体废物或其他液体注入地下水面一些区域。被注入的液体一般包括:危险废物、源自油井的盐水、雨水、市政污水、矿山废水等等。如果被注入的废水进入饮用水含水层,就会造成地下水污染。

用处理的或未经处理的市政和工业污水灌溉土地,或用污泥肥田,这样会带来大量有机污染物,构成地下水污染来源。

(2)设计用以贮藏、处理与处置废物的源

这类污染源包括垃圾填埋场、露天垃圾堆、贮藏、住宅区的垃圾堆、地表污水坑、矿山开采废物、固体物料堆、坟场、动物埋藏场所、地表储藏箱、地下储藏箱、各种容器、露天火葬场、爆炸试验场以及放射性废物处理堆等。

(3)在运输过程中设计用以保留废物的源

这类污染源包括运输管道渗漏以及材料的运输和运移。

运输管道主要包括输油管道及输气管道,一般在断面和接头处发生渗漏;另外,钢管容易产生锈蚀,由开始的锈蚀,逐渐可能发展成为管道渗漏。由于石油中含有多种有害的有机物,而且不易降解,所以常常成为地下水污染来源。

物质材料的运输和运移污染源常常由产品和废物的运输而产生。其污染场所通常是卡车和火车的运输通道以及载重设备的副作用。污染源通常是由交通事故或者设备故障引起的。

(4)人类有计划活动所导致的污染源

这些污染源来自于人类有计划的活动,主要包括农业灌溉、杀虫剂的使用、肥料的使用、农家肥的使用、高速公路上盐的使用、生活用水软化剂、城市地表径流、大气污染物的渗透以及矿山排水等。上述污染源有一个共同特点:即通过人类有计划的活动从而对地下水造成污染。需要指出的是上述污染源通常只是地下水体的间接污染源,除非具有直接的补给通道,如钻孔、天然陷落柱等情况,一般通过包气带或地表水体,然后作用于地下水。

(5)为污染的水体进入含水层提供管道的源

这类污染源主要有生产井、监测井、开采孔以及工程开挖的基坑。

生产井主要指石油、天然气、地热能以及地下水的开采井。在开采期间,污染物质能够被引入地下,进入含水层。监测井和勘探孔是为探矿和设计开采而设置。这些井和钻孔使含水层存在交叉污染的危险。而开挖基坑由于开挖出表层天然的隔水保护层,从而导致地下水污染。

(6)由人类活动产生或加剧的自然污染源

这类污染源有地表水与地下水的相互作用、自然溶滤、海水入侵等。

地表水与地下水相互作用是指地表水在一定条件下可以补给地下水,而地下水也可以在一定的条件下补给地表水。地表水与地下水的相互作用,从而使得天然污染物质的相互扩散。自然溶滤是指地下水在天然条件下,将岩石或土壤中的矿物质溶解使之进入到水中,其中包含一些不为人们期望的阴阳离子。由于受人类活动影响,导致大气中发生酸沉降,酸雨的形成加剧了地下水的溶滤作用。

2. 地下水污染的通道

地下水污染通道根据其通道的成因不同可以分为自然通道、人为通道。根据水动力学特点,可分为四类,下面简要说明:

(1)间歇入渗型

间歇入渗型的特点是:污染物通过大气降水或灌溉水的淋滤,从污染源(固体废物或表土层)中周期性的通过包气带渗入含水层,其渗入形式多半是呈非饱和状态的淋雨状渗流,或者呈短时间的饱水状态连续渗流。这种途径的污染组分是固态的,来自固体废物或土壤,因此,研究时要分析固体废物或土壤的成分,最好能取得包气带的淋滤液,才能查明污染来源。主要污染对象是潜水。

(2)连续入渗型

连续入渗型的特点是:污染物随污水或污染溶液连续不断地渗入含水层,其污染组分是液态的。常见的有污水积聚地(如污水池、污水渗坑、污水快速处理场和污水管道等)的渗漏。主要污染对象是潜水。

(3)越流型

越流型的特点是:被污染含水层的污染物通过层间越流形式转入其他含水层。转移途径可以是天然的或是人为的。人工开采下部承压水,引起水动力条件的变化而改变越流方向,使上部已受污染潜水含水层中的污染物通过弱透水层转移到下部承压含水层。该类的研究难点是查清越流地点及地质部位。

(4)侧向补给型

侧向补给型的特点是:污染物通过地下水径流的形式进入含水层。各种污水或被污染的地表水,通过废水处理井或巨大岩溶通道进入含水层,并对地下径流在各含水层中迁移而形成污染带。其污染物有人为的和天然来源,污染对象是潜水或承压水。污染范围可能不很大,但污染程度由于缺乏自然净化作用而十分严重。海水入侵是海岸区地下淡水超量开采而造成海水向陆地流动的径流型污染途径之一。

12.3.3　地下水污染调查

1. 地下水污染的调查方法

在地下水污染调查研究方法与控制技术以及防治措施中,监测工作占有重要的位置。实践表明:地下水污染治理是一个复杂的难题,即使采取了耗资昂贵的措施,也只能起到预防污染物质继续进入含水层以及在其中蔓延的作用,一旦发生了污染再来采取限制与恢复措施,则远比预防措施复杂。因此加强地下水污染调查与监测工作应成为防患于未然的重要措施。

地下水污染调查内容一般包括:(1)查明污染源与污染途径;(2)研究地层地质结构和渗透特性及污染物质在包气带和含水层中的运移、降解与去除过程;(3)检测地下水动态,预报地下水污染的发展趋势;(4)提出防止与控制地下水污染的具体措施。在防治地下水源污染的调查中尤应注意进行含水层中污染物质运移规律的理论研究,在此基础上明确水文地质调查的方向,以查明地下水污染的条件,并制定出预防和消除地下水污染的综合性防渗措施及其他工程措施。

有关地下水污染调查的具体工作方法,其基本调查工作与所采取的手段同一般性水文地质调查是类似的,因此,有关测绘、勘探、试验、实验等详细内容可以参考相关参考书。这里仅就有关地下水污染源及其危害性问题略作补充阐述。

除自然环境因素外,当今人类活动已成为地下水污染的主导因素。因此,地下水污染调查重点是对人类生活、人类生产活动所产生的污染源进行调查。在调查地下水污染源时，要着重调查污染源的分布范围、规模、性质、类别及其危害程度，污染源所处的地理位置以及发展趋势等。

地下水污染对人体健康的危害，主要表现在水中有毒物质使人中毒，污染水中致病的病毒、病菌、微生物等可导致病、亡事故发生。污染水中危害较广、数量较大的有镉、铅、六价铬、砷、汞、氰、有机磷、有机氮、酚、游离氯、氨等，其中有的毒性相当大，中毒后难以抢救。汞、镉、铬、铅等重金属的污染，危险性更大，它长期积累才显症状，往往不被人们发觉与重视。

地下水质污染对工业的危害，不但有损于各种机械，而且会大大降低产品的质量，影响正常的工业生产。

地下水质污染对农业危害是使农用设备功能降低，如酸性废水可腐蚀抽水机械，对农作物有直接致死作用。或由于使土壤恶化，改变了土壤的物理、化学性质而抑制了农作物的正常生长。

地下水污染对渔业的危害是降低水产质量，甚至使鱼类失去食用价值，影响渔业的发展，也严重威胁人类的生命。

2. 地下水污染的监测

地下水污染监测实质上是地下水污染的长期调查，是查明地下水污染组分与含量随时间变化，预测其今后发展趋势的重要工作内容，也是防治地下水污染的关键性措施之一。监测工作是在地下水污染调查或环境水文地质调查的基础上，根据区域水文地质条件与环境水文地球化学特征，结合已掌握的污染情况，通过定时定点采样分析并对资料进行综合分析研究。所布置的监测网点应能准确及时地反映出所监测地区地下水水质形成的水文地质条件与水文地球化学环境及其天然和人为影响因素，能进一步查明地下水的污染原因，污染源与污染途径以及污染范围、污染程度，能掌握地下水中化学组分，特别是污染物质的时空变化规律与发展趋向，从而为地下水污染发展趋势预报，论证防治地下水污染的措施服务。

地下水污染监测网点布置的基本原则是：(1)在查明监测区水文地球化学环境与污染物质组分及主要污染源基础上布点；(2)网点应能控制城市居民区、工矿企业区及现有的和拟建的供水水源地；(3)在重点调查区，如严重污染区、水源地、主要污染源等地区加密布点，其他地区可以稀些；(4)对于地表水系应能控制主要支流的汇入，并能与水文观测配合，掌握河流水质变化特征；(5)在非污染区布置监测点作为对照点。

关于监测点的数量可以考虑下列建议：(1)在水文地质条件复杂、水源地已受污染、地表地质结构遭到严重破坏的地区，平均每平方公里布置1个点；在污染程度很重的地区，平均每平方公里布置1～2个点；(2)水文地质条件的复杂程度中等、地下水遭到中等程度污染、地表地质结构破坏较轻的地区，平均每平方公里布置0.5～1个点；(3)在水文地质条件简单、局部地区受到轻微污染，地表地质结构破坏程度轻的地区，平均每平方公里布置0.25～0.5个点；(4)在河渠系统沿岸地区，为了控制污染源，应在废、污水流入河道地点的上、下游布点。在水面窄、流量小的河水中，可设单个监测点在河心取水样。反之则应设多点(通常设河床断面上的左、中、右三点)取水样。下游取水样地点应在废、污水排放口下游1～5km处布置。为了控制注入河流的支流，应在支流或渠道汇入主流进出口处布点。河流自上游向下游通常可每隔5km布设一个取水断面或取水样点。对于上述取水样原则，不应机械掌握，而应因地制宜地增多或减少取样点数。

对于取水样时间，一般要注意在排污前后，枯水、丰水、平水与冰冻期或其他有特定意义的时间取样，可根据不同的调查目的确定。对监测数据要及时分析研究，以掌握污染动态变化趋势。其他有关监测井选样、采样的具体要求与方法等内容可参照一般的地下水动态观测规范。

3. 地下水污染图件的编制

在地下水污染调查中，常编制防止地下水污染的专门水文地质图系或图件。这些图件的名称不一，有地下水污染图、地下水保护图、环境水文地质图等等。自20世纪60年代以来，世界上许多国家都在积极编制地下水保护图。这类图件尽管在名称上有些差异，但图件的实质大体上是一样的，都表示出地下水污染的现状及今后可能发生污染趋势的预报，图的比例尺为1∶100万到1∶5万。有关这类图件的编图原则、内容与方法可参阅有关参考书。

12.3.4 地下水环境污染修复技术

近年来，地下水污染修复技术研究已经成为世界各国所共同关心的课题。治理污染含水层是对固体介质和运动的地下水体同时进行处理的一项难度较大的技术，许多方法尚处于探索阶段，而且许多技术同时涉及多种方法，为了叙述方便，可将地下水环境污染修复技术分为：物理处理法、化学处理法以及生物修复技术等，需要指出的是这三种方法在实际应用中往往是相互配合使用。

1. 物理处理法

物理处理法作为地下水环境修复的传统技术，包括水力学方法以及一些现代的物理处理技术。水力学方法包括抽注地下水、排出地下水、设置低水力传导系数的屏障。这些方法可以单独使用或者联合使用来控制地下水污染。图12-5是利用水力学方法对地下水污染源进行水力隔离示意图。

抽出处理法是应用最广的一种物理处理方法。物理处理法应用初期取得了良好成效，后来随着地下水中有机污染物种类的增多，这种方法的弱点日益显现出来。因为它能去除有机污染物中的轻非水液体（LNAPL），而对重非水相液体（DNAPL）的治理效果甚微。此外，地下水系统的复杂性和污染物在地下的复杂行为常常干扰此方法的有效性。例如，1994年对美国77个抽出处理系统的运行情况的调查表明，只有8个是成功的，其余的69处均未达到净化目标。

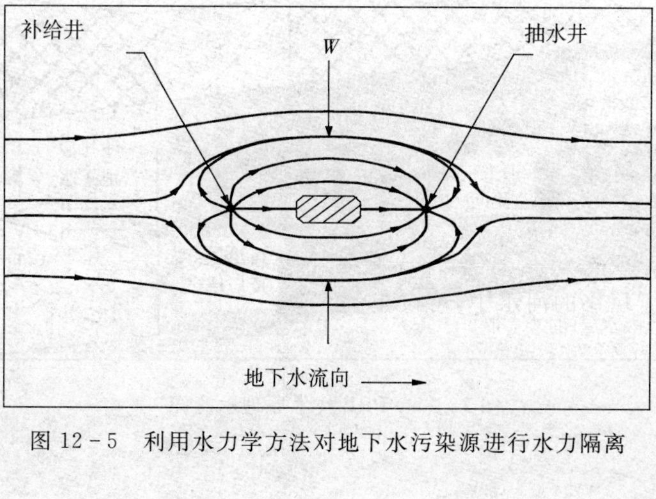

图12-5 利用水力学方法对地下水污染源进行水力隔离

2. 化学处理法

(1)氧化还原法处理技术

氧化还原法(Vyredox 法)处理技术是利用向抽水井周围的含水层注入氧气来形成高氧化还原和高的 pH 值,使铁、锰形成沉淀而固化。图 12-6 是利用该法经典的处理模式:

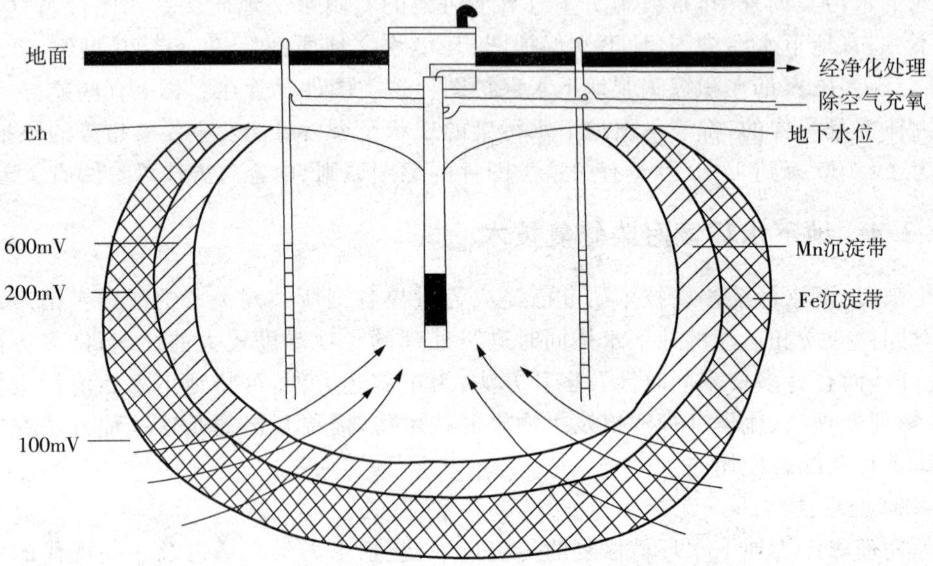

图 12-6 高氧化还原电位条件下去除 Fe、Mn 的原理示意图

(2)反应性渗透墙技术

反应性渗透墙技术(Permeable reactive barriers technologies,简称 PRB)是由加拿大学者 R. W. Gillham 提出的一种地下水污染治理的新技术:该技术是一种利用零价铁的渗透性反应屏障技术,是一种原地处理技术。目前,PRB 技术得到迅速发展,已经广泛地应用于地下水污染控制与修复领域。PRB 技术原理示意图见图 12-7。

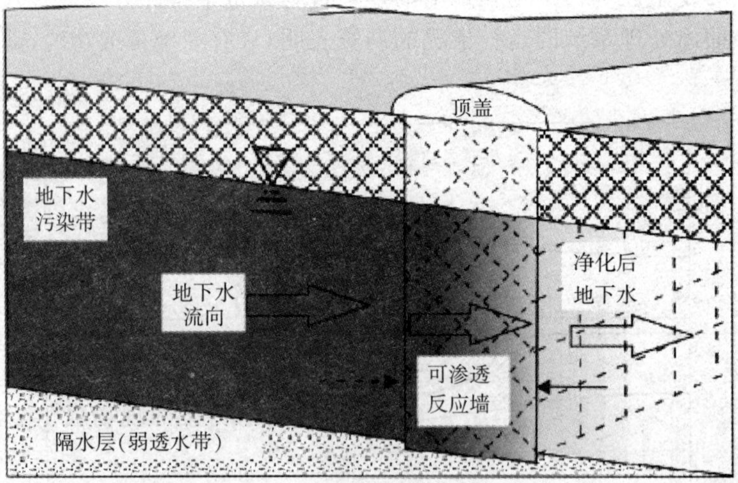

图 12-7 PRB 技术原理示意图

反应性渗透墙是最近几年才兴起的新技术。该技术是在污染区域内垂直于地下水流方向建一道渗透墙。针对不同类型的污染物，渗透墙内部可以结合物理、化学或者生物处理方面的各种技术，例如吹脱、抽提、好氧降解、吸附、化学氧化、金属还原（例如铁屑还原和沉淀）等。加拿大学者 O'Hannesian 和 Gillham 对此进行了系统研究。他们在治理地下水中的挥发性有机污染物时，采用 5.5m×1.6m×2.2m 反应墙（墙体由 22％的铁粒和 78％的粗砂组成），其降解三氯乙烯和四氯乙烯的量分别为 90％和 86％。世界上第一个也是最成功的地下水污染试验场——安大略省的 Borden 场址的持续数年现场试验证明这种方法是有效的。

（3）电动力学修复技术

电动力学修复技术（Electrodynamics remediation）是通过电流的作用，提高土壤的 Eh 和阴阳两极附近土壤溶液中的 H^+ 和 OH^-，调节土壤的 pH 值，这样有利于重金属离子的去除。Li 等在 1997 年提出在阴性和土壤间保持一定溶液，从而使聚集作用在溶液中发生，保证在土壤内的酸性环境，有利于污染物的去除。实验结果表明，在沙土内 Pb^{2+}、Cr^{3+} 等重金属离子的去除率可达 90％以上，而且所需操作时间也大为缩短。Haeru 在 1996 年研究了电修复技术处理土壤中的六价铬，以石墨为阴极、铁为阳极，在土壤基质两端加上直流电场。阳极的铁溶解成为 Fe^{2+}，含六价铬的阳离子迁移到阳极附近氧化 Fe^{2+} 而被还原成三价铬。

（4）臭氧处理技术

臭氧处理技术是向含水层输入臭氧可以形成分解石油的微生物生长环境，减少溶解有机酸的含量，同时又可促使氰分解。德国曾用此法净化被石油污染的含水层，即用 4 眼深井抽水时，在井底安装臭氧混合装置，使抽到地表的水与臭氧均匀混合，然后再把抽出的水灌入污染带周围的注水井，在注水井下部使地下水位抬高形成一道水墙，阻止了污染地下水的扩散，从而成功地清除了含水层中的石油和氰。

（5）用高锰酸钾清除砷

As^{5+} 和 Ca^{2+} 和一些亚离子形式的化合物溶解性很差，因而在氧化条件下所产生的大量 As^{5+} 的化合物就会从地下水中沉淀出来。

3. 生物修复技术

生物修复（Bioremediation，又称 Biorecalmation）是指采用工程方法，利用微生物，将土壤、地下水和海洋中有毒有害污染物“就地”（In-site 或 on-site）降解成 CO_2 和水，或转化成为无害物质的方法。该法具有费用省、环境影响小、降低污染物能力强等优点，是今后环境修复技术发展的主要方向。

生物恢复技术分为自然生物恢复和强化生物恢复两种。自然生物恢复是处理场地的微生物利用周围环境中的营养物质和电子受体对污染物降解的过程，其降解速度受到营养物质种类、数量及电子受体接受电子能力大小和其他物理条件的限制。强化生物恢复技术是通过提供适宜的营养物质、电子受体及改善其他限制生物恢复速度的因素，达到提高生物恢复速度、加速污染物降解的目的。用于治理土壤和地下水污染的现场强化生物恢复技术主要有生物吹脱法、土地处理法、空气鼓泡法和液体输送法等。各种技术的实施过程及适用范围不同：

（1）生物吹脱技术

生物吹脱是通过空气压缩机等设备向土壤中注入空气，将原有的空气赶走并为微生物提供氧气，利用细菌等微生物的降解作用来减少土壤污染。土壤中的许多好氧细菌能利用各种有机物作为食物及能源，其他微生物则产生一些酶，将污染物部分分解，最终达到降解污染物的目的。生物吹脱系统在设计时有时采用单独的空气注入井；有时和空气回收井共同使用；若要加快生物降解速度，可以将回收井放在污染最严重的地区，并且采用较低的空气流速。

生物吹脱法是将污染物分解而不是将其转移到其他介质中，因此它的突出特点是不需要尾气处理装置。在大多数现场处理中，每口井费用为 2000～5000 美元。若包括空压机、控制器、电器、设备室、保障设备等，每口井费用则为 20000～50000 美元。若采取尾气处理工艺，处理费用将由 13 美元/m^3 升高到 52～78 美元/m^3。

土壤蒸汽抽取系统装置见图 12-8。有两排抽气井和两排进气井。

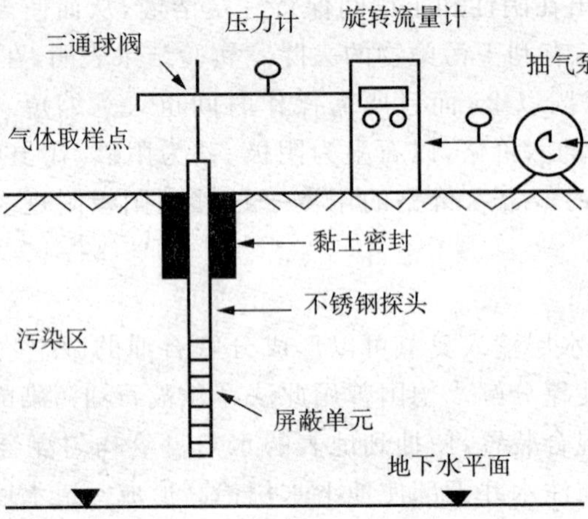

图 12-8 土壤蒸汽抽取系统示意图

(2)土地处理技术

土地处理是将废物、污泥或污染土壤置于未污染土壤的表面，通过种植作物或翻耕将这些物质混入土壤，污染物在土壤中经过水解、光解、化学降解、生物降解等作用最终得以去除。现场土地处理能生物降解有机废物、固定无机废物，并能避免废物的生物累积，以免威胁人类健康及环境。

土地处理适用于处理以下废物：焦炭汽化及液化产生的废物；食品加工、鞣革、造纸、石油提炼、木材防腐产生的废物；城市污水及污泥；超基质污泥及污染土壤。此方法在美国、欧洲及加拿大的许多水力和气候条件变化较大的地区都已得到应用。

土地处理的优点如下：

① 有机及无机污染物集中处理，而不是简单的处置；

② 投资及运行费用低，人工费及维护费低或中等，非常规处置没有长期的不利条件。

土地处理的缺点如下：

① 超负荷运转时效果不好，有机及无机污染物会渗漏到土地处理单元下面；

② 需要大量土地，必须严格控制挥发性有机物挥发到大气中。

在土地处理设计及操作过程中，有许多参数是非常重要的，只有在充分考虑这些参数的基础上设计和运行的处理系统才是稳定可靠的。这些参数包括：

① 废水特性参数。物理组成、pH 值、有机物、金属、盐类、营养物质的含量；

② 场地因素。土壤性质(孔隙率、水分、pH 等)、气候条件(温度、沉积情况等)、水力条件(季节性最高水位等);

③ 操作因素。废物的应用(有机负荷、水力负荷、应用频率、应用方法等)、暴雨时系统管理、土壤恢复、监测项目(废物特征、土壤、泄漏等)。

通常土壤中微生物及其酶只有在水溶液中才能发挥作用,而有机物的水溶性小,所以给微生物降解带来困难,因此一些化学结构允许生物降解的有机化合物由于水的限制而降解速度降低。金属和其他无机化合物能被土壤固定,并不是降解或转移出处理场地。因此,含有重金属元素的废物(如电镀污泥),对土地处理来说并不是最好的处理物。对于被烃类污染的废物和土壤,石油烃类总的去除率为 90%~99%,萘、苊、芴等聚合芳香烃类去除率为 80%~95%,多环聚合芳香烃类去除率为 30%~70%。

(3)液体输送技术

液体输送处理技术与传统的污水处理有类似之处,电子受体通常是氧气,并加入营养物质以强化生物反应器中污染物降解过程,但不像污水处理那样是在有限的、容易管理的生物反应器中进行,而是在无限的、无法预测的生物反应器中进行处理。

液体输送技术原理是:在污染地区注入压缩空气和营养盐,微生物在含有营养盐的富氧地下水中通过新陈代谢作用将污染物降解,在地下水流向的下游地区用泵将地下水抽出地面,可以用其溶解营养盐后再回灌到地下水中,若需要时也可对其进一步进行处理。

液体输送技术的优点如下:

① 避免挖掘土方工程;

② 可以处理沉积物吸附和夹带的污染物;

③ 避免污染沉积物的迁移。

液体输送技术的缺点如下:

① 对场地有特殊要求(只有在 K 值大于 10^{-4}cm/s 的场地才能使用),且土壤中孔隙极易堵住,需要更长的时间处理污染物;

② 污染物浓度高时,会阻碍生物恢复的进行;

③ 产生的地下水不能循环利用,很难得到排放许可。

液体输送技术可处理溶解态污染物和沉积物中夹带的污染物。污染物的类型、数量、范围是决定费用的主要因素。系统设计时应提供足够的氧气和营养物给可降解污染物的微生物,因此氧气的来源将影响处理费用。使用 H_2O_2 作氧源比氧气贵得多,但需要在很短时间内处理污染物时,利用 H_2O_2 作氧化剂则总费用可能降低。

地下水中原有微生物有利于污染物的降解。微生物的相对数量取决于沉淀特性、污染物的类型和浓度、营养盐。使污染物降解速度最大的无机营养物种类和浓度的研究正在进行,但在营养物添加方案正式提出前,要考虑地面下存在的天然营养物,如氮、磷和微量元素镁和锰。例如某地汽油泄漏,以 H_2O_2 作氧源,采用液体输送技术进行处理。15 周后注入井周围的石油烃类浓度下降很快,由原来的 31mg/L 降至 5mg/L;35 周后周围地区石油烃类浓度均降至 2mg/L 以下,表明生物恢复措施已经成功。

(4)空气鼓泡技术

空气鼓泡是将空气引入饱和地区,以便将挥发性物质转移到非饱和地区进行生物降解。当空气在许多通道中向上向外流动时,挥发性物质转移到非饱和地区,被土壤吸附并被微生物降解。空气注入井通常位于含水层的底部。

饱和地区空气鼓泡处理化合物的机理取决于生物降解的相对容易程度及其从含水层中去除的相对容易程度。生物降解的程度取决于污染物性质、场地特征及系统的设计。由于含水层土壤条件的差异，进行场地实验并借鉴其他场地的数据来设计安全可靠的生物恢复系统是非常必要的。由于向饱和地区注入空气可以赶走水，因此可以利用地下水回收系统阻止溶解性污染物的转移，一部分回收的水可以用于溶解营养盐并回注入水中。地下水回收与再利用的另一个好处是有利于水在空气通道之间运动，以增加溶解氧在水中的运动。

总之，现场强化生物修复技术是一种很有潜力的污染治理技术。随着研究的深入和技术的发展，必将在未来的水和土壤污染治理中发挥更大的作用。

12.4 地下水水源保护

地下水是我国水资源的重要组成部分，占全国水资源总量的 1/3。全国有近 70%的人口饮用地下水，因此，地下水也是重要的饮用水水源。

1. 开展地下水污染调查与监测

应在已有地下水污染调查、监测工作基础上，全面系统地开展地下水污染调查、监测工作；应以城市及人口密集区和重要经济区（带）为重点，以地下水系统为单元，以浅层地下水及其环境系统为对象，系统开展无机污染和有机污染调查。要全面查清全国地下水污染状况；评价地下水污染程度及变化趋势；编制全国地下水污染防治与保护规则；建立地下水水质与污染预警系统；完善国家饮用水水质标准，以保障饮水安全，促进人与自然和谐相处，为国家有效实施地下水污染防治和地下水饮用水源保护提供依据。

2. 开展地下水典型污染的恢复治理研究与治理示范工程

地下水污染的治理不单是对地下水的治理，还要对污染土壤和含水层介质进行治理和恢复，治理难度大、时间长、耗资巨大。被污染的地下水的恢复治理是一个世界性难题，很少有比较成熟的可供推广使用的技术。目前国内涉足的地下水污染治理技术包括水力截获技术、渗透反应格栅技术、生物扩增技术及生物刺激活化技术，均处于刚刚起步的阶段。鉴于目前在国内某些地区已发现了地下水污染的严重事件，非常有必要加强该方面的研究。同时，应在不同地质、水文地质条件地区，选择典型污染地段开展地下水污染治理和含水恢复治理示范工程，为我国实施地下水污染防治提供技术支持和示范经验。

3. 完善政策法规建设，使地下水水源保护法制化

（1）一定要建立适应我国社会主义市场经济体制的地下水污染防治与水源保护法律法规体系和政策措施，为控制地下水污染源、监测与治理污染的地下水，以及预防和保护与地下水污染相关的疾病和人群提供法律保障。

（2）要制定地下水环境功能区划规划和地下水水源保护区的划分、地下水系统防污性能评价技术及地下水环境风险评价技术等规则与标准规范，以便科学规范地指导地下水污染防治与水源保护技术工作。

（3）要建立重大污染事故的应急处理机构和机制，以提高处理紧急事故的能力和效率。

（4）要根据地下水饮用水水质调查评价结果，结合地下水的补给、径流、排泄条件及地下

水赋存性质，对全国重要地下水饮用水源进行重要水源保护区的划分，尽快实施地下水水源保护工程。

综上所述，地下水作为重要的供水水源，对我国国民经济和社会的发展、安全供水保障都具有十分重要的作用。我国地下水污染日趋严重的势态、人体健康所面临严重威胁和引起的生态环境破坏等问题，将会在一定程度上制约我国经济的发展，影响我国可持续发展的进程。

4. 进行地下水源保护区的划分和防护

(1)地下水源保护区的划分

饮用水地下水源保护区应根据饮用水水源地所处的地理位置、水文地质条件、供水的数量、开采方式和污染源的分布划定。各级地下水源保护区的范围应根据当地的水文地质条件确定并保证开采规划水量时能达到所要求的水质标准。地下饮用水源保护区一般划分为一级保护区、二级保护区和准保护区，各级保护区应有明确的地理界限。饮用水地下水水源保护区划分的技术指标见表12-5。

表12-5 饮用水地下水水源保护区划分技术指标

编号	指标名称	指标含义
1	距离	从开采井起算的某一距离
2	迁移时间	污染物在地下水中输移，到达开采井位或某一界线所经历的时间
3	地下水流	已知的地下水流动分界线和含水层边界
4	边界净化能力	污染物在地下水中输移，经过一定的时间或距离衰减到某一浓度水平

① 一级保护区的范围

一级保护区位于开采井或井群区周围，其作用是保证集水有一定滞后时间，以防止一般病原菌的污染。

一级保护区的范围，采用距离和(或)迁移时间指标，通过以下分析计算和比较确定：

a. 一级保护区边界距开采井或井群的最小距离不小于饮用水水源卫生防护带半径；

b. 一级保护区的边界到开采井或井群的迁移时间大于一旦发生可能污染水源的突发情况时，采取紧急补救措施所需的时间；

c. 一级保护区边界到开采井或井群的迁移时间相当于一般病原菌衰减的时间；

d. 直接影响开采井水质的补给区，应执行一级保护区的规定；

e. 当含水层埋藏较深或与地面水没有互补关系时，可根据具体情况调整一级保护区范围。

② 二级保护区的范围

二级保护区位于饮用水水源一级保护区外，其作用是保证集水有足够的滞后时间，以防止病原菌以外的其他污染。

二级保护区的范围，采用迁移时间、地下水流动边界、净化能力指标，通过以下分析计算和比较确定：

a. 二级保护区边界到一级保护区边界的迁移时间大于所选定的主要污染物在覆盖层土壤和含水层中被吸附、衰减到期望的浓度水平所需的时间；

b. 地下水流动分界线和(或)被开采含水层边缘为二级保护区边界线；

c. 被开采含水层的补给区可划定为二级保护区；

d. 在存在地下水越流补给时，应根据补给条件，调整一、二级保护区的范围。

③ 准保护区的范围

饮用水水源准保护区位于饮用水水源二级保护区外的主要补给区，其作用是保护水源地补给水源的水量和水质。被开采含水层的补给区、补给二级保护区的地表水和地下水区域，可划为准保护区。

④ 已形成地下水降落漏斗区的水源保护区划分

在地下水区域性持续下降和过大下降、已形成地下水降落漏斗地区，应控制地下水开采规模，根据地下水水位、水力坡度等变化，适当扩大一级保护区的范围，二级保护区的范围划分如前所述。

(2)地下水源保护区的防护

地下水源保护区的卫生防护规定见表 12－6。

表 12－6　我国地下水源卫生防护规定

给水方式	卫生防护规定
集中式给水	① 防护范围根据水文地质条件、取水构筑物的形式和附近地区的卫生状况进行确定，其防护措施与地面水的水厂生产区要求相同 ② 在单井或井群的影响半径范围内，不得使用工业废水或生活污水灌溉和施用持久性或剧毒的农药，不得修建渗水厕所、渗水坑、堆放废渣或铺设污水渠道，不得从事破坏深层上层的活动 ③ 在水厂生产区的范围内，应按地面水水厂生产区的要求执行
分散式给水	水井周围 30m 的范围内不得设置渗水厕所、渗水坑、粪坑、垃圾堆和废渣堆等污染源，建立卫生检查制度

饮用水地下水源各级保护区及准保护区内均必须遵守下列规定：

① 禁止利用渗坑、渗井、裂隙、溶洞等排放废水和其他有害废弃物；

② 禁止利用透水层孔隙、裂隙、溶洞及废弃矿坑储存石油、天然气、有毒有害化工原料、农药等；

③ 实行人工回灌地下水时不得污染当地地下水源。

我国饮用水地下水源保护区分级水质标准及分级防护规定见表 12－7。

表 12－7　我国饮用水地下水源保护区分级水质标准及分级防护规定

地下水源保护区名称	水质	分级防护规定
一级保护区	《生活饮用水卫生标准》《GB5749－1985》3.2 规定	禁止建设与取水设施无关的建筑物 禁止从事农牧业活动 禁止倾倒、堆放工业废渣及城市垃圾、粪便和其他有害废弃物 禁止输送废水的渠道、管道及输油管道通过本区 禁止建筑油库 禁止建立墓地

（续表）

地下水源保护区名称	水质	分级防护规定
二级保护区	《生活饮用水卫生标准》《GB5749－1985》3.2　规定	潜水含水层水源地： 禁止建设化工、电镀、皮革、造纸、制浆、冶炼、放射性、印染、染料、炼焦、炼油及其他严重污染的企业，已建成的要限制治理、转产或搬迁 设置城市垃圾、粪便和易溶、有毒有害废弃物堆放场和转运站，已有的要限期搬迁 禁止利用未经净化的废水灌溉农田，已有的污灌农田要限期改用清水灌溉 化工原料、矿物油类及有毒有害产品的堆放场所必须有防雨、防渗措施 承压含水层水源地： 禁止承压水和潜水的混合开采，做好潜水的止水措施
准保护区	《生活饮用水卫生标准》《GB5749－1985》3.2　规定	禁止建设城市垃圾、粪便和易溶、有毒有害废弃物堆放场，因特殊需要设立转运站的，必须经有关部门批准，并采取防渗漏措施 当补给源为地表水体时，该地表水体水质不应低于《地面水环境质量标准》(GB 3838－88)Ⅲ类标准 不得使用不符合《农田灌溉水质标准》的污水进行灌溉，合理使用化肥保护水源林，禁止毁林开荒，禁止非更新砍伐水源林

复习思考题

1. 叙述土壤盐渍化的形成与发展。
2. 叙述土地沙漠化的形成与发展。
3. 海水入侵的成因及危害有哪些？
4. 如何进行地面沉降的防治？
5. 岩溶地面塌陷的类型有几种。
6. 岩溶塌陷的治理方法是什么？
7. 地下水污染有几种？
8. 地下水污染的通道有哪些？
9. 叙述地下水源保护区的划分和防护。

第13章 水文地质学研究方法

13.1 地下水调查概要

13.1.1 水文地质调查的任务、阶段划分及工作内容

在生产实践中，许多情况下都需要利用地下水，或者消除地下水所引起的不利影响。进行地下水调查的目的，是为利用或防范地下水所采取的措施提供水文地质依据。

水文地质调查是分阶段进行的，一般划分为普查、初步勘探与详细勘探三个阶段。在水文地质调查的各个阶段中，配合进行水文地质测绘、水文地质勘探、水文地质试验、地下水动态观测以及地球物理勘探，以取得精度与各调查阶段相适应的水文地质资料。

普查阶段的任务是阐明区域水文地质条件，一般要求查明地下水的分布与形成条件，其工作成果是进行国民经济远景规划的依据，并作为进一步开展水文地质调查的基础。本阶段的工作内容以小比例尺水文地质测绘为主，配合少量必要的、精度一般的勘探、试验和部分动态观测工作。此阶段，通常编制小比例尺(1：50 万～1：20 万)的水文地质图。

为某种专门目的进行的水文地质调查，一般从第二阶段开始，这种调查称专门性水文地质调查。

在水文地质普查工作的基础上，确定具有地下水利用远景，或者需要消除地下水危害的范围，在此范围内，结合具体任务进行初步勘查。在初勘阶段中，除了较大比例尺的水文地质测绘以外，还需要布置一定数量的水文地质钻探、进行精度较高的水文地质试验及期限较短(一般为一个水文年)的地下水动态观测工作，并为某种目的(如查明构造、基岩埋深)进行物探工作。其工作成果可以作为各种工程(如城市供水、矿坑排水等)初步设计的依据。工作结束后，还应提出需要详细研究的地段及要进一步解决的问题，以便设计详勘工作。

工程规模较小，地区条件简单时，初步勘探所获得的资料也可以作为技术设计的依据；工程规模较大，地区条件又比较复杂时，则在初步勘探结束后，圈定需要详细调查的重点地段，提出尚未解决的问题，进行详细勘探，最终提出进行技术设计所需的全部水文地质资料与参数。在详细勘探阶段中，勘探试验的工作量大为加重，精度要求提高，要求提供具有一定观测年限的地下水动态资料。图件比例尺依设计要求而定，常为 1：25000～1：5000，也可以更大些。

13.1.2 小比例尺水文地质测绘要点

前已述及，水文地质调查包括水文地质测绘、水文地质勘探、水文地质试验、地下水长期观测以及地球物理勘探等工作手段。在此仅重点讨论小比例尺水文地质测绘的研究内容。

因为小比例尺水文地质测绘的中心任务是阐明区域地下水形成与分布规律，与本书所论述的内容关系很密切。

水文地质测绘是综合性的野外调查工作。在测绘过程中，对地下水以及与地下水有关的各种现象进行综合研究，编绘水文地质图，并相应地描述区域水文地质情况。

地下水形成与分布规律是有效地利用与防范地下水的科学基础，也是正确进行水文地质勘探、试验与地下水长期观测必不可少的理论指导。经验表明，不重视水文地质测绘，单纯为了追求进度，而在尚未进行测绘之前，便盲目布置勘探试验，往往是投入许多不必要的工作而又达不到预期的工作成效。

地下水是与岩石圈、大气圈、水圈、生物圈以及人类活动密切联系着的。研究地下水，就是要从历史发展的观点去研究地下水与其周围环境之间的内在联系，把握其天然状态下的发展变化规律，并且有根据地预测在采取各种实际措施以后可能产生的变化。如果不是这样去认识和理解问题，脱离地下水存在的环境，脱离有关的自然因素和人为因素，孤立地去研究地下水本身，那就既不可能真正掌握其发展变化规律，也不可能有效地解决实际问题。因此，无论如何，不应当把水文地质测绘看成是地质填图加上井泉调查，也不应把综合性的研究，仅仅看成是互不关联的各种现象的描述记录。

在水文地质测绘过程中，除了研究地下水的天然露头和人工露头以外，还必须研究区域地质构造、岩性、地貌、第四纪地质、物理地质现象、气候、水文、植被以及与地下水有关的人类活动等。对上述内容选择重要的分述于下。

1. 地质地貌研究

地质地貌条件是一个地区地下水活动的重要背景。未曾作过地质测绘的地区，应进行综合性地质水文地质测绘。目前，我国大部分地区都已完成了地质测绘，即便在这类地区进行水文地质测绘时，仍然需要十分重视地质研究，这不仅是为了补充校正原有的地质成果，也是为了将地下水与其存在环境紧密联系起来。

地质环境既是地下水生成、赋存与循环的空间，又是地下水获得一定物理、化学特性的场所。一个地区的地质发展历史，对该地区地下水水量与水质的形成与分布有深刻的影响。进行地下水调查时，必须从地下水形成与分布的角度出发，对区域地质进行历史成因的分析。对这一重要原则理解不深，就会产生两种偏向。一种偏向是忽视地质成因分析，认为反正搞的是水，只要知道哪些地层透水哪些地层不透水就足够了，地质成因分析则是地质人员才应关心的事；另一种偏向是对地质分析很重视，也下了很大工夫，但就是忽视了从地下水出发进行地质研究的特殊要求。这两种偏向的实质，都是割裂了地下水与地质环境之间的成因联系，因此也就难以真正把握地下水的发展变化规律。

基岩地区岩层含水性的研究是地下水调查的一项基本内容，只根据岩性、裂隙、岩溶的发育状况以及井、泉、钻孔资料确定含水层与隔水层是不够的。对于沉积岩地区，必须分析在地壳运动及海陆进退控制下的沉积旋回特征与沉积环境，从而掌握岩性在垂直与水平方向上的变化，还应分析不同构造部位岩层受力情况，再结合其空隙发育特征及地下水资料，来确定岩层透水性的变化规律（强透水、弱透水，均匀、不均匀，各向同性、各向异性）。这样，即使地下水露头及岩层空隙性的观察资料不是很多，也能对岩层透水性建立起比较完整清晰的概念，而对掩埋部分岩层的透水性，也可作出有依据的推断。

同样的，对于侵入岩浆岩，应当区分侵入时期与产状，分别确定其裂隙发育规律。即使是同一侵入体，由于冷凝条件与岩浆成分变化，可以划分为不同的岩相带(如粗粒的、斑状的、细粒的)。成岩过程中及经受后期构造变动时，受力产生形变的条件不同，因而其裂隙发育也具有不同的规律性。

在山区，地质构造往往对地下水的埋藏及补给、排泄、径流起着控制作用。大的断裂经常把一个地区分割为岩性、构造及地貌差别很大的不同部分，使地下水的形成与分布又有不同的格局，成为地下水分区的天然边界。不同形态的褶皱与断块，组成规模不同、构造封闭条件不一的地下水盆地，其中地下水量及水质的形成与分布也各具特色。断层的导水性是水文地质调查中必须着重弄清的问题。导水断层使各个含水层发生水力联系，往往成为地下径流汇集区与地下水集中排泄带；隔水断层则使地下径流受阻，从而影响含水层的补给、排泄与水质。

对平原地区来说，第四纪地质的研究，是搞清地下水形成与分布条件的关键。如果把平原地下水调查仅仅局限于确定含水砂层的分布，那就太狭窄了。必须研究第四纪沉积物的年代及成因类型，从而对平原沉积物的岩性结构建立正确的概念。同样是砂层，冲积成因与湖积成因的不仅几何形态不同，而且其中地下水的形成条件也不相同。厚度大、延展远的湖积砂层中，地下水的补给、循环条件往往要比厚度较小的冲积砂层差得多，因此资源条件也不一样。

即使任务只规定解决平原地下水的问题时也应对山前以至邻接山区进行必要的研究。山前地区第四纪沉积出露于地表，便于研究不同时代与成因类型沉积物的特征及之间的关系。平原第四纪地质研究，正是通过山前观察到的现象，与平原内部钻孔所取得的资料进行分析对比才得以完成的。另一方面，观察山区与平原的接触关系，对于分析平原地下水的补给也是必不可少的。平原沉积物来源于山区的剥蚀，因此，分析山区现代及古代水文网的演化历史以及物质来源，也是很有必要的。

平原深部基底构造以及新构造运动特征，是控制平原第四纪沉积规律的内在根据。因此，水文地质人员还必须进行这方面的研究。

综上所述，为了从历史发展的角度，掌握平原地下水与第四纪沉积之间的内在联系，水文地质人员必须进行广泛深入的地质研究。而地质研究所要投入的工作量，往往并不比研究水本身来得少，这是不足为奇的。

地貌乃是一个地区内外力综合作用的历史产物。在山区，它反映了岩性、地质构造与地形的成因联系；在平原，则在某种程度上反映岩性结构与地形的成因联系。很自然，地貌对地下水的补给、径流与排泄以至水量水质的变化，都有相当大的控制作用。例如，强烈隆起、水文网深切的水平地层组成的山区，不利于地下水的集聚，水的循环速度和矿化度往往很低。又如，干旱半干旱地区的冲积平原中下游，地形上略微隆起的古河道常是淡的浅层地下水富集的地带，而相对低洼的河间地带，则浅层地下水比较贫乏，水土都发生强烈盐化。所以，好的地形图、航空照片、卫星相片常能帮助我们大略预计地下水的状况，指导我们组织地下水调查，以收事半功倍之效。

2. 气象(气候)水文的研究

水网是一个整体。地球上各部分的水，处于不断相互联系相互转化之中，组成统一的水资源。无论从形成还是利用的角度出发，都不应把地下水与整个水网割裂开来研究。

在绝大多数情况下，大气降水乃是一个地区水资源的总来源。大气降水的多少，往往决定着一个地区地下水资源的总的状况，决定着一个地区水源的供需关系。深入分析大气降水在时间及空间上的分布特点，能帮助我们掌握地下水的补给状况及地区需水规律。蒸发是地下水的重要消耗去路，在干旱半干旱地区，蒸发值的大小，对地下水以及土壤的盐化程度有很大影响。水文地质工作者往往需要追溯较长时期内的气候演变过程，以便弄清楚当前阶段是处于气候平均状态，还是偏旱或偏湿，从而估计地下水动态的长期变化，使兴利防害的地下水实际措施经得起时间的考验。当现成的气象资料不能满足要求时，就必须根据工作任务及地区特点，收集并分析研究有关资料。

地表水体经常是地下水的补给来源或排泄去路。某些极端干旱的地区，河流往往是地下唯一的补给来源。此外，地表水经常是一种与地下水相比较的可利用水源，或者可与地下水配合使用，或者可作为地下水的人工补给水源。对地表水的研究还可帮助我们间接地了解地下水的水量与水质。非雨季山区的地表径流量，实际上就是地下径流量，因此可以方便地确定地下水资源状况。测定不同河段的流量变换，分割水文图，可分析地下水接受河流补给或向河流排泄的水量。当河流或湖泊是地下水的排泄去路时，可通过测定河水、湖水的化学成分，以了解地下水水质。通过研究大气降水量与地表径流量的关系，可以推断地下水接受大气降水补给的程度。

应当尽可能定量地把一个地区的大气降水的转化过程弄清楚：大气降水中有若干转化为地表水，若干转化为地下水，若干转化为土壤水，若干消耗于蒸发。这种分析，对于综合利用水资源，统一调度水源，充分发挥一个地区水资源的潜力是十分有益的。

随着人口增长与工农业的现代化，人类对水资源需求与日俱增，水资源的短缺现象愈来愈普遍了，在不少情况下，利用一个地区全部水资源往往还难以满足需要。因此，综合地考察与利用水资源，愈来愈显得必要。地下水调查作为水资源综合考察的一个组成部分，并从水资源综合利用的角度去考虑地下水的利用，这是当前的发展趋势。在地下水调查中，充分考虑到这种发展趋势，是很有必要的。

3. 植被研究

生物圈是地球水分布与循环的环节之一。但是至今关于生物圈与地下水的联系方面的研究还很不足。

森林植被能够增加降水，减少地表径流，增加地下水补给，起到调节涵养水源的作用；另一方面，植物的叶面蒸发则是大气水及没埋地下水的主要消耗去路。在水文地质测绘中有必要查明植被的分布及其对地下水的影响。

喜水植物和耐盐植物的分布常常能指示浅层地下水的埋藏深度以及土壤与浅层地下水的含盐程度。在测绘过程中，如能把这些指示植物的分布情况圈划出来，并以少量实测资料加以验证，便可大大减轻工作量。

4. 地下水露头的研究

在水文地质测绘过程中，必须调查一定量的地下水露头点，而当现有地下水天然露头点及人工露头点不能满足研究要求时，则应专门布置部分试坑、浅井乃至钻孔。泉在分析水文地质条件时的意义，在第4章中已经论及。对于平原地区，井及钻孔乃是主要的地下水露头点，地下水的埋深、地层岩性剖面以及岩层出水能力、水质、地下水动态资料等都由此取得。

调查地下水露头点时，应将水点资料与影响地下水的有关因素结合起来分析研究，过细地进行调查访问，取得可靠的第一手材料。例如，不仅要了解井或钻孔所揭露的岩性剖面，还要仔细了解并分析打井过程中地层出水情况，以便得出正确的结论。华北平原中某些地方，具有裂隙的漫滩相黏土，透水能力比粉砂还好，是浅部主要含水层。而在调查不细致时，却误以为粉砂是主要含水层、黏土是隔水层了。又如，有些在第四纪堆积物中出露的泉，实际上是由下伏基岩补给的，如果工作不深入，就会得出完全错误的结论。

5. 人为影响的调查

人为因素能在短时期内强烈改变地下水的形成与分布。这种影响随着人口增长与生产、科学技术的发展而日益深刻广泛。在不少情况下，已经远远超过天然因素的作用，而在今后人类活动将更广泛、更深刻地影响地下水的分布与形成。大规模采水、矿坑排水、修建水库渠道、引水灌溉、城市建设、施用农药和化肥等，会造成大面积地下水开采漏斗、地面沉降、地下水污染、盐水入侵、土壤次生沼泽化与盐渍化等等。在地下水调查中，必须查明人类活动对地下水的种种影响。这些资料不仅可以用来解释地下水的现状，还有助于预测采取或加强同类实际措施对地下水的变化方向；对于确定合理有效的利用或防范地下水的实际措施，是很有价值的。

有一点值得再三强调，在进行地下水调查时，我们的任务不只是收集各种与地下水有关的资料，也不仅仅是确定地下水的现状，而是要阐明地下水发展变化的方向及其内在根据。只有这样，我们才能预测采取利用或防范地下水的实际措施以后可能发生的变化，才能避免其不利影响，使地下水向有利的方向发展变化。而为了做到这一点，最重要的是，必须从成因发展的角度去研究地下水与其周围环境（包括自然因素与人为因素）之间的联系。

在这里，我们仅简要地阐述了地下水调查的基本思路与指导思想。关于具体的工作方法，可参阅有关规范与文献。

13.2 调查与研究地下水的技术方法简介

近20年来，调查与研究地下水所采用的技术方法有很大发展，其总的发展趋势是定量化、自动化。除了应用历史较长的地球物理勘探方法以外，近年来，在水文地质调查与研究中引入了遥感技术、同位素技术及数学地质。这些新的技术方法不仅能使地下水调查实现高效率、低成本，而且对于水文地质学向定量化的严密科学发展，起着难以估量的推动作用。

13.2.1 地球物理勘探方法

通过研究地球的各种物理性质而了解地壳地质构造和找矿、找水的方法叫地球物理勘探，简称“物探”。物探在水文地质勘察中起着重要作用，具有效率高、成本低、速度快等优点。在综合水文地质勘察中，一般应遵循在水文地质测绘基础上，先物探后钻探的勘探程序。物探方法也因其探测精度受到各种自然与人为因素的干扰，以及成果的多解性与地区性的局限，其探测成果常需经过钻探的校核。物探的种类很多，如：磁法、重力、电法、地震及放射性等勘探方法，在水文地质勘察中广泛应用的是电法勘探。

电法勘探可分为直流电法（电阻率法、激发极化法、充电法等）和交流电法等。水文地质勘探中得到广泛应用的是电阻率法，包括电测深法和电测剖面法，在钻探时还常采用电测井法来了解孔下情况。

下面主要介绍电阻率法的基本原理，以及电测深法、电测剖面法和电测井法在水文地质勘察中的应用。此外，简单介绍自然电场法、激发极化法、交变电磁场法、核磁共振技术以及地震勘探。

1. 电阻率法的原理及在水文地质勘察中的应用

(1)岩石的电阻率

由物理学中可知：导体的电阻 $R=\rho(L/s)$（L 是导体的长度，s 是导体的断面面积）。式中比例常数 ρ，其值的大小与导体的性质有关，称为该导体的电阻率。

电阻率 ρ 是用来表示各种物质导电性能的参数，它表示电流通过长度为 1m、截面积为 $1m^2$ 的物质时所受的电阻，单位为欧姆米（Ω·m）。岩石的电阻率与许多因素有关，主要受矿物成分、空隙多少、湿度、富水程度和温度等的影响。

当岩石的空隙中含有一定的水分，而水中又溶有盐分时，就使得水成为良导电的物质而存在于岩石的空隙中。在岩石的空隙中因含有良导电的地下水，这就大大改变了岩石的导电性能。当电流通过岩石时，岩石的电阻可看成是由岩石本身的电阻 $R_{岩}$ 和地下水的电阻 $R_{水}$ 组成并联线路的总电阻。根据并联的原理，电流绝大部分经由 $R_{水}$ 通过，由于 $R_{岩}$ 远大于 $R_{水}$，则岩石电阻基本上由 $R_{水}$ 所决定。在影响岩层电阻率的诸因素中，岩石的富水程度和地下水的矿化度含量起着决定性的作用。例如松散沉积物孔隙度大且饱含高含量的矿化度的地下水时，则它的电阻率一定很低；如果胶结的很致密，几乎不含地下水时，其电阻率可高达 1000Ω·m 以上。在自然条件下，由于不同地区各种岩石的孔隙性、含水量、地下水的矿化度含量变化较大，不同类型岩石的电阻率变化范围很大（可见表 13－1）。

表 13－1　常见岩石电阻率值

岩石名称	电阻率变化范围（Ω·m）	岩石名称	电阻率变化范围（Ω·m）
岩浆岩	$5\times10^2\sim9\times10^4$	砾石	$2\times10\sim2\times10^3$
石灰岩	$5\times10^2\sim6\times10^3$	砂层	$1\sim1\times10^3$
硅质岩石	$1\times10^2\sim9\times10^3$	黏土	$1\sim2\times10$

(2)测定岩层电阻率的原理

测定岩层的电阻率通常使用四极对称装置，如图 13－1 所示。AB 是一对供电极，MN 是一对测量电极，AB、MN 对称于中心点 O（称为测点）。

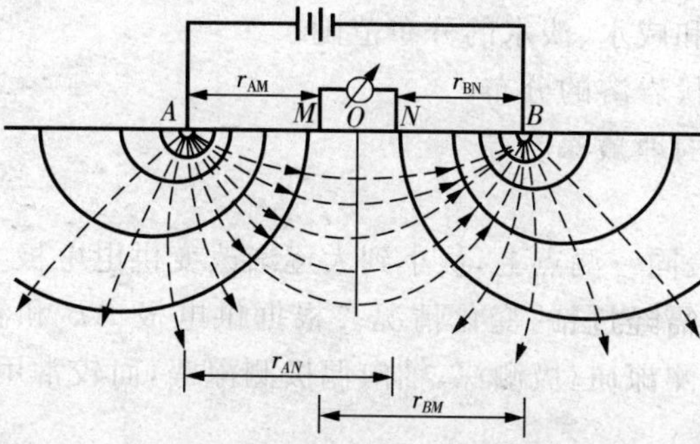

图 13－1　四级对称装置示意图

依据电学原理得出岩层的电阻率 ρ 为：

$$\rho = K \cdot (\Delta U_{MN} / I) \tag{13-1}$$

式中，K 为装置系数，也称为电极距离系数，它仅与电极间的相互位置有关，其单位名称为米。各电极位置一定时，K 为定值。

这样只要测出供电电流，同时在 MN 电极间测出电位差 ΔU_{MN}，据各电极间的相互距离计算出系数 K，即可用式(13－1)计算出岩层的电阻率 ρ。

(3)视电阻率的概念

在推导式(13－1)时，曾假定地下岩层是个无限的均匀介质，而实际上地下岩层是由不同岩性的多层岩石组成，在垂直和水平方向上岩性均会变化，在同一岩层的不同位置上电阻率也会有差异。所以在实际自然条件下进行测量时，若按公式(13－1)来计算岩层的电阻率，其计算结果就不会是某一岩层的真正电阻率，也不是各岩层电阻率的平均值，而是电场作用范围内所有岩层综合影响的结果，称为视电阻率 ρ_s。它与岩层在地下的分布状况(各层的厚薄、形状、埋藏深浅等)、各岩层的电阻率、供电电极与测量电极的装置形式和装置大小，以及与不均匀岩层的相对位置等因素有关。

(4)电探深度与供电电极距的关系

实践表明：AB 电极间的电流大部分都集中在靠近地表附近的范围内，随着深度的增加，电流密度则减小，在地下深度 $h=AB$ 处的电流密度仅为地表电流密度的 10%；当深度 $h=3AB$ 时，电流密度已接近于零，所以在地面上要勘探地下深度等于 3 倍 AB 处的地质情况是不可能的。不过地下电流密度随深度的分布，决定于供电电极 AB 距离的大小，随着 AB 的增大，地下深处电流密度也相应地增大。换言之，AB 距离越大，勘探深度越大。实际在野外工作中，条件较好时，勘探深度 h 一般只是 $AB/2$，若下部有高电阻率的岩层时，勘探深度 h 将减小到 $AB/5$，甚至仅 $AB/20$。

(5)电阻率法在水文地质勘察中的应用

电阻率法在水文地质勘察中最适宜于查明以下问题：

① 覆盖层的厚度，隐伏的古河床和掩埋的冲洪积扇的位置；

② 断层、裂隙带、岩脉等的产状和位置，含水层的宽度及厚度；

③ 钻井的地质剖面；

④ 地下水位、流向和渗透流速；

⑤ 地下水的矿化度和咸水、淡水的分布范围；

⑥ 暗河的位置和隐伏岩溶的分布；

⑦ 永久冻土层下限的埋藏深度等。

2. 电测深法

电测深法就是在地表同一测点上，从小到大逐渐改变供电电极之间的距离，进行视电阻率测量来研究从地表到深部岩层的变化情况。根据供电极 AB 和测量电极 MN 排列形式的不同，又分为四极对称测深、三极测深、轴向偶极测深等，而较常用的是四极对称测深。这里只介绍此方法的原理。

如前所述，由地表向地下供电时，地下电流密度的分布及电流流入地下的深度直接决定于供电电极 A 和 B 之间的距离。当增大供电电极距 AB 时，电流流入地下的深度也就增大，而深处地层变化也将反映到所测得的视电阻率 ρ_s 值上。当地下是由不同电阻率的岩层构成时，用大小不同的供电电极距所测得的电阻率是一系列数值不同的视电阻率 ρ_s。这些 ρ_s 值不仅是随着供电电极距的变化而变化，同时也随着各种岩层真电阻率的不同而相异，电极距长时反映深部岩层性质，电极距短时反映浅部岩层的性质，所以电测深法就能探明某一测点从浅到深岩层沿垂直方向的变化情况。如图 13－2 所示。由图上可以求出：上层真电阻率为 ρ_1，厚度为 h_1；下层真电阻率为 ρ_2，厚度为 h_2。同理，如果有 3 层以上不同岩层时，则在 $\rho-s$ 曲线上出现 3 段以上的起伏，同样可以在曲线上确定出各层的真电阻率值及其厚度，按照真电阻率值查表可得知相对应的岩石名称。

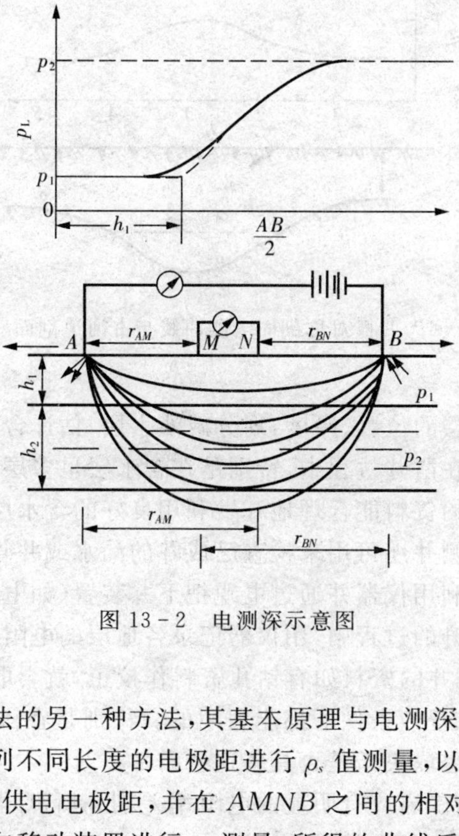

图 13－2　电测深示意图

3. 电测剖面法

电测剖面法是电阻率法的另一种方法，其基本原理与电测深法一样，区别在于：电测深法是在同一测点上用一系列不同长度的电极距进行 ρ_s 值测量，以了解地层沿垂直方向的变化；而电测剖面法则是保持供电电极距，并在 $AMNB$ 之间的相对位置固定不变（探测深度不变）的情况下，沿一定方向移动装置进行 ρ_s 测量，所得的曲线反映了地层沿水平方向的变化。按供电电极与测量电极排列形式的不同，电测剖面法可分为：四极对称剖面法、联合剖面法、偶极剖面法、中间梯度测量法等很多类型。现以四极对称剖面法为例，简述其基本原理。

四极对称剖面法的装置如图 13－3 所示，供电电极 A 和 B、测量电极 M 和 N，对称分布于测点的两边，四个电极的相对距离固定不变，此时 K 值就为一常数。沿着一条测线移动装置，在不同测点上进行观测，便可得到一系列 ρ_s 值。可以绘制出测线的 ρ_s 剖面图，它反映该测线上与供电电极距 $AB/2$ 相对应的勘探深度内，地层沿水平方向的变化情况（图 13－4）。

在实际工作中电测剖面法常与电测探法相结合，用来追踪和圈定集水古河道或冲洪积扇的砂卵石分布范围；寻找基岩裂隙含水带或石灰岩岩溶的含水带；查明断层位置；划分淡水和咸水界线；确定松散地层的厚度（或基岩的埋藏深度）等。电测剖面法的优点是工作效率高，取得资料快；缺点是不能进行定量的解释，所以必须与电测深法配合运用。

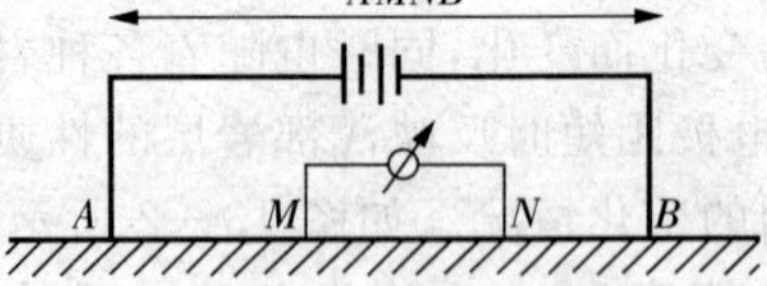

图 13－3 四极对称剖面法装置示意图

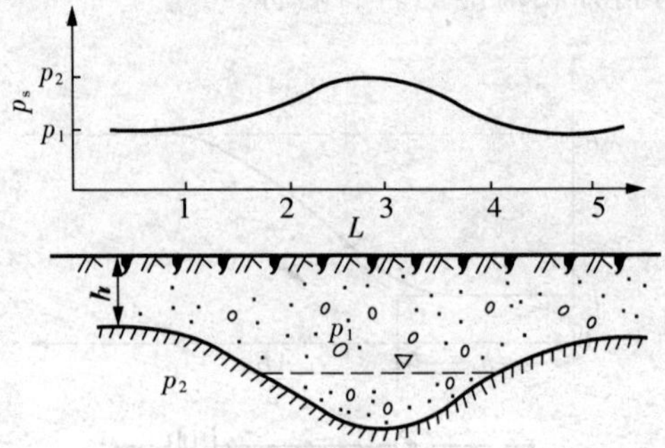

图 13－4 四极对称剖面电测曲线与古河道剖面对比图

4. 电测井法

为了确定井下各含水层的位置、厚度，划分咸淡水层，估计含水层的矿化度，一般常采用电测井的方法。电测井是在凿井过程中，特别是在含水层呈多层分布，且水质变化很大的地区经常使用。根据电测井的资料能合理地开发利用良好的含水层，正确地指导下管（安装过滤器）成井工作。此外，电测井还可用来检查已成井的漏水或井管破裂位置等。

电测井的工作原理是利用仪器并通过电缆把下井装置（如电极系统）送入管井中进行测量。在电缆从井底向上提升的过程中，用仪器记录各地层的电阻率变化曲线，称视电阻率曲线，如图 13－5 所示。电测井的资料如有钻孔资料作校正，就会取得更好的效果。

电阻率曲线，并不是在任何条件下都能利用的。特别是在山区，应用是有一定条件的。勘探的效果在很大程度上也取决于是否具备这些条件：

(1)所测的岩层(体)与围岩应有明显的电阻率差别。所测岩层的电阻率无论是比围岩的电阻率高或者低，只要差别越大效果就越好。

(2)被测的岩层或构造必须具有一定的规模。由于测得的 ρ_s 值是电流分布范围内所有岩层电阻率的综合反映值，若被测物体规模很小，则它的作用就显示不出来，因此，也就达不到测量的目的。

(3)被测目的层或构造体及围岩的电阻率在水平与垂直方向上都要有相对的稳定性。如果变化较大，测出的 ρ_s 曲线就很难进行解释，因此，就不能鉴别出所要寻找的目的层或地质构造体。

(4)在目的层或构造体以上没有其他电阻率特别高或特别低的屏蔽层存在。因为这些特殊层的存在，干扰特别强烈，曲线变得很复杂。

(5)电测线尽可能选择在地形开阔平坦处，地形坡度一般不大于 20°，做电测探时还要求下伏岩层的倾角小于 20°。

(6)地下水位和被测目的层都要求埋藏较浅,这样才容易达到测量深度。

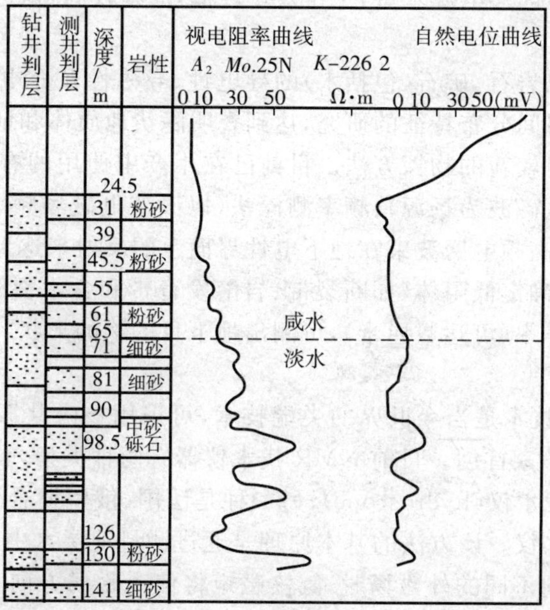

图 13-5　管井的电测井曲线和水文地质解释

5. 自然电场法

自然电场法是以地下存在的天然电场作为场源。由于天然电场与地下水通过岩石孔隙、裂隙时的渗透作用及地下水中离子的扩散、吸附作用有关。因此,可根据在地面测量到的电场变化情况,查明地下水的埋藏、分布和运动状况。主要是用于寻找掩埋的古河道、基岩中的含水破碎带,确定水库、河床及堤坝的渗漏通道,以及测定抽水钻孔的影响半径等。

方法的使用条件,主要决定于地下水渗透作用所形成的过滤电场的强度。一般只有在地下水埋藏较浅、水力坡度较大和所形成的过滤电位强度较大时,才能在地面测量到较明显的自然电位异常。

6. 激发极化法

在人工电场的作用下,地下地质体在其周围会产生二次电场。当停止供电后,二次电场会逐渐衰减,激发极化法是利用二次场衰减特征来寻找地下水。二次场的衰减特征可用视极化率(η_s)、视频散率(P_s)(交流极化法的基本测量参数)、衰减度(D)、衰减时(τ)表示。判断地下水存在效果较好的测量参数,通常是 τ 和 D。τ 是二次场电位差(ΔU_Z)衰减到某一规定数值时(通常规定为 50%)所需的时间(单位为秒)。D 亦是反映极化电场(即二次场)衰减快慢的一种测量参数(用百分数表示)。由于岩石中的含水或富水地段水分子的极化能力较强,又因二次场一般衰减慢,故 D 和 τ 值相对较大。

激发极化法和电阻率法一样,分为测深法、剖面法和测井法。其中,激发极化测深法用得最多,主要用于寻找层状或似层状分布的各种地下水以及较大的溶洞含水带,并可确定它们的埋藏深度。还可根据含水因素(M_s)[含水因素是指衰减时间(τ)-极距($AB/2$)曲线图上,不同极距区间曲线与横坐标($AB/2$)所包围的面积,它反映了不同深度区间岩石的含水性]和已知钻孔涌水量的相关关系,估计设计钻孔的涌水量。

由于激发极化所产生的二次场值小，故这种方法不适用于覆盖层较厚（如大于 20m）和工业游散电流较强的地区。电源笨重，工作效率较低，成本较高，是这种方法的不足之处。

7. 交变电磁场法

交变电磁场法是以岩石、矿石（包括水）的导电性、导磁性及介电性的差异为基础，通过对以上物理场空间和时间分布特征的研究，达到查明隐伏地质体和地下水的目的。

电磁法是一种相对较新的物探方法。目前已在生产中使用的有甚低频电磁法（利用超长波通信电台发射的电磁波为场源）、频率测深法（以改变电磁场频率来测得不同深度的岩性）、地质雷达法（利用高频电磁波束在地下电性界面上的反射来达到探测地质对象的目的）等。其中，甚低频法对确定低阻体（如断裂带、岩溶发育带和含水裂隙带）比较有效；而地质雷达则具有较高的分辨率（可达数厘米），可测出地下目的物的形状、大小及其空间位置。

8. 核磁共振技术

核磁共振（NMR）技术是当今世界的尖端技术，可采用核磁共振方法直接探查地下水。该项技术由原苏联科学家首创。目前 NMR 找水仪器有两种类型，一种是原苏联研制，俄罗斯仍在使用的 NMR 找水仪（hydroscope）；另一种是法国、俄罗斯合作研制，由法国 IRIS 公司生产的 NUMIS 找水仪。该方法的基本原理是通过测量地层水中的氢核来直接找水。当施加一个与地磁场方向不同的外磁场时，氢核磁矩将偏离磁场方向，一旦外磁场消失，氢核将绕地磁场旋进，其磁矩方向恢复到地磁场方向。通过施加具有拉摩尔园频率的外磁场，再测量氢核的共振信号，便可实现核磁共振测量。目前在我国西北干旱地区及岩溶区等地找水，已取得较好的效果，但该仪器价格昂贵（60 万～90 万法郎）、抗干扰性差、发射/接收线圈直径较大等缺点限制了其推广应用。

9. 地震勘探

地震勘探是根据土和岩石的弹性性质，测定人工激发所产生的弹性波在地壳内的传播速度来探测地质结构及含水界面的物探方法。该种方法具有勘探深度大、探测精度高的优点，可用来确定覆盖层和风化层的厚度、潜水面埋藏深度，划分岩层结构，探测断层和岩溶发育带位置。在地热勘探中常使用该方法探明深部地质构造，判断地热层的分布情况。

在水文地质调查中应用物探方法成功与否的关键在于根据不同条件及目的要求选择适合的物探方法，以及结合地质-水文地质条件对物探成果进行合理解释。

13.2.2　遥感技术

所谓“遥感”、“遥测”是遥远感知和遥远测量目的物的意思。通过安装在各种飞行器（飞机、人造卫星、宇宙飞船）上的传感器，远距离感切地表物体的电磁波辐射特性，通过解译便可确定有关的地面景物。

遥感技术是从 20 世纪 20 年代利用飞机进行航空摄影开始的。近 20 年来，随着空间技术的发展，遥感技术日新月异，应用也日益广泛。利用地球资源卫星相片进行地质、水文地质等方面的研究，快速有效，已成为包括水文地质学在内的整个地学现代化的主要方向之一。

遥感技术是建立在目标物体电磁波辐射理论上的。包括地质-水文地质体在内的所有物体，都具有发射以及吸收、反射-散射电磁波的特性。某些还具有透射外来电磁波的特性。不同的地质-水文地质体，发射、吸收、反射-散射和透射的电磁波波长与频率不同，因此，可根据飞行器上传感器感知的电磁波特征加以判别。

将电磁波按波长由短到长，频率由小到大的次序排列，依次为 γ 射线、X 射线、紫外波段、可见光波段、红外波段、微波波段及无线电波段。根据所利用波段及采用的感应方法不同，有不同遥感遥测方法，如：航空摄影、多波段（多光谱）测量、红外探测、微波测量等。目前在水文地质调查中常用的是航空摄影、多波段测量及红外探测。

航空摄影是在飞机上利用可见光照相，以得到黑白或彩色照片，利用照片上的色调（或彩色）形态等特征，解译地质-水文地质现象。

多波段（多光谱）测量是将电磁波谱分割成若干窄波段，用多波段摄影机或多波段扫描仪，同步地将同一地面景象不同波段的摄像或数据，分别记录于胶片或磁带上。如 1972 年美国发射的第一颗地球资源卫星（ERTS－1），可以同时记录由可见光到近红外 7 个电磁波波段，这样便可获得地面景物更多的信息，判读程度更强。多波段测量的成果，可以制成同一景物各个窄波段的相片进行目视解译，还可以对胶片进行电子光学解译，或对记录磁带用电子计算机解译。

电子光学分析方法，包括假彩色合成及假彩色密度分割。前者是将同一景象不同波段的黑白胶片，经光电处理迭合成彩色相片，由于相片所显示的各种景物的彩色与实物不同，故称为假彩色。后者是通过光电变化将黑白胶片上的影像密度分割成若干等级，并以不同颜色表示不同密度等级，便获得密度假彩色相片。这类方法目的在于增强影像的差别，提高判读程度与效率。

利用电子计算机解译时，事先选定有代表性的训练场地。对已知地面物体进行电磁波特性统计计算，取得参考统计参比，据此编制程序，对记录磁带用电子计算机解译。这种解译方法能充分利用磁带记录的信息，减少人为误差，提高分辨能力与工作效率。但是，同一类地面物体，在不同光照、气候等因素影响下，电磁波信息的变化相当大，而训练场地上所得到的统计参数代表性有限，这就使解译受到限制。目前这一问题正在继续研究。

可见光和微波之间的波段称为红外波段。温度高于绝对零度（－273℃）的任何物体，都存在着分子热运动，不断地辐射红外线。具有不同温度与热容量的物体，发射或反射红外线的性质有所不同，因此，可通过红外测量进行遥感。

目前，利用航空摄影、多光谱测量、红外测量等可解决水文地质调查中以下几方面的问题：

（1）划分岩性

不同的岩性在相片上色调深浅不同，结合其分布特点（层状、块状）、地貌（正地形、负地形、圆浑山形、尖棱山形、岩溶地貌等）以及土壤、植被、水系发育特点可以判别。不同岩层具有不同辐射系数和热容量，在红外图像中明暗不同（明表示高温，暗表示低温）。利用假彩色增强技术更能帮助区分不同岩性。但是，总的说来，目前利用遥感技术判别岩性，效果还不够理想。

（2）确定地质构造

根据不同色调的岩层组成的平行条带的形状，可以判断褶皱的形态。通过一定方法，还可以从航空照片上测定岩层的产状。利用航空照片或卫星相片确定断裂，效果很好。由于断裂延伸远，从大范围的照片上进行宏观研究，往往可以发现地质填图中容易遗漏的断裂带。深部隐伏断裂往往在地面上显示种种迹象，但限于人的视野，在常规地质调查中常常发现不了，利用遥感技术效果相当好。例如，在卫星照片上，清楚地反映北京地区隐没于2000m 厚的松散沉积物下的几条基岩断裂。

(3)调查地貌、植被及地表水

在航空照片或卫星相片上，研究大中尺度的地貌是很方便的。在相片上圈定洪积扇、阶地、山间堆积盆地、三角洲等，都有助于间接判断地下水的分布。红外测量不仅能反映植被的分布，而且能够区别不同种类的植被，为在干旱地区利用植物标志寻找浅层地下水提供了线索。利用遥感资料能确定湖泊、水系，纠正地形图上的误差与遗漏，这对于穿越性不好的地区更有意义。红外测量还能确定地表水水温，大致判断水量，圈划冰雪覆盖层的分布范围及其消融情况，这有助于分析地下水的补给。

(4)调查地下水

多波段测量及红外探测调查地下水的效果较好。水的热容量大，保温作用强，有地下水或地下水位较浅的地方，常与周围无水及地下水深埋的地方有温度差别：有地下水的地方夏季温度低，冬季温度高，白昼低，夜晚高，有热水时则经常显示高温，而红外测量的温度分辨率可达 0.1℃～0.01℃。

红外测量可以寻找松散沉积物中埋深不超过十几米的地下水。利用地下水与河水、湖水、海水的温差，很容易发现地下水向地表水的排泄。美国夏威夷群岛用红外探测在海中找到200 多处淡的地下水排泄点，这用常规方法是很难做到的。利用红外测量可以确定泉、沼泽的位置，确定充水断层、岩溶发育带.确定包气带湿度，圈定热水分布范围及冻土的分布，并可通过查明地表水体的污染，提供间接判断地下水污染的线索。目前，国外正在研究利用遥感技术帮助取得各种水文地质参数，如地下水位深度、孔隙度、渗透系数、水力坡度、导水系数等。

遥感技术的优点是能够同时取得大面积的资料，扩大人的视野，便于进行宏观分析；便于重复取得同一地区不同时期的信息，掌握现象的动态；收集资料迅速、全面，不受地形阻隔的影响，对于穿越条件不利的高山、沙漠、森林、沼泽地区，同样可以进行。与常规调查相结合，可以大大降低野外调查的工作量与成本。目前存在的问题是，解译还不够过关，定量解译更为不足，还有待于进一步研究改进。

13.2.3 同位素技术

每一种元素，原子核中的原子数是一定的，此质子数即为该元素的原子序数。原子的质量数(原子量)以其核中质子数及中子数的总和表示。某一种元素，具有原子序数相同而原子量不同(由核里的中子数不同引起)的几种原子，这便是该元素的同位素。

自然界的元素常有多种同位素，例如氧即有^{16}O、^{17}O、^{18}O 三种同位素，氢有^{1}H、^{2}H(D，氘)、^{3}H(氚)三种同位素。同位素分为放射性同位素及稳定同位素，^{14}C、^{3}H 等是放射性同位素；^{13}C、^{12}C、^{1}H、^{2}H、^{16}O、^{17}O、^{18}O 等为稳定同位素。

在水文地质调查与研究中，可以利用同位素测定地下水的年龄，确定地下水的成因与形成，研究地下水的运动，研究水文地质过程的机理，查明人为影响下的各种水文地质问题等等。

从利用同位素进行研究的角度，同位素可区分为环境同位素及人工示踪同位素。前者是指存在于自然环境中的同位素，主要是天然形成的，但也有一部分来源于核试验所产生的人工放射性同位素，如氚即是。后者则是人工产生的放射性同位素，用作示踪剂的。

目前在国外，利用同位素技术主要解决下列几种问题：

(1)利用放射性环境同位素测定地下水年龄

放射性同位素处于不断蜕变中，蜕变速度不依温度、压力或元素的化学组成的状态而变化，一种放射性元素的半衰期是一个常数。据此可以测定地下水年龄。

^{14}C(放射性碳)是大气中的^{14}N在宇宙射线作用下蜕变而成的，通过光合作用与氧结合可生成$^{14}CO_2$。刚刚得到补充的地下水，其^{14}C含量与大气保持某种平衡。随着时间推移，^{14}C不断蜕变减少，据此可判断地下水在含水层中滞留的时间，即地下水年龄。^{14}C的半衰为5730年，根据目前的技术水平，测定年龄的上限为25000～30000年。利用^{14}C测定地下水年龄，在理论上至今还没有完全搞清楚，计算时要进行一系列校正，难免有一定误差，但这种方法仍是目前比较起来最成熟、最常用的一种方法。

宇宙射线作用下也产生天然的氚(半衰期12.26年)，氧化为氚水($^3H^1HO$)形式存在。但在天然水中氚含量仅为几个氚单位(T.U，1T.U相当于1×10^{18}个H原子中含有1个^3H原子)。1953年～1954年进行氢弹试验后，人工氚污染了环境，使大气降水及地表水中氚含量高达数十至数百T.U，个别时期曾达到数千T.U。因此，根据地下水中^3H的含量，可判断含水层是否曾接受现代水(1953年～1954年以来的大气降水或地表水)的补给。

目前，国外正在试用^{85}Kr、^{39}Ar(半衰期269年)、^{32}Si(半衰期约500年)、^{36}Cl(半衰期约4×10^5年)、^{10}Be(半衰期2.5×10^6年)等测定地下水年龄，以期填补^3H与^{14}C之间的年龄域空白，并提高测定年龄的上限。如能成功，则测定地下水年龄域可由数十年直到1000万年。

(2)利用稳定环境同位素研究地下水的起源与形成过程

同一元素的同位素，由于其质量有一定差别，故其原子或化合物的活动性也有所不同，从而使轻的与重的同位素在某些物理变化过程(如蒸发、凝结、扩散等)及化学反应中发生分异。元素质量较小、同位素质量相对差别显著的氢、氧等元素，分异更为明显。以氢为例，可形成普通水(H_2O)及重水(D_2O)，其物理性质差别如表13-2。

表13-2 普通水与重水的物理性质差别

水分子类型	分子量	密度(g/cm³，25℃)	冰点(1大气压)	沸点(1大气压)	扩散速度
H_2O	18.01629	0.996781	0℃	100℃	稍快
D_2O	20.02948	1.104211	3.813℃	101.43℃	稍慢

当水蒸发时，D_2O相对不易蒸发逸走，因此，经强烈蒸发作用的水中，含D较多。天然水中，大气降水及河水中含D最少，海水中D富集，经过强烈蒸发浓缩的埋藏地下水含D最多。^{18}O的分布与D类似。测定地下水中的D、^{18}O等，便不难确定地下水的起源(陆成水、海成水、渗入水、埋藏水)，并可据此判断含水层之间及含水层与大气降水及地表水的联系程度，确定水交替强度，分析地下水补给以及地下水径流的方向与强度等。

由于D具有同位素效应，即降水中的D含量随着地形高度加大而减少，因此，地下水中D的含量可以帮助确定补给区及判断补给来源。

(3)利用环境稳定同位素研究水中化学组分的来源

不同成因岩石(岩浆岩、沉积岩、沉积岩中的陆相及海相等)的同位素组成不同。例如，淡水碳酸岩中$^{12}C/^{13}C$比例较大，而海水碳酸岩中较小。其他如^{34}S、^{87}Sr的含量也与岩石种类有关。根据这一差别可判断水中化学组成的来源，进而确定地下水的补给与形成历史。

(4)利用放射性同位素作为示踪剂研究地下水运动及水文地质过程的机理

放射性同位素作为示踪剂有其特殊的优越性。它的化学性质稳定,不易生成发生沉淀的化合物。某些放射性同位素不会被岩石所吸附,最重要的是其检测灵敏度非常高,以极少剂量的人工放射性同位素就可以达到满意的示踪效果。

水文地质示踪常用的人工放射性同位素有^{3}H、^{14}C、^{32}Si、^{32}P、^{35}S、^{51}Cr、^{58}Co等,它们的半衰期及放射性比度不同,可根据条件及研究目的选用。例如为查明岩溶地下河系,可在上游投入某种放射性同位素(如^{3}H、^{51}Cr),并在下游观测其含量变化,以确定岩溶通道的分布与连通情况,测定地下水流速。利用类似方法还可以确定含水层之间及含水层与地表水体的水力联系,确定矿坑涌水的来源,研究坝下及绕坝渗漏情况等等。

利用人工或环境放射性同位素示踪,还可以进行室内或野外试验,研究各种水文地质过程机理。例如研究降水入渗过程,测定降水补给量;研究土面蒸发与叶面蒸发;研究包气带水盐的运移;研究弥散效应,确定污染物质的迁移等等。

(5)利用井的示踪试验及人工放射源测定水文地质参数

将人工放射性同位素投入井中,示踪地下水的流动,以一个井进行示踪试验(单井法),可求得流向、渗透流速及渗透系数;以多井进行示踪试验(多井法)可求得孔隙度、导水系数、实际流速。

利用人工γ放射源可测定土石的密度,这便是所谓$\gamma-\gamma$法。用人工中子源可测土石的含水量。上述两种方法均可用于侧井,并在一定程度上用于已下套管的井的测井。

借助于岩土本身的天然放射性,可以判断松散土的岩性及基岩的裂隙性,作为找水的依据。

同位素方法目前尚在发展中,在理论上还有一系列问题没有弄清楚。某些测定方法还很费事(如测定水中的^{39}Ar需要用20吨水样),成果的水文地质解释也还存在一些问题。在采用这一方法解决水文地质问题时,必须紧密结合水文地质条件,与常规水化学研究配合,才能得出比较符合实际的结论。但是,利用这一方法研究水文地质过程,能达到定量化、微观化,有助于查明水文地质过程的机理与数量关系。同位素方法必将对水文地质学的发展起巨大的促进作用。

13.2.4 数学地质

数学地质是随着地质学的定量化和电子计算机在地质学中的应用而诞生的一门新兴边缘科学。它研究地质过程的各种数学模型,应用数学方法研究和解决各种地质问题,包括从地质、水文地质现象的统计分析,到地质、水文地质过程的计算模拟。自20世纪60年代开始形成到现在,发展很快。目前,在地质、水文地质工作中常用的数学地质方法有:趋势面分析、回归分析、聚类分析、判别分析、因子分析、频谱分析和数字滤波,以及地质、水文地质过程的计算模拟等。

趋势面分析是用一定函数对地质-水文地质体某些特征的空间分布规律进行分析,用该函数所代表的数学面来逼近(拟合)其趋势变化。含水层(砂层)的厚度变化,地下水位变化,在空间上均为不规则起伏的曲面。一般根据若干点的资料,用内插或外推绘成等值线图表示时,仅考虑了两个相邻点的直线变化,而未能考虑区域性趋势变化与非直线变化。利用趋势面分析,可以较好地反映这些变化,得到较真实的空间分布形态。

回归分析是一种数理统计方法,用于研究某一变量与另一个或若干个变量之间的关系,应用很广泛。如可用于确定地下水开采过程中,水位与开采量的变化关系,以预报地下水位下降情况。又如可用于确定水中某种离子或离子比例系数与总矿化度变化的关系,确定岩土颗粒大小及分选程度与单井出水量的关系。

聚类分析是根据样品多种变量的测定数据,应用数学方法进行分类,定量地确定样品之间的亲疏关系,按亲疏差异进行分类。地质上通常利用此法进行岩石分类、古生物分类等,在水文地质中,可考虑应用此法将地下水按化学成分归类,确定地下水的成因类型等。

判别分析也是一种应用数学进行判别的方法。它可根据已知样品的分类,根据多个变量确定样品属于哪一类,也可根据样品的多个变量进行合理分类。例如地质上可利用岩性特征的多项指标判别海相或陆相地层,判别第四纪沉积成因类型。水文地质上,可考虑应用地下水化学特征判别海相成因和陆相成因的地下水,判断地下水的补给来源,含水层之间或含水层与地表水之间的水力联系。

频谱分析与数字滤波是数据处理的两种主要手段,通过这类方法可将各种因素进行分解,突出所需要的信息,去掉干扰,使主要的规律性的东西鲜明起来。例如利用此法分析电测井得到的电阻率曲线,能够去除泥浆影响、仪器误差及观测误差,更准确地解释岩性剖面或地下水矿化度变化。又如对不同地质剖面或井孔柱状剖面进行沉积旋迴对比时,用此法可排除局部影响,增加旋迴可对比性。

对地质、水文地质过程建立数学模型,利用电子计算机模拟计算其演变发展过程,这便是地质、水文地质过程的计算模拟。在水文地质方面,可利用有限单元法模拟复杂边界条件下地下水的不稳定运动,预测地下水各要素的变化。所谓有限单元法就是将一个连续体人为地分割成有限个较小的单元,每个单元用有限个参数进行描述,用此有限数目单元所组成的模型,来代替真实的连续体,建立数学模型,然后利用电子计算机求解。

目前国外的趋向是,尽可能正确地抽象水文地质条件(或水文地质过程),建立水文地质模型(概念原型);然后将水文地质模型转为物理模型及数学模型,三者有机地配合运用,以达到逐步深化对某个地区的水文地质条件(或某一水文地质过程)的认识的目的。

以水量计算为目的,根据初步水文地质勘查获得的资料,建立水文地质模型;然后转为物理模型及数学模型进行运算,调整边界及参数,发现问题,指导进一步的勘查工作;获得补充资料后,修正模型,再作运算;反复进行直到获得满意的结果为止。这样做,既节省了勘探工作量,又可以避免随意性,使成果更为可靠。

电子计算机的应用以及数学地质方法的引入,使地质、水文地质工作者从费时繁重的统计计算工作中解脱出来,使定量分析错综复杂的地质、水文地质过程成为可能。定量描述模型的建立,则使在悠久地质年代中发生的地质过程,以及在多种因素影响下变动的水文地质过程,得以模拟重现,从而有可能进行较为可靠的地质、水文地质预测。因此,数学地质对于包括水文地质学在内的地质学,由定性描述为主,发展到定量研究的科学,将起巨大的推动作用,是地质科学现代化的有力武器。

13.3　水文地质试验

为测定水文地质参数和了解地下水的运动规律而进行的试验工作,叫水文地质试验。水文地质试验分为两类:野外试验和室内试验。其中,野外试验包括:抽水试验、放水试验、注水(压水)或渗水试验、连通试验、弥散试验(示踪试验)、流速、流向测定试验等。水文地质试验是水文地质调查中不可缺少的重要手段,许多水文地质资料,都需通过水文地质试验才能获得。

本章主要介绍水文地质调查中常用的抽水试验,辅以简单介绍其他几项试验。

13.3.1　抽水试验的目的和任务

抽水试验是通过从钻孔或水井中抽水,定量评价含水层富水性,测定含水层水文地质参数和判断某些水文地质条件的一种野外试验工作方法。

随着水文地质勘察阶段由浅入深,抽水试验在各个勘察阶段中都占有重要的比重。其成果质量直接影响着对调查区水文地质条件的认识和水文地质计算成果的精确程度。在整个勘察费用中,抽水试验的费用仅次于钻探工作费用;有时,整个钻探工程主要是为了抽水试验而进行。

抽水试验的目的、任务是:

(1)直接测定含水层的富水程度和评价井(孔)的出水能力;

(2)抽水试验是确定含水层水文地质参数(K、T、μ、μ^*、a)的主要方法;

(3)抽水试验可为取水工程设计提供所需的水文地质数据,如单井出水量、单位出水量、井间干扰系数等,并可根据水位降深和涌水量选择水泵型号;

(4)通过抽水试验,可直接评价水源地的可(允许)开采量;

(5)可以通过抽水试验查明某些其他手段难以查明的水文地质条件,如地表水与地下水之间及含水层之间的水力联系,以及边界性质和强径流带位置等。

从实例图13-6的抽水条件下的等水位线图可以准确地判断 F_1、F_2、F_3 断层具阻水性质,F_4 是透水的,水从北东和北西向补给。从图13-7的等水位线,可准确地判断含水层的各向异性、断层的导水性和抽水孔西南存在的岩性隔水边界。

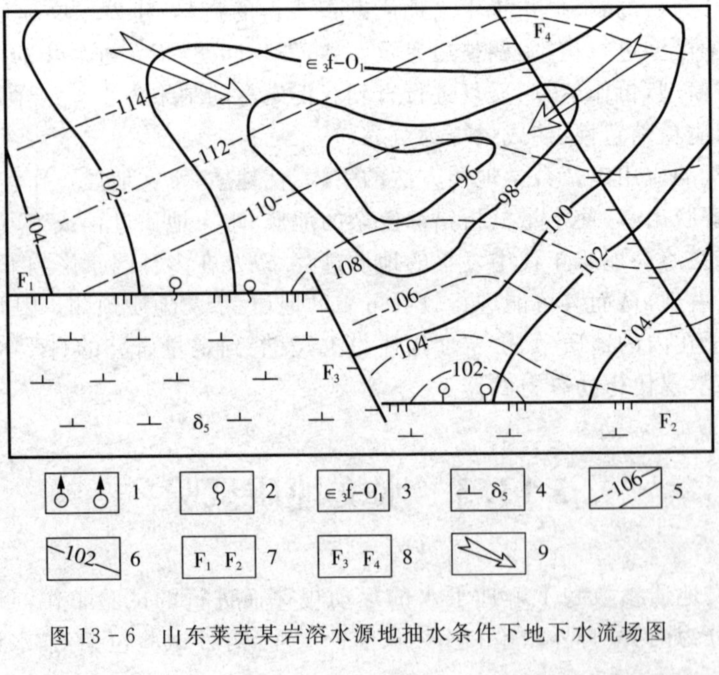

图13-6　山东莱芜某岩溶水源地抽水条件下地下水流场图

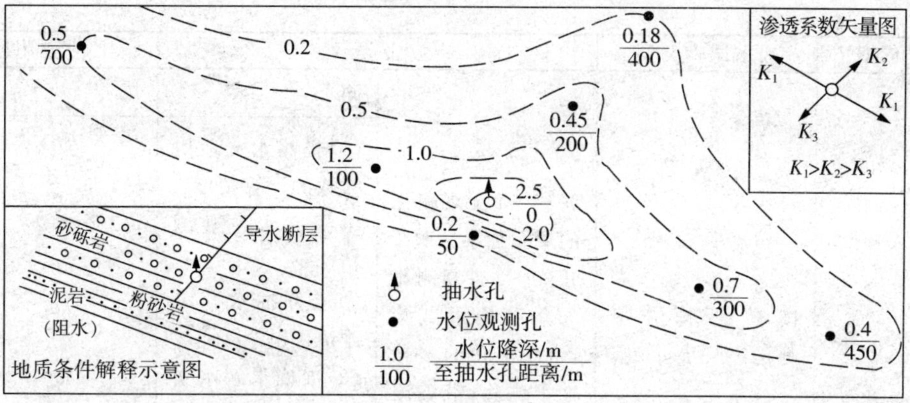

图 13-7　吉林省长岭县城北郊新第三系泰康组含水层抽水钻孔水位降深等值线示意图

1—抽水孔组；2—泉水，抽水试验后期干枯；3—结晶灰岩，灰岩和白云质灰岩(含水组)；4—燕山期闪长岩；5—抽水试验前的地下水等水位线(m)；6—抽水试验水位稳定时的地下水等水位线；7—压性断层，抽水条件下为阻水断层；8—张扭性断层，抽水条件下，F3 为阻水断层，F4 为透水断层；9—地下水流向

13.3.2　抽水试验的分类和各种抽水试验方法的主要用途

按抽水试验所依据的井流公式原理和主要的目的与任务，可将抽水试验划分为表13-3所示的各种类型。由表 13-3 所示的各种单一抽水试验类型，又可组合成多种综合性的抽水试验类型。如表 13-3 中的Ⅰ类和Ⅱ类抽水试验，可组合成稳定流单孔抽水试验和稳定流多孔干扰抽水试验，非稳定流单孔抽水试验和非稳定流多孔干扰抽水试验等。

表 13-3　抽水试验方法分类表

分类依据	抽水试验类型	亚类	主要用途
Ⅰ按井流理论	Ⅰ-1 稳定流抽水试验		(1)确定水文地质参数 K、$H(r)$、R； (2)确定水井的 $Q-S$ 曲线类型： ①判断含水层类型及水文地质条件； ②下推设计降深时的开采量
	Ⅰ-2 非稳定流抽水试验	Ⅰ-2-1 定流量非稳定流抽水试验 Ⅰ-2-2 定降深非稳定流抽水试验	(1)确定水文地质参数 μ^*、μ、K'/m'(越流系数)、T、a、B(越流因素)、$1/a$(延迟指数)； (2)预测在某一抽水量条件下，抽水流场内任一时刻任一点的水位下降值

（续表）

分类依据	抽水试验类型	亚类		主要用途
			同Ⅰ	
Ⅱ-1单孔抽水试验	按有无水位观测孔	Ⅱ-1-1无观测孔的单孔抽水试验 Ⅱ-1-2带观测孔的单孔抽水试验（带观测孔的多孔抽水试验；带观测孔的孔组抽水试验）	(1)提高水文地质参数的计算精度： ①提高水位观测精度 ②避开抽水孔三维流影响 (2)准确求解水文地质参数 (3)了解某一方向上水力坡度的变化，从而认识某些水文地质条件	
	Ⅱ-2干扰抽水试验	按试验目的规模	Ⅱ-2-1一般干扰抽水试验	(1)求取水工程干扰出水量 (2)求井间干扰系数和合理井距
			Ⅱ-2-2大型群孔干扰抽水试验	(1)求水源地允许开采量 (2)暴露和查明水文地质条件 (3)建立地下水流（开采条件下）模拟模型
Ⅲ按抽水试验的含水层数目	Ⅲ-1　分层抽水试验			单独求取含水层的水文地质参数
	Ⅲ-2　混合抽水试验			求多个含水层综合的水文地质参数

一般应根据地下水资源调查工作的目的和任务确定抽水试验类型。比如，在区域性地下水资源调查及专门性地下水资源调查的初始阶段，抽水试验的目的主要是获取含水层具代表性的水文地质参数和富水性指标（如钻孔的单位涌水量或某一降深条件下的涌水量），故一般选用单孔抽水试验即可。当只需要取得含水层渗透系数和涌水量时，一般多选用稳定流抽水试验；当需要获得渗透系数、导水系数、释水系数及越流系数等更多的水文地质参数时，则须选用非稳定流的抽水试验方法。进行抽水试验时，一般不必开凿专门的水位观测孔，但为提高所求参数的精度和了解抽水流场特征，应尽量用更多已有的水井作为试验的水位观测孔。当已有观测孔不能满足要求时，则需开凿专门水位观测孔。

在专门性地下水资源调查的详勘阶段，为获得开采孔群（组）设计所需水文地质参数（如影响半径、井间干扰系数等）和水源地允许开采量（或矿区排水量）时，则须选用多孔干扰抽水试验。当设计开采量(或排水量)远小于地下水补给量时,可选用稳定流的抽水试验方法;反之,则选用非稳定流的抽水试验方法。

13.3.3　抽水孔和观测孔的布置要求

1. 抽水孔(主孔)的布置要求

(1)布置抽水孔的主要依据是抽水试验的任务和目的,目的和任务不同,其布置原则也各异:

① 为求取水文地质参数的抽水孔,一般应远离含水层的透水、隔水边界。布置在含水层的导水及储水性质、补给条件、厚度和岩性条件等有代表性的地方;

② 对于探采结合的抽水井(包括供水详勘阶段的抽水井),要求布置在含水层(带)富水性较好或计划布置生产水井的位置上,以便为将来生产孔的设计提供可靠信息;

③ 欲查明含水层边界性质、边界补给量的抽水孔,应布置在靠近边界的地方,以便观测到边界两侧明显的水位差异或查明两侧的水力联系程度。

(2)在布置带观测孔的抽水井时,要考虑尽量利用已有水井作为抽水时的水位观测孔。

(3)抽水孔附近不应有其他正在使用的生产水井或其他与地下水有联系的排灌工程。

(4)抽水井附近应有较好的排水条件,即抽出的水能无渗漏地排到抽水孔影响半径区以外,特别应注意抽水量很大的群孔抽水的排水问题。

2. 水位观测孔的布置要求

(1)布置抽水试验水位观测孔的意义

① 利用观测孔的水位观测数据,可以提高井流公式所计算出的水文地质参数的精度。这是因为:观测孔中的水位不受抽水孔水跃值和抽水孔附近三维流的影响,能更真实地代表含水层中的水位;观测孔中的水位,由于不存在抽水主孔“抽水冲击”的影响,水位波动小,水位观测数据精度较高;利用观测孔水位数据参与井流公式的计算,可避开因 R、a 值选值不当给参数计算精度造成的影响。

② 利用观测孔的水位,可用多种作图方法求解稳定流和非稳定流的水文地质参数。

③ 利用观测孔水位,可绘制出抽水的人工流场图(等水位线或下降漏斗),可分析判明含水层的边界位置与性质、补给方向、补给来源及强径流带位置等水文地质条件。大型孔群抽水试验渗流场的时空特征,可作为建立地下水流数值模拟模型的基础。

(2)水位观测孔的布置原则

不同目的的抽水试验,其水位观测孔布置的原则是不同的。

① 为求取含水层水文地质参数的观测孔,一般应和抽水主孔组成观测线,所求水文地质参数应具有代表性。因此,要求通过水位观测孔观测所得到的地下水位降落曲线,对于整个抽水流场来说,应具有代表性。一般应根据抽水时可能形成的水位降落漏斗的特点来确定观测线的位置。

第一,均质各向同性、水力坡度较小的含水层,其抽水降落漏斗的平面形状为圆形,即在通过抽水孔的各个方向上,水力坡度基本相等,但一般上游侧水力坡度小于下游侧水力坡度,故在与地下水流向垂直方向上布置一条观测线即可(图 13-8(a))。

第二,均质各向同性、水力坡度较大的含水层,其抽水降落漏斗形状为椭圆形,下游一侧的水力坡度远较上游一侧大,故除垂直地下水流向布置一条观测线外,尚应在上、下游方向上各布置一条水位观测线(图 13-8(b))。

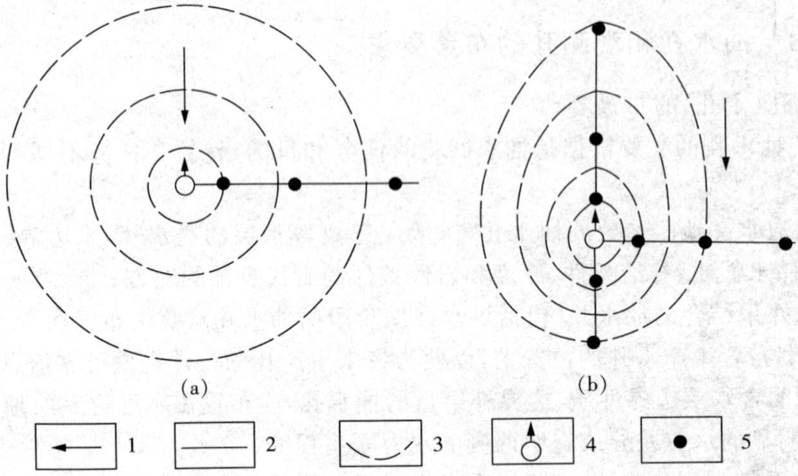

图 13-8 抽水试验水位观测线布置示意图

1—地下水天然流向;2—水位观测线;3—抽水时的等水位线;4—抽水主孔;5—水位观测孔

第三,均质各向异性的含水层,抽水水位降落漏斗常沿着含水层储、导水性质好的方向发展(延伸),该方向水力坡度较小;储、导水性差的方向为漏斗短轴,水力坡度较大。因此,抽水时的水位观测线应沿着不同储、导水性质的方向布置,以分别取得不同方向的水文地质参数。

第四,对观测线上观测孔数目的布置要求。观测孔数目:只为求参数,1 个即可;为提高参数的精度则需两个以上;如欲绘制漏斗剖面,则需 2～3 个。观测孔距主孔距离:按抽水漏斗水面坡度变化规律,愈近主孔距离应愈小,愈远离主孔距离应愈大;为避开抽水孔三维流的影响,第一个观测孔距主孔的距离一般应约等于含水层的厚度(至少应大于 10m);最远的观测孔,要求观测到的水位降深应大于 20cm;相邻观测孔距离,亦应保证两孔的水位差必须大于 20cm。

② 当抽水试验的目的在于查明含水层的边界性质和位置时,观测线应通过主孔、垂直于欲查明的边界布置,并应在边界两侧附近均布置观测孔。

③ 对欲建立地下水水流数值模拟模型的大型抽水试验,应将观测孔比较均匀地布置在计算区域内,以便能控制整个流场的变化和边界上的水位和流量,应在每个参数分区内都布置观测孔,便于流场拟合。

④ 当抽水试验的目的在于查明垂向含水层之间的水力联系时,则应在同一观测线上布置分层的水位观测孔。

⑤ 观测孔深度:要求揭穿含水层,至少深入含水层 10m～15m。

13.3.4 抽水试验的主要技术要求

这里仅讨论如何确定对抽水水量、水位降深和抽水延续时间的要求。有关试验所用的水泵和流量,水位观测仪器的选择,流量、水位的观测时间间隔和观测精度的具体要求,可参阅有关的生产规范(规程)。

1. 稳定流单孔抽水试验的主要技术要求

(1)对水位降深的要求

为提高水文地质参数的计算精度和预测更大水位降深时井的出水量，正式的稳定流抽水试验一般要求进行3次不同水位降深(落程)的抽水，要求各次降深的抽水连续进行；对于富水性较差的含水层或非开采含水层，可只做一次最大降深的抽水试验。对松散孔隙含水层，为有助于在抽水孔周围形成天然的反滤层，抽水水位降深的次序可由小到大排列；对于裂隙含水层，为了使裂隙中充填的细粒物质(天然泥沙或钻进产生的岩粉)及早吸出，增加裂隙的导水性，抽水降深次序可由大到小排列。

一般抽水试验所选择的最大水位降深值(S_{max})：潜水含水层，$S_{max}=(1/3\sim l/2)H$(H为潜水含水层厚度)；承压含水层，S_{max}小于或等于承压含水层顶板以上的水头高度。当进行3次不同水位降深抽水试验时，其余两次试验的水位降深，应分别等于最大水位降深值的1/3和1/2。但是，在一般情况下，当含水层富水性较好，而勘探中使用的水泵出水量又有限时，则很难达到上述抽水降深的要求。此时，要求S_{max}等于水泵的最大扬程(或吸程)即可。当S_{max}降深值不太大时，相邻两次水位降深之间的水头差值也不应小于1m。

根据抽水试验所求得的水文地质参数代表了抽水降落漏斗范围内含水层体积的平均参数，因此，抽水降深越大，所求得的水文地质参数代表性越好，但抽水投资会越大。应根据实际水文地质条件和经济条件确定适当的水位降深。

(2)抽水试验流量的设计

由于水井流量的大小主要取决于水位降深的大小，因此一般以求得水文地质参数为主要目的的抽水试验，无须专门提出抽水流量的要求。但为保证达到试验规定的水位降深，试验进行前仍应对最大水位降深时对应的出水量有所了解，以便选择适合的水泵。其最大出水量，可根据同一含水层中已有水井的出水量推测，或根据含水层的经验渗透系数值和设计水位降深值估算，也可根据洗井时的水量来确定。

欲作为生产水井使用的抽水试验钻孔，其抽水试验的流量最好能和需水量一致。

(3)对抽水试验孔水位降深和流量稳定后延续时间的要求

按稳定流抽水试验所求得的水文地质参数的精度，主要影响因素之一是抽水试验时抽水井的水位和流量是否真正达到了稳定状态。生产规范(规程)一般是通过规定的抽水井水位和流量稳定后的延续时间来做保证。如果抽水试验的目的仅为获得含水层的水文地质参数，水位和流量的稳定延续时间达到24h即可；如抽水试验的目的，除获取水文地质参数外，还必须确定出水井的出水能力，则水位和流量的稳定延续时间至少应达到48～72h或者更长。当抽水试验带有专门的水位观测孔时，距主孔最远的水位观测孔的水位稳定延续时间应不少于2～4h。此外，在确定抽水试验是否真正达到稳定状态时，还必须注意：①稳定延续时间必须从抽水孔的水位和流量均达到稳定后开始计算；②要注意抽水孔和观测孔水位或流量微小而有趋势性的变化。比如，有时间隔两次观测到的水位或流量差值，可能已小于生产规程规定的稳定标准。但是，这种微小的水位下降现象，却是连续地出现在以后各次的水位观测中。此种水位或流量微小而有趋势性的变化，说明抽水试验尚未真正进入稳定状态。如果抽水试验地段水位虽出现匀速的缓慢下降，其下降的速度又与受抽水影响地段的含水层水位的天然下降速度基本相同，则可认为抽水试验已达到稳定状态。

(4)水位和流量观测时间的总要求

抽水主孔的水位和流量与观测孔的水位，都应同时进行观测，不同步的观测资料，可能给水文地质参数的计算带来较大误差。水位和流量的观测时间间隔，应由密到疏，停抽后还应进行恢复水位的观测，直到水位的日变幅接近天然状态为止。

2. 非稳定流抽水试验的主要技术要求

非稳定流抽水试验，按泰斯井流公式原理，可设计成定流量抽水（水位降深随时间变化）或定降深抽水（流量随时间变化）两种试验方法。由于在抽水过程中流量比水位容易固定（因水泵出水量一定），在实际生产中一般多采用定流量的非稳定流抽水试验方法。只有在利用自流钻孔进行涌水试验（即水位降低值固定为自流水头高度，而自流量逐渐减少、稳定），或当模拟定降深的疏干或开采地下水时，才进行定降深的抽水试验。故本节将以定流量抽水为例，介绍非稳定流抽水试验的技术要求。

(1)对抽水流量值的选择要求

在定流量的非稳定流抽水中，水位降深是一个变量，故不必提出一定的要求，而对抽水流量值的确定则是重要的。在确定抽水流量值时，应考虑两种情况：①对于主要目的在于求得水文地质参数的抽水试验，选定抽水流量时只需考虑对该流量抽水到抽水试验结束时，抽水井中的水位降深不致超过所用水泵的吸程；②对于探采结合的抽水井，可考虑按设计需水量或按设计需水量的1/3～1/2的强度来确定抽水量，也可参考勘探井洗井时的水位降深和出水量来确定抽水流量。

(2)对抽水流量和水位的观测要求

当进行定流量的非稳定流抽水时，要求抽水量自始至终均保持定值，而不只是在参数计算取值段的流量为定值。对定降深抽水的水位定值要求亦如此。

同稳定流抽水试验要求一样，流量和水位观测应同时进行；观测的时间间隔应比稳定流抽水小；抽水停抽后恢复水位的观测，应一直进行到恢复水位变幅接近天然水位变幅时为止。由于利用恢复水位资料计算的水文地质参数，常比利用抽水观测资料求得的可靠，故非稳定流抽水恢复水位观测工作，更有重要意义。

(3)抽水试验延续时间的要求

对非稳定流抽水试验的延续时间，目前还没有公认的科学规定。但可根据试验的目的、任务和参数计算方法的需要，对抽水延续时间作出规定。

当抽水试验的目的主要是求得含水层的水文地质参数时，抽水延续时间一般不必太长，只要水位降深(S)-时间对数($\lg t$)曲线的形态比较固定和能够明显地反映含水层的边界性质即可停抽。我国一些水文地质学者，在研究含水层导水系数(T)随抽水延续时间的变化规律后得出结论：根据非稳定流抽水初期观测资料所计算出的不同时段的导水系数值变化较大；而当抽水延续到24h后所计算的T值与延续100h后计算的T值之间的相对误差，绝大多数情况下均小于5%。故从参数计算的结果考虑，以求参为目的的非稳定流抽水试验的延续时间，一般不必超过24h。

抽水试验的延续时间，有时也需考虑求参方法的要求。例如，当试验层为无界承压含水层时，常用配线法和直线图解法求解参数。前者虽然只要求抽水试验的前期资料，但后者从简便计算取值出发，则要求$S-\lg t$曲线的直线段（即参数计算取值段）至少能延续两个以分钟为单位的对数周期，故总的抽水延续时间达到3个对数周期，即达1000min。如有多个水位观测孔，则要求每个观测孔的水位资料均符合此要求。

当有越流补给时，如用拐点法计算参数，抽水至少应延续到能可靠判定拐点(S_{max})为止。如需利用稳定状态时段的资料，则水位稳定段的延续时间应符合稳定流抽水试验稳定延续时间的要求。

当抽水试验目的主要在于确定水井的涌水量(对定流量抽水来说，应为在某一涌水量条件下，水井在设计使用年限内的水位降深)时，试验延续时间应尽可能长一些，最好能从含水层的枯水期末期开始，一直抽到雨季初期；或抽水试验至少进行到 $S-\lg t$ 曲线能可靠地反映出含水层边界性质为止。如为定水头补给边界，抽水试验应延续到水位进入稳定状态后的一段时间为止；有隔水边界时，$S-\lg t$ 曲线的斜率应出现明显增大段；当无限边界时，$S-\lg t$曲线应在抽水期内出现匀速的下降。

3. 大型群孔干扰抽水试验的主要技术要求

(1)此类型(主要指表13-3中的Ⅱ-2-2类型抽水试验，一般指群孔抽水，大流量、大降深、强干扰、长时间的模拟生产条件的大型抽水试验)抽水试验的主要目的在于求得水源地的允许开采量或求矿井在设计疏干降深条件下的排水量，或对某一开采量条件下的未来水位降深做出预报。因此，大型群孔干扰抽水试验的抽水量，应尽可能接近水源地的设计开采量。当设计开采量很大(如 $5\times10^4 m^3$ 以上)或抽水设备能力有限时，抽水量至少也应达到水源地设计开采量的1/3以上。

(2)对大型群孔干扰抽水试验水位降深的要求，基本上和对抽水量的要求一样，即应尽可能地接近水源地(或地下疏干工程)设计的水位降深，一般或至少应使群孔抽水水位下降漏斗中心处达到设计水位降深的1/3。特别是当需要通过抽水时的地下水流场分析(查明)某些水文地质条件时，更必须有较大的水位降深要求。

(3)此类型抽水试验可以是稳定流的，也可以是非稳定流的。对于供水水文地质勘察来说，为获得水源地的稳定出水量，一般多进行稳定流的开采抽水试验。此稳定出水量，可以通过改变抽水强度直接确定出水源地最大降深时的稳定出水量(适用于地下水资源不太丰富的水源地)；也可通过进行三次水位降深的稳定流抽水试验，据流量(Q)与水位降深(S)关系曲线方程，下推设计条件下的稳定出水量。

(4)为提高水源地允许开采量的保证程度，抽水试验最好在地下水枯水期的后期进行；如还需通过抽水试验求得水源地在丰水期所获得的补给量，则抽水试验要求一直延续到雨季初期。

(5)为了实现大型群孔干扰抽水试验的各项任务，其抽水延续时间往往较长。按原地质矿产部《城镇及工矿供水水文地质勘察规范》(1986年颁布)的规定，如进行稳定流的抽水试验，要求水位下降漏斗中心水位的稳定时间不应少于一个月；但根据试验任务的需要，可以更长(如2～3个月或以上)。此外，还需注意的是，各抽水孔的抽水起、止时间应该是相同的；对抽水过程中水位和出水量的观测应该是同步的；对停抽后恢复水位的观测延续时间的要求，同一般稳定或非稳定流抽水试验。

13.3.5 抽水试验资料的整理

在抽水试验进行过程中，需要及时对抽水试验的基本观测数据——抽水流量(Q)、水位降深(S)及抽水延续时间(t)进行现场检查与整理，并绘制出各种规定的关系曲线。现场资料整理的主要目的是：①及时掌握抽水试验是否按要求正常地进行，水位和流量的观测成果是否有异常或错误，并分析异常或错误现象出现的原因。需及时纠正错误，采取补救措施，包括及时返工及延续抽水时间等，以保证抽水试验顺利进行。②通过所绘制的各种水位、流量与时间关系曲线及其与典型关系曲线的对比，判断实际抽水曲线是否达到水文地质参数计算的要求，并决定抽水试验是否需要缩短、延长或终止，并为水文地质参数计算提供基本的可靠的原始资料。

不同方法的抽水试验，对资料整理的具体要求也有所区别。

1. 稳定流单孔(或孔组)抽水试验现场资料整理的要求

对于稳定流抽水试验，除及时绘制出 $Q-t$ 和 $S-t$ 曲线外，还需绘制出 $Q-S$ 和 $q-S$ 关系曲线(q 为单位降深涌水量)。$Q-t$、$S-t$ 曲线可帮助我们及时了解抽水试验进行得是否正常；而 $Q-S$ 和 $q-S$ 曲线则可帮助我们了解曲线形态是否正确地反映了含水层的类型和边界性质，

检验试验是否有人为错误。图 13－9、图 13－10表示了抽水试验常见的各种 $Q-S$ 和 $q-S$ 曲线类型。图中曲线Ⅰ表示承压井流(或含水层厚度很大、降深相对较小的潜水井流)；曲线Ⅱ表示潜水或承压转无压的井流(或为三维流、紊流影响下的承压井流)；曲线Ⅲ表示从某一降深值起，涌水量随降深的加大而增加很少；曲线Ⅳ表明补给衰竭或水流受阻，随 S 加大 Q 反而减少；曲线Ⅴ通常表明试验有错误，但也可能反映在抽水过程中，原来被堵塞的裂隙、岩溶通道被突然疏通等情况的出现。

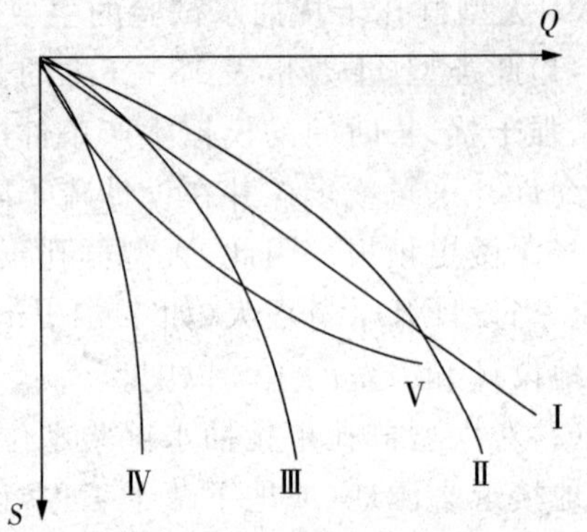

图 13－9 抽水试验的 $Q-S$ 曲线

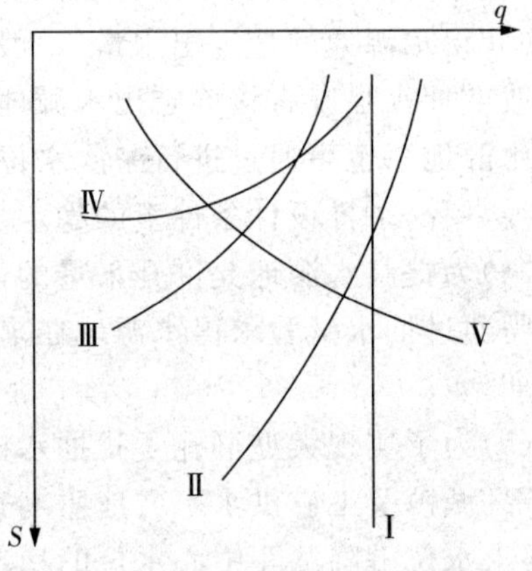

图 13－10 抽水试验的 $q-S$ 曲线

2. 非稳定流单孔(或孔组)抽水试验现场资料整理的要求

对于定流量的非稳定流抽水试验，在抽水试验过程中主要是编绘水位降深和时间的各类关系曲线。这些曲线，除用于及时掌握抽水试验进行得是否正常和帮助确定试验的延续、终止时间外，主要是为计算水文地质参数服务的。故须在抽水试验现场编绘出能满足所选用参数计算方法要求的曲线形式。在一般情况下，首先编绘的是 $S-\lg t$ 或 $\lg S-\lg t$ 曲线；当水位观测孔较多时，还需编绘 $S-\lg r$ 或 $S-\lg t/r^2$ 曲线(r 为观测孔至抽水主孔距离)；对于恢复水位观测资料，需编绘出 $S-\lg\left(1+\frac{t_P}{t}\right)$ 和 $S^*-\lg\frac{t}{t'}$ 曲线，其中：S 为剩余水位降深；S^* 为水位回升高度；t_P 为抽水主井停抽时间；t' 为从主井停抽后算起的水位恢复时间；t 为从抽水试验开始至水位恢复到某一高度的时间。

3. 群孔干扰抽水试验现场资料整理的要求

除编绘出各抽水孔和观测孔的 $S-t$(对稳定流抽水试验)、$S-\lg t$(对非稳定流抽水试验)曲线以及各抽水孔流量、群孔总流量过程曲线外,还需编绘试验区抽水开始前的初始等水位线图、不同抽水时刻的等水位线图、不同方向的水位下降漏斗剖面图及水位恢复阶段的等水位线图,有时还需编制某一时刻的等降深图。

13.3.6　其他水文地质野外试验

除抽水试验外,还有许多其他野外水文地质试验方法。现将常用的方法简介如下。

1. 渗水试验

渗水试验是一种在野外现场测定包气带土层垂向渗透系数的简易方法,在研究大气降水、灌溉水、渠水、暂时性表流等对地下水的补给时,常需进行此种试验。

试验方法:在试验层中开挖一个截面积约 0.3～0.5m^2 的方形或圆形试坑,不断将水注入坑中,并使坑底的水层厚度保持一定(一般为 10cm 厚,图 13-11),当单位时间注入水量(即包气带岩层的渗透流量)保持稳定时,则可根据达西渗透定律计算出包气带土层的渗透系数(K),即

$$K=V/I=\frac{Q}{WI} \tag{13-1}$$

式中:Q——稳定渗透流量,即注入水量(m^3);

V——渗透水流速度(m/d);

W——渗水坑的底面积(m^2);

I——垂向水力坡度。即

$$I=\frac{H_k+Z+l}{l}$$

式中:H_k——包气带土层的毛细上升高度,可测定或用经验数据;

Z——渗水坑内水层厚度;

l——水从坑底向下渗入的深度,可通过试验前在试坑外侧、试验后在坑中钻孔取土样测定其不同深度的含水量变化,经对比后确定。

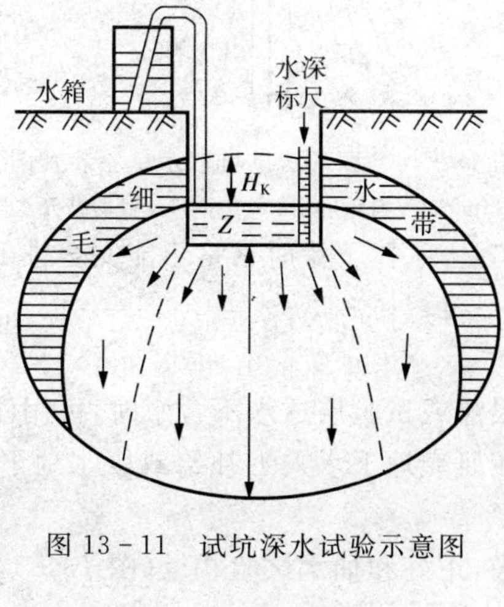

图 13-11　试坑深水试验示意图

由于 H_k、l、Z 均为已知，故可计算出水力坡度 I 值。但在通常情况下，当渗入水到达潜水面后，H_k 则等于零。又因 Z 远远小于 l，故水力坡度值近似等于 $l(I\approx1)$，于是式(13-1)变为

$$K=\frac{Q}{W}=V \tag{13-2}$$

式(13-2)说明，在上述基本合理的假定条件下，包气带土层的垂向渗透系数(K)，实际上就等于试坑底单位面积上的渗透流量(单位面积注入水量)，也等于渗入水在包气带土层中的渗透速度(V)。一般要求在试验现场及时绘制出 V 随时间的过程曲线(图 13-12)，其稳定后的 V 值(即图中的 V_7)即为包气带土层的渗透系数(K)。

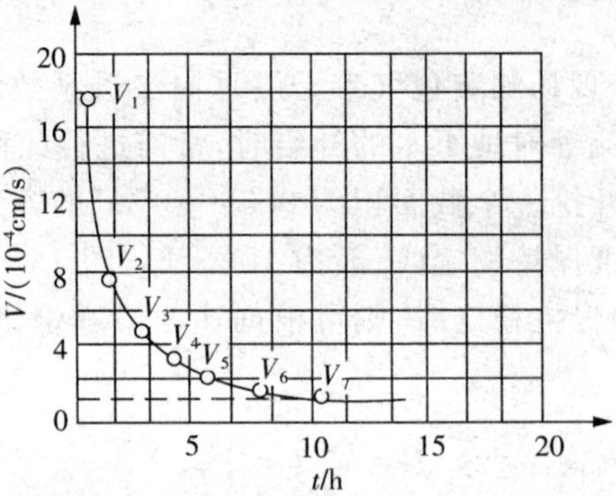

图 13-12　渗透速度与时间关系曲线图(据查依林)

由于直接从试坑中渗水，未考虑注入水向试坑以外土层中侧向渗入的影响(使渗透断面加大，单位面积入渗量增加)，故所求得的 K 值常常偏大。为克服此种侧向渗水的影响，目前多采用如图 13-13 所示的双环渗水试验装置，内外环间水体下渗所形成的环状水围幕即可阻止内环水的侧向渗透。

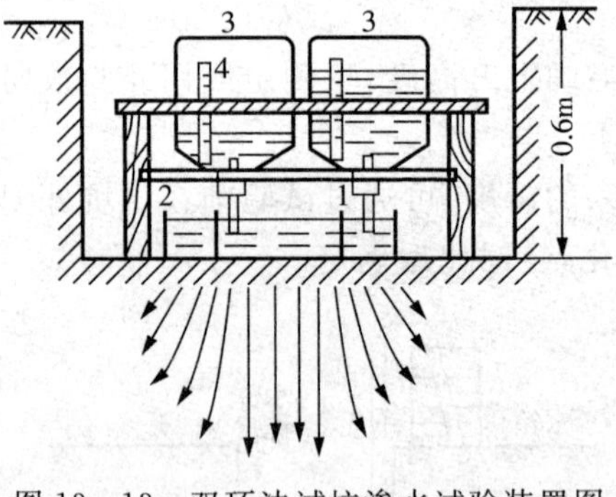

图 13-13　双环法试坑渗水试验装置图

1—内环(直径 0.25m)；2—内环(直径 0.5m)；3—自动补充水瓶；4—水量标尺

渗水试验方法的最大缺陷是，水体下渗时常常不能完全排出岩层中的空气，这对试验结果必然产生影响。

2. 钻孔注水试验

当钻孔中地下水位埋藏很深或试验层透水不含水时，可用注水试验代替抽水试验，近似地测定该岩层的渗透系数。在研究地下水人工补给或废水地下处置的效率时，也需进行钻孔注水试验。

注水试验形成的流场图像，正好和抽水试验相反(图 13-14)。抽水试验是在含水层天

然水位以下形成上大、下小的正向疏干漏斗；而注水试验则是在地下水天然水位以上形成反向的充水漏斗。

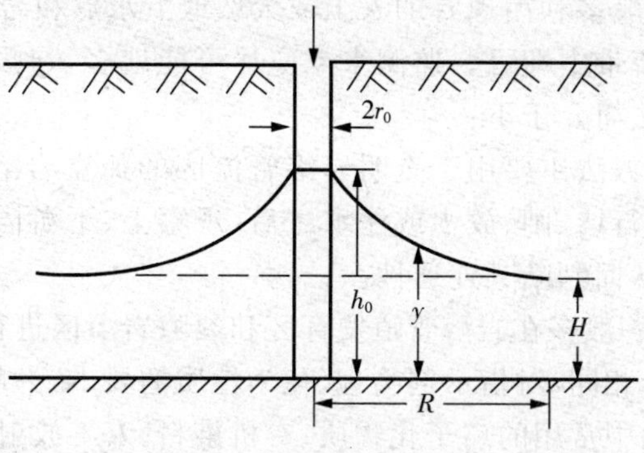

图 13－14　潜水注水井示意剖面图

对于常用的稳定流注水试验。其渗透系数计算公式的建立过程与抽水井的裘布依 K 值计算公式原理相似。其不同点仅是注入水的运动方向和抽水井中地下水运动方向相反，故水力坡度为负值。

对于潜水完整注水井，其注(涌)水量公式为

$$Q=\pi K\frac{h_0^2-H^2}{\lg R-\lg r_0} \tag{13-3}$$

式中：Q——钻孔注水量(m^3)；

K——注水试验目的层渗透系数(m/d)；

h_0——注水孔内的动水位(m)；

H——注水前的天然地下水位(m)；

R——注水形成的方向漏斗影响半径(m)；

r_0——注水孔半径(m)。

对于承压完整注水井，其注(涌)水量公式为

$$Q=2\pi KM\frac{h_0-H}{\lg R-\lg r_0} \tag{13-4}$$

式中：M——承压含水层厚度(m)。

注水试验时可向井内定流量注水，抬高井中水位，待水位稳定并延续一定时间后，可停止注水，观测恢复水位。稳定后延续时间要求与抽水试验相同。

由于注水试验常常是在不具备抽水试验条件下进行的，故注水井在钻进结束后，一般都难以进行洗井(孔内无水或未准备洗井设备)。因此，用注水试验方法求得的岩层渗透系数往往比抽水试验求得的值小得多。

3. 连通试验

连通试验实质上也是一种示踪试验，在上游某个地下水点(水井、坑道、岩溶竖井及地下暗河表流段等)投入某种指示剂，在下游诸多的地下水点(除前述各类水点外，尚包括泉水、岩溶暗河出口等)监测示踪剂是否出现，以及出现的时间和浓度。试验的目的主要是查明地下水的运动途径、速度，地下河系的连通、延展与分布情况，地表水与地下水的转化关系，以及矿坑涌水的水源与通道等问题。以上问题的查明，对地下水资源计算，水资源保护，确定

矿床疏干、水库水漏失途径，均有很大意义。

连通试验主要是查明水文地质条件。因此，对试验井点布置及试验方法没有弥散示踪试验那样严格的要求，一般多利用现有的人工或天然地下水点和岩溶通道，只要监测水点设在投源水点下游的主径流带中即可。监测水点应尽可能地多，与投源井距离亦无需严格要求。现将常用的试验方法简介于下：

(1)水位传递法。本方法主要用于查明岩溶管流区的孤立岩溶水点间的联系。一般是利用天然的岩溶通道，进行堵、闸、放水或注水之后，观察上、下游岩溶水点(包括钻孔)的水位、流量及水质的变化，从而判断其连通性。

(2)指示剂投放法。一般多在岩溶管道发育区和裂隙岩溶区进行此种试验。试验方法与前面所讲的示踪试验基本相同，对指示剂物理、化学性质的要求，一般只要无毒无害即可。所用指示剂除前述弥散试验中常用的离子化物质、有机染料、人工放射性同位素、碳氟化合物和酵母菌之外，尚可选用谷糠、锯屑、石松孢子、漂浮纸片等作为指示剂(物)，对于流量较大的地下暗河，还可用浮漂、定时炸弹和电磁波发射器来查明暗河途经位置。近年，一种微小彩色塑料粒子的示踪物受到欢迎。此法除能查明水点间的连通性外，还可大致估算地下水流速。

(3)对于无水通道，可用烟熏、施放烟幕弹和灌水等方法，探明连通通道及其连通程度。

13.4 地下水动态观测

含水层(含水系统)经常与环境发生物质、能量与信息的交换，时刻处于变化之中。在与环境相互作用下，含水层各要素(如水位、水量、水化学成分、水温等)随时间的变化，称作地下水动态。

地下水要素之所以随时间发生变动，是含水层(含水系统)水量、盐量、热量、能量收支不平衡的结果。例如，当含水层的补给水量大于其排泄水量时，储存水量增加，地下水位上升；反之，当补给量小于排泄量时，储存水量减少，水位下降。同样，盐量、热量与能量的收支不平衡，会使地下水水质、水温或水位发生相应变化。

地下水动态反映了地下水要素随时间变化的状况，为了合理利用地下水或有效防范其危害，必须掌握地下水动态。地下水动态提供给我们关于含水层或含水系统的不同时刻的系列化信息，因此，在检验所作出的水文地质结论，在论证人们所采用的利用或防范地下水的水文地质措施是否得当时，地下水动态资料是最权威的判据。

13.4.1 地下水动态的形成机制

地下水动态是含水层(含水系统)对环境施加的激励所产生的响应，也可理解为含水层(含水系统)将输入信息变换后产生的输出信息。以下我们举例加以说明。

我们试来分析一次降雨对地下水水位的影响。一次降雨，通常持续数小时到数天，我们不妨把它看做是发生于某一时刻的“脉冲”。降雨入渗地面并在包气带下渗，达到地下水面后才能使地下水位抬高。同一时刻的降雨，在包气带中通过大小不同的空隙以不同速度下渗。当运动最快的水滴到达地下水面时，地下水位开始上升，占比例最大的水量到达地下水面时，地下水位的上升达到峰值，运动最慢的水滴到达地下水面以后，降水的影响便告结束。这样，与一个降水脉冲相对应，作为响应的地下水位的抬升便表现为一个波形。或者说，经过含水层(含水系统)的变换，一个脉冲信号变成了一个波信号。与对应的脉冲相比较，波的出现有一个时间滞后 a，并持续某一时间延迟 b（图 13－15）。

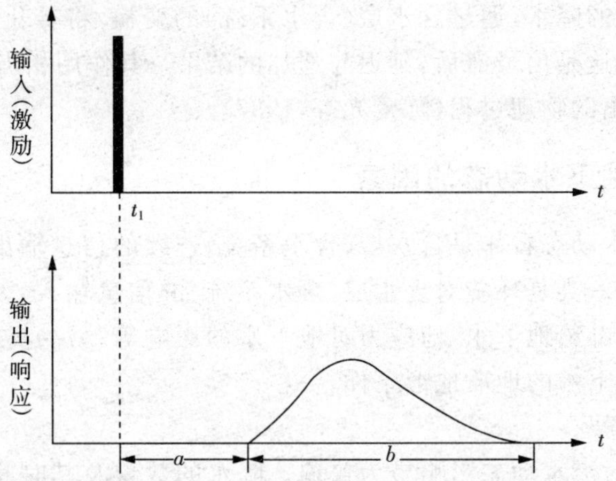

图 13－15　输入与输出的对应关系

a—时间滞后；b—时间延迟

当相邻的两次或更多次降雨接近，各次降雨引起的地下水抬升的波形便会相互迭合。当各个波峰某种程度迭加时，会迭合成更高的波峰（图 13－16a、b、c），地下水位会出现一个峰值。然而，实际情况下往往多是各个波形的波峰与波谷迭合，削峰填谷，构成平缓的复合波形（图 13－16d、e、f）。

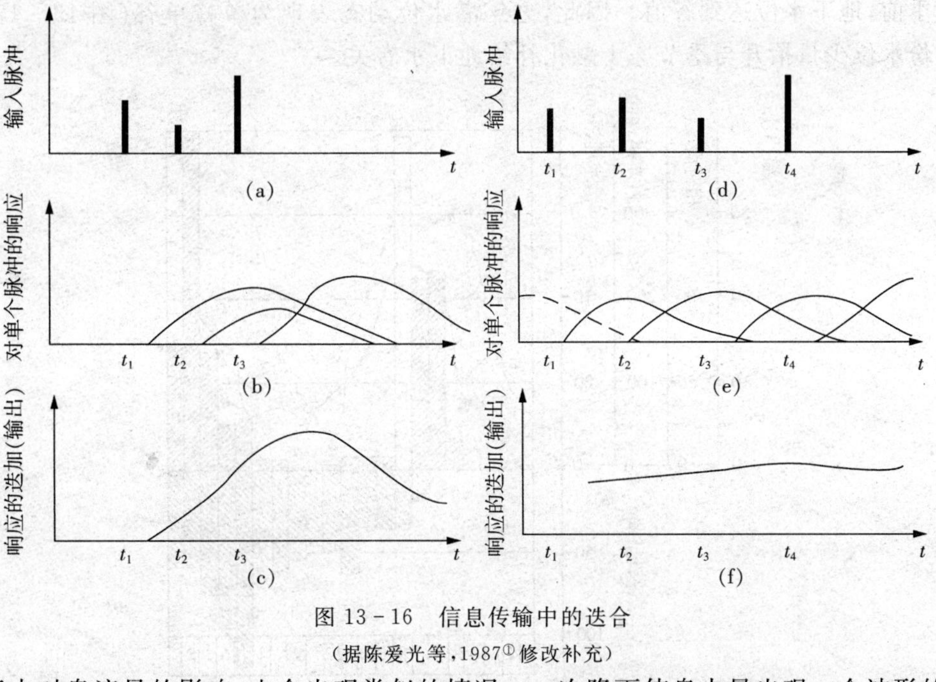

图 13－16　信息传输中的迭合

（据陈爱光等，1987[①] 修改补充）

降水对泉流量的影响，也会出现类似的情况。一次降雨使泉水量出现一个波形的增加，若干次降雨所引起的波形相迭合，削峰填谷的结果，会使泉流量远较降水变化为稳定。北方

①陈爱光、徐恒力编著，1987，地下水系统与地下水系统分析。

许多岩溶大泉流量动态之所以很稳定，原因就在此。

由此可见，间断性的降水，通过含水层（含水系统）的变换，将转化成比较连续的地下水位变化或泉流量变化，这是信号滞后，延迟与迭加的结果。其作用相当于高频信号通过滤波器变换为低频信号输出的物理过程（陈爱光等，1987）。

13.4.2　影响地下水动态的因素

如果我们把地下水动态看作是含水层（含水系统）连续的信息输出，就可将影响地下水动态的因素分为两类，一类是环境对含水层（含水系统）的信息输入，如降水、地表水对地下水的补给，人工开采或补给地下水，地应力对地下水的影响等；另一类则是变换输入信息的因素，主要涉及赋存地下水的地质地形条件。

1. 气象（气候）因素

气象（气候）因素对潜水动态影响最为普遍。降水的数量及其时间分布，影响潜水的补给，从而使潜水含水层水量增加，水位抬升，水质变淡。气温、湿度、风速等与其他条件结合，影响着潜水的蒸发排泄，使潜水水量变少，水位降低，水质变咸。

气象（气候）要素周期性地发生昼夜、季节与多年变化，因此，潜水动态也存在着昼夜变化、季节变化及多年变化。其中季节变化最为显著且最有意义。我国东部属季风气候区，雨季出现于春夏之交。大体自南而北由 5 月至 7 月先后进入雨季，降水显著增多，潜水位逐渐抬高，并达到峰值。雨季结束，补给逐渐减少，潜水由于径流及蒸发排泄，水位逐渐回落，到翌年雨季前，地下水位达到谷值。因此，全年潜水位动态表现为单峰单谷（图 13－17）。图中 3 月份水位少量抬升与季节冻土融化补给地下水有关。

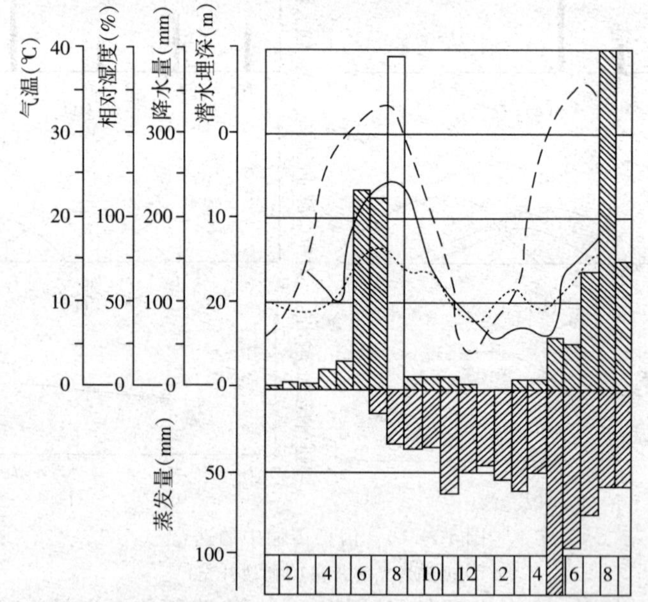

图 13－17　潜水动态曲线（1954～1955，北京）

1—气温；2—相对湿度；3—降水量；4—潜水位；5—蒸发量（1954 年 1～6 月，1955 年 4 月蒸发量缺资料）

在分析气象因素对潜水位的影响时，必须区分潜水位的真变化与伪变化。潜水位变动伴随的相应的潜水储存量的变化，这种水位变动是真变化。某些并不反映潜水水量增减的潜水位变化，便是伪变化。例如，当大气气压开始降低时，处于包气带之下的潜水面尚未感受到其影响，暴露于大气中的井孔中的地下水位却因气压降低而水位抬升。当然，气压突然增加时井孔地下水位也会呈现与含水层不同步的下降。

气候还存在多年的周期性波动。例如，周期为 11 年的太阳黑子变化，影响丰水期与干旱期的交替，从而使地下水位呈同一周期变化(图 13-18)。

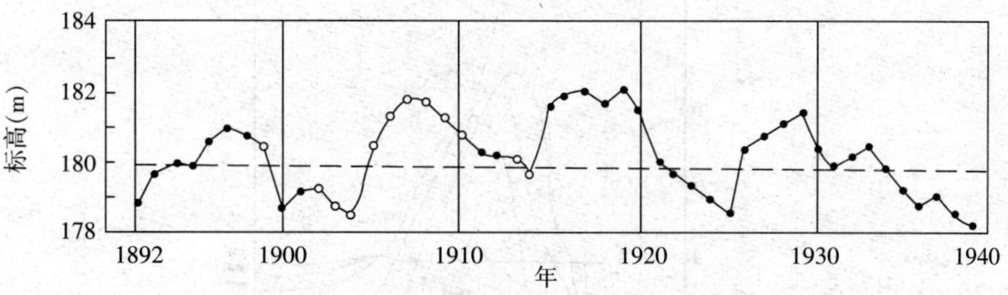

图 13-18　前苏联卡明草原地下水位变化图

(阿利托夫斯基等，1956)

(根据每年 9 月 1 日水位资料绘成；实点为实测水位，空心点为水位的可值)

对于重大的长期性地下水供排水设施，应当考虑多年的地下水位与水量的变化。供水工程应根据多年资料分析地下水位最低时水量能否满足要求。排水要考虑多年最高地下水位时的排水能力。缺乏地下水多年观测资料时，则可利用多年的气象、水文资料，或者根据树木年轮、历史资料与考古资料，推测地下水多年动态。

2. 水文因素

地表水体补给地下水而引起地下水位抬升时，随着远离河流，水位变幅减小，发生变化的时间滞后。河水对地下水动态的影响一般为数百米至数公里，此范围以外，主要受气候因素的影响(图 13-19)。

3. 地质因素

地质因素是影响输入信息变换的因素。当降水补给地下水时，包气带厚度与岩性控制着地下水位对降水的响应。潜水埋藏深度愈大，对降水脉冲的滤波作用愈强；相对于降水，地下水位抬高的时间滞后与延迟愈长；水位历时曲线呈现为较宽缓的波。包气带岩性的渗透性愈好，则滤波作用愈弱；地下水位抬升的时间滞后与延迟小；水波历时曲线波形较陡。

潜水储存量的变化是以给水度 μ 与水位变幅 Δh 的乘积表示的。当储存量变化相同时，给水度愈小，水位变幅便愈大。最典型的情况是岩溶水。岩溶化岩层渗透性良好但岩溶率(相当于给水度)则较低，岩溶水的包气带缺乏滤波作用，较小的岩溶率则起了放大地下水位对降水补给的响应，地下水位变幅在分水岭地区可达数十米甚至更多。

河水引起潜水位变动时，含水层的透水性愈好，厚度愈大，含水层的给水度愈小，则波及范围愈远。

对于承压含水层来说，隔水顶板限制了它与外界的联系，它主要通过补给区(潜水分布区)与大气圈与地表水圈发生联系；当顶板为弱透水层时，还通过弱透水顶板与外界联系。由于以上原因，承压水动态变化通常比潜水小。在前一种情况下，接受降水补给时，补给区的潜水位变化比较明显，随着远离补给区，变化渐弱，以至于消失。从补给区向承压区传递降水补给影响时，含水层的渗透性愈好，厚度愈大，给水度愈小，则波及的范围愈大。承压含水层埋藏愈深，构造封闭性愈好，与外界的水力联系愈弱，则由于大气圈及地表水圈变化而引起的动态变化愈微弱。

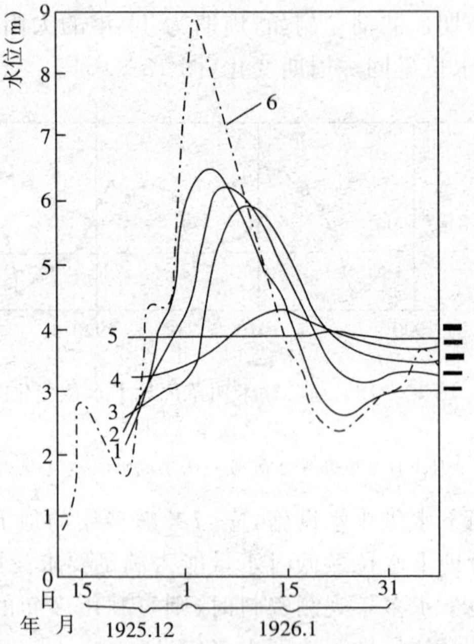

图 13-19 莱茵河洪水对潜水的影响
(转引自卡明斯基，1958)
1、2、3、4、5—观测井潜水位，数字大的距河远；6—莱茵河水位

承压含水层的水位变动还可以由于固体潮、地震等引起，这时地质因素成为环境对地下水的输入。

在内陆地区，承压含水层中可观测到周期为 12 小时的测压水位波动。这是由于月亮和太阳对地球吸引造成的。当月亮运行到某点"头顶"时，由于月亮的吸引，承压含水层因载荷减少而引起轻度膨胀，测压水位便下降。月亮远离时，承压含水层载荷增加，轻度压缩，测压水位便上升(陈葆仁 等，1988)。由固体潮引起的地下水位变幅可达数厘米。

由于地震波的传递，大地震可以使距震中数千公里以外的某些敏感的深层承压水井产生厘米级的水位波动(陈葆仁 等，1988)。据认为，这是由于地震孕震及发震过程中地应力的变化使岩层压缩或膨胀，从而引起震区以至远方孔隙水压力的异常变化，承压含水层测压水位因而波动。与此相应，有时震前地下水化学成分也会改变。与其他方法配合，监测地下水动态可以作为预报地震的一种重要手段。

应当注意，固体潮、地震等引发的地下水位波动只是能量的传递而不涉及地下水储存量的变化。这种能量传递距离远，速度快。例如，1950 年 12 月 9 日阿根廷－智利边境发生大地震，40 分钟后远在 8050km 之外的美国威斯康星州密尔窝基城一个深井发生不到 5cm 的测压水位波动，地震波传递速率约为 200km/min(陈葆仁 等，1988)。

13.4.3　地下水天然动态类型

潜水与承压水由于排泄方式及水交替程度不同，动态特征也不相同。

潜水及松散沉积物浅部的水，可分为三种主要动态类型：蒸发型、径流型及弱径流型。

蒸发型动态出现于干旱半干旱地区地形切割微弱的平原或盆地。此类地区地下水径流微弱，以蒸发排泄为主。雨季接受入渗补给，潜水位普遍以不大的幅度（通常为 1m～3m）抬升，水质相应淡化。随着埋深变浅，旱季蒸发排泄加强，水位逐渐下降，水质逐步盐化。降到一定埋深后，蒸发微弱，水位趋于稳定。此类动态的特点是：年水位变幅小，各处变幅接近，水质季节变化明显，长期中地下水不断向盐化方向发展，并使土壤盐渍化。

径流型动态广泛分布于山区及山前。地形高差大，水位埋藏深，蒸发排泄可以忽略，以径流排泄为主。雨季接受入渗补给后，各处水位抬升幅度不等。接近排泄区的低地，水位上升幅度小；远离排泄点的高处，水位上升幅度大；因此，水力梯度增大，径流排泄加强。补给停止后，径流排泄使各处水位逐渐趋平。此类动态的特点是：年水位变幅大而不均（由分水岭到排泄区，年水位变幅由大到小），水质季节变化不明显，长期则不断趋于淡化。

气候湿润的平原与盆地中的地下水动态，可以归为弱径流型。这种地区地形切割微弱，潜水埋藏深度小，但气候湿润，蒸发排泄有限，故仍以径流排泄为主，但径流微弱。此类动态的特征是：年水位变幅小，各处变幅接近，水质季节变化不明显，长期中向淡化方向发展。

承压水均属径流型，动态变化的程度取决于构造封闭条件。构造开启程度愈好，水交替愈强烈，动态变化愈强烈，水质的淡化趋势愈明显。

地下水动态与均衡的研究，必须建立在水文地质长期观测的基础之上。长期观测的主要任务，是查明地下水动态的形成规律，研究地下水均衡及预测地下水动态变化趋势等，从而为利用或调节地下水动态，提供科学依据。

13.4.4　地下水动态观测要求及其资料整理

1. 地下水动态观测的要求

动态观测的要求，视地区、目的、任务及勘探阶段而定。

(1)初步勘察阶段：建立控制性观测点，观测持续时间应满足一个水文年，对于小型水源地或设计开采量远远小于补给量的水源地可缩短到半年（含枯水期），初步掌握地下水动态规律。

(2)详细勘察阶段：健全地下水动态观测点、网。在多含水层地段，应分层（段）观测。观测持续时间一般不少于一个水文年，用以查明地下水动态年内变化规律，确定地下水动态类型及影响因素，计算水均衡参数，进行地下水动态趋势预报。

(3)开采阶段：应在详细勘察阶段观测点、网的基础上，根据地下水开采管理模型和因开采而出现的水文地质问题，调整观测点、网，查明地下水动态年际变化规律，开采降落漏斗范围及发展趋势。为扩大水源地和研究水源地区域水位下降、水质污染和恶化、地面沉降、地面塌陷、海水入侵等环境水文地质工程地质问题，提供基础资料。

地下水动态观测项目应包括水位、水温、水质以及涌水量四方面内容。

(1)地下水水位观测，一般每 5 天观测一次，丰水期或水位急骤变化期可增加观测频率。对于大面积开采地下水的地区，为了解枯、丰水期区域水位的变化，应增设临时统测点、网，同时还应选择典型观测孔，用自记水位计连续观测。

(2)地下水水温观测，一般要求选择控制性观测点，与地下水水位同时观测。

(3)地下水水质观测，一般在枯、丰水期分别采样，观测水质的季节性变化。地下水受污染的地区，可增加采样次数和分析项目。

(4)地下水水量观测，一般应逐旬对地下水天然露头(泉、地下河出口等)及自流井进行流量观测，雨季加密观测。每年对生产井开采量至少进行一次系统调查和测量。

为查明地下水动态与当地水文、气象因素的相互关系，应系统搜集测绘范围内多年的水文、气象资料。在水文、气象资料不能满足地下水均衡计算的地区，应对水文、气象做短期观测工作。

2. 地下水动态观测资料整理

地下水动态观测资料整编步骤：考证基本资料，审核原始监测资料，编制成果图表，编写资料整编说明，整编成果的审查验收、存贮与归档。

地下水动态观测资料整理要求如下：

(1)地下水动态观测各项实际资料必须及时整理，认真审查，编录地下水动态观测资料统计表。

(2)编制地下水动态观测实际材料图，绘制地下水水位、水温、水质动态单项历时曲线及综合历时曲线，必要时应绘制地下水动态与开采量、气象、水文等关系曲线图。

(3)利用地下水动态观测资料，结合气象、水文、水文地质和地下水开发利用等资料，进行水文地质参数分析与计算，确定和选用合理的水文地质参数，为地下水资源计算与评价提供基础依据。可以利用动态资料分析法计算降水入渗系数、水位变动带给水度、含水层渗透系数、潜水蒸发系数、潜水蒸发极限深度等参数。

(4)利用地下水动态观测资料，结合气象、水文、水文地质和地下水开发利用等资料，进行地下水资源计算与评价，为国民经济发展和生态环境建设提供水资源保障。

地下水动态简报分汛期地下水动态简报和年地下水动态简报。编制内容应包括如下几个方面：

(1)本年(汛期)内降水量的时空分布概况，与上年汛期降水量时空分布的比较，与多年平均(多年汛期平均)降水量的比较；

(2)本年(汛期)末及年(汛期)内最高、最低地下水位(或埋深)的时空分布概况，与上年(汛期)末及年(汛期)内最高、最低地下水位(或埋深)时空分布的比较；

(3)本年(汛期)内地下水开采量与上年(汛期)地下水开采量的比较；

(4)本年(汛期)内水文地质环境问题概况与上年(汛期)水文地质环境问题的比较；

(5)降水量、开采量、水位(或埋深)、水质的动态变化对当地地下水资源量的影响；

(6)编制上述所列内容的统计表，编制年降水量等值线图、年末及年内最高、最低地下水位(或埋深)等值线图表，格式及编图说明可由各省自治区直辖市自行制定。汛期地下水动态简报于当年11月下旬发布，年地下水动态简报于次年3月下旬发布。

地下水动态分析报告提纲内容包括：

(1)目的及意义；(2)气象水文及水文地质条件；(3)地下水动态的影响因素及类型划分；(4)利用动态资料计算水文地质参数；(5)地下水动态变化规律及趋势分析；(6)结论及建议；(7)附图附表，包括实际材料图(井孔平面图)、水文地质剖面图、井孔柱状图、地下水动态曲线图(水位、水量、水温、水质)及动态求参数据表。

13.5　水文地质图的编制要求

水文地质图，是在对一个地区进行水文地质调查研究以后，根据所取得的资料进行整理分析综合研究编制的成果图，它与文字报告及附录组成调查成果。水文地质图是总结与反映一个地区地下水资料的主要手段，它集中反映该地区地下水形成与分布规律，反映出地下水与周围环境相互作用下的变化趋势，从而为国民经济各部门利用或防范地下水提供科学依据或作为进一步调查的科学指导。

地下水受到各种变化着的因素的影响，使其水量、水质及其他要素随时间和空间而变化。因此，它本身是一种可变动的天然资源。另外，为各种目的去研究地下水时，其侧重点也不相同，这就决定了水文地质图的复杂性和多样性。各种变动着的水文地质要素，用一张图是难以概括的，因此采用一系列图——水文地质图系加以反映。包括有综合水文地质图、地下水化学图、地下水总矿化度或某种主要离子等值线图、地下水等水位(压)线图及埋藏深度图、水位变化幅度图、水量分布图、地下水开发利用规划图、地下水开采利用条件图等。它与实际材料图、地质图、第四纪地质图、地貌图等基础图件共同组成水文地质报告附图。

上述图件并不是在任何情况下都必须全部编制的，必须根据工作区客观实际情况和工农业发展的需要有所取舍。其中实际材料图、地质图、综合性水文地质图、地下水化学图是基本的，地貌图对于中小比例尺测绘亦属必要，而在1∶5万或更大比例尺测绘时，则可根据地区情况及任务性质，必要时才单独编制。岩溶图仅在岩溶发育地区编制。第四纪地质图仅在第四纪地层分布超过总面积25%，而松散沉积物厚度大于10m以上时才单独编制。在平原地区，尤其是农业生产基地或将要开发地区，必须编制潜水等水位线图及埋藏深度图。农业需水但又缺水地区，进行较大比例尺(1∶5万或更大)测绘时，必须详尽收集群众打井开发利用地下水的资料，与当地水利部门合作编制地下水开发利用规划图及开采利用条件图。而在城市供水时，还可考虑编制水位变化幅度图、水质矿化度等。在地下水已受污染的地区还需作污染组分分布图及各种主要污染组分等值线图。当然也可编制不同比例尺的图件作镶图或插图提交。

以下仅就综合水文地质图的编制做简要介绍。

1. 综合水文地质图编图目的及任务

综合水文地质图是1∶20万～1∶5万水文地质测绘的主要图件，它是在地质、地貌、构造图的基础上编制的，它应全面、扼要、清晰地反映测区的水文地质特征，服务于国民经济各部门。其主要任务是：

(1)阐明测区地下水的埋藏类型及其埋藏条件、水量、水质分布变化规律，含水层的时代及岩性成分；

(2)反映地下水的形成特点；

(3)提出对地下水近期开发利用和远景规划所必需的数据资料。

2. 编制综合水文地质图的基本原则

编图原则即编图依据，只有把握住那些决定地下水具有不同特点的影响因素，才能科学地反映区域水文地质规律。因此，这些影响因素便是编图时应考虑的原则：

(1)考虑地下水存在的自然地理及地质环境(即地质、地貌、构造、自然地理条件)。因为自然地理及地质环境决定着地下水赋存条件、水力特征等。地下水所处自然地理及地质环境的差异,就是地下水形成条件、分布规律具有不同特征的最本质原因;

(2)考虑含水介质本身的特点。即岩层在富水性方面的差异,这种差异是控制地下水分布及富水程度的重要因素;

(3)地下水水质的变化规律。地下水水质是区域自然地理、地质、水文地质条件的综合作用下的产物,是阐述区域地下水形成条件的重要依据之一,亦是直接为生产服务必须考虑的重要指标。

总之,考虑编图原则时,应从质、量及动态等方面的变化规律着手,分析研究实际资料,从中找出控制地下水形成的主要因素,并结合编图目的,调查比例尺及地区研究程度和复杂程度,拟定出较符合该地区各种条件的编图原则。

3. 综合水文地质图的内容

综合水文地质图常由平面图、镶图及剖面图组成。平面图为主图。镶图是在条件复杂的地区,为减轻平面图负担,编制比平面图比例尺小的镶图,用以弥补平面图的不足。小镶图内容比较单一,常常是概括地反映某些水文地质特征,反映区域性的规律。剖面图是用来反映地下水在垂向上的分布特征,尤其是反映含水层的结构特征。下面着重谈谈综合水文地质图——平面图的主要内容及编图方法。

(1)综合水文地质图上的基本内容:

① 基岩的时代、岩性和构造;

② 第四纪沉积的时代、成因类型和岩性;

③ 含水岩系、非含水岩系和含水岩系的富水性;

④ 地下水的类型和矿化度;

⑤ 地下水的化学成分;

⑥ 与地下水有关的自然地质现象,主要的水文地质控制点;

⑦ 地下水的埋藏深度、地下水汇集带、自流水分布范围;

⑧ 地表水体及地表水与地下水互相转化地段,地表水与地下水的补给排泄关系;

⑨ 与地下水有关的人为设施及人为影响的水文地质现象(如排水渠系,地下水位开采漏斗等);

⑩ 代表性的井、泉、钻孔等控制性水点,并标出水位、涌水量、化学成分等;

⑪ 水文地质分区,并附简要水文地质说明;

⑫ 反映深部地质、水文地质状况,并附井、泉、钻孔及有关实际材料的典型水文地质剖面。

(2)图上各种内容的含义及表示方法

① 关于含水岩系和非含水岩系

含水岩系是指含水特征相同或相似的一套岩层或岩石,亦称含水岩组。它可以是一个时代的岩层,也可以是不同时代的岩层,只要它们的含水特征相同或相似,能形成统一的地下水循环系统,在形成条件上具有一致性,就可以归并到一个含水岩系(组)。目前大多根据岩石学方法划分含水岩组,它能较全面地反映地区地质环境及水文地质特征,这些含水岩组是:松散岩类含水岩组,碎屑岩类含水岩组、碳酸盐岩类含水岩组、岩浆岩类含水岩组及变质岩类含水岩组。

然后根据地下水的赋存条件及水力特征，将地下水划分为五种基本类型，作为编图基础。五种基本类型是松散岩类孔隙水、碎屑岩类裂隙孔隙水、碳酸盐岩类裂隙溶洞水（或称岩溶水）、基岩裂隙水（包括断层脉状水）及冻结层水。任何一个含水岩组，在不同情况下可归属不同类型。每种类型可根据不同情况划分为若干亚类（表 11－3）。以上五种地下水类型分别采用五种规定的谱染色表示，亚类采用接近的谱染色表示，并按色调深浅反映其富水等级。

非含水岩系是指夹有数量不多、厚度又很小的含水层的一套不含水地层。对于含水极微弱的地层或含水层的水量对生产毫无实际意义，而整套地层是起隔水作用的，亦可划分为非含水岩系。即是说对非含水岩系应理解为相对于含水岩系而言，它的含水性弱得多，而不能绝对地去理解它是绝对不含水的。划分含水岩系和非含水岩系，不仅能指导寻找地下水的途径，也能反映地下水的赋存规律。非含水岩系的表示一般采用与地质时代相同颜色的网格表示，如对于松散岩类中非含水岩系用绿色斜方格表示，不上谱染色。如果下伏其他含水层，则可采用迭加的方法表示。碎屑岩类中非含水岩系用棕色方格表示。

② 含水岩系的富水性

富水性是综合水文地质图的中心内容之一。一般按地下水的类型及其富水性划分富水等级。如对松散岩类孔隙水一般按单井涌水量划分为五级，即：水量极丰富的、水量丰富的、水量中等的、水量贫乏的及水量极贫乏的（表 13－4）。

表 13－4　松散岩类富水性分类表

类型	亚类	富水性等级划分	埋藏深度（m）	水质（按矿化度分，g/L）	备注
松散岩类孔隙水	潜水 承压水 黄土裂隙孔隙水	按单井涌水量（t/d） 水量极丰富＞5000 水量丰富 1000～5000 水量中等 100～1000 水量贫乏 10～100 水量极贫乏＜10	对潜水 浅埋＜10 中埋 10～30 深埋＞30 对承压水 浅埋＜50 中埋 50～100 深埋＞100 对干旱地区 浅埋＜50 中埋 50～200 深埋＞200	淡水＜1 微咸水 1～3 咸水 3～10 盐水 10～50 卤水＞50	
裂隙孔隙水　碎屑岩类	自流盆地 自流斜地 覆盖型孔隙裂隙水 红层承压水	按单井涌水量（t/d） 水量丰富＞1000 水量中等 100～1000 水量贫乏 10～100 水量极贫乏＜10	浅埋＜50 中埋 50～100 深埋＞100		

（续表）

类型		亚类	富水性等级划分	埋藏深度（m）	水质（按矿化度分，g/L）	备注
裂隙溶洞水（岩溶水）	碳酸盐岩类	溶洞水（管道水） 溶蚀裂隙脉状水 蜂窝状或针孔状溶孔水 埋藏型岩溶水	按大泉或暗河流量（L/a） 水量丰富＞100 水量中等 10～100 水量贫乏＜10 按径流模数（L/s·km²） 水量丰富＞6 水量中等 3～6 水量贫乏＜3			还应表示岩溶均匀发育带及汇流盆地富集带
基岩裂隙水		构造裂隙水 断层脉状水 风化带网状裂隙水 玄武岩类孔洞裂隙水 （或者分：层状岩类裂隙水；块状岩类裂隙水）	按泉流量（L/s） 水量丰富＞1 水量中等 0.1～1 水量贫乏＜0.1 按径流模数（L/s·km²） 水量丰富 3～6 水量中等 1～3 水量贫乏＜1			
冻结层水		松散岩类冻结层水 基岩类冻结层水	按单井涌水量（t/d） 水量丰富＞1000 水量中等 100～1000 水量贫乏＜100	冻结层下水顶板埋深 浅埋＜20 中埋 20～50 深埋＞50		应分别表示冻结层上水（包括冻结层间水）及冻结层下水的富水等级）

对其他类型则可划分为三级或四级。同一含水岩组在不同地段，也要根据厚度、岩性等因素区别其富水程度。各地区具体应划几个等级，要根据实际情况而定。表中的各个区间，还可根据需要进一步细分，但原则上，上述区间不应互相跨越，以免影响与邻幅接图。涌水量，一般根据勘探孔抽水试验资料，参考当地生产井一般采用的管径与抽水工具，确定一个统一的口径与降深值进行换算，以求取得统一的标准。一般在水位较浅、含水层较厚、宜采用离心泵抽水的情况下，可采用 5m 降深值。降深值的确定，除须考虑水泵能力外，还要考虑含水层厚度与承压含水层的顶板埋深。潜水含水层的降深值不得超过含水层厚度的二分之一，承压含水层不超过顶板，其单井涌水量单位，一律采用“t/d”。

除按单井涌水量划分富水等级外，还可采用地下水径流模数、泉（或暗河）的流量作为划分富水等级的指标。

对多层结构的含水岩组，一般可归并为潜水与承压水或浅层水（包括半承压水）与深层水两组，但原则上应突出主要含水岩组。用双层结构的方法表示，即宽、窄条相间，宽条代表上部，窄条代表下部，富水性用不同色调表示。对于咸水层与淡水层，也可采用同样方法表示。如果多层含水层必须划分为三组加以表示时，则第三组可采用等深线（注明富水等级）或编制镶图以及其他办法加以表示。对单一的巨厚含水层，必要时应划分为两段或三段，用多层结构或分区以及其他方法加以表示，以便作为分段开采的依据。

③ 地下水水质

地下水水质好坏，可用矿化度来表示。一般按矿化度分为五级：淡水（＜1g/L）；微咸水（1～3g/L）；咸水（3～10g/L）；盐水（10～50g/L）；卤水（＞50g/L）。具体划分时应按地区矿化情况，在保持统一分级和反映规律的前提下，级别尚可增加。例如结合牧区畜牧饮水标准，可增加 3～6g/L 一级，各级均按规定的花纹表示，但对大面积分布的咸水，也可用全灰的谱染色表示。

对地下水水质，除反映矿化度以外，还应反映水中由于污染形成的各种有害离子或化合物，以及天然存在的有害物质或有用物质等水化学组分。这些水质情况，可根据资料的多少，分别采用水点、花纹或等值线等各种不同方法表示。在相应的水点中，应注明其含量。对引起污染的污水库、排污渠道及严重污染的河流等，应在河、渠两侧设计相应的各种颜色的各种箭头，反映其污染原因与污染途径。必要时还可编制专门性的镶图。

④ 地下水埋藏深度

对潜水位或承压水位，在具备足够资料时，可绘制等水位线或等水压线。对潜水一般可分为三级：即浅埋＜10m；中埋 10～30；深埋＞30m。对西北干旱地区可用＜50m、50～200m 及＞200m 三级。对承压水可分为浅埋＜50m，中埋 50～100m，及深埋＞100m 三级。分级标准可根据各地区具体情况而定。表示的图例，浅埋用水平条带，中埋用斜条带。对咸、淡含水层，应反映出咸淡水分界面的埋藏深度。

⑤ 控制性水点

控制性水点，一般指井、泉、钻孔等，也就是对阐明含水层的分布、水质及水量有意义的水文地质点。一律按规定符号，用蓝色表示井、泉，用红色表示钻孔及各种集水建筑物。图面上每平方分米一般有控制性水点 5～10 个，包括钻孔 1～4 个，但不要采取平均分配的办法，应根据具体情况合理选取。对泉及矿泉的资料，基本上不应遗漏，仅在泉的分布极密时可适当删减。在天然水点十分缺乏的干旱地区，原则上所有水点都要放在图面上。

⑥ 其他内容

包括地质、构造、地貌及自然地理等。

地层界线及地层符号同地质图，但地层系统可适当简化。

对地质构造，主要标明地层产状、断裂与褶皱。断裂较多的地区，应合理选择。要区别近期活动与非近期活动的断裂、充水与不充水的断裂。对褶皱轴，应区别起汇水作用还是不起汇水作用。

平原地区，应适当反映与地下水赋存条件有密切关系的第四纪地质结构，如冲洪积扇前缘界限和古河道带的界限。地下水流向、地表水与地下水补给关系、海水入侵影响界限、地下水开采区域下降漏斗和各类冻结层的分布界线等。此外还应表示海岸线、海滩、河流、湖泊、沼泽、沙丘、山峰、水库、干渠等。

在地貌方面主要应表示与地下水活动有关的物理地质现象，如崩塌、滑坡、溶洞、暗河、伏流、落水洞、火山等。

图上居民点，每平方分米不应超过 20 个(包括县城及主要乡镇)。

图面上也应表示铁路、公路及行政区划界线。

以上所有内容均按规定符号表示。

(3)水文地质剖面

每幅图应附 1～2 个代表性水文地质剖面。剖面应选在穿过所有含水层(组)的方向，经过第四纪地层应尽可能沿地貌变化最大的方向，并尽可能和勘探钻孔控制性水点结合起来，以能充分反映本地区各类含水层(组)及其组合关系为主。原则上水平比例尺与图面相同，垂直比例尺可适当放大。除横穿全区的剖面外，也可选择少量局部地区的代表性剖面，如重要河谷的第四系含水层剖面或具有供水意义的自流水盆地等。剖面图中的各含水层(组)，均按平面图设计的富水性色相上色，含水岩组中的隔水层及潜水位以上的包气带不上色。属第四系多层结构的含水岩组，应按含水岩组的富水性上色，即不考虑单层含水层的富水性。同一含水层(组)，因厚度或岩性发生变化，导致富水性发生变化时，应根据水文地质结构，示意性地采取逐渐过渡的方式划分出两者的界线。对基岩层间水，应考虑受深度的限制，即一定深度以下不再上色。对基岩裂隙水，一般大致按风化裂隙带的深度上色。

水文地质剖面的地面线，应适当示意性地反映地貌特征，如阶地、古夷平面、峰林、峰丛等。剖面内还必须反映水文地质内容，如水位、压力水头、控制钻孔及其涌水量、充水断层或贮水构造、淡水及咸水、影响水质的含盐地层等，并示意性地表示溶洞、落水洞、暗河等。

13.6 水文地质报告书的编写

水文地质报告书，是水文地质调查工作全部成果的集中表现，是工农业和国防建设规划、设计和科研工作的重要资料。报告书应力求简明扼要、字句通顺、条理分明、论据充分、重点突出、文图一致、结论明确。除了定性分析外，必须有定量的分析。并要尽可能地采用图表、素描、照片等辅助方法，以减少烦琐的文字说明。

在编制报告书之前，应对前人的和新观察到的全部第一性资料进行详细的综合整理与分析研究，以便真实准确、系统全面地阐明区域水文地质规律，包括地下水形成条件、分布规律、埋藏情况及水量水质，并根据地下水、地表水综合利用的原则，对地区水资源的开发利用作出综合评价。报告书除阐明区域水文地质规律外，还必须根据目的任务，密切联系生产实际，针对国民经济长远规划或具体工程要求解决的问题，从水文地质角度提出具体意见和措施，并对地下水资源利用及开发前景作出初步评价。

报告书内容的详尽程度，决定于采用比例尺或勘探阶段。在普查阶段简略些，在详勘阶段报告内容就要详尽些，特别是比较重要的专门性问题，在详勘报告中就应作详细地论述。如果在调查过程中采用过地球物理勘探或其他特殊方法，则该项工作应在报告书中专列一章叙述。

报告书中除文字部分外，还有图件部分。提交图件以综合水文地质图为主。其他图件，除实际材料图以外，如地貌、第四纪地质图、潜水等水位线及埋藏深度图、水质图等，应根据每个地区的具体情况与需要决定取舍。地下水开采条件图，水文地质立体剖面图，工程地质图等，必要时可缩制成小比例尺的镶图，附于综合水文地质图内。

下面以综合地下水调查报告为例，介绍文字报告的主要内容。

1. 序言

包括调查工作的目的、任务、以往研究程度、投入的工作量、存在的问题及解决情况等，附交通位置图及研究程度图等。

2. 地下水的天然环境条件

这部分内容必须与地下水的形成、补给、径流、排泄条件紧密结合，凡是与地下水关系密切的内容详细论述，关系不大的应简写或不写。

(1)地形、水文、气候：介绍区内地形的总趋势；介绍区内地表水流域的划分，各种地表水体的特征及其与地下水的补、排关系；介绍区内的降水量、蒸发量、气温、湿度等，附气象要素图、山川形势图等。

(2)地貌：阐述区内地貌的形态、成岩年代及分布特征，注意分析地貌与岩性、构造、新构造运动及地下水等因素的关系。

(3)地质条件：介绍各时代的地层、岩石的分布及特征；要注意分析各种岩石的原始空隙、成岩裂隙、胶结和风化程度等；第四纪地质应介绍其成因类型、岩性结构及沉积特征等；可溶岩分布区，应阐述岩溶发育状况及岩溶发育规律；构造控制地下水的形成、运移和富集，应注意研究褶皱及断裂构造的空间分布及特征，各类构造形迹之间的相互关系，各种节理与裂隙的形成条件、形态特征、发育程度、分布规律、充填情况等，新构造运动活动强烈地区应单列章、节论述。

3. 水文地质条件

水文地质条件是报告的核心内容，是地下水资源评价及制定开发利用方案的基础。一般包括下列内容：①阐明区内含水层系统特征、地下水类型、各含水层的分布、特征、富水性、富水部位、地下水赋存规律等，对隔水层(组)的隔水性及特征也要予以阐述；探讨区内各种地质构造的水文地质特征。②各类地下水的补给、径流、排泄条件。③地下水动态特征。④地下水的化学特征及污染状况。⑤调查区内有矿水、热水应单独论述其特征及形成条件。

4. 地下水资源评价

依据调查要求对地下水质进行详细评价，并进行预测；提出保护和改善措施。根据调查区水文地质条件及评价要求，选择水量评价方法，建立计算模型，论述确定水文地质参数的依据，计算地下水的补给量、储存量、允许开采量，并论证允许开采量的保证精度及评价精度。

5. 地下水资源开发利用与保护

一般包括：①提出地下水资源的规划；②对已有水源地或疏干区进行研究评价；③新建水源地的选择；④地下水的开采方法及开采方案；⑤地下水开采技术要求与注意事项；⑥对因开采地下水已发生的环境问题提出防治、修复措施，预测可能产生的环境问题及预防措施；⑦提出地下水资源保护措施等。

6. 结论与建议

对调查区的水文地质条件及地下水资源评价与开采提出结论性意见，对调查工作有关的问题及今后地下水开发利用可能存在的问题提出建议。

以上介绍是传统地下水调查报告的编写内容，随着地下水科学的发展，地下水调查的编写体系也在不断地变化，如以地下水系统理论为指导，从地下水系统的含水系统、水循环系统、水动力系统、水化学系统等方面去建立报告编写体系及内容。新的理论、新的技术、新的方法不断涌现，应在满足调查要求的前提上，不断推陈出新，编写出更好的文字调查报告。

复习思考题

1. 调查与研究地下水的技术方法有哪些？
2. 抽水试验的目的、任务是什么？
3. 稳定流单孔抽水试验的主要技术要求是什么？
4. 叙述非稳定流抽水试验的主要技术要求。
5. 野外示踪试验监测井的布置原则有哪些？
6. 水文地质图的编制有哪些要求？
7. 如何编写水文地质报告书？

参考文献

[1] 王大纯,张人权等. 水文地质学基础[M]. 北京:地质出版社,1995

[2] 区永和,陈爱光. 水文地质学概论[M]. 武汉:中国地质大学出版社,1987

[3] 陈南祥. 水文地质学[M]. 北京:中国水利水电出版社,2008

[4] 曹剑峰,迟宝明等. 专门水文地质学[M]. 北京:科学出版社,2006

[5] 朱学愚,钱孝星. 地下水水文学[M]. 北京:中国环境科学出版社,2005

[6] 束龙仓. 地下水水文学[M]. 北京:中国水利水电出版社,2009

[7]《供水水文地质手册》编写组. 供水水文地质手册. 第三册,地下水资源评价[M]. 北京:地质出版社,1983

[8] 戚筱俊. 工程地质及水文地质[M]. 北京:中国水利水电出版社,1984

[9] 崔可锐,毛由田等. 岩土工程师实用手册[M]. 北京:化学工业出版社,2007

[10] 河北省地质局水文地质四大队. 水文地质手册[M]. 北京:地质出版社,1978

[11] 杨景春,李有利. 地貌学原理[M]. 北京:北京大学出版社,2005

[12] 林年丰,李昌静等. 环境水文地质学[M]. 北京:地质出版社,1990

[13] 沈继方,高云福. 地下水与环境[M]. 武汉:中国地质大学出版社,1995

[14] 梁好,盛选军等. 饮用水安全保障技术[M]. 北京:化学工业出版社,2006

[15] 王焰新. 地下水污染与防治[M]. 北京:高等教育出版社,2007

[16] 贺可强,王滨等. 中国北方岩溶塌陷[M]. 北京:地质出版社,2006

[17] 北京地质学院水文地质教研室. 普通水文地质学[M]. 北京:中国工业出版社,1964

[18] 北京地质学院水文地质教研室. 专门水文地质学[M]. 北京:中国工业出版社,1962

[19] 阿廖金 O. A. 水文化学原理[M]. 北京:地质出版社,1960

[20] 高云福,靳孟贵. 水文地质学基础实验实习讲义[M]. 北京:地质出版社,1988

[21] 钱家忠,汪家权. 中国北方型裂隙岩溶水模拟及水环境质量评价[M].. 合肥:合肥工业大学出版社,2003

[22] 厉艳君,杨木壮. 地下水水质评价方法综述[J]. 地下水,2007,(5)

[23] 王文强. 地下水水质评价方法浅析[J]. 地下水,2007,(6)

[24] 王秉忱,杨天行等. 地下水污染地下水水质模拟方法[M]. 北京:北京师范大学出版社,1985

[25] 河北省地质局四大队. 保定地区东部平原地下水资源计算与评价方法的探讨[J]. 河北地质情报,1976,(4)

[26] 山东省地质局水文地质队. 济南泉水成因及动态的初步分析[J]. 岩溶地区水文地质及工程地质工作经验汇编,第一辑,地质出版社,1975

[27] 车用太．井孔水位的微动态特征综述[J]. 水文地质工程地质,1984,(4)

[28] 范锡朋．西北干旱区地下水资源特征及水资源开发引起的环境问题[J]. 水文地质工程地质,1990,(1)

[29] 黄河中游地区黄土水文地质研究小组,黄河中游地区黄土水文地质问题[J]. 地质学报,1978,(2)

[30] 刘光亚．基岩地下水[M]. 北京:地质出版社,1979

[31] 任美锷,刘振中等．岩溶学概论[M]. 北京:商务印书馆,1983

[32] 任天培,彭定邦等．水文地质学[M]. 北京:地质出版社,1988

[33] 沈继方,史毅虹．北京西山变玄武岩裂隙发育规律及含水特性[J]. 地球科学,1985,(1)[34]沈树荣,王仰之等．水文地质史话·札记[M]. 北京:地质出版社,1985

[35] 沈照理,刘光亚等．水文地质学[M]. 北京:科学出版社,1985

[36] 沈照理,许绍倬．关于地下水地质作用[J]. 地球科学,1985,(1)

[37] 沈照理,朱宛华等．1993,水文地球化学基础[M]. 北京:地质出版社,1993

[38] 孙连发,张人权．模型·拟合·预测[J]. 水文地质工程地质,1991,(5)

[39] 陶一川．流体力学分析基础[M]. 武汉:中国地质大学出版社,1993

[40] 王大纯、张人权．孔隙承压地下水的资源评价和地面沉降的关系[J]. 水文地质工程地质,1981,(3)

[41] 王大纯．我国水文地质学的展望[J]. 地球科学,1985,(1)

[42] 汪民．饱水黏性土中黏粒与水相互作用的初步探讨[J]. 水文地质工程地质,1987,(3)[43]薛禹群,谢春红等．海水入侵研究[J]. 水文地质工程地质,1992,(6)

[44] 于青春、沈继方等．非连续裂隙网络水流自动模拟系统(水文地质及工程地质论文集)[M]. 武汉:中国地质大学出版社,1992

[45] 袁道先,蔡桂鸿等．岩溶环境学[M]. 重庆:重庆出版社,1988

[46] 张人权．水文地质学发展的若干趋向[J]. 水文地质工程地质,1987,(2)

[47] 张人权．失误与反思——水文地质学方法论评述[J]. 水文地质工程地质,1989,(2)

[48] 张人权．水文地质学研究动向(当代地质科学技术进展——1989)[M]. 武汉:中国地质大学出版社,1990

[49] 张忠胤．关于地上悬河地质理论问题·关于结合水动力学问题[M]. 北京:地质出版社,1980

[50] 中国大百科全书·大气科学、海洋科学、水文科学卷[M]. 北京:中国大百科全书出版社,1987

[51] 中国大百科全书·地质学卷[M]. 北京:中国大百科全书出版社,1993

[52] Biswas A. K. ,History of Hydrology,North-Holland Publishing Company,1970

[53] Brown R. H. ,Konoplyantaev A. A. ,Ineson J. ,Kavalevsky V. S. ,Groundwater Studies,UNESCO,Paris,1972

[54] Domenico P. A. ,Concepts and Models in Groundwater Hydrology,Mc Graw-Hill Book Co. ,New York,1972

[55] Engelen G. B. ,An Analysis of Regional Hydrological Systems from Early Pleistocen to Recent in the Western Part of Netherlands as a Basis for Geohydrological

Calculations, St. P. A. V. Gez. Techz:Mod. Rekenmeth'81～'82, Delft,1981

[56] Engelen G..B., Jones G. P. (ed.), Developments in the analysis of groundwater flow systems, IAHS Press,1986

[57] White W. B., Geomorphology and Hydrology of Karst Terrains, Oxford University Press,1988

[58] Fetter C. W. Jr. , Applied Hydrogeology, Charles E. Merrill Publishing Co,1980

[59] Traugill S. , Limestone Geomorphology,Longman Group,1985

[60] Ford D. C. , Williams P. W. , Karst Geomorphology and Hydrology, Academic Division of Unwin Hyman Ltd,1989

[61] Ford T. D. , Cullingford (ed.), The Science of Speleology, Academic Press Inc (London)Ltd,1976

[62] Freeze R. A. , Cherry J. A. ,Ground Water,Preatice-Hall Inc. ,1979

[63] Kirby M. J. , Hillslope Hydrology,John Wiley & Sons Inc. ,1978

[64] Kuti'lek M. , Non-Darcian Flow of Water in Soils——Laminar Region: A Review, Ist symposium on Fundamentals of Transport Phenomena in Porous Media,1969

[65] Miller R. J. ,Low P. F. , Threshold Gradient for Water Flow in the Clay Systems,Proc. SSSA,Vol. 27,No. 6,1963

[66] Olsen H. W. , Darcy's Law in Saturated Kaolinite. Water Resource Research, Vol. 2, No. 2,1966

[67] Pinneker E. V. , General Hydrogeology, Cambridge University Press,1983

[68] Tolman C. F. , Ground Water, Mc Graw-Hill Book Company,Inc. ,1937

[69] Tóth J. , A theoretical analysis of groundwater flow in small drainage basin:J. Geophys. Research,V. 67. No. 11,1963

[70] Tóth J. , Cross-formational gravity-flow of Groundwater: A mechanism of the transport and accumutation of petroleum(The generalized hydraulic theory of petroleum migration),Problems of Petroleum Migration,1980

[71] Walton W. C. , Ground Water Resource Evaluation, Mc Graw-Hill, New York,1970

附表

实验一　孔隙与水实验报告表(1)

仪器编号：			试样体积：　cm^3			透水石选用负压值：　cm			
试样名称	粒．径（mm）	进水量（mL）	累积饱水时间（min）	退水量（mL）	累积退水时间（min）	孔隙度（%）	给水度（%）	持水度（%）	备注

报告人＿＿＿＿＿＿　班号＿＿＿＿＿＿　组号＿＿＿＿＿＿　同组成员＿＿＿＿＿＿

实验日期＿＿＿＿＿＿　年＿＿＿＿　月＿＿＿＿　日＿＿＿＿

实验二　孔隙与水实验报告表(2)

仪器编号：　　试样体积：　cm^3　　试样名称：　　仪器最大负压值：　cm

选用负压值（cm）	累积退水量(ml)	试样含水量(%)	给水度(%)	持水度(%)	备注
0					
5					
10					
					试样进水量（ml）：
					试样粒径（mm）：

实验日期：………年………月………日　　班级………　　组号………　　报告人………

实验三　达西渗流实验报告表

仪器编号______　过水面积(ω)______cm　渗透途径(L)______cm　水温______℃

土样名称	实验次数	水力梯度(I)					渗透流速(V)				渗透系数(K)		备注
		测压管水头			水头差 $\Delta H=H_a-H_c$	水力梯度 $I=\frac{\Delta H}{L}$	渗流时间 t	渗流体积 W	渗透流量 $Q=\frac{W}{t}$	渗透流速 $V=\frac{Q}{m}$	$K=\frac{V}{I}$		
		H_a	H_b	H_c									
		cm	cm	cm	cm		s	cm^3	cm^3/s	cm/s	cm/s	m/d	
	1												
	2												
	3												
	4												
	5												
	1												
	2												
	3												
	4												
	5												
	1												
	2												
	3												
	4												
	5												

实验日期______年______月______日　报告人______　班号______　组号______　同组成员______

实验四　砂土中水的毛细上升速度实验报告表

岩性：　　　　（粒径 mm）

序号	累计时间(s)	毛细上升高度(cm)	序号	累计时间(s)	毛细上升高度(cm)

实验日期____年____月____日　报告人____　班号____　组号____　同组成员____

实验五　毛细饱和带水的运移实验报告表

项目 次数	试样粒径(mm)	长管长度(cm)	短管			长短管相接后滴水容积 V_2(cm³)	$\frac{V_2}{V_1}\times100\%$	备注
			长度(cm)	内径(cm)	容积 V_1(cm³)			

实验日期______年____月____日　　报告人______　班号______　组号______　同组成员______